U0197504

"十四五"时期国家重点出版物出版专项规划项目

第二次青藏高原综合科学考察研究丛书

青藏高原北缘
阿尔金－祁连山地质科学考察报告

张进江 等 著

科学出版社
北京

内 容 简 介

　　本专著以"高原生长"为研究核心，以青藏高原东北缘构造带、喜马拉雅造山带及包括中南半岛在内的东南缘为研究对象，重点聚焦于青藏高原东北缘构造带。在对阿尔金断裂和祁连山构造带进行构造解剖与演化过程梳理的基础上，重点对其新生代构造变形过程及盆地沉积响应等进行考察与研究，确定青藏高原东北缘边界断层的空间格局和时空演化过程，查明青藏高原东北缘晚新生代北向的扩展过程，并揭示晚新生代以来各构造带隆升、高原扩展及其与气候的耦合关系，探讨高原生长与荒漠化的关系。

　　本专著可供地球科学科研人员和相关院校师生参考。

审图号：GS京（2024）1113号

图书在版编目（CIP）数据

青藏高原北缘阿尔金–祁连山地质科学考察报告 / 张进江等著 . —北京：
科学出版社，2024.6
（第二次青藏高原综合科学考察研究丛书）
"十四五"时期国家重点出版物出版专项规划项目
ISBN 978-7-03-078655-5

Ⅰ.①青…　Ⅱ.①张…　Ⅲ.①青藏高原–区域地质–科学考察–考察报告
②祁连山–区域地质–科学考察–考察报告　Ⅳ.①P562

中国国家版本馆CIP数据核字（2024）第111218号

责任编辑：王　运 ／ 责任校对：何艳萍
责任印制：肖　兴 ／ 封面设计：吴霞暖

斜 学 出 版 社 出版
北京东黄城根北街 16 号
邮政编码：100717
http://www.sciencep.com

北京建宏印刷有限公司印刷
科学出版社发行　各地新华书店经销

*

2024年6月第　一　版　开本：787×1092　1/16
2024年6月第一次印刷　印张：22 1/2
字数：550 000

定价：**298.00元**
（如有印装质量问题，我社负责调换）

"第二次青藏高原综合科学考察研究丛书"
指导委员会

刘丛强　中国科学院地球化学研究所

龚健雅　武汉大学

焦念志　厦门大学

赖远明　中国科学院西北生态环境资源研究院

胡春宏　中国水利水电科学研究院

郭正堂　中国科学院地质与地球物理研究所

王会军　南京信息工程大学

周成虎　中国科学院地理科学与资源研究所

吴立新　中国海洋大学

夏　军　武汉大学

陈大可　自然资源部第二海洋研究所

张人禾　复旦大学

杨经绥　南京大学

邵明安　中国科学院地理科学与资源研究所

侯增谦　国家自然科学基金委员会

吴丰昌　中国环境科学研究院

孙和平　中国科学院精密测量科学与技术创新研究院

于贵瑞　中国科学院地理科学与资源研究所

王　赤　中国科学院国家空间科学中心

肖文交　中国科学院新疆生态与地理研究所

朱永官　中国科学院城市环境研究所

《青藏高原北缘阿尔金－祁连山地质科学考察报告》编写委员会

主　任　张进江

副主任　张　波　张志诚　宋述光　郑德文　俞晶星

委　员　范蔚茗　王岳军　张开均　史仁灯　王　洋

第二次青藏高原综合科学考察队

阿尔金 – 祁连山地质科考分队人员名单

姓名	职务	工作单位
张进江	分队长	北京大学
史仁灯	副分队长	中国科学院青藏高原研究所
张开均	副分队长	中国科学院大学
宋述光	队员	北京大学
王岳军	队员	中山大学
郑德文	队员	中国科学院广州地球化学研究所
张志诚	队员	北京大学
张 波	专题秘书	北京大学
翟庆国	队员	中国地质科学院地质研究所
黄启帅	队员	中国科学院青藏高原研究所
胡培远	队员	中国地质科学院地质研究所
张玉修	队员	中国科学院大学
范建军	队员	吉林大学
范蔚茗	队员	中国科学院青藏高原研究所
陈生生	队员	中国科学院青藏高原研究所
康志强	队员	桂林理工大学
陈建林	队员	中国科学院广州地球化学研究所

丛书序一

　　青藏高原是地球上最年轻、海拔最高、面积最大的高原，西起帕米尔高原和兴都库什、东到横断山脉，北起昆仑山和祁连山、南至喜马拉雅山区，高原面海拔 4500 米上下，是地球上最独特的地质－地理单元，是开展地球演化、圈层相互作用及人地关系研究的天然实验室。

　　鉴于青藏高原区位的特殊性和重要性，新中国成立以来，在我国重大科技规划中，青藏高原持续被列为重点关注区域。《1956—1967 年科学技术发展远景规划》《1963—1972 年科学技术发展规划》《1978—1985 年全国科学技术发展规划纲要》等规划中都列入针对青藏高原的相关任务。1971 年，周恩来总理主持召开全国科学技术工作会议，制订了基础研究八年科技发展规划（1972—1980 年），青藏高原科学考察是五个核心内容之一，从而拉开了第一次大规模青藏高原综合科学考察研究的序幕。经过近 20 年的不懈努力，第一次青藏综合科考全面完成了 250 多万平方千米的考察，产出了近 100 部专著和论文集，成果荣获了 1987 年国家自然科学奖一等奖，在推动区域经济建设和社会发展、巩固国防边防和国家西部大开发战略的实施中发挥了不可替代的作用。

　　自第一次青藏综合科考开展以来的近 50 年，青藏高原自然与社会环境发生了重大变化，气候变暖幅度是同期全球平均值的两倍，青藏高原生态环境和水循环格局发生了显著变化，如冰川退缩、冻土退化、冰湖溃决、冰崩、草地退化、泥石流频发，严重影响了人类生存环境和经济社会的发展。青藏高原还是"一带一路"环境变化的核心驱动区，将对"一带一路"沿线 20 多个国家和 30 多亿人口的生存与发展带来影响。

　　2017 年 8 月 19 日，第二次青藏高原综合科学考察研究启动，习近平总书记发来贺信，指出"青藏高原是世界屋脊、亚洲水塔，是地球第三极，是我国重要的生态安全屏障、战略资源储备基地，是中华民族特色文化的重要保护地"，要求第二次青藏高原综合科学考察研究要"聚焦水、生态、人类活动，着力解决青藏高原资源环境承载力、灾害风险、绿色发展途径等方面的问题，为守护好世界上最后一方净土、建设美丽的青藏高原作出新贡献，让青藏高原各族群众生活更加幸福安康"。习近平总书记的贺信传达了党中央对青藏高原可持续发展和建设国家生态保护屏障的战略方针。

第二次青藏综合科考将围绕青藏高原地球系统变化及其影响这一关键科学问题，开展西风－季风协同作用及其影响、亚洲水塔动态变化与影响、生态系统与生态安全、生态安全屏障功能与优化体系、生物多样性保护与可持续利用、人类活动与生存环境安全、高原生长与演化、资源能源现状与远景评估、地质环境与灾害、区域绿色发展途径等 10 大科学问题的研究，以服务国家战略需求和区域可持续发展。

"第二次青藏高原综合科学考察研究丛书"将系统展示科考成果，从多角度综合反映过去 50 年来青藏高原环境变化的过程、机制及其对人类社会的影响。相信第二次青藏综合科考将继续发扬老一辈科学家艰苦奋斗、团结奋进、勇攀高峰的精神，不忘初心，砥砺前行，为守护好世界上最后一方净土、建设美丽的青藏高原作出新的更大贡献！

孙鸿烈

第一次青藏科考队队长

丛书序二

　　青藏高原及其周边山地作为地球第三极矗立在北半球，同南极和北极一样既是全球变化的发动机，又是全球变化的放大器。2000年前人们就认识到青藏高原北缘昆仑山的重要性，公元18世纪人们就发现珠穆朗玛峰的存在，19世纪以来，人们对青藏高原的科考水平不断从一个高度推向另一个高度。随着人类远足能力的不断加强，逐梦三极的科考日益频繁。虽然青藏高原科考长期以来一直在通过不同的方式在不同的地区进行着，但对于整个青藏高原的综合科考迄今只有两次。第一次是20世纪70年代开始的第一次青藏科考。这次科考在地学与生物学等科学领域取得了一系列重大成果，奠定了青藏高原科学研究的基础，为推动社会发展、国防安全和西部大开发提供了重要科学依据。第二次是刚刚开始的第二次青藏科考。第二次青藏科考最初是从区域发展和国家需求层面提出来的，后来成为科学家的共同行动。中国科学院的A类先导专项率先支持启动了第二次青藏科考。刚刚启动的国家专项支持，使得第二次青藏科考有了广度和深度的提升。

　　习近平总书记高度关怀第二次青藏科考，在2017年8月19日第二次青藏科考启动之际，专门给科考队发来贺信，作出重要指示，以高屋建瓴的战略胸怀和俯瞰全球的国际视野，深刻阐述了青藏高原环境变化研究的重要性，要求第二次青藏科考队聚焦水、生态、人类活动，揭示青藏高原环境变化机理，为生态屏障优化和亚洲水塔安全、美丽青藏高原建设作出贡献。殷切期望广大科考人员发扬老一辈科学家艰苦奋斗、团结奋进、勇攀高峰的精神，为守护好世界上最后一方净土顽强拼搏。这充分体现了习近平生态文明思想和绿色发展理念，是第二次青藏科考的基本遵循。

　　第二次青藏科考的目标是阐明过去环境变化规律，预估未来变化与影响，服务区域经济社会高质量发展，引领国际青藏高原研究，促进全球生态环境保护。为此，第二次青藏科考组织了10大任务和 60 多个专题，在亚洲水塔区、喜马拉雅区、横断山高山峡谷区、祁连山－阿尔金区、天山－帕米尔区等 5 大综合考察研究区的 19 个关键区，开展综合科学考察研究，强化野外观测研究体系布局、科考数据集成、新技术融合和灾害预警体系建设，产出科学考察研究报告、国际科学前沿文章、服务国家需求评估和咨询报告、科学传播产品四大体系的科考成果。

两次青藏综合科考有其相同的地方。表现在两次科考都具有学科齐全的特点，两次科考都有全国不同部门科学家广泛参与，两次科考都是国家专项支持。两次青藏综合科考也有其不同的地方。第一，两次科考的目标不一样：第一次科考是以科学发现为目标；第二次科考是以摸清变化和影响为目标。第二，两次科考的基础不一样：第一次青藏科考时青藏高原交通整体落后、技术手段普遍缺乏；第二次青藏科考时青藏高原交通四通八达，新技术、新手段、新方法日新月异。第三，两次科考的理念不一样：第一次科考的理念是不同学科考察研究的平行推进；第二次科考的理念是实现多学科交叉与融合和地球系统多圈层作用考察研究新突破。

"第二次青藏高原综合科学考察研究丛书"是第二次青藏科考成果四大产出体系的重要组成部分，是系统阐述青藏高原环境变化过程与机理、评估环境变化影响、提出科学应对方案的综合文库。希望丛书的出版能全方位展示青藏高原科学考察研究的新成果和地球系统科学研究的新进展，能为推动青藏高原环境保护和可持续发展、推进国家生态文明建设、促进全球生态环境保护做出应有的贡献。

姚檀栋

第二次青藏科考队队长

前　言

　　距20世纪70年代第一次青藏高原综合科学考察已近半个世纪，青藏高原的自然与社会环境已发生了重大变化，经济上已实现了飞跃式发展，但同时也带来了生态环境的恶化。随着"一带一路"的深化发展，青藏高原作为环境变化的核心驱动区的作用日趋明显，它将对"一带一路"沿线20多个国家和30多亿人口的生存与发展造成影响。在这样的大背景下，我国第二次青藏高原综合科学考察研究于2017年8月19日启动，习近平总书记发来贺信，指出："青藏高原是世界屋脊、亚洲水塔，是地球第三极，是我国重要的生态安全屏障、战略资源储备基地，是中华民族特色文化的重要保护地。"可见党中央和国家对青藏高原的重视。

　　第二次青藏高原综合科学考察研究的宗旨是为我国的生态屏障建设和绿色发展服务。科考共分为十大任务，其中第七大任务为"高原生长与演化"，属基础性地学研究任务。任务七将就青藏高原的构造演化过程、高原隆升历史、高原隆升与地球深部过程、高原隆升与古生态协同演化过程，以及高原隆升与长尺度气候关联等科学问题进行综合科学考察与研究，力争创新性认识高原隆升对新生代以来古地理、古环境、风化剥蚀的关联机制和调控机理，更全面深入理解青藏高原生长隆升的气候环境效应。本专著为任务七的第三专题"特提斯域大陆增生与第三极形成"的考察研究成果，该专题又是所有科考专题中最为基础的地质学考察与研究任务。

　　被誉为"地球第三极"的青藏高原，位于全球特提斯构造域东段，是世界上规模最大、平均海拔最高并正在生长的高原。青藏高原是特提斯洋闭合、大陆增生及印度与欧亚大陆碰撞的直接结果。大陆碰撞导致了青藏高原的崛起，形成了独特的构造－地质单元及相应的自然资源，是我国的自然资源战略要地；大陆碰撞和高原的隆升还导致了大洋和大气环流、全球气候格局和生态环境的变化，并随着青藏高原不断的生长而加剧，因此青藏高原也是研究地球系统科学的关键地带，其中青藏高原地质构造演化、高原的生长过程及其环境资源效应是当代地学领域的重要主题。第三专题以青藏高原的前世与今生为核心考察命题，研究"第三极"主体物质组成的拼合形成过程，即特提斯洋的演化及大陆增生过程，此为青藏高原的前世；揭示印度与欧亚大陆碰撞以来，现今意义上的青藏高原的垂向（隆升）与横向（外扩）生长过程及其环境气候效应，此即为高原的今生。前世、今生的分界点为印度与欧亚大陆的碰撞。

青藏高原前世的研究内容为构成青藏高原主体的物质特征、拼贴过程及其动力学机制，这一过程直接与自元古代以来的特提斯洋演化以及印度大陆的北向漂移密切相关。本专题拟以龙木错 – 双湖、班公湖 – 怒江、雅鲁藏布江缝合带为研究对象，对残留的特提斯洋岩石圈物质、相关的岩浆岩、沉积岩和变质岩进行研究，并对拼合地块内的后期变质变形、新构造活动等进行考察，重建特提斯洋的演化历史，揭示特提斯构造对青藏高原生长的影响。

自青藏高原形成以来，在印度与欧亚大陆持续的汇聚作用下，青藏高原除不断隆升外，还逐渐向外扩展，即横向增长。特别是青藏高原东北缘的北向生长，是高原演化最为明显的特征。本专题有关青藏高原今生方面，以"高原生长"为目标，以青藏高原东北缘构造带、喜马拉雅造山带及包括中南半岛在内的东南缘为考察对象，揭示青藏高原横向生长的前锋发展过程。特别是要查明青藏高原东北缘晚新生代北向的扩展过程，并揭示晚新生代以来各构造带隆升、高原扩展及其与气候的耦合关系，探讨高原生长与荒漠化的关系。具体的考察与研究内容包括：在对阿尔金断裂和祁连山构造带进行构造解剖与演化过程梳理的基础上，重点对其新生代构造变形过程及盆地沉积响应等进行考察与研究，确定青藏高原东北缘边界断层的空间格局和时空演化过程，建立高原北向生长前锋的发展过程，及其与荒漠化的关系。

本专著即为有关青藏高原东北缘北向生长的考察研究报告，在系统梳理既有成果的基础上，就为期三年的考察研究成果做了总结。

本专著为专题成员的共同成果，融入了本次科考的最新进展。其中，第1章主要介绍阿尔金 – 祁连山构造体系格架，由张进江和张波共同完成；第2章从阿尔金构造带的前新生代构造单元、新生代盆地以及阿尔金断裂带中新生代隆升历史等方面，揭示青藏高原东北缘中、新生代构造演化历史，由张志诚完成；第3章通过系统综述祁连山前新生代构造演化，结合构造地貌与低温年代学数据分析，重点讨论了祁连山山前构造变形样式与油气资源效应，由张波、郑德文、俞晶星、宋述光共同完成；第4章介绍阿尔金和祁连山构造带的活动构造与构造地貌特征，并对高原北缘深部动力学机制进行系统评判，由俞晶星和郑德文共同完成。

摘　　要

本研究作为第二次青藏高原综合科学考察的成果之一，深入探讨了祁连山-阿尔金构造体系的地质特征及其在青藏高原北缘的地质演化中的关键作用。该构造体系作为青藏高原向北生长的前沿，不仅展现了新元古代岩浆活动、古生代蛇绿岩套、高压-超高压变质岩块以及沟-弧-盆体系的多期构造行迹，还记录了印度-欧亚板块碰撞引发的青藏高原隆升与北向扩展的壮观过程。

通过最新的构造解析、构造地貌解译、低温年代学等方法，重建了60Ma以来阿尔金-祁连山地区及邻区新生代以来的强烈隆升、地壳缩短（逆冲-褶皱体系）及走滑调节序列。研究发现，阿尔金-祁连造山带是在加里东期阿拉善地体、祁连地体及柴达木-东昆仑地体相互汇聚-增生-碰撞造山基础上发育的，其后又经历了后加里东期构造运动的强烈改造、剥蚀及夷平等；晚中生代（侏罗纪）整个祁连山发生局部或整体抬升，新生代阿尔金和祁连山强烈隆升，形成现今连绵高耸的阿尔金-祁连山山系，成为青藏高原北向生长的前锋，构筑成塔里木盆地和河西走廊的南缘屏障；渐新世（30Ma）以来的陆内变形作用塑造了阿尔金和祁连山及其邻区盆-山现今构造格局和山岭-低缓谷地相间地貌景观，也强烈控制阿尔金-祁连山构造体系西侧和北侧河西走廊地区晚新生代（10Ma）以来的沉积环境与水系演化；在阿尔金-祁连构造体系中，各古老构造单元被大型断裂及韧性剪切带分隔，主要分为两种类型——走滑断裂和逆冲断裂；这些新生代活跃的断裂体系重新塑造了阿尔金和祁连山地区的构造格架，形成新的"活动地块"和"活动边界"，成为调节新生代印度-欧亚大陆碰撞远程陆内变形效应的载体。

围绕阿尔金-祁连构造体系隆升、风化剥蚀与沉降沉积响应这条主线，对阿尔金和祁连山地区典型盆地进行了系统的考察研究，厘清了新生界地层层序演化序列，通过沉积特征、沉积相变化、地球化学、孢粉及化石等记录的综合集成分析，揭示阿尔金断裂南侧记录了白垩纪（140~90Ma）、始新世期间（55~30Ma）的两次冷却过程，反映了本区的两次隆升作用相关事件；白垩纪的事件还与昌马盆地以及酒西盆地的发育相一致，始新世的事件造成了吐拉盆地、索尔库里北盆地、肃北盆地的形成发育；沿阿尔金断裂及其分支断裂的活动，不仅造成了山脉的隆升引起的中中新世（13~8Ma）以来的冷却降温事件，还形成了松弛分叉型的走滑拉分盆地；阿尔金山地区的晚白垩世以来的相对缓慢冷却过程，以及8Ma以来的快速冷却事件，与青藏高原周缘的快速隆升过程相吻合，表明阿尔金山及相邻地区的多阶段快速隆升和剥露。

通过对祁连山及其周缘地区的构造地貌分析、晚新生代磁性地层学分析、低温年代学分析以及热史模拟，我们揭示了祁连山及周缘地区中中新世"由中部向两侧的盆地扩展的变形模式"。这一模式表明，党河盆地、哈拉湖盆地和海湖盆地发育于中祁连山微地块之上，新生代构造变形微弱。北祁连山由一系列挤压型盆–山地貌组成，揭示了多条逆冲山体及其伴随的山间盆地。中中新世以来，构造活动逐渐向北扩展：约15±2Ma，北祁连山中、南部开始活动，并于约10~8Ma变形传递到祁连山北缘，导致北祁连山发生挤压变形，地壳增厚，快速隆升；约4~2Ma，变形扩展到河西走廊，导致老君庙背斜、青头山、文殊山、榆木山等背斜开始发育；至2Ma，变形继续向北传递到达合黎山，引发合黎山的隆升。祁连山及其周边地区的构造变形时空演化表明，祁连山在中中新世发生了准同时的隆升，主体格局形成。约10Ma以后，祁连山南北分别向两侧的柴达木盆地和河西走廊盆地扩展，重建了大地震的孕育成核过程，并提出阿尔金走滑断裂和海原走滑断裂的主要作用是调节两侧块体的缩短变形，而非块体之间的滑动。

通过对祁连山北缘山前冲断带和河西走廊盆地群的构造变形式样分析，揭示祁连山北缘山前断裂体系主要为逆冲性质。在酒西盆地，祁连山北缘逆冲体系被左旋走滑运动的阿尔金断裂切割，厘定出：自山前向前陆方向，发育三排逆冲体系，即祁连山北缘第一排逆冲带"旱峡–大黄沟断裂"、第二排逆冲带为玉门–青草湾逆冲断裂、第三排为火烧沟–新民堡断裂。解释认为：①祁连山北缘山前逆冲体系后缘为"双层结构"：浅部为低角度逆冲推覆体结构（窟窿山推覆体），深部为基底卷入变形为主的褶皱逆冲结构（柳沟庄褶皱–逆冲体系）；②逆冲前锋呈"三角剪切–冲断结构"，三角剪切变形为主的断层传播褶皱–冲断体系以老君庙背斜最为典型；③侧向撕裂断裂（走滑兼逆冲断裂）调节北向逆冲体系，典型构造如134–庙北断裂系；④构造带变形东西分段特征显著；⑤山前逆冲体系的差异位移及调节断裂的相互作用，在老君庙构造带上盘形成北东–南西走向褶皱与北西–南东逆冲体系高角度叠加。基于上述认识，总结认为祁连山山前的青西–老君庙构造带的生烃、油气运移–聚集模式如下：祁连山北缘逆冲体系是本区油气分布的主控因素，多期多组断裂控制构造圈闭及油气藏分布；反转断层输油、逆冲断层控油，形成纵向油藏叠置、横向油藏分带。

通过对祁连山地区的活动断裂和地貌特征评判分析，揭示了青藏高原北缘发育的众多不同走向、不同运动性质的活动断裂，这些断裂活动伴随着地形与地貌的塑造。构造活动导致地壳增厚、山体抬升，高原在横向和纵向上发生扩展，而地表剥蚀作用和河流的搬运作用则不断改造地形地貌，使得地表起伏逐渐减小。进一步提出了青藏高原北缘的三个构造体系域：祁连山中西段的盆地耦合构造体系、祁连山东段的走滑－逆冲转换体系以及阿拉善地块的新生断裂体系。

目　　录

第1章　阿尔金–祁连山构造体系格架 ·· 1

1.1　概述 ··· 2

1.2　阿尔金–祁连山构造体系基本构造格架 ······························· 4

1.3　阿尔金–祁连山构造体系各构造单元及其特征 ······················· 9

1.3.1　敦煌–阿拉善地体 ·· 9

1.3.2　北阿尔金–北祁连加里东俯冲碰撞杂岩带 ······················ 9

1.3.3　阿尔金–祁连微地体 ·· 11

1.3.4　南阿尔金俯冲碰撞杂岩带–柴北缘俯冲碰撞杂岩带 ·············· 13

1.4　阿尔金–祁连山构造体系主要边界断裂和韧性剪切带 ················· 16

1.4.1　阿尔金山北缘断裂 ·· 18

1.4.2　阿尔金大型韧性左行走滑剪切带及左行走滑断裂 ················ 18

1.4.3　北祁连北缘新生代逆冲断裂系 ·································· 24

1.4.4　北祁连南缘晚加里东期大型韧性右行走滑剪切带 ················ 25

1.5　阿尔金–祁连山构造体系前新生代构造演化 ························· 27

1.5.1　罗迪尼亚大陆演化阶段 ·· 27

1.5.2　阿尔金–祁连山加里东造山过程 ······························ 29

1.5.3　阿尔金–祁连山构造带印支期以来的板内变形 ·················· 29

参考文献 ·· 30

第2章　阿尔金构造带的构造演化 ·· 43

2.1　概述 ·· 44

2.2　前新生代构造演化 ·· 45

2.2.1　构造单元及其特征 ·· 45

2.2.2　火成岩及变质岩年龄统计分析 ·································· 49

2.2.3　阿尔金地区中生代冷却事件和侏罗纪地层特征 ················ 58

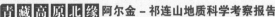
2.3 新生代盆地构造演化 ·· 70

2.3.1 阿尔金断裂带附近盆地概述 ··· 70

2.3.2 吐拉盆地 ··· 71

2.3.3 肃北盆地沉积充填特征、沉积环境演化 ·· 72

2.3.4 肃北盆地构造变形特征与变形分解 ·· 80

2.3.5 石包城盆地 ··· 87

2.4 阿尔金断裂带中新生代隆升历史分析 ·· 110

2.4.1 阿尔金山脉冷却隆升作用 ··· 110

2.4.2 肃北地区山脉冷却隆升历史 ·· 117

2.4.3 青藏高原东北缘中新生代构造演化 ·· 126

参考文献 ·· 140

第 3 章 祁连山前新生代构造演化 ·· **155**

3.1 概述 ··· 156

3.2 区域地质背景 ·· 157

3.2.1 阿拉善地块 ··· 157

3.2.2 北祁连增生杂岩带 ·· 158

3.2.3 中祁连地块 ··· 159

3.2.4 南祁连增生杂岩带 ·· 160

3.2.5 全吉微陆块 ··· 160

3.2.6 柴北缘超高压变质带 ··· 161

3.2.7 柴达木地块 ··· 161

3.2.8 祁连山原特提斯洋的形成和演化 ·· 161

3.2.9 岛弧火山岩 ··· 168

3.2.10 高压变质带 ·· 169

3.2.11 柴北缘大陆俯冲碰撞及造山垮塌 ·· 172

3.2.12 祁连山原特提斯洋构造演化 ··· 174

3.3 祁连山新生代隆升和扩展 ··· 179

3.3.1 概述 ·· 179

3.3.2 祁连山北部新生代隆升及扩展过程 ·· 180

3.3.3 祁连山内部祁连盆地南侧托来山约 15Ma 隆升 ··· 198

3.3.4 南祁连山–柴达木盆地北缘新生代构造活动 ··· 201

3.3.5 祁连山晚新生代构造扩展模式 ······································· 221

3.4 北祁连北缘山前构造及其资源效应 ······································· 228

3.4.1 祁连山北缘山前主要断裂 ··· 232

3.4.2 祁连山北缘逆冲体系构造变形样式 ································· 238

3.4.3 祁连山北缘山前新生代构造变形与油气资源效应 ············· 254

参考文献 ·· 265

第4章 活动构造与构造地貌 ··· **287**

4.1 概述 ·· 288

4.2 祁连山地区主要活动断裂 ··· 290

4.2.1 阿尔金断裂带 ··· 290

4.2.2 祁连–海原断裂带 ·· 296

4.2.3 香山–天景山断裂带 ·· 302

4.2.4 祁连山北缘断裂带 ··· 303

4.2.5 祁连山南缘断裂系（柴达木盆地北缘断裂系） ··············· 307

4.2.6 鄂拉山断裂–日月山断裂 ·· 308

4.2.7 其他断裂 ·· 309

4.3 阿拉善地块主要活动断裂 ··· 309

4.3.1 阿拉善地块南缘断裂系 ··· 309

4.3.2 雅布赖断裂 ··· 313

4.3.3 贺兰山西麓断裂 ·· 318

4.4 青藏高原北缘构造地貌特征 ·· 321

4.5 青藏高原北缘晚新生代构造变形样式 ··· 323

参考文献 ·· 325

第 1 章

阿尔金 - 祁连山构造体系格架

1.1　概述

　　祁连山－阿尔金地区位于青藏高原北缘，北接塔里木盆地，北东为河西走廊和阿拉善地块，南临柴达木盆地和东昆仑山，西接西昆仑山，向东延伸与西秦岭相连（图 1-1），大地构造上属于秦－祁－昆造山带（或中央造山带）。

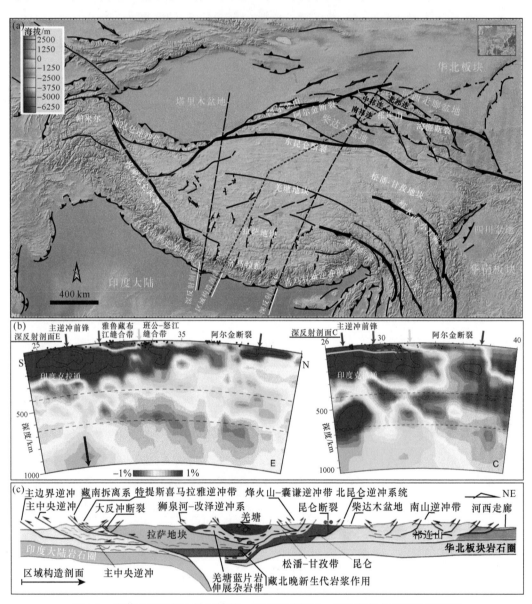

图 1-1　青藏高原及邻区地形地貌、主要构造单元、深部结构与构造边界简图

（a）高原及邻区地形地貌及主要构造边界简图（主构造边界参考 Peltzer et al.，1989；Yin and Harrison，2000；Tapponnier et al.，2001；Yin，2002；许志琴等，2006a；Taylor and Yin，2009）；（b）宽频带地震剖面揭示的高原深部结构；

（c）青藏高原区域构造剖面（Yin and Harrison，2000）

祁连山总体呈现一系列 NWW-SEE 走向的平行"谷－岭"（低地和山岭相间）地貌特征，自北向南分别为青海南山、疏勒南山、托来南山、托来山和走廊南山［图 1-1（a）］；地势呈现西南高北东低的趋势［图 1-1（a）］。祁连山在西端经当金山口即转入阿尔金山，阿尔金山呈现为 NEE 走向的狭长山系。阿尔金山北坡与塔里木盆地连接，山系东段南坡与柴达木盆地连接，山系西段与东昆仑山相隔［图 1-1（a）］。

阿尔金－祁连山构造体系主要沿阿尔金－祁连山地区及其山系展布，该构造体系出露典型的新元古代岩浆、古生代以来的蛇绿岩套、高压－超高压变质岩块、沟－弧－盆体系及多期构造行迹与变形，记录了我国西部多块体裂解、增生、碰撞与拼合过程［图 1-1（b）~（c）］，是研究亚洲古板块构造演化与成矿体系的重要构造区域。

阿尔金－祁连山构造体系不仅经历和记录了新元古代、古生代和中生代长期构造变形历史，而且也经历和记录了新生代以来印度－欧亚板块碰撞诱发的青藏高原隆升与北向生长（北向扩展和隆升）这一地球上最壮观的地质事件［图 1-1（a）~（c）］。

在阿尔金－祁连山构造体系形成和演化过程中，新生代以来陆内构造变形改造最为显著，使古老的缝合带和古老地体边界活化或重新活动［图 1-1（c）］，造成阿尔金－祁连山地区及邻区新生代以来的强烈隆升［图 1-1（a），图 1-2］、地壳缩短（逆冲－褶皱体系）及走滑变形（走滑断裂），这些变形作用塑造了阿尔金和祁连山及其邻区盆－山现今构造格局和高耸陡峭山岭－低缓谷地相间地貌景观，同时也强烈控制阿尔金－祁连山构造体系西侧和北侧河西走廊地区晚新生代以来的环境与生态演化。

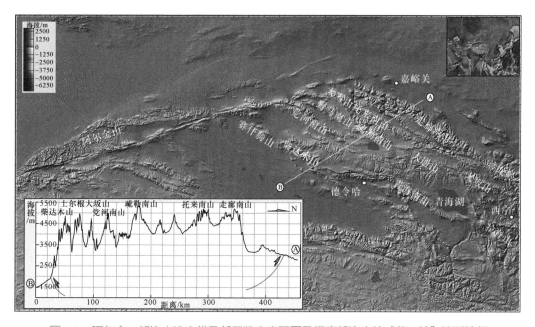

图 1-2　阿尔金－祁连山造山带及邻区数字高程图及横穿祁连山的"谷－岭"地形特征

在阿尔金－祁连山构造带及邻区布设的一系列宽频带地震剖面（Kind et al.，2002；Zhao et al.，2013；Shen et al.，2015；Ye et al.，2015）揭示现今的亚洲大陆岩石圈地幔俯冲于青藏高原岩石圈地幔之下［图 1-3（a）～（b）］。在本区横跨祁连山中段和东段的宽频带剖面中，阿拉善地块的岩石圈地幔俯冲于青藏高原北缘构造转换区之下，阿拉善地块的岩石圈地幔俯冲前缘已经到了西秦岭断裂带下方（Feng et al.，2014；Ye et al.，2015）［图 1-3（a）～（b）］；同时在中地壳 20~30km 范围，还存在一个低速层（LVL；Ye et al.，2015）。

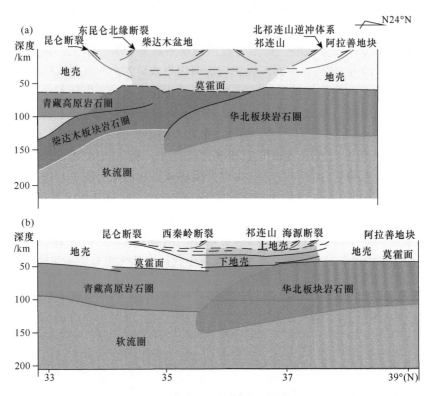

图 1-3　青藏高原北缘祁连山及邻区岩石圈地幔结构解释模型

（a）解释模型根据接收函数数据（Ye et al.，2015）；（b）构造解释模式（Zhao et al.，2011；Feng et al.，2014；Ye et al.，2015）。红色粗实线表示青藏高原岩石圈底界，黄色粗实线表示柴达木岩石圈底界，绿色粗实线表示亚洲岩石圈底界

1.2　阿尔金 – 祁连山构造体系基本构造格架

造山带研究是地球与行星科学研究的重要内容之一，造山带演化过程包括大洋俯冲、闭合、增生、大陆俯冲碰撞，折返、隆升和垮塌等动力学过程。中央造山带（Central Orogenic Belt）横亘中国大陆，西起西昆仑，经阿尔金山、祁连山和东昆仑山，向东延伸至秦岭 – 大别和苏鲁地区，东西长约 4000km（图 1-4）（杨经绥等，2000）。自新元古代以来，中央造山带经历了两个重要的构造事件，包括早古生代—泥盆纪碰撞造山作用（西昆仑、阿尔金山、祁连山和北秦岭）和晚古生代末—三叠纪的俯冲碰撞（包括东昆仑南部、南秦岭、大别山和苏鲁），是由两个时期的造山作用复合而成

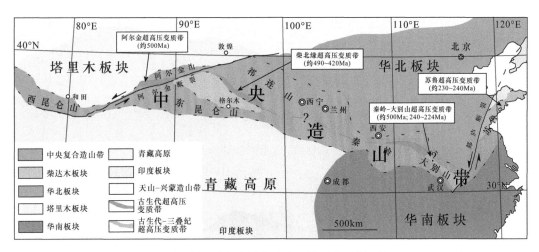

图 1-4　中央造山带区域展布与大地构造分区简图（杨经绥等，2000，2010）

（许志琴等，1994；刘良等，1999，2006；戚学祥，2003；戚学祥等，2005；Zhang
J X et al.，2008，2009a，2017；张建新等，2009，2011；杨经绥等，2010；吴才来等，
2014，2016；Wu et al.，2017）。

　　阿尔金 – 祁连构造体系［又被称为阿尔金 – 祁连山造山带（加里东期）］位于中央
造山带西段（图 1-4）（杨经绥等，2003b，2004，2010），从阿尔金山和祁连山的重力
异常分布特征分析，发现阿尔金山的高重力异常带向北东延伸，并连续进入近 E-W 走
向的祁连山高重力异常带（图 1-5），与目前研究普遍认为的阿尔金 – 祁连山构造体系
地表展布基本一致。

　　该造山带的演化可追溯到约 1.0~0.9Ga 前，祁连山及相邻地区经历了区域性岩浆
及变质作用，导致变质基底固结（杨经绥等，2000，2003b）。这可能与罗迪尼亚超大
陆（Rodinia）的形成与演化过程密切相关，即 1.0~0.9Ga 年前祁连山及邻区经历过与
罗迪尼亚超大陆形成有关的拼合和碰撞事件，在此构造背景上，发生了新元古代和
早古生代洋盆打开、闭合及碰撞造山（车自成等，1995；杨经绥等，2003a；Zhang
et al.，2009b，2017；Zhao et al.，2018；Wu and Zhao，2011）。早古生代俯冲及碰
撞作用有关的物质记录，包含有早古生代蛇绿岩带、与俯冲及碰撞作用相关的花岗
岩、弧火山岩、弧后盆地、前陆盆地及古大陆边缘建造等典型造山带物质（郭召杰等，
1998；杨经绥等，2003b；张建新等，2010；刘良等，2015），其中在祁连和阿尔金
造山带中发育典型的高压 / 低温（HP/LT）变质带和超高压（UHP）变质带，记录了从
大洋开启→洋壳俯冲→大洋闭合→陆陆（弧陆）碰撞完整的演化历史，是中国保存最
为完整的古板块体制的造山带之一（图 1-4，图 1-6）（许志琴等，1994，2003，2006a；
杨经绥等，2000，2003b；张建新等，2007，2009），沿阿尔金走滑断裂西侧出露有加
里东期造山带根部物质（阿尔金地块）（杨经绥等，2003a），其构造单元及重要的地体
界限均可与祁连山对比（图 1-6）（许志琴等，1999；葛肖虹和刘俊来，2000；杨经
绥等，2003b），上述研究成果表明，在加里东期，祁连山和阿尔金山为同一造山体系，

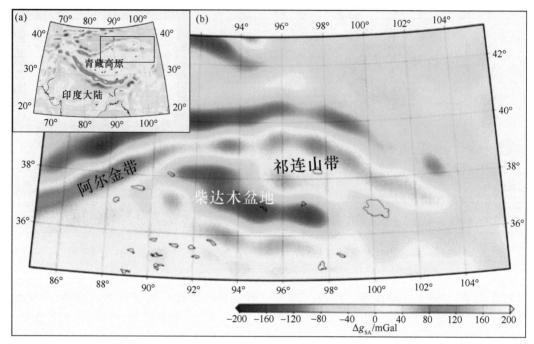

图 1-5　阿尔金 – 祁连构造带及邻区重力异常，分析参数设置：模型 EIGEN-6S4（V2）/ 使用 GOCE 卫星数据和 Laser Geodynamics Satellite（LAGEOS）卫星数据，地面重力异常数据由 EGM2008 模型计算；参考系统 WGS84（计算平台：http://icgem.gfz-potsdam.de/calcpoints [2022-04-10]）

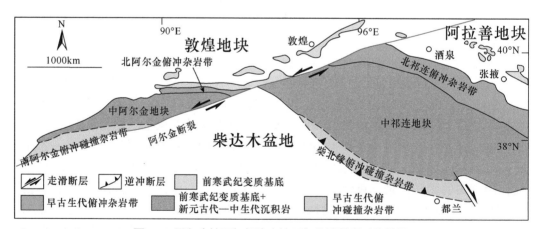

图 1-6　阿尔金地区与祁连山地区各构造单元对比简图
（据许志琴等，1999；杨经绥等，2003b；张建新等，2010；Zhang et al.，2017）

在中生代或/和新生代遭受阿尔金走滑断裂和祁连山逆冲体系的错断和改造（许志琴等，1999，2006a；李海兵，2001；Yin，2002，2010；杨经绥等，2003b；Zheng et al.，2013a；郑文俊等，2016；Wang et al.，2020）。

　　在阿尔金 – 祁连山地区保存的加里东期"弧 – 沟 – 盆"体系，及加里东造山带根部物质组成，以及柴北缘加里东期含柯石英的超高压变质带（杨经绥等，2001），证实深俯冲作用过程，就是在这些早古生代的构造带之间，出露以长英质片麻岩为主的变质基底岩石（被称为"微板块"或"地块"）。关于阿尔金 - 祁连 - 柴北缘地区的深变质基底的归属问题，有学者提出这些变质基底是加里东期造山作用之前从华北板块裂解出来的（冯益民和何世平，1996；葛肖虹和刘俊来，2000），也有学者提出它们可能与扬子板块具有亲缘性（郭进京等，1999；杨经绥等，2003b）。根据在祁连山、柴北缘、阿尔金山以及相邻的柴南缘的区域填图、地球化学和同位素及锆石 U-Pb 年代学分析，基本明确了祁连山 - 柴北缘 - 阿尔金地区不同地块变质基底的特征和归属，认为：①不同构造单元变质基底所代表的主要地壳形成时代在古元古代，时代在 1.8~2.2Ga；但欧龙布鲁克微地块中少量大于 2.5Ga 左右的亏损地幔模式年龄可能代表了太古宙陆核的存在；②祁连 - 阿尔金地区变质基底的最终固结时代 0.9~1.0Ga，表现为大规模的壳内改造；③祁连 - 阿尔金地区的变质基底在早古生代发生了不同程度的活化作用，在祁连 - 阿尔金地块中，主要表现为与加里东期韧性剪切变形有关的构造热事件的改造；④柴北缘变质基底发生了深俯冲作用，经历了 HP-UHP 变质作用的改造；⑤祁连 - 阿尔金和柴达木地块的变质基底与扬子克拉通的变质基底具有可对比性，而明显不同于华北克拉通。该研究表明阿尔金 - 祁连山的基本构造格架，即早古生代的古构造单元由北祁连 - 北阿尔金俯冲杂岩带、祁连 - 阿尔金地块和祁连南缘（柴北缘）南阿尔金俯冲杂岩带所组成；提出加里东期造山过程是本区最重要的演化阶段，奠定了阿尔金 - 祁连山构造体系 / 造山带的基本物质基础和构造格架。

总之，阿尔金 - 祁连造山带是在加里东期阿拉善地体、祁连地体及柴达木—东昆仑地体相互汇聚 - 增生 - 碰撞造山基础上发育的，其后又经历了后加里东期构造运动的强烈改造、剥蚀及夷平，以及在祁连山南部地区局部遭受海侵；晚中生代（侏罗纪）整个祁连山发生局部或整体抬升，新生代阿尔金和祁连山强烈隆升，形成现今连绵高耸的阿尔金 - 祁连山山系，成为青藏高原北向生长的前锋，构筑成塔里木盆地和河西走廊的南缘屏障。

有关青藏高原北缘阿尔金 - 祁连山构造体系的物质组成和构造格架，笔者总结了近 20 年来国内外学者的研究认识和成果，简要总结如下：阿尔金 - 祁连 - 柴北缘地区被巨型阿尔金左旋走滑断裂分割成阿尔金和祁连 - 柴达木两部分，各地质单元对应关系如图 1-6 和图 1-7 所示。①由蛇绿岩和高压变质岩等组成的北祁连俯冲杂岩带，与由蛇绿岩和海相火山岩等组成的北阿尔金俯冲杂岩带相对应，组成北祁连 - 北阿尔金俯冲碰撞杂岩带；②由榴辉岩、石榴橄榄岩和相关岩石组成的柴北缘俯冲碰撞杂岩带与由类似岩石组成的南阿尔金俯冲碰撞杂岩带相对应，构成柴北缘 - 南阿尔金俯冲碰撞杂岩带；③在这些早古生代构造带之间，出露以长英质片麻岩为主的变质基底岩石，杨经绥等（2003a）解释为"微板块"或"地块"，阿尔金 - 祁连 - 柴北缘地区的变质基底构成阿尔金 - 祁连地块的主体，在柴北缘俯冲碰撞杂岩带的北侧存在小的欧龙布鲁克微地体（图 1-7）；④在北祁连 - 北阿尔金俯冲杂岩带北侧为变质基底岩石，构成阿拉善 - 敦煌地块；⑤在柴北缘 - 南阿尔金俯冲碰撞杂岩带的南侧为柴达木地块（李云帅，2016）。南阿尔金较明确的蛇绿岩出露在茫崖地区，其 Sm-Nd 等时线年龄

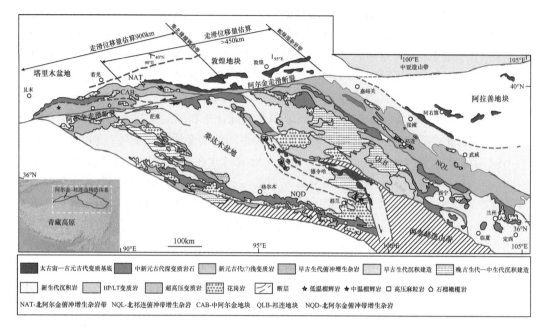

图 1-7　祁连山 – 阿尔金山构造格架及基本构造单元（杨经绥等，2003b；Zhang et al.，2010，2017；
张建新等，2015），走滑位移量估算 900~450km（李海兵等，2001）

为 481Ma（刘良等，1999），在柴北缘地区还出露有与俯冲和碰撞有关的早古生代时期的 I 型和 S 型花岗岩（吴才来等，2005，2016），以及早古生代岛弧火山岩（可能与洋壳俯冲作用有关）（史仁灯等，2004；袁桂邦等，2002），这些蛇绿岩和弧岩浆活动可能为柴达木地块与祁连地块碰撞之前增生造山阶段的产物（张建新等，2007，2010，2011，2015）。

在阿尔金 – 祁连构造体系中，各古老构造单元被大型断裂及韧性剪切带分隔（许志琴等，2006a；杨经绥等，2003a；李海兵等，2001），主要分为两种类型——走滑断裂和逆冲断裂：①阿尔金地体边界断裂；②阿尔金大型左行走滑剪切带及左行走滑断裂；③北祁连北缘逆冲断裂（新生代）；④北祁连南缘大型韧性右行走滑剪切带（晚加里东期）；⑤中祁连南缘逆冲断裂；⑥祁连南缘大型韧性左行走滑剪切带（印支期至新生代）；⑦柴北缘大型韧性右行走滑剪切带（晚加里东期）及新生代逆冲断裂系。在祁连山内部以 NW-NWW 走向逆冲断裂为主导，被 NE-NEE 向及 S-N 向断裂切割，塑造了祁连山内部高地 – 谷地相间的地貌特征（李海兵等，2001；Yin，2002，2010；Yin et al.，2002；Taylor and Yin，2009）；阿尔金地区和祁连山地区的古老构造边界在新生代再次活动，主要有阿尔金断裂带、祁连山北缘断裂带、北祁连山南缘断裂、中祁连山南缘断裂、南祁连山山前断裂带、海源 – 祁连山断裂带、昌马 – 肃南断裂带等，这些新生代活跃的断裂体系重新塑造了阿尔金和祁连山地区的构造格架，形成新的"活动地块"和"活动边界"，成为调节新生代印度 – 欧亚大陆碰撞远程陆内变形效应的载体。

1.3　阿尔金 - 祁连山构造体系各构造单元及其特征

根据填图和研究（杨经绥等，2003a；张建新等，2007，2010），这些学者认为阿尔金 - 祁连 - 柴北缘地区的变质基底主要分布在两条碰撞杂岩带之间，即构成阿尔金 - 祁连地块的主体，在柴北缘俯冲碰撞杂岩带的北侧可进一步分出一个小的欧龙布鲁克微地体；在北祁连 - 北阿尔金俯冲杂岩带北侧为以变质基底岩石为主体的敦煌 - 阿拉善地块，在柴北缘 - 南阿尔金俯冲碰撞杂岩带的南侧为柴达木地块。

1.3.1　敦煌 - 阿拉善地体

敦煌 - 阿拉善地体为华北板块的西延部分（杨经绥等，2003a；Wu and Zhao，2011；Wu et al.，2017），位于阿尔金 - 祁连山构造体系北侧（杨经绥等，2003a）。在阿拉善地区，其基底为条带状、眼球状混合岩、斜长角闪片麻岩、花岗质片麻岩、黑云斜长片麻岩夹大理岩、石英岩、片岩、变粒岩，上部有变质流纹英安岩及结晶灰岩，为阿拉善群和龙首山群（杨经绥等，2003a，2004）。修群业等（2002）报道了龙首山群花岗片麻岩的锆石 U-Pb 年龄为 1914 ± 9Ma，认为龙首山群形成于古元古代。

在敦煌地区和北阿尔金地区由高角闪岩相 - 麻粒岩相的变质杂岩（变质基底为敦煌群和米兰群）组成，其形成时代大于 2.5Ga（车自成等，1995；陆松年等，2002），英云闪长岩中锆石 U-Pb 年龄为 2.67Ga（梅华林等，1998）；在北阿尔金被称为阿克塔什塔格群或米兰群，主要由不同类型基性麻粒岩（包括二辉麻粒岩、石榴二辉麻粒岩等）、斜长角闪岩和 TTG 花岗质岩石组成，有紫苏花岗岩存在，不同类型表壳岩的矿物组合和紫苏花岗岩的形成表明变质程度为麻粒岩相，已获得的锆石 U-Pb 和 Sm-Nd 等时线年龄为 2.46~2.789Ga（车自成和孙勇，1996）。李惠民等（2001）通过锆石 TIMS 分析，获得米兰群中的花岗片麻岩 3.6Ga 的 U-Pb 年龄。

北阿尔金、敦煌和阿拉善变质地块岩石存在太古宙年代学信息，变质基底明显不同于其南侧祁连 - 阿尔金造山带的变质基底，尽管可能也遭受了多期后期构造热事件的改造，但其变质基底所代表的地壳形成时代主要为太古宙（杨经绥等，2003a），不同于代表地壳形成时代主要为元古宙的祁连 - 阿尔金造山带的变质基底（陆松年等，2002；陆松年和袁桂邦，2003；杨经绥等，2003a；张建新等，2011，2015；Wu and Zhao，2011；Wu et al.，2017）。

1.3.2　北阿尔金 - 北祁连加里东俯冲碰撞杂岩带

1.3.2.1　北阿尔金加里东俯冲碰撞杂岩带

北阿尔金加里东俯冲碰撞杂岩带（又称北阿尔金蛇绿混杂岩带）位于敦煌地体与

阿尔金微地体之间，呈 E-W 走向，宽 8~12km，西起若羌、红柳沟，经阿克塞，东至肃北一带，沿阿尔金北缘断裂呈东西向分布，主要由蛇绿岩、岩浆岩、高压 – 超高压变质岩、浅变质的火山碎屑岩和一些海相沉积岩组成，长 600km（刘良等，1999；Zhang G B et al.，2008；孟繁聪等，2009）；俯冲 – 碰撞杂岩带分为两部分，北部为北阿尔金早古生代火山岛弧岩浆带，由钙碱系列中酸性火山岩组成，被 436Ma 的花岗岩浆侵入（杨经绥等，2003a）；南部为俯冲碰撞杂岩带，其基质为浅变质的火山岩、火山碎屑岩及碎屑岩，变质程度以浅变质的低绿片岩相 – 绿片岩相为主（杨经绥等，2003a）。杂岩带内蛇绿岩中发现有代表洋盆存在的洋壳岩石组合、洋脊扩张的基性岩墙群、OIB（洋岛玄武岩）以及岛弧拉斑玄武岩和钙碱性玄武岩（杨经绥等，2008；董顺利等，2013）；有学者对该带蛇绿岩中的基性侵入岩、枕状玄武岩定年分析表明，其年龄主要集中在寒武纪—奥陶纪。刘良等（1999）在红柳沟地区报道了 524.4Ma（Sm-Nd 全岩年龄）的洋岛玄武岩（OIB）；在北阿尔金恰什坎萨依剖面获得的斜长花岗岩锆石 U-Pb 年龄为 518±4Ma（盖永升等，2015）。这些数据表明早寒武世北阿尔金洋已打开（张志诚等，2009a）。北阿尔金洋盆北侧岩浆弧型火成岩年龄主要集中在 500~470Ma（戚学祥等，2005；吴玉等，2015，2019；郝江波，2021）。

杂岩带内就存在两期花岗岩：① 440~430Ma 同碰撞型花岗岩属性的岩浆活动（吴玉等，2015，2017，2019；陈柏林等，2016），表明北阿尔金洋主体在晚奥陶世晚期—中志留世已经闭合，进入同碰撞演化阶段（陈柏林等，2016）；②大量中 – 晚志留世具有后碰撞岩浆岩特征的岩体，U-Pb 锆石年龄介于 404~427Ma（郝江波，2021），代表后碰撞作用。这些岩浆岩及其年代学数据暗示在中 – 晚志留世，北阿尔金地区已进入后碰撞演化阶段，指示北阿尔金地区增生造山作用的结束（杨经绥等，2003a；陈柏林等，2016）。

1.3.2.2 北祁连加里东活动陆缘增生地体 / 俯冲碰撞杂岩带

北祁连加里东活动陆缘增生地体 / 俯冲碰撞杂岩带分布在阿拉善 – 敦煌地体和祁连微地体之间（杨经绥等，2003a），自南而北分为：①北祁连俯冲碰撞杂岩带；②弧前增生楔；③火山岛弧带；④弧后盆地带；⑤阿拉善板块的大陆架和大陆坡（杨经绥等，2003a）。蛇绿混杂岩带和高压变质带是俯冲碰撞杂岩带的主要组成，托来山 – 达坂山蛇绿岩及蛇绿混杂岩带沿托来山及北坡一带分布，向西可延全肃北，向东在门源以东消失（杨经绥等，2003a），主要由超基性岩（蛇纹石化橄榄岩、纯橄岩、橄榄岩等）、基性岩（辉长岩及辉绿岩）、基性火山岩及深海和半深海相的碎屑岩（硅质岩、泥质岩等）等组成（夏林圻等，1996，2003；杨经绥等，2003a；闫臻等，2008；Yan et al.，2015）。对锆石 SHRIMP 定年显示该带蛇绿岩套的辉长岩时代 533~568Ma，解释认为洋盆开启时间在早寒武世（杨经绥等，2003a）；增生杂岩带岩片普遍遭受绿片岩相或蓝片岩相的变质作用，构成加里东俯冲 – 增生楔的深部岩石，为俯冲作用过程中板底垫托作用的产物，其变质时代为 489~420Ma（杨经绥等，2003a），增生杂岩带中发育 NNE-SSW 向的拉伸线理，"A" 型褶皱和自 NNE 向 SSW 的剪切运动学，被解释为北祁连洋盆向北俯冲的构造变形（杨经绥等，2003a；Yan et al.，2015）。

1.3.3　阿尔金 – 祁连微地体

阿尔金 – 祁连地块分布在北祁连 – 北阿尔金俯冲碰撞杂岩带和柴北缘 – 南阿尔金俯冲碰撞杂岩带之间（杨经绥等，2003a）。在祁连山地区，变质基底主要分布在中祁连（南祁连被古生代以来的浅海相及陆相沉积岩所覆盖），深变质基底在不同地区被冠以不同的岩群名称，如湟源群、化隆群、党河南山群。在阿尔金地区，出露于且末至茫崖—若羌公路之间，即"阿尔金群"（杨经绥等，2003a）。

这些变质基底岩石主要为变质表壳岩和花岗质岩石。表壳岩系以变质泥砂质岩石为主，还存在一定数量的大理岩和不同类型的变质火山岩。根据不同类型岩石的矿物组合，祁连造山带深变质基底的变质程度一般为角闪岩相，也存在绿片岩相和麻粒岩相变质，并有混合岩化现象（杨经绥等，2003a；Zhang et al.，2017）。花岗质岩石主要为花岗闪长岩、二长花岗岩、钾质花岗岩等，为壳内再循环深熔作用的产物（杨经绥等，2003a），且普遍遭受后期糜棱岩化作用改造（杨经绥等，2003a）。杨经绥等（2003a）研究显示，祁连 – 阿尔金地块变质基底中花岗质岩石的锆石 U-Pb 为 1.0~0.9Ga，而云母 Ar-Ar 定年（457Ma）分析揭示变质基底在早古生代遭受构造热事件改造（杨经绥等，2003a）。

1.3.3.1　阿尔金微地体

阿尔金地体或微地体主要由元古宙深变质的阿尔金群及新元古代的塔什大坂群组成。阿尔金群是以角闪岩相为主的变质杂岩，塔什大坂群主要由浅变质的稳定大陆边缘环境的碎屑岩、碳酸盐岩夹少量火山岩所组成，与北部的早古生代俯冲碰撞杂岩带和南部的阿尔金群均为近东西向的断层接触关系。杨经绥等（2003a）对阿尔金地块中的片麻状花岗岩锆石 Pb-Pb 蒸发法年龄分析，揭示 948~936Ma 的年龄。阿北地块出露的最老变质基底岩石米兰岩群，包括深变质的表壳岩和具有相似变形变质特征的变质深成岩，还包括了变形变质程度相对较弱的古元古代变质侵入岩，构成塔里木盆地东南缘早期前寒武变质杂岩带（陆松年和袁桂邦，2003；辛后田等，2011；Lu et al.，2008），岩石类型为不同类型的麻粒岩、斜长角闪岩、TTG 花岗质岩石，不同类型表壳岩的矿物组合和紫苏花岗岩的形成表明变质程度达麻粒岩相变质（Lu et al.，2008）。大量锆石 U-Pb 与 Sm-Nd 等时线年代学分析表明，该区片麻岩原岩结晶年龄 3713±8Ma，并经历了 3.56Ga 和 2.00Ga 两期变质作用（Ge et al.，2018）；该地区长英质麻粒岩形成时代为 2792±208Ma，二长花岗岩结晶年龄为 2830±45Ma，英云闪长质片麻岩的结晶年龄为 2604±102Ma，花岗片麻岩的岩浆年龄为 2396±36Ma（Lu et al.，2008），TTG 岩石的形成时代为 2.8~2.6Ga（陆松年和袁桂邦，2003；Lu et al.，2008；辛后田等，2011）；地块内还存在 2.1~2.0Ga 岩体，2.0~1.9Ga 高温变质事件以及 1.9~1.8Ga 的深熔作用（Gehrels et al.，2003a，2003b；Zhang J X et al.，2001，2017；Zhang L T et al.，2015；辛后田等，2011；张建新等，2011；杨俊泉等，2012；王超等，2015），代表了中国西部最古老地壳出露区；杨经绥等（2003a）对阿尔金地块中的片麻状花岗岩中的黑云母进行 Ar-Ar 年龄测试，结果为 457Ma，解释认为阿尔金微地体与祁连微地体古老变质基底经历了加里东期的构造改造。

1.3.3.2 祁连微地体

祁连微地体位于两条俯冲 – 碰撞杂岩带之间，以出露前寒武纪变质基底为标志，变质基底主要由角闪岩相岩石组成，形成的时代大致为 1.0~0.9Ga（杨经绥等，2003a），但在南部的欧龙布鲁克微地块存在更老的陆核（陈能松等，2007）。在变质基底之上有两套古生代至三叠纪沉积盖层，下部盖层为早古生代低绿片岩相的碳酸盐岩和碎屑岩沉积，在中南祁连构造带的南部欧龙克鲁克一带发育台地型灰岩、白云岩及千枚岩、板岩的寒武—奥陶纪沉积（杨经绥等，2003a）。在中祁连以火山岩、火山碎屑岩及硅质板岩、结晶灰岩为主要组成，具深水 – 半深水沉积特征，志留系由千枚岩、板岩及硬砂岩的复理石岩系组成，厚度大、韵律明显，可能反映了祁连地体与柴达木地体碰撞后的残余海盆的沉积环境（杨经绥等，2003b）；上部盖层由石炭系—三叠系陆相、海陆交互相 – 浅海相沉积组成，表明印支末期经历印支陆内造山运动（杨经绥等，2003b）。

中祁连变质基底主要分布在祁连微板块地体北部的野马南山—疏勒南山—湟源一带，由 1.0~0.9Ga 形成的变质表壳岩和花岗质岩石经历高角闪岩相变质作用组成（杨经绥等，2003a）。

南祁连加里东褶皱带位于祁连微板块中部，广泛分布寒武系—奥陶系，主要由厚度变化很大的砂板岩、千枚岩和中基性火山岩组成，代表深水 – 半深水型的复理石岩系沉积（杨经绥等，2003a）。复理石岩系经受加里东造山阶段强烈褶皱，形成紧密直立褶皱，加里东晚期花岗岩就位（444Ma）（杨经绥等，2003b）；上古生界至三叠系海相沉积由海相灰岩及碎屑岩组成，不整合覆盖在加里东构造层及花岗岩之上，并受印支运动影响，形成宽缓直立褶皱（杨经绥等，2003b）。

柴达木盆地北缘欧龙布鲁克地块 / 微地块，在祁连微地体南部的"欧龙布鲁克微地块"，由前震旦纪的角闪岩相 – 麻粒岩相的变质杂岩组成（陆松年和袁桂邦，2003；张建新等，2007），这些变质基底出露在乌兰—德令哈一带，原属于达肯大坂群。王毅智和王桂秀（2000）在乌兰地区进行 1 ：5 万地质填图过程中，发现有基性麻粒岩；在德令哈市附近原定为达肯大坂群的长英质片麻岩中发现有基性麻粒岩存在（张建新等，2001），与乌兰地区发现的基性麻粒岩可能构成一条 NWW-SEE 走向的麻粒岩带（张建新等，2001；杨经绥等，2003a）。德令哈的基性麻粒岩获得 1791±37Ma 的麻粒岩相变质年龄（张建新等，2001）；德令哈地区斜长角闪岩和二长花岗片麻岩的锆石 U-Pb 测定，获得 2412±14Ma 和 2366±10Ma 的年龄（陆松年和袁桂邦，2003；杨经绥等，2003a)，对欧龙布鲁克基底片麻岩分析揭示大多数片麻岩的年龄在 1.9~2.17Ga，与祁连地块的片麻岩一致，也存在 > 2.5Ga 的年龄；指示原岩有来自太古宙的物质。目前大部分学者认为欧龙布鲁克微地块正片麻岩的锆石 U-Pb 年龄为 2.4Ga，麻粒岩相变质为 1.8Ga，表明欧龙布鲁克地块具有太古宙陆核性质，但其主要地壳形成时代为古元古代。变质基底之上为震旦系至奥陶系的盖层，盖层遭受加里东褶皱和逆冲作用，并发生一系列向南逆冲的韧性剪切带；表明靠近柴北缘俯冲碰撞杂岩带，加里东期的构造变形特征显示了向南的极性 (杨经绥等，2003a；许志琴等，2003)；欧龙布鲁克地块北界是 240~250Ma 时期活动的大柴旦－青海湖左行走滑韧性剪切带，又称宗务隆山断裂 (许志琴等，2003，2006)，南边界为柴北缘右行走滑韧性剪切带，其活动时间为 400Ma (许志琴等，2003)。

1.3.4　南阿尔金俯冲碰撞杂岩带－柴北缘俯冲碰撞杂岩带

1.3.4.1　南阿尔金俯冲碰撞杂岩带

南阿尔金俯冲碰撞杂岩带出露在南阿尔金造山带西南，南阿尔金 (茫崖) 古生代俯冲碰撞混杂岩带呈北东东至北东向，出露于阿尔金左行走滑断裂以北地区，位于中阿尔金地块以南，南侧被阿尔金大型左旋走滑断裂叠加和切割，与东昆仑和柴北缘分割；自西端的且末向东至茫崖地区 (图 1-8)。南阿尔金俯冲碰撞杂岩带可划分为阿帕－茫崖蛇绿混杂岩带及南阿尔金高压－超高压变质带 (刘良等，2009；杨文强等，2012)。南阿尔金俯冲碰撞杂岩带自西向东也被划分为两个次级构造单元：江尕勒萨依榴辉岩－片麻岩单元和巴什瓦克石榴橄榄岩－高压麻粒岩单元 (张建新等，2007，2015)；高压－超高压变质岩主要呈透镜状分布于英云闪长质－花岗质片麻岩和副变质岩系中，主要岩性为榴辉岩、石榴橄榄岩、石榴斜长角闪岩和基性－超基性岩石。在南阿尔金地区榴辉岩带最早由刘良等 (1999) 发现。杨经绥等 (2003a) 和张建新等 (2011) 对南阿尔金榴辉岩研究，厘定了阿尔金超高压变质带的 P-T 条件 (P：30kbar[①]；T：700~800℃)，超高压变质带形成时代约 500Ma。校培喜等 (2001) 和刘良等 (1999) 在茫崖西北的巴什瓦克地区发现有石榴橄榄岩和榴辉岩，表明这条高压－超高压带走向可能为近 E-W 向，向东延伸被阿尔金走滑断裂改造和切割，揭示南阿尔金榴辉岩带是柴北缘榴辉岩带的西延部分 (许志琴等，1999；杨经绥等，2003a；Liu et al.，2009；张建新等，2011)。

研究表明，南阿尔金俯冲碰撞杂岩带出露的榴辉岩、石榴斜长角闪岩和基性超基性岩石的原岩主要为形成于新元古代 (780~730Ma) 大陆裂谷环境的基性岩 (Liu et al.，2009；Wang et al.，2013；李云帅，2016)。新近报道的岩石学和年代学研究揭示杂岩带内的榴辉岩与其围岩以及中－新元古代或更老的盖层在早古生代 (约 500Ma) 可能经历深俯冲作用 (张建新等，2007，2011，2015；Liu et al.，2009；Zhang et al.，

---

① 1kbar=10^8Pa。

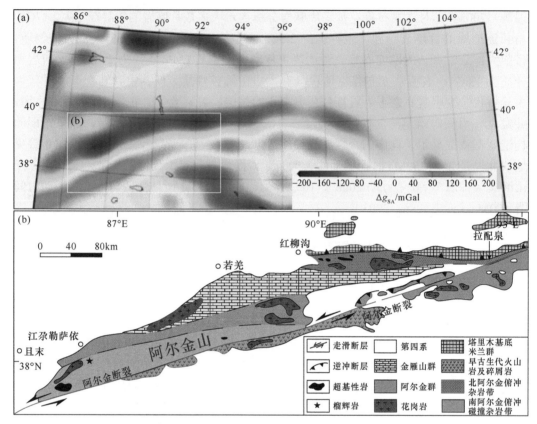

图 1-8 阿尔金地区重力异常状态与造山带内构造单元地质简图

（a）阿尔金地区重力异常分布；（b）南阿尔金地区构造单元简图

2017）。Wang 等（2013）报道了杂岩带内变质表壳岩经历中新元古代早期变质事件。对南阿尔金高压 – 超高压变质岩石的研究认为南阿尔金俯冲碰撞杂岩带峰期变质时代为 500Ma，原岩形成时代为 750~1000Ma，在邻区柴北缘的研究表明其榴辉岩原岩除了与 Rodinia 超大陆裂解相关的类型外，还包括形成于 510Ma 的早古生代蛇绿岩组合，表明陆壳深俯冲的同时还保留有先期洋壳深俯冲的证据（Zhang et al.，2008；张贵宾和张立飞，2011；Ren et al.，2016）。综上所述，该套杂岩主体应形成于中、新元古代，响应全球性的 Rodinia 超大陆聚合事件（Wang et al.，2013；Song et al.，2014；Peng et al.，2019）；并经历早古生代构造和变质事件。

1.3.4.2 柴北缘加里东俯冲碰撞杂岩带

柴北缘俯冲碰撞杂岩带沿柴达木盆地北缘出露和展布，西侧自塞什腾山，向东至都兰北部的阿尔茨托山，以出露超高压榴辉岩、石榴辉石岩、长英质麻粒岩、基性高压麻粒岩和相关片麻岩为特征（Yang J S et al.，2001，2002；Song et al.，2005，2014；Zhang G B et al.，2008）。该带杨经绥等（2003a）的研究结果显示，柴北缘超高压榴辉岩、石榴子石橄榄岩及一些片麻岩组成了柴北缘俯冲 - 碰撞杂岩带，榴辉岩形成峰变质条件：$P \geq 28GPa$，$T \geq 700℃$，形成时代 500~440Ma；在柴北缘东段都兰榴辉岩的围岩 - 含石榴子石白云母片麻岩的锆石中柯石英包体的发现（杨经绥等，2001），证实柴北缘存在加里东超高压变质带和大陆深俯冲的证据。同时杨经绥等（2003a）研究表明，柴北缘超高压带中有许多与板块俯冲及碰撞有关的 I 型和 S 型花岗岩，其形成时代在早古生代，锆石 SHRIMP U-Pb 定年获得两种花岗岩的年龄为 496Ma 和 446Ma。

新的研究根据杂岩带中各构造单元岩石组合及变质演化差异，柴北缘俯冲碰撞杂岩带自西向东划分为四个次级单元：鱼卡 - 落凤坡榴辉岩 - 片麻岩（片岩）单元、绿梁山石榴橄榄岩 - 高压麻粒岩单元、锡铁山榴辉岩 - 片麻岩单元、都兰榴辉岩 - 片麻岩单元，其中都兰地区可进一步划分出都兰北带和都兰南带两个亚单元（杨经绥等，2000；Yang et al.，2001；张建新等，2007；Song et al.，2014）。

柴北缘鱼卡 - 落凤坡榴辉岩 - 片麻岩单元分布在大柴旦镇西约 40km，东、南两侧则与奥陶纪的火山岩以断层接触。该单元以发育榴辉岩、高压变质泥质岩、花岗质片麻岩及少量大理岩为特征（张建新等，2007，2015）。该区榴辉岩中的锆石揭示的榴辉岩的变质年龄为 488~495Ma（张建新等，2000；Zhang J X et al.，2001）；而该区榴辉岩以及围岩片麻岩中的锆石的 U-Pb SHRIMP 和 LA-ICP-MS 方法测定的变质年龄集中在 430~440Ma，有学者解释为榴辉岩相变质年龄（Xiong et al.，2012，2015）；角闪石和多硅白云母进行 Ar-Ar 测年结果显示，岩石折返到相对较浅的构造层次的年龄约为466~477Ma。

绿梁山石榴橄榄岩 - 高压麻粒岩 - 片麻岩单元分布在大柴旦镇以南，西侧明显被志留纪的花岗岩侵位 428±10Ma（孟繁聪等，2009）。该单元主体部分为含夕线石（蓝晶石）的副片麻岩和花岗质片麻岩，也包含有透镜体状的石榴二辉橄榄岩、纯橄岩和石榴辉石岩等超基性杂岩体（Song et al.，2005，2014）。Song 等（2005）对柴北缘绿梁山地区超基性岩中的锆石进行 SHRIMP U-Pb 测定，获得了四组原岩岩浆结晶年龄和变质 - 热事件的叠加年龄：457±22Ma、423±5Ma、397±6Ma 和 368~349Ma；而 Zhang J X 等（2008）通过对基性麻粒岩和麻粒岩相片麻岩的 SHRIMP 测定，揭示变质年龄为 421~454Ma，进而提出麻粒岩相变质作用（张建新等，2015；Zhang J X et al.，2008）；而 Xiong 等（2011）通过 ICP-MS 方法获得石榴橄榄岩和石榴辉石岩的变质时代年龄 427~429Ma，解释为大陆深俯冲和陆 - 陆碰撞时代。张建新等（2015）对花岗片麻岩锆石分析，获得 900Ma 的年龄，这些学者认为其代表了新元古代岩浆作用（Zhang G B et al.，2008；张建新等，2015）。

锡铁山榴辉岩 - 片麻岩单元分布在柴北缘中段的锡铁山—铅石山（阿莫尼克山）一带，中东部明显被志留纪的花岗岩（428±1Ma）所侵入（孟繁聪等，2005）。该单元以发育含夕线石（蓝晶石）、石榴子石的副片麻岩、花岗质片麻岩为特征。榴辉岩以透镜体的形式分布在含夕线石（蓝晶石）和石榴子石的黑云片麻岩（副片麻岩）和花岗片麻岩之中。锆石 U-Pb TIMS 和 SHRIMP 测定揭示榴辉岩原岩年龄为 470~950Ma（张建新等，2003b；孟繁聪等，2005；Zhang J X et al.，2008；Zhang G B et al.，2008，

2017）；锆石 U-Pb SHRIMP 和 LA-ICP-MS 方法获得锡铁山榴辉岩及退变榴辉岩的变质年龄多集中在 433Ma（宋述光等，2011；Liu et al.，2009）。

都兰榴辉岩 – 片麻岩单元分布在柴北缘东段的野马滩—沙柳河一带，主要由花岗质片麻岩、副片麻岩、少量大理岩、呈透镜状产在片麻岩中的榴辉岩以及蛇纹石化超基性岩组成（张建新等，2007，2015）。已有的年代学显示都兰榴辉岩的年龄介于 422~450Ma 之间，被解释为榴辉岩相变质作用持续 20~30Ma（Mattinson et al.，2006a）。

1.4　阿尔金 – 祁连山构造体系主要边界断裂和韧性剪切带

阿尔金 – 祁连山构造体系的断裂系统非常发育，主要发育两种类型：走滑断裂和逆冲断裂，有经历加里东造山演化的逆冲和走滑体系，也有对阿尔金 – 祁连山新生代构造演化有重要作用的活动断裂体系，如阿尔金走滑断裂带、祁连山北缘断裂带、北祁连山南缘断裂、中祁连山南缘断裂、南祁连山山前断裂带、祁连山 – 海源断裂带、昌马 – 肃南断裂带等（图 1-9），这些断裂体系在各类地球物理剖面上均有不同图案

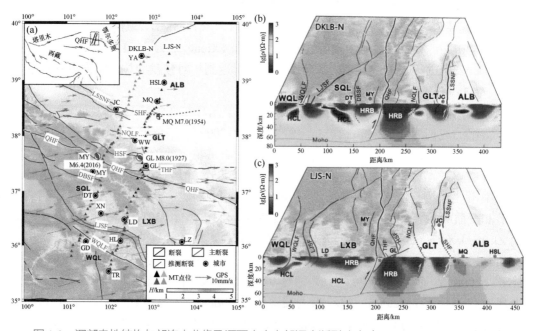

图 1-9　深部电性结构与祁连山北缘及河西走廊内部深大断裂响应（DKLB-N 和 LJS-N 剖面）
（莫霍面引自 Shen et al.，2017a）

（a）祁连山及其北缘深大断裂体系；（b）~（c）深部电性结构揭示的河西走廊内部结构（Shen et al.，2017a）祁连山东段及其附近地区大地电磁剖面位置图（图中震源机制解为平面投影，黑色三角形为早期测点，红色三角形为 2015 和 2018 年测点，绿色三角形为 2017 年测点）DKLB-N- 贵德 – 雅布赖；LJS-N- 同仁 – 民勤剖面；WQL- 西秦岭地块；LXB- 陇西盆地；GLT- 古浪推覆体；SQL- 南祁连地块；ALB- 阿拉善地块；QHF- 祁连 – 西海原断裂；THF- 天桥沟 – 黄羊川断裂；HSF- 皇城 – 双塔断裂；NQLF- 丰乐断裂；SHF- 红崖山 – 四道山断裂；LJSF- 拉脊山断裂；WQLF- 西秦岭北缘断裂；LSSNF- 龙首山北缘断裂；YA- 雅布赖；HSL- 红沙梁；JC- 金昌；MQ- 民勤；WW- 武威；GL- 古浪；MY- 门源；DT- 大通；XN- 西宁；LD- 乐都；LZ- 兰州；HL- 化隆；GD- 贵德；TR- 同仁（赵凌强，2020）

信息呈现（图 1-9、图 1-10、图 1-11）。如图 1-9（b）～（c）两条电性结构剖面揭示（赵凌强，2020），高阻体整体表现为南深北浅趋势，两条剖面上显示出祁连 – 西海原断裂的深部延展形态存在一定差别，DKLB-N 剖面显示祁连 – 西海原断裂在浅部 5km 以上以高阻体为主，低阻层没有出露至地表；LJS-N 剖面上祁连 – 西海原断裂低阻层出露至地表 [图 1-9（b）～（c）]。DKLB-N 和 LJS-N 剖面显示海原 – 祁连断裂电性结构为明显的陡立南倾高角度电性分界带，断裂以北为大规模完整的高阻构造带，断裂以南为南祁连中低阻混合构造带，电性差异从地表延伸至地下 60km 以下，穿过了莫霍面，表明海原 – 祁连断裂为基底大型断裂带，此断裂系统为大型岩石圈断层，即海原 – 祁连断裂是构造带内重要的大型边界断裂（赵国泽等，2004，2010；赵凌强，2020）。

结合地质剖面图、三维电性结构图（图 1-10）、相位不变量分布图、二维不变量分布图、磁感应矢量分布图以及前人研究结论，Shen 等（2017a）推测龙首山北缘断裂和

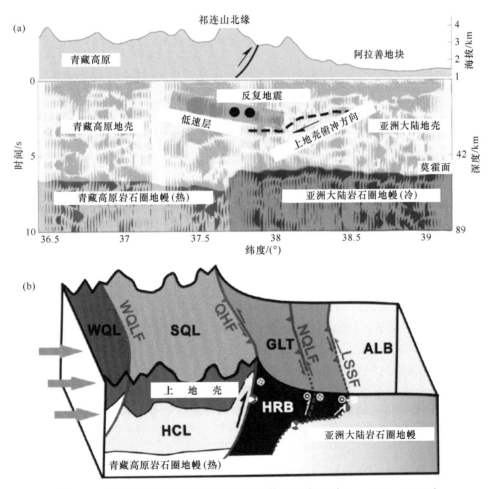

图 1-10　祁连山东段深部岩石圈结构观测与断层解释（Shen et al.，2017b）

（a）震源机制解为 NE20° 方向投影（莫霍面引自 Shen et al.，2015，2017b）；（b）祁连山东段与阿拉善地块接触关系解释模式（Shen et al.，2017b）；HCL- 高导层；HRB- 高流变带；LSSF- 龙首山断裂；WQL- 西秦岭地块；WQLF- 西秦岭北缘断裂；SQL- 南祁连地块；QHF- 祁连 - 西海原断裂；GLT- 古浪推覆体；NQLF- 北祁连断层；ALB- 阿拉善地块

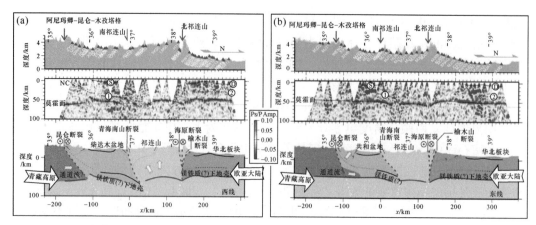

图 1-11　青藏高原北缘（祁连山及邻区）深部地壳结构及其构造解释（两条地球物理剖面，
部署 47 台宽带地震仪，2013 年至 2014 年期间；Shi et al.，2017）

（a）西剖面地表地形、P 波接收函数剖面及构造解释，粗红色线为观测和解释界面位置；
（b）东剖面地表地形、P 波接收函数剖面及构造解释，粗红色线为观测和解释界面位置

红崖山-四道山断裂一线为青藏高原（祁连山东段）与阿拉善地块边界断裂，青藏高原（祁连山东段）与阿拉善地块接触关系以挤压碰撞为主，可能兼具小规模俯冲作用。

本章对阿尔金-祁连山构造体系中的主要大型断裂及韧性剪切带进行综述，包括：①阿尔金地体边界断裂；②阿尔金大型左行走滑剪切带及左行走滑断裂；③北祁连北缘新生代逆冲断裂系；④北祁连南缘晚加里东期大型韧性右行走滑剪切带；⑤中祁连南缘逆冲断裂系；⑥祁连南缘印支期以来大型韧性左行走滑剪切带；⑦柴北缘晚加里东期大型韧性右行走滑剪切带及新生代逆冲断裂。

1.4.1　阿尔金山北缘断裂

阿尔金山北缘断裂分布在阿尔金山的北部边缘，从且末到敦煌的三危山呈断续分布，断层为低角度逆冲性质，逆冲在塔里木盆地南缘之上（Yin and Harrison，2000；Yin，2002；杨经绥等，2003b），在敦煌的三危山断层呈现左旋走滑运动性质 [图 1-12（a）~（b）]。中法合作的天然地震探测显示在中段的若羌—米兰一带，阿尔金山与塔里木盆地为界的阿尔金北缘的逆冲断裂由向 SE 方向倾斜的低速层所组成 [图 1-12（b）]，在 20km 左右深度其宽度为 5km，以 30° 向南东的倾角下插到 80km 深处，并与近直立的深达岩石圈地幔的阿尔金南缘走滑断裂（即阿尔金主断裂）交汇（许志琴等，1999）。

1.4.2　阿尔金大型韧性左行走滑剪切带及左行走滑断裂

阿尔金走滑断裂带位于青藏高原北部边缘，是一条明显的地表地形和构造边界 [图 1-12（a）~（c）]，阿尔金断裂带以南是平均海拔 4000m 的青藏高原，而断裂以

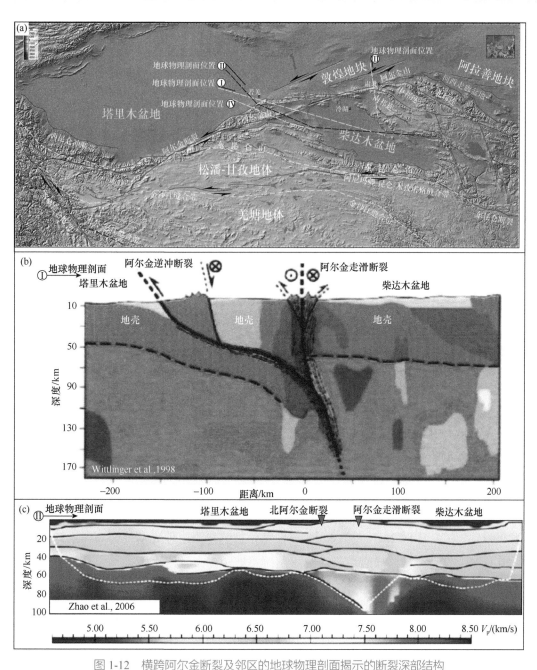

图 1-12　横跨阿尔金断裂及邻区的地球物理剖面揭示的断裂深部结构

（a）阿尔金走滑断裂空间几何展布与断层连接；（b）宽频地震观测剖面及其断裂构造揭示（Wittlinger et al.，1998）；

（c）反射 / 折射地震波速模型及阿尔金断裂及邻区深部构造解释（Zhao et al.，2006）

北则是平均海拔仅 1000m 的塔里木盆地，由韧性剪切带和脆性走滑带组成走滑断裂系统。虽然阿尔金走滑断裂在前新生代也有活动记录；但目前，对于阿尔金走滑断裂体系构造和动力过程的研究均将其纳入新生代青藏高原隆升及北向生长演化的统一地球动力学体系（许志琴等，1999；李海兵等，2001），其新生代活动被认为是印度 – 亚洲碰撞导致先存断裂重新活化（Yin and Harrison，2000）。阿尔金断裂自形成后总走滑位移可能达 400km 或更大（Ritts and Biffi，2000；Yue et al.，2004）；晚第四纪构造地貌分析揭示其滑移速率从中段向东段逐渐减小（Meriaux et al.，2004），减小的滑动量可能被柴达木盆地的缩短和祁连山的逆冲褶皱所吸收（Meyer et al.，1998；郑文俊等，2009）；Zhang 等（2004）利用青藏高原及周边的 GPS 观测数据揭示的现今构造变形的速度场，表明印度和亚欧板块之间的相对运动主要被青藏高原周边的地壳缩短和内部的阿尔金走滑剪切作用调整吸收。可见该走滑体系对调节印度－亚洲板块碰撞的挤压应力发挥了关键作用。

阿尔金走滑断裂几何学：从遥感影像数据分析结果显示，阿尔金断裂在地表呈 NEE-SWW 走向。阿尔金断裂向东延伸并消减在北祁连山冲断带内，西端与西昆仑构造带相连（Yin and Harrison，2000；李海兵等，2001）。构造解析揭示，阿尔金走滑断裂北东段与党河南山－北祁连冲断带交汇，向北扩展可能经宽台山、金塔－花海盆地并向东消失在阿拉善地块边缘的合黎山—龙首山一带 [图 1-12（a）]（陈文彬和徐锡伟，2006；张进等，2007；郑文俊等，2009）；向西与西昆仑冲断带和喀喇喀什断裂相连（图 1-12），向西另一支则经龙木措－郭扎措断裂与甜水海断裂系相连 [图 1-12（a）]（Cowgill et al.，2004；Yin，2010），并可能一直向西与喀喇昆仑断裂连接 [图 1-12（a）]（Yin et al.，2002）。阿尔金走滑断裂中段呈现雁列式排列的 NEE 走向断层组合样式 [图 1-12（a）]。总体而言，阿尔金断裂系是由一系列分支断裂组成的断裂体系，剖面结构呈现双重走滑构造、逆冲构造、压扭构造等特征，阿尔金断裂体系最宽处超过 100km（Cowgill et al.，2004）。

阿尔金断裂深部结构：阿尔金断裂在地表出露规模巨大 [图 1-12（a）~（c）]，深部结构也备受关注。Burchfiel 等（1989）推测阿尔金断裂切割上地壳，其新生代的走滑运动调节断裂两侧地壳缩短量。Zhao 等（2006）利用地震波折射／广角反射数据揭示阿尔金山脉区间的下地壳－上地幔附近发现一楔形低速体 [图 1-12（c）]，深度至地下 90km 左右 [图 1-12（b）~（c）]，该低速体被解释为下地壳基性岩石与上地幔超基性岩石的混合物，这些作者推测阿尔金断裂可能切割上地壳，阿尔金山变质基底的出露和抬升是由于沿着北阿尔金断裂产生的地壳规模的走滑运动，以及 NE-SW 向的收缩变形；Zhao 等（2006）还针对该区域提出构造模型认为塔里木块体东部岩石圈向西南俯冲，由此导致的北东－南西向的汇聚作用在阿尔金山脉区间的东北缘形成了一系列逆冲体系。Xiao 等（2011）对阿尔金断裂北东段，即柴达木盆地北缘、南祁连山和塔里木盆地的三条 2D 大地电磁测深剖面处理和分析（图 1-13），解释认为阿尔金断裂带东段的壳幔电性结构沿水平方向上存在变化，由剪切作用产生的正花瓣状构造具有向东逐渐减弱的趋势，同时发现塔里木地块整体表现为高阻，暗示较冷的刚性塔里木块体在阿尔金主断裂下方具有俯冲特征。

另有地球物理勘探数据和解释显示，阿尔金断裂是岩石圈规模的巨型走滑断裂。断裂三维岩石圈结构模型，揭示阿尔金断裂自西向东切割岩石圈的深度变浅。Wittlinger 等（1998）在切过柴达木盆地－阿尔金断裂－塔里木盆地的地震全息成像剖

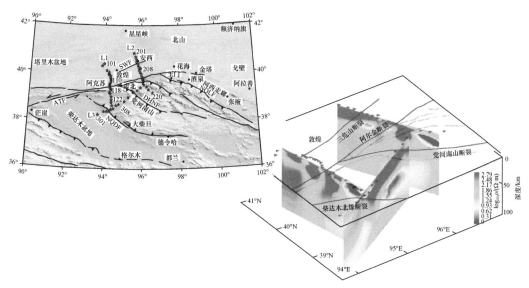

图 1-13　阿尔金断裂带东段 MT（大地电磁）电性结构模型（Xiao et al., 2011）

DHNF- 党河南山断裂；SWF- 三危山断裂；NQDF- 柴达木北缘断层；ATF- 阿尔金断层；NQLF- 北祁连断层

面上 [图 1-12（b），图 1-13]，观测到阿尔金断裂深部 140km 以下存在低的 P 波速率异常，解释认为在深部岩石圈中存在走滑剪切作用，在其地震模型中，走滑断层切割整个岩石圈，切割深度直至地下 140km 左右，据此推断阿尔金断裂贯穿整个岩石圈，并控制青藏高原北缘的侧向挤出，同时推测塔里木盆地岩石圈呈楔状俯冲到阿尔金山之下的地幔岩石圈中 [图 1-12（b）]；阿尔金断裂带附近地壳结构的地震接收函数成像（史大年等，2007）与 Wittlinger 等（1998）的结果基本一致，暗示阿尔金断裂是一条岩石圈规模的断裂；Zhang 等（2015）在阿尔金中段的大地电磁测深剖面及建立的 3D 转换模型，也支持阿尔金断裂切割整个岩石圈；冯永革等（2016）对阿尔金断裂西部邻区上地幔各向异性分析，发现阿尔金断裂附近地壳内变形方向和上地幔变形方向是相互一致的，表明壳幔耦合，断裂为岩石圈尺度。张乐天（2013）利用大地电磁测深对阿尔金断裂带东段的观测发现该断裂表现为垂直的电性分界面（Bedrosian et al., 2001；Xiao et al., 2011），位于这一分界面以南的阿尔金断裂下方主要表现为高阻特征，而以北地区主要表现为高导特征 [图 1-14（a）~（c）]；阿尔金断裂的两支在浅部上地壳表现为近垂直的电性分界面（图 1-14），但在深部（中－下地壳）逐渐转化为具有南倾的趋势，构成高阻体分布形态 [图 1-14（a）~（c）]。

　　阿尔金走滑断裂具有岩石圈尺度的证据也得到地质学观测的证实，如阿尔金断裂西段存在第四纪基性火山岩，表明阿尔金断裂西段切割整个岩石圈（Yin and Harrison, 2000），而东段且末以东未切割至地壳（Yin and Harrison, 2000）。

　　阿尔金断裂带启动和活动时代，最普遍的认识是新生代以来的巨型左行走滑断裂，是青藏高原隆起和北向扩展的产物。然而，阿尔金断裂也记录有前新生代活动的地质证据，如：①阿尔金断裂带在早古生代开始形成，与祁连造山带的形成有密切关

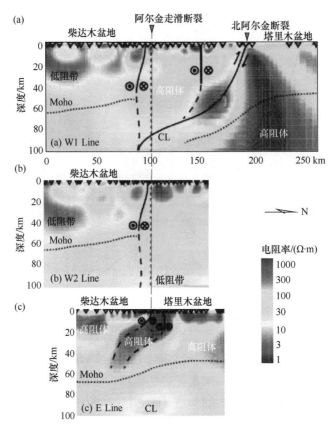

图 1-14　二维大地电磁测深反演模型揭示的阿尔金断裂深部结构（张乐天，2013）

测线 W1 与 W2 中的莫霍面（Moho）深度据 Wittlinger 等（1998）；测线 E 莫霍面深度据 Xiao 等（2011）

[测线位置见图 1-12（a）]

系；②断裂带形成于海西期；③根据断裂对海西—印支期花岗岩和侏罗系展布的控制，认为阿尔金断裂带从海西—印支期就开始活动；④阿尔金断裂带形成于侏罗纪；⑤阿尔金断裂带在晚白垩世发生强烈走滑活动；⑥阿尔金断裂带在印支期开始发生了强烈的韧性走滑活动，并伴有深熔作用发生。李海兵（2001）对阿尔金走滑变形过程中形成的糜棱岩以及糜棱岩化岩石的岩石学、矿物学和微构造地质学研究，以及阿尔金断裂活动时深部发生的同构造深熔作用分析，定向生长的角闪石的 Ar-Ar 年龄与长柱状定向生长的深熔锆石 SHRIMP U-Pb 年龄基本一致（223~226Ma），解释认为阿尔金断裂带在印支期开始发生强烈的韧性走滑运动，并伴有深熔作用发生，这与东昆仑走滑断裂带的形成时代 220~240Ma 一致（李海兵，2001）。Delville 等（2001）对阿尔金断裂带内出露的糜棱岩化花岗岩以及含长英质布丁的片岩进行 Rb/Sr 和黑云母 Ar-Ar 测年，获得 140~162Ma 年龄数据。刘永江等（2001）对断裂带内出露的侏罗纪地层和糜棱岩化花岗岩中同构造的新生矿物白云母和黑云母进行激光微区 Ar-Ar 测年，获得一组 92~89Ma 年龄数据，这些数据均表明阿尔金断裂带中生代再次活动。

　　多数学者认为阿尔金断裂强烈的走滑运动主要发生在新生代，相应的走滑位移量约 400km（Bally et al.，1986；Yue and Liou，1999；Yin et al.，2002；Meng and Fang，2008；Wu et al.，2012；Cheng et al.，2015，2016）。对阿尔金断裂新生代走滑启动时间认识，主要有如下三种观点：

（1）阿尔金走滑断裂启动于渐新世。根据柴达木盆地内部的古水流、同构造生长地层与阿尔金断裂响应关系，推测阿尔金断裂自早渐新世开始活动，并将柴达木盆地与塔里木盆地分隔和错断（Meng and Fang，2008）。对索尔库里盆地新生代地层沉积特征、古生物年龄约束以及古水流向和物源综合分析，有学者提出阿尔金断裂应在渐新世之后开始侧向滑动，调节和吸收 360 ± 40km 的收缩量（Yue and Liou，1999；Yue et al.，2004）。对断裂两侧侵入岩体和中侏罗统湖盆边界对比（Ritts and Biffi，2000；Yue et al.，2004），推测走滑位移量为 400 ± 60km，位移量主要为渐新世以后。

（2）阿尔金走滑断裂启动于早中始新世。Yin 等（2002）对塔里木盆地南缘、柴达木盆地以及河西走廊新生代地层剖面分析、结合磷灰石裂变径迹、生物地层学以及古地磁分析，推测阿尔金断裂系最早启动于 49Ma。Cowgill 等（2004，2009）根据东昆仑和西昆仑山的位错，估算阿尔金断裂走滑位移量不低于 475 ± 70km。Cheng 等（2015，2016）对柴达木盆地西部中新生界砂岩样品进行碎屑锆石 U-Pb 年代学分析，估算阿尔金断裂的走滑活动从印度 - 欧亚大陆碰撞初期就开始活动，在 15Ma 之前走滑速率仅为约 5.0mm/a，之后走滑速率增大为约 12.6mm/a。

（3）阿尔金走滑断裂启动于中中新世。阿尔金断裂走滑强烈活动始于中中新世（Wu et al.，2012；肖安成等，2013）。Wang（1997）提出沿阿尔金断裂北东段最早的变形发生于渐新世，大规模走滑运动始于中中新世。Wu 等（2012）和肖安成等（2013）提出阿尔金断裂中段大规模走滑活动开始于中中新世。

关于阿尔金走滑断裂位移量及其消减方式争议较大。阿尔金断裂的走滑位移量一直是地质学家感兴趣的问题，其直接调节欧亚大陆内部水平运动的幅度和青藏高原内部物质向北运移的程度。葛肖虹和刘俊来（2000）研究提出阿尔金断裂的左行错断量约 350~400km；Yin 等（2002）认为阿尔金山北部的金雁山 - 索尔库里断裂带是党河南山 - 昌马断裂带的西延部分，据此推测位移量不可能超过 300 km；Ritts 和 Biffi（2000）基于对比江嘎勒萨依和柴西南地区的侏罗系提出约 400 ± 60km 的左旋位移量；Cowgill 等（2004）对青藏高原北部深成岩体 SHRIMP U-Pb 分析，推测东、西昆仑山在新生代早期相连，新生代被阿尔金断裂错断约 475 ± 70km；对比阿尔金走滑带两侧的超高压 / 高压变质带（张建新等，2001；许志琴等，2006a；Mattinson et al.，2006b；张建新等，2007；杨经绥等，2008；孟繁聪等，2009），特别是柴北缘与南阿尔金超高压变质带的组成、形成条件及形成与折返时限的对比，许志琴等（1999）认为阿尔金主断裂的最大位移量是 400 km；李海兵（2001）根据阿尔金断裂带两侧构造单元对比以及构造几何学分析，提出阿尔金断裂的最大累计走滑位移量由韧性和脆性走滑位移量组成，进一步推测位移应该不低于 500km。

阿尔金断裂是一条现今仍在活动的断裂，在全新世以来引发过多次强地震（Washburn et al.，2001），其滑移速率对分析青藏高原及东亚地区的应力分布至关重要

（England and Molnar，1997）。InSAR 图像分析结果显示阿尔金断裂西段（85°E）现今的滑移速率为 11±5mm/a（Elliott et al.，2008）；GPS 监测显示阿尔金断裂中段现今的左旋走滑速率为 9±5mm/a，而挤压速率为 3±1mm/a（Bendick et al.，2000 ；Shen et al.，2001 ；Wallace et al.，2004），GPS 密集台站观测也观测到 9±4mm/a 的走滑速率（He et al.，2013），且具有自南西向北东减小的趋势（Zhang et al.，2004，2007 ；郑文俊等，2009，2016）；吴磊（2011）对晚第四纪以来被走滑运动错断的地表地貌位移量及错断年代数据的分析，揭示高的走滑速率值 20mm/a；而大地测量学技术（如 GPS 与 InSAR 测量等方法、野外地质观测）获得的走滑速率往往相对较小（表 1-1），平均约为 10mm/a（Bendick et al.，2000 ；Shen et al.，2001 ；Wallace et al.，2004 ；Zhang et al.，2007 ；Elliott et al.，2008 ；吴磊，2011）。

表 1-1　利用错断的河道、冲积扇和河流阶地估算的阿尔金断裂第四纪以来的滑移速率

研究地区	研究方法	时间 /ka	滑移速率 /（mm/a）	文献
断裂全线	SPOT 卫星图片	全新世	20~30	Peltzer et al.，1989
东段（94°E）	野外调查	14	17.8±3.6	Meriaux et al.，2003
中段（85°E~90°E）	野外调查	24.2	8~12	Gold et al.，2011
中段（88.51°E）	野外调查	4~6	14~9	Cowgill et al.，2009
中段 86.5°E~88.5°E	野外调查	16.6±3.9	9.1±1.1	Cowgill et al.，2009
中段（车尔臣河）	野外调查	34.5	9.4±2.3	Cowgill，2007
中段（车尔臣河 86.72°E）	野外调查	6.0	9.0±1.3	Gold et al.，2011

1.4.3　北祁连北缘新生代逆冲断裂系

该逆冲体系展布于河西走廊与祁连山之间，由一系列 NWW-SEE 走向、极性向北的逆冲断裂系组成，全长 900km。祁连山北缘断裂带与阿尔金断裂系统呈截切或斜接关系，其最初的活动可以追溯到早古生代晚期、晚古生代强烈活动、新生代重新活化（李海兵，2001 ；李海兵等，2001 ；杨经绥等，2003a），是祁连山与河西走廊的分界线，由一系列次级断裂组成，包括旱峡—大黄沟断裂、玉门断裂、佛洞庙—红崖子断裂、榆木山北缘和东缘断裂、民乐—大马营断裂、皇城—塔尔庄断裂等。该断裂体系新生代强烈逆冲推覆，控制着河西走廊盆地的形成和演化，塑造了现今南山 – 北盆的构造地貌格局（Zheng et al.，2013a ；郑文俊等，2013，2016 ；Wang et al.，2020）。

深部电性结构图像揭示（DKLB-N 剖面）显示祁连山山前整体表现为低阻结构，且延伸趋势较深，表明北祁连北缘山前逆冲断裂为深大断裂（赵凌强，2020）。郑文俊等（2009，2013）研究表明（图 1-15），从 10Ma 左右开始，北祁连山北缘逆冲断裂和相关活动褶皱开始强烈活动，祁连山地区表现为强烈隆升；大约 1~3Ma 时期，祁连山北缘逆冲体系向北扩展并进入河西走廊盆地内部，横跨祁连山及其两侧前陆盆地的总地壳缩短量达到 30~40km；新的研究认为，青藏高原向北东扩展的最前缘位置已经跨过了河西走廊，进入阿拉善地块南部地区。

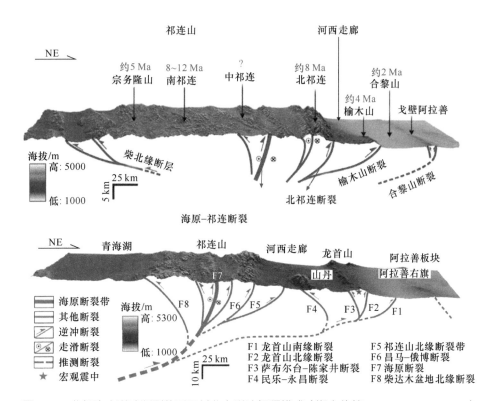

图 1-15　北祁连山逆冲断裂体系及其北向逆冲解释模式（郑文俊等，2009，2013，2016）

遥感分析和野外调查揭示高原现今活动断裂变形特征以高原边缘地区分布活动逆冲断裂为主（Taylor and Yin，2009）。震源机制解译同样获得类似的结果，逆冲和逆冲 – 走滑型地震主要分布在高原边缘构造带，如喜马拉雅、西昆仑、祁连山等（图 1-16）（Copley et al.，2010；Diao et al.，2010；Wang et al.，2014），这些逆冲断裂活动类型分布特征表明高原北缘，即祁连山北缘的隆升和造山正在形成新的高地势。

1.4.4　北祁连南缘晚加里东期大型韧性右行走滑剪切带

祁连微地体北部边界韧性剪切带称为北祁连南缘右行韧性走滑剪切带（戚学祥，2003；杨经绥等，2003a），北祁连南缘晚加里东期大型韧性右行走滑剪切带位于北祁连加里东活动陆源增生地体与祁连微地体之间，北祁连和中祁连的分界线断裂，总体走向 NW 走向，由西段托勒牧场、中段宝库河和东段白银三个部分组成（戚学祥，2003）；北祁连南缘右行韧性走滑剪切带西段托勒牧场和东段白银跨越两个构造单元边界，分布于祁连微地体北缘和北祁连俯冲碰撞杂岩带南缘，中段宝库河位于两个构造单元边界南侧，祁连微地体北缘的前寒武纪变质基底中；剪切带大致平行祁连山北缘断裂，向西转为近东西向与阿尔金走滑断裂斜接（图 1-8），主断裂叠置在北祁连加里东俯冲碰撞杂岩带之上（许志琴等，1994；杨经绥等，2003b）。该剪切带切割了俯冲碰撞杂岩带，穿过加里东期花岗岩体，并被石炭纪地层覆盖，钾长石、黑云母 Ar-Ar

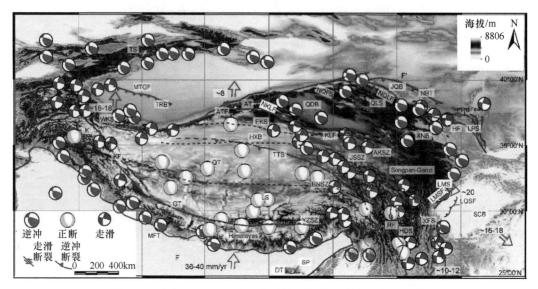

图 1-16　青藏高原及邻区震源机制解译的断层分布及断裂属性
（Diao et al.，2010；Wang et al.，2014）

RF- 红河断裂；HDS- 横断山；XFS- 鲜水河断裂带；LMSF- 龙门山断裂；LMS- 龙门山；XNB- 西宁盆地；SCB- 华南板块；TS- 天山；MTGF- 马扎尔塔格断层；TRB- 塔里木盆地；WKS- 西昆仑山；K- 喀喇昆仑山；KF- 喀喇昆仑断裂；ATF- 阿尔金断裂；QT- 羌塘地块；GT- 冈底斯冲断层；MFT- 主前缘逆冲断层；AT- 阿尔金；EKS- 东昆仑山；HXB- 可可西里盆地；TTS- 唐古拉层；LS- 拉萨地块；Himalayas- 喜马拉雅；NKLF- 北昆仑断层；KLF- 昆仑断层；QDB- 柴达木盆地；NQFS- 北柴达木断裂带；JSSZ- 金沙江缝合带；BNSZ- 帮贡—怒江缝合带；YZSZ- 雅鲁藏布缝合带；DT- 道基逆冲断层；SP- 西隆高原；AKSZ- 阿依玛琴昆仑缝合带；Songpan-Ganzi- 松潘－甘孜地块；JQB- 酒泉盆地；NBT- 北边界断层；HF- 海原断裂；LPS- 六盘山；NQLF- 北祁连断层；QLS- 祁连山；SCB- 四川盆地；LQSF- 龙泉山断裂

同位素年龄、单颗锆石 U-Pb 同位素下交点年龄等表明北祁连南缘右行韧性走滑剪切带（样品采自剪切带西段托勒牧场）形成于 410~394Ma（戚学祥，2003），与柴北缘右行韧性走滑剪切带形成时代（406~401Ma）相一致，两者均为加里东造山作用晚期的产物。

1.4.4.1　中祁连南缘逆冲断裂系

中祁连南缘逆冲断裂系为中祁连变质基底南边界断裂，由一系列近 NWW-SEE 走向的北倾逆冲断裂组成（杨经绥等，2003a），推测其形成于新生代。

1.4.4.2　祁连南缘印支期以来大型韧性左行走滑剪切带

该大型韧性左旋走滑剪切带展布于祁连微板块南部的中祁连加里东—印支叠覆构造带与欧龙布鲁克微地块单元之间（杨经绥等，2003b），剪切带切割了柴达木花岗岩体（446Ma）、早古生代浅变质岩石及石炭纪大理岩岩片，杨经绥等（2003b）的研究认为该走滑剪切带形成时代为 240~250Ma，再次活动时代为 160~150Ma，并认为该韧性左行走滑剪切带与阿尔金韧性左行走滑剪切带及昆南韧性左行走滑剪切带的形成时代及再活动时代基本一致，推测这三条左旋走滑剪切带形成于同一构造机制（杨经绥等，2003b）。

1.4.4.3　柴北缘晚加里东期大型韧性右行走滑剪切带及新生代逆冲断裂

柴北缘右旋韧性走滑剪切带西起冷湖，向东经过大柴旦、锡铁山到都兰，呈向南突出的弧形构造带，是柴达木地体于柴北缘俯冲碰撞杂岩带的构造边界（柴北缘超高压变质带的南缘）（戚学祥，2003），剪切带糜棱岩面理直立，拉伸线理近水平及具右行剪切运动学特征（戚学祥，2003；杨经绥等，2003a），该剪切带沙柳河北部野马滩花岗质糜棱岩白云母同位素 Ar-Ar 坪年龄和等时线年龄为 401~406Ma，与西部锡铁山糜棱岩化花岗片麻岩白云母 Ar-Ar 同位素坪年龄和等时线年龄 405~406Ma 基本一致（戚学祥，2003），代表了柴北缘右行韧性走滑剪切带活动时间为 400~406Ma，与超高压变质带最后折返时间一致（杨经绥等，2003a）。

1.5　阿尔金－祁连山构造体系前新生代构造演化

1.5.1　罗迪尼亚大陆演化阶段

自 20 世纪 90 年代初提出中元古代末期罗迪尼亚（Rodinia）超大陆假说以来，有关该超大陆的古构造恢复、格林威尔及与其时代大致相当的造山作用在全球的分布、超大陆裂解动力学等一系列问题已取得重要进展（图 1-17）（Zhao et al.，2004；Bingen et al.，2008；Li et al.，2008；Bradley，2011；Liu et al.，2019）。基于全球尺度 2.1~1.8Ga 碰撞造山带，研究认为在罗迪尼亚超大陆形成之前还存在哥伦比亚（Columbia）或者努纳（Nuna）超大陆（Hoffman，1991；Zhao et al.，2002），哥伦比亚超大陆最终聚合时间可能为 1.8Ga，裂解于 1.4Ga（Zhao et al.，2002，2004）。

哥伦比亚超大陆外侧洋在古元古代—中元古代长期俯冲并最终发生大陆碰撞，形成罗迪尼亚超大陆的核心，一些陆核边缘记录有 1.8Ga 开始的俯冲增生，一直持续到 1.3~1.1Ga 碰撞结束；与 1.3~1.1Ga 的格林威尔造山带相比，在我国境内的阿尔金、祁连、柴达木、东昆仑、华南等地区存在约 1.0~0.9Ga 的碰撞事件 [图 1-17（a）]（Tung et al.，2013；Song et al.，2014；Fu et al.，2019）。

在新元古代中晚期，罗迪尼亚超大陆大约从 850~830Ma 开始裂解，持续到 750~600Ma，最终导致古太平洋和古大西洋的打开，罗迪尼亚超大陆裂解相关的岩浆活动和沉积记录，随后卷入古生代造山作用 [图 1-17（b）~（d）]（Li et al.，2008；Rino et al.，2008；Liu et al.，2009；Tung et al.，2013；Hao et al.，2022）。

沿青藏高原北缘分布的阿尔金－祁连山、柴北缘等地区记录新元古代早期（950~880Ma）岩浆－变质事件，被认为是与罗迪尼亚超大陆形成有关（Fu et al.，2019；Peng et al.，2019），这些碰撞事件比格林威尔造山（Grenvillian）作用的主要阶段晚

(a) ca. 1100 Ma

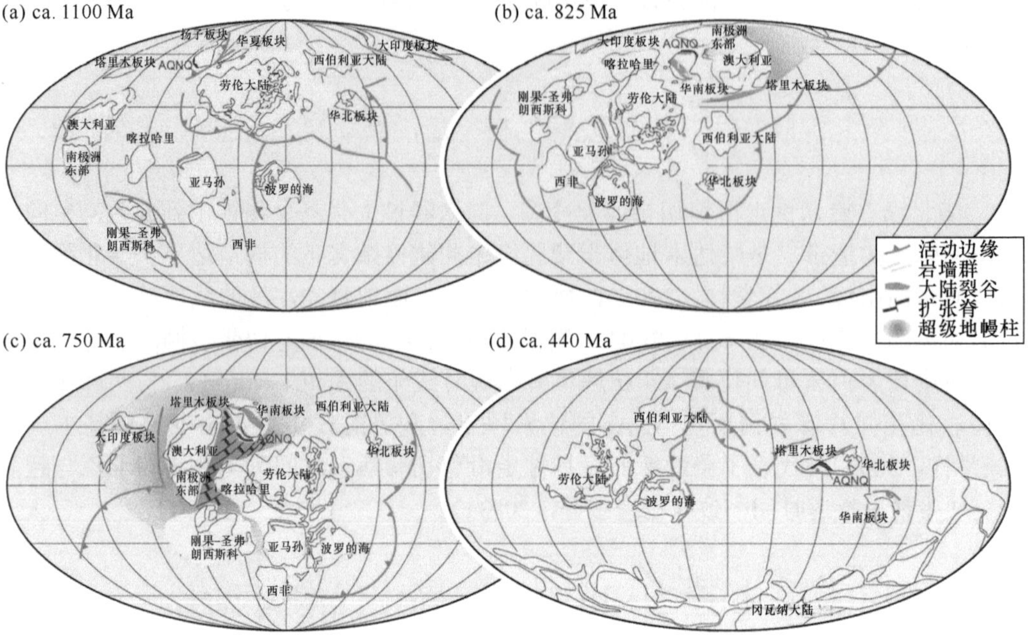

(b) ca. 825 Ma

(c) ca. 750 Ma

(d) ca. 440 Ma

活动边缘
岩墙群
大陆裂谷
扩张脊
超级地幔柱

图 1-17 古大陆重建罗迪尼亚超大陆演化过程（Li et al.，2008）；阿尔金－祁连山－柴北缘带
（AQNQ，微陆块）在古大陆演化中的可能位置（Yakubchuk，2017）

150Ma，而与 Baltica 西南部 Sveconorwegian 造山带的造山后垮塌、高级变质和碰撞后花岗岩侵位年龄时代一致（Fu et al.，2019；Rivers，2021），这就为恢复中－新元古代造山作用过程中的构造古地理，探讨中－新元古代阿尔金－祁连山构造体系与全球 Rodinia 超大陆之间的联系提供了可能。

新元古代早期，阿尔金－祁连－柴达木北缘和塔里木板块可能是同一个块体，在 Grenville 造山的后期阶段（950~900Ma），连接在中国华南板块的北部或 Rodinia 的西部（Yu et al.，2013a）。最新在南祁连地区发现有新元古代早期的斜长角闪岩（锆石 U-Pb 年龄为 1121±27Ma），在欧龙布鲁克地块中发现 1126~1150Ma 的麻粒岩相变质岩和弧型特征花岗质片麻岩年龄（Zhang J X et al.，2008），暗示在阿尔金－祁连－柴北缘存在中元古代晚期俯冲事件（陈红杰，2018）。而在扬子板块西北缘报道有新元古代早期的 SSZ 型蛇绿岩，SHRIMP 锆石 U-Pb 年龄为 1066Ma，表明扬子板块西北缘在中元古代晚期经历了洋壳俯冲（Hu et al.，2017），这些研究表明阿尔金－祁连－柴北缘地区与华南克拉通具有相似的岩石组合和岩浆活动记录，可能在中元古代晚期（1.1Ga）与扬子板块汇聚在一起（Yu et al.，2013a，2013b）。

新元古代早期（1.0~0.9Ga），对应罗迪尼亚超大陆陆陆碰撞阶段，在阿尔金－祁连－柴北缘等地出现同碰撞型花岗岩（Zhang J X et al.，2008，2009a；Chen et al.，2018；Fu et al.，2019），且有同期变质作用的记录（Zhang J X et al.，2017）。可见，阿尔金、祁连、柴北缘和东昆仑可能在古－中元古代连接在一起，新元古代经历与罗迪尼亚超大陆拼合相关的演化（Fu et al., 2019；Peng et al., 2019）。

新元古代晚期（0.86~0.75Ga 或 0.66Ga），对应罗迪尼亚超大陆的裂解阶段，在阿尔金－祁连山地区出现裂谷环境的基性岩墙群、碱性花岗岩和双峰式火山岩等（Zhang J X et al., 2007, 2009a；Lu et al., 2008），强烈伸展与裂解变形峰期为 765Ma（Zhao et al., 2018；Peng et al., 2019），部分学者推测超大陆的裂解是超级地幔柱事件导致的板内裂解（Zhao et al., 2018）。

1.5.2　阿尔金－祁连山加里东造山过程

根据杨经绥等（2003a）对阿尔金－祁连山构造带内加里东期岩石和构造的系统分析，在罗迪尼亚超大陆演化之后，阿尔金－祁连山地区的地质演化可以划分为如下阶段：①早古生代地块的裂解与闭合；②早古生代以后的陆内演化阶段。与这些地质作用相伴随，在祁连山和阿尔金形成与不同地质时期的地质体密切相关的构造单元和矿产。

杨经绥等（2003a）提出南祁连洋盆形成时代为早寒武世，与南祁连洋盆的向北俯冲作用有关的岛弧火山岩浆带，形成时代介于晚寒武世—早奥陶世，在都兰含榴辉岩的围岩（石榴子石白云母片麻岩）中发现柯石英（杨经绥等，2001），表明超高压变质岩是大陆深俯冲的产物，其形成时代 495~440Ma；柴达木－东昆仑板块陆壳物质的继续俯冲，形成超高压变质岩片，柴北缘 UHP 变质地体折返（470~460Ma），最后折返时间为 406~400Ma，这是祁连山加里东俯冲－碰撞过程中最重要的地质事件（杨经绥等，2003a；Zhang J X et al., 2017；Fu et al., 2019）；柴达木－东昆仑板块向北俯冲于祁连微板块之下（杨经绥等，2003a；Zhang et al., 2017）；加里东造山结束时间为 400Ma 之后。

北祁连加里东俯冲碰撞杂岩带在晚加里东期遭受大型韧性右行走滑剪切带的改造，时代为早－中泥盆世 410~394Ma（杨经绥等，2003a），晚加里东期的板内走滑变形也发生在柴北缘超高压变质带南缘的右行走滑剪切带中（时代为 406~400Ma）；这些大型走滑剪切变形与柴北缘超高压变质带最后折返时间基本一致（中泥盆世）（许志琴等，2003；杨经绥等，2003a）。在阿尔金－祁连山加里东造山带内的地体或构造单元之间形成韧性右行走滑剪切带（图 1-8）。阿尔金－祁连山带内 400Ma 发生的大型韧性走滑剪切带是阿尔金－祁连山加里东造山作用的继续，同时这些走滑剪切带也是阿尔金－祁连山加里东造山作用体制转换的重要板内变形标志（杨经绥等，2003a）。

1.5.3　阿尔金－祁连山构造带印支期以来的板内变形

阿尔金－祁连山构造带内也保留有印支期和新生代的构造记录，如位于阿尔金走滑断裂的东侧的祁连南缘左行韧性剪切带，其形成时代 250Ma，在 60Ma 再次活动（李海兵，2001；杨经绥等，2003a）；阿尔金左行韧性走滑剪切带内也存在 223~244Ma

（李海兵等，2001）、140~163Ma 和 120~86Ma（刘永江等，2001）的走滑运动。构造带内印支期的构造变形主要表现为走滑断裂 / 剪切带体系，这些韧性剪切带 / 断层的形成和再活动可能与阿尔金韧性剪切带的形成和演化密切有关，暗示印支期为本区板内构造活跃期。

阿尔金 – 祁连地区也受到古特提斯洋和中特提斯洋在中生代关闭的影响，板片北向俯冲及其后撤效应导致现今青藏高原北部和东北部区域可能发生陆内伸展，影响范围可能涉及阿尔金山、柴达木盆地、祁连山、河西走廊等地区（Chen et al.，2003；吴珍汉等，2009），伸展表现为该区域广泛发育侏罗纪—白垩纪断陷盆地（Yin，2010）。羌塘地块、松潘 – 甘孜地块、昆仑地块与华北板块的碰撞，柴达木板块和祁连山在晚三叠世—早侏罗世和晚侏罗世—早白垩世也有响应，即发生区域或局部抬升（Chen et al.，2003）。在祁连山尚未报道有大规模伸展构造和正断层，但侏罗纪和白垩纪地层的分布，记录了该区域沉积体系从边缘海和湖相为主向陆相沉积为主的转变，也指示了阿尔金 – 祁连山构造带内中生代存在伸展构造和构造抬升（Yin and Harrison，2000；Chen et al.，2003）。

参考文献

车自成, 孙勇. 1996. 阿尔金麻粒岩相杂岩的时代及塔里木盆地的基底. 中国区域地质, 1: 51-57.

车自成, 刘良, 刘洪福, 等. 1995. 阿尔金山地区高压变质泥质岩石的发现及其产出环境. 科学通报, 40(14): 1298-1300.

陈柏林, 李松彬, 蒋荣宝, 等. 2016. 阿尔金喀腊大湾地区中酸性火山岩SHRIMP年龄及其构造环境. 地质学报, 90(4): 708-727.

陈红杰. 2018. 阿尔金新元古代花岗岩的成因及其地球动力学意义. 北京: 中国地质大学(北京).

陈能松, 王勤燕, 陈强, 等. 2007. 柴达木和欧龙布鲁克陆块基底的组成和变质作用及中国中西部古大陆演化关系初探. 地学前缘, 14(1): 43-55.

陈文彬, 徐锡伟. 2006. 阿拉善地块南缘的左旋走滑断裂与阿尔金断裂带的东延. 地震地质, 28(2): 319-324.

董顺利, 李忠, 高剑, 等. 2013. 阿尔金–祁连–昆仑造山带早古生代构造格架及结晶岩年代学研究进展. 地质论评, 59(4): 731-746.

冯益民, 何世平. 1996. 祁连山大地构造与造山作用. 北京: 地质出版社.

冯永革, 于勇, 陈永顺, 等. 2016. 阿尔金断裂西部邻区的上地幔各向异性研究. 地球物理学报, 59(5): 1629-1636.

盖永升, 刘良, 康磊, 等. 2015. 北阿尔金蛇绿混杂岩带中斜长花岗岩的成因及其地质意义. 岩石学报, 31(9): 2549-2565.

葛肖虹, 刘俊来. 2000. 被肢解的"西域克拉通". 岩石学报, 16(1): 59-66.

郭进京, 赵凤清, 李怀坤. 1999. 中祁连东段晋宁期碰撞型花岗岩及其地质意义. 地球学报, 20(1): 10-15.

郭召杰, 张志诚, 王建君. 1998. 阿尔金山北缘蛇绿岩带的Sm-Nd等时线年龄及其大地构造意义. 科学通报, 43(18): 1981-1984.

郝江波. 2021. 中–南阿尔金地区中–新元古代物质组成、年代学及构造演化. 西安: 西北大学.

姜春发. 1994. 中央造山带主要地质构造特征//中国地质科学院地质研究所文集. 北京: 地质出版社: 74+114.

李海兵. 2001. 阿尔金断裂带的形成时代及其走滑作用对青藏高原北部隆升的贡献. 北京: 中国地质科学院.

李海兵, 杨经绥, 许志琴, 等. 2001. 阿尔金断裂带印支期走滑活动的地质及年代学证据. 科学通报, 46(16): 1333-1338.

李惠民, 陆松年, 郑健康, 等. 2001. 阿尔金山东端花岗片麻岩中3.6Ga锆石的地质意义. 矿物岩石地球化学通报, 20(4): 259-262.

李云帅. 2016. 南阿尔金—柴北缘HP/UHP变质带石榴橄榄岩和石榴辉石岩岩石学及变质演化. 北京: 中国地质大学(北京).

刘良, 车自成, 王焰, 等. 1999. 阿尔金高压变质岩带的特征及其构造意义. 岩石学报, 15(1): 57-64.

刘良, 张安达, 陈丹玲, 等. 2006. 阿尔金深俯冲板片属性的地球化学和年代学约束//2006年全国岩石学与地球动力学研讨会论文摘要集: 299-300.

刘良, 康磊, 曹玉亭, 等. 2015. 南阿尔金早古生代俯冲碰撞过程中的花岗质岩浆作用. 中国科学: 地球科学, 45(8): 1126-1137.

刘良罗, 金海, 雷刚林, 等. 2009. 阿尔金构造带对塔东南油气地质条件的制约. 大地构造与成矿学, 33(1): 76-85.

刘永江, 葛肖虹, 叶慧文, 等. 2001. 晚中生代以来阿尔金断裂的走滑模式. 地球学报, 22(1): 23-28.

陆松年. 2002. 青藏高原北部前寒武纪地质初探. 北京: 地质出版社.

陆松年, 袁桂邦. 2003. 阿尔金山阿克塔什塔格早前寒武纪岩浆活动的年代学证据. 地质学报, 77(1): 61-68.

陆松年, 王惠初, 李怀坤, 等. 2002. 柴达木盆地北缘"达肯大坂群"的再厘定. 地质通报, 21(1): 19-23.

梅华林, 于海峰, 陆松年, 等. 1998. 甘肃敦煌太古宙英云闪长岩: 单颗粒锆石U-Pb年龄和Nd同位素. 前寒武纪研究进展, 21(2): 41-45.

孟繁聪, 张建新, 杨经绥. 2005. 柴北缘锡铁山早古生代HP/UHP变质作用后的构造热事件——花岗岩和片麻岩的同位素与岩石地球化学证据. 岩石学报, 21(1): 47-56.

孟繁聪, 张建新, 于胜尧, 等. 2009. 北阿尔金红柳泉早古生代枕状玄武岩及其大地构造意义. 地质学报, 84(7): 981-990.

戚学祥. 2003. 大型韧性走滑作用与祁连加里东造山带的形成. 北京: 中国地质科学院.

戚学祥, 李海兵, 吴才来, 等. 2005. 北阿尔金恰什坎萨依花岗闪长岩的锆石SHRIMP U-Pb定年及其地质意义. 科学通报, 50(6): 571-576.

史大年, 余钦范, Poupinet G, 等. 2007. 阿尔金断裂带附近地壳结构的接收函数成像及其地球动力学意义. 地质学报, 81(1): 139-148.

史仁灯, 杨经绥, 吴才来, 等. 2004. 北祁连玉石沟蛇绿岩形成于晚震旦世的SHRIMP年龄证据. 地质学报,

78(5): 649-657.

宋述光, 张聪, 李献华, 等. 2011. 柴北缘超高压带中锡铁山榴辉岩的变质时代. 岩石学报, 27(4): 1191-1197.

王超, 刘良, 杨文强, 等. 2015. 北阿尔金–敦煌地块太古代—古元古代地壳生长和改造: 来自锆石U-Pb年代学的研究. 地质论评, 61(S1): 718-719.

王毅智, 王桂秀. 2000. 柴达木盆地北缘麻粒岩的发现及地质特征. 青海国土经略, 9(1): 33-38.

吴才来, 郜源红, 雷敏, 等. 2014. 南阿尔金茫崖地区花岗岩类锆石SHRIMP U-Pb定年、Lu-Hf同位素特征及岩石成因. 岩石学报, 30(8): 2297-2323.

吴才来, 雷敏, 吴迪, 等. 2016. 南阿尔金古生代花岗岩U-Pb定年及岩浆活动对造山带构造演化的响应. 地质学报, 90(9): 2276-2315.

吴才来, 杨经绥, 姚尚志, 等. 2005. 北阿尔金巴什考供盆地南缘花岗杂岩体特征及锆石SHRIMP定年. 岩石学报, 21(3): 846-858.

吴磊. 2011. 阿尔金断裂中段新生代活动过程及盆地响应. 杭州: 浙江大学.

吴玉, 陈正乐, 陈柏林, 等. 2015. 阿尔金山北东东向构造带内枕状玄武岩的发现及其大地构造意义. 地球学报, 36(3): 293-302.

吴玉, 陈正乐, 陈柏林, 等. 2017. 北阿尔金喀腊大湾南段二长花岗岩地球化学、SHRIMP锆石U-Pb年代学、Hf同位素特征及其对壳–幔相互作用的指示. 地质学报, 91(6): 1227-1243.

吴玉, 陈正乐, 陈柏林, 等. 2019. 北阿尔金恰什坎萨依沟地区早古生代构造变形特征及构造演化启示. 地质力学学报, 25(3): 301-312.

吴珍汉, 吴中海, 胡道功, 等. 2009. 青藏高原新生代构造演化与隆升过程. 北京: 地质出版社.

夏林圻, 夏祖春, 徐学义. 1996. 北祁连山海相火山岩岩石成因. 北京: 地质出版社.

夏林圻, 夏祖春, 徐学义. 2003. 北祁连山奥陶纪弧后盆地火山岩浆成因. 中国地质, 30(1): 48-60.

肖安成, 吴磊, 李洪革, 等. 2013. 阿尔金断裂新生代活动方式及其与柴达木盆地的耦合分析. 岩石学报, 29(8): 2826-2836.

校培喜, 王永和, 张汉文, 等. 2001. 阿尔金山中段高压–超高压带(含菱镁矿)石榴子石二辉橄榄岩的发现及其地质意义. 西北地质, 34(4): 67-74.

辛后田, 赵凤清, 罗照华, 等. 2011. 塔里木盆地东南缘阿克塔什塔格地区古元古代精细年代格架的建立及其地质意义. 地质学报, 85(12): 1977-1993.

修群业, 陆松年, 于海峰, 等. 2002. 龙首山岩群主体划归古元古代的同位素年龄证据. 地质调查与研究, 25(2): 93-96.

许志琴, 徐惠芬, 张建新, 等. 1994. 北祁连走廊南山加里东俯冲杂岩增生地体及其动力学. 地质学报, 68(1): 1-15.

许志琴, 杨经绥, 张建新, 等. 1999. 阿尔金断裂两侧构造单元的对比及岩石圈剪切机制. 地质学报, 73(3): 193-205.

许志琴, 杨经绥, 吴才来, 等. 2003. 柴达木北缘超高压变质带形成与折返的时限及机制. 地质学报, 77(2): 163-176.

许志琴, 杨经绥, 李海兵, 等. 2006a. 中央造山带早古生代地体构架与高压/超高压变质带的形成. 地质学报, 80(12): 1793-1806.

许志琴, 杨经绥, 李海兵, 等. 2006b. 青藏高原与大陆动力学——地体拼合、碰撞造山及高原隆升的深部驱动力. 中国地质, 33(2): 221-238.

闫臻, 李继亮, 雍拥, 等. 2008. 北祁连石灰沟奥陶纪碳酸盐岩–硅质岩形成的构造环境. 岩石学报, 24(10): 2384-2394.

杨经绥, 许志琴, 宋述光, 等. 2000. 青海都兰榴辉岩的发现及对中国中央造山带内高压—超高压变质带研究的意义. 地质学报, 74(2): 156-168.

杨经绥, 宋述光, 许志琴, 等. 2001. 柴达木盆地北缘早古生代高压–超高压变质带中发现典型超高压矿物——柯石英. 地质学报, 75(2): 175-179.

杨经绥, 刘福来, 吴才来, 等. 2003a. 中央碰撞造山带中两期超高压变质作用: 来自含柯石英锆石的定年证据. 地质学报, 77(4): 463-477.

杨经绥, 许志琴, 张建新, 等. 2003b. 祁连山–阿尔金地区基本构造格架及成矿地质背景调查与研究. 北京: 中国地质科学院地质研究所.

杨经绥, 史仁灯, 吴才来, 等. 2004. 柴达木盆地北缘新元古代蛇绿岩的厘定——罗迪尼亚大陆裂解的证据. 地质通报, 23(9-10): 892-898.

杨经绥, 史仁灯, 吴才来, 等. 2008. 北阿尔金地区米兰红柳沟蛇绿岩的岩石学特征和SHRIMP定年. 岩石学报, 24(7): 1567-1584.

杨经绥, 许志琴, 马昌前, 等. 2010. 复合造山作用和中国中央造山带的科学问题. 中国地质, 37(1): 1-11.

杨俊泉, 万渝生, 刘永顺, 等. 2012. 阿尔金北缘古元古代壳源火成碳酸岩的发现. 地球科学(中国地质大学学报), 37(5): 929-936.

杨文强, 刘良, 丁海波, 等. 2012. 南阿尔金迪木那里克花岗岩地球化学、锆石U-Pb年代学与Hf同位素特征及其构造地质意义. 岩石学报, 28(12): 4139-4150.

袁桂邦, 王惠初, 李惠民, 等. 2002. 柴北缘绿梁山地区辉长岩的锆石U-Pb年龄及意义. 前寒武纪研究进展, 25(1): 36-40.

张贵宾, 张立飞. 2011. 柴北缘沙柳河地区洋壳超高压变质单元中异剥钙榴岩的发现及其地质意义. 地学前缘, 18(2): 151-157.

张建新, 杨经绥, 许志琴, 等. 2000. 柴北缘榴辉岩的峰期和退变质年龄: 来自U-Pb及Ar-Ar同位素测定的证据. 地球化学, (3): 217-222.

张建新, 万渝生, 许志琴, 等. 2001. 柴达木北缘德令哈地区基性麻粒岩的发现及其形成时代. 岩石学报, 17(3): 453-458.

张建新, 孟繁聪, 万渝生, 等. 2003. 柴达木盆地南缘金水口群的早古生代构造热事件: 锆石U-Pb SHRIMP年龄证据. 地质通报, 22(6): 397-404.

张建新, 孟繁聪, Mattinson C G. 2007. 南阿尔金—柴北缘高压–超高压变质带研究进展、问题及挑战. 高校地质学报, 13(3): 526-545.

张建新, 孟繁聪, 李金平, 等. 2009. 柴达木北缘榴辉岩中的柯石英及其意义. 科学通报, 54(5): 618-623.

张建新, 孟繁聪, 于胜尧. 2010. 两条不同类型的HP/LT和UHP变质带对祁连-阿尔金早古生代造山作用的制约. 岩石学报, 26(7): 1967-1992.

张建新, 李怀坤, 孟繁聪, 等. 2011. 塔里木盆地东南缘(阿尔金山) "变质基底" 记录的多期构造热事件: 锆石U-Pb年代学的制约. 岩石学报, 27(1): 23-46.

张建新, 于胜尧, 李云帅, 等. 2015. 原特提斯洋的俯冲、增生及闭合: 阿尔金–祁连–柴北缘造山系早古生代增生/碰撞造山作用. 岩石学报, 31(12): 3531-3554.

张进, 李锦轶, 李彦峰, 等. 2007. 阿拉善地块新生代构造作用——兼论阿尔金断裂新生代东向延伸问题. 地质学报, 81(11): 1481-1497.

张乐天. 2013. 青藏高原北缘阿尔金断裂带岩石圈电性结构及深部热状态研究. 北京: 中国地质大学(北京).

张志诚, 郭召杰, 宋彪. 2009. 阿尔金山北缘蛇绿混杂岩中辉长岩锆石SHRIMP U-Pb定年及其地质意义. 岩石学报, 25(3): 568-576.

张志诚, 郭召杰, 冯志硕, 等. 2010. 阿尔金索尔库里地区元古代流纹岩锆石SHRIMP U-Pb定年及其地质意义. 岩石学报, 26(2): 597-606.

赵国泽, 汤吉, 詹艳, 等. 2004. 青藏高原东北缘地壳电性结构和地块变形关系的研究. 中国科学D辑: 地球科学, 34(10): 908-918.

赵国泽, 詹艳, 王立凤, 等. 2010. 鄂尔多斯断块地壳电性结构. 地震地质, 32(3): 345-359.

赵凌强. 2020. 祁连山东段及其邻区三维深部电性结构特征及其地壳变形研究. 北京: 中国地震局地质研究所.

郑文俊, 张培震, 袁道阳, 等. 2009. GPS观测及断裂晚第四纪滑动速率所反映的青藏高原北部变形. 地球物理学报, 52(10): 2491-2508.

郑文俊, 张竹琪, 张培震, 等. 2013. 1954年山丹7¼级地震的孕震构造和发震机制探讨. 地球物理学报, 56(3): 916-928.

郑文俊, 袁道阳, 张培震, 等. 2016. 青藏高原东北缘活动构造几何图像、运动转换与高原扩展. 第四纪研究, 36(4): 775-788.

Bally A W, Chou I M, Clayton R, et al. 1986. Notes on sedimentary basins in China: report of the American sedimentary basins delegation to the People's Republic of China. Washington: US Geological Survey.

Bedrosian P A, Unsworth M J, Wang F. 2001. Structure of the Altyn Tagh Fault and Daxue Shan from magnetotelluric surveys: implications for faulting associated with the rise of the Tibetan Plateau. Tectonics, 20(4): 474-486.

Bendick R, Bilham R, Freymueller J, et al. 2000. Geodetic evidence for a low slip rate in the Altyn Tagh fault system. Nature, 404(6773): 69-72.

Bingen B, Nordgulen O, Viola G. 2008. A four-phase model for the Sveconorwegian orogeny, SW Scandinavia. Norsk Geologisk Tidsskrift, 88(1): 43-72.

Bradley D C. 2011. Secular trends in the geologic record and the supercontinent cycle. Earth-Science Reviews, 108(1-2): 16-33.

Burchfiel B C, Deng Q, Molnar P, et al. 1989. Intracrustal detachment within zones of continental deformation. Geology, 17(8): 748-752.

Chen H J, Wang N, Wu C L, et al. 2018. Geochemistry, zircon U-Pb dating and Hf isotopic characteristics of Neoproterozoic granitoids in the Yaganbuyang area, Altyn Tagh, NW China. Acta Geologica Sinica (English Edition), 92(4): 1366-1383.

Chen X H, Yin A, Gehrels G E, et al. 2003. Two phases of Mesozoic north south extension in the eastern Altyn Tagh range, northern Tibetan Plateau. Tectonics, 22(5): 1053.

Cheng F, Guo Z J, Jenkins H S, et al. 2015. Initial rupture and displacement on the Altyn Tagh fault, northern Tibetan Plateau: constraints based on residual Mesozoic to Cenozoic strata in the western Qaidam Basin. Geosphere, 11(3): 921-942.

Cheng F, Jolivet M, Fu S T, et al. 2016. Large-scale displacement along the Altyn Tagh Fault (North Tibet) since its Eocene initiation: insight from detrital zircon U-Pb geochronology and subsurface data. Tectonophysics, 677: 261-279.

Copley A, Avouac J P, Royer J Y. 2010. India Asia collision and the Cenozoic slowdown of the Indian plate: implications for the forces driving plate motions. Journal of Geophysical Research Solid Earth, 115(B3): 410.

Cowgill E. 2007. Impact of riser reconstructions on estimation of secular variation in rates of strike–slip faulting: revisiting the Cherchen River site along the Altyn Tagh Fault, NW China. Earth and Planetary Science Letters, 254(3-4): 239-255.

Cowgill E, Yin A, Arrowsmith J R, et al. 2004. The Akato Tagh bend along the Altyn Tagh fault, northwest Tibet 1: smoothing by vertical-axis rotation and the effect of topographic stresses on bend-flanking faults. Geological Society of America Bulletin, 116(11-12): 1423-1442.

Cowgill E, Gold R D, Chen X H, et al. 2009. Low Quaternary slip rate reconciles geodetic and geologic rates along the Altyn Tagh fault, northwestern Tibet. Geology, 37(7): 647-650.

Delville N, Arnaud N, Montel J M, et al. 2001. Paleozoic to Cenozoic deformation along the Altyn Tagh fault in the Altun Shan massif area, eastern Qilian Shan, northeastern Tibet, China. Geological Society of America Memoirs, 194: 269-292.

Diao G L, Wang X S, Gao G Y, et al. 2010. Tectonic block attribution of Wenchuan and Yushu earthquakes distinguished by focal mechanism type. Chinese Journal of Geophysics, 53(5): 849-854.

Elliott J R, Biggs J, Parsons B, et al. 2008. Insar slip rate determination on the Altyn Tagh Fault, northern Tibet, in the presence of topographically correlated atmospheric delays. Geophysical Research Letters, 35(12): L12309.

England P, Molnar P. 1997. The field of crustal velocity in Asia calculated from Quaternary rates of slip on faults. Geophysical Journal International, 130(3): 551-582.

Feng M, Kumar P, Mechie J, et al. 2014. Structure of the crust and mantle down to 700 km depth beneath the East Qaidam basin and Qilian Shan from P and S receiver functions. Geophysical Journal International, 199(3): 1416-1429.

Fu C L, Yan Z, Guo X Q, et al. 2019. Assembly and dispersal history of continental blocks within the Altun-Qilian-North Qaidam mountain belt, NW China. International Geology Review, 61(4): 424-447.

Ge R F, Zhu W B, Wilde S A, et al. 2018. Remnants of Eoarchean continental crust derived from a subducted proto-arc. Science Advances, 4: eaao3159.

Gehrels G E, Yin A, Wang X F. 2003a. Detrital-zircon geochronology of the northeastern Tibetan plateau. Geological Society of America Bulletin, 115(7): 881-896.

Gehrels G E, Yin A, Wang X F. 2003b. Magmatic history of the northeastern Tibetan Plateau. Journal of Geophysical Research: Solid Earth, 108(B9): 1-14.

Gold R D, Cowgill E, Arrowsmith J R, et al. 2011. Faulted terrace risers place new constraints on the late Quaternary slip rate for the central Altyn Tagh fault, northwest Tibet. Geological Society of America Bulletin, 123(5-6): 958-978.

Hao J B, Wang C, Zhang J H, et al. 2021. Episodic Neoproterozoic extension-related magmatism in the Altyn Tagh, NW China: implications for extension and breakup processes of Rodinia supercontinent. International Geology Review, 64(10): 1474-1489.

He J K, Vernant P, Chéry J, et al. 2013. Nailing down the slip rate of the Altyn Tagh fault. Geophysical Research Letters, 40(20): 5382-5386.

Hoffman P F. 1991. Did the breakout of Laurentia turn Gondwanaland inside-out? Science, 252(5011): 1409-1412.

Hoffman P F. 2004. Tectonic genealogy of North America. New York: McGraw-Hill.

Hu P Y, Zhai Q G, Wang J, et al. 2017. The Shimian ophiolite in the western Yangtze Block, SW China: zircon SHRIMP U-Pb ages, geochemical and Hf-O isotopic characteristics, and tectonic implications. Precambrian Research, 298: 107-122.

Kind R, Yuan X, Saul J, et al. 2002. Seismic images of crust and upper mantle beneath Tibet: evidence for Eurasian plate subduction. Science, 298(5596): 1219-1221.

Li Z X, Bogdanova S V, Collins A S, et al. 2008. Assembly, configuration, and break-up history of Rodinia: a synthesis. Precambrian Research, 160(1-2): 179-210.

Liu C, Runyon S E, Knoll A H, et al. 2019. The same and not the same: ore geology, mineralogy and geochemistry of Rodinia assembly versus other supercontinents. Earth-Science Reviews, 196: 102860.

Liu L, Wang C, Chen D L, et al. 2009. Petrology and geochronology of HP/UHP rocks from the South Altyn Tagh, northwestern China. Journal of Asian Earth Sciences, 35(3-4): 232-244.

Lu S N, Li H K, Zhang C L, et al. 2008. Geological and geochronological evidence for the Precambrian evolution of the Tarim Craton and surrounding continental fragments. Precambrian Research, 160(1-2): 94-107.

Mattinson C G, Wooden J L, Liou J, et al. 2006a. Age and duration of eclogite-facies metamorphism, North Qaidam HP/UHP terrane, Western China. American Journal of Science, 306(9): 683-711.

Mattinson C G, Wooden J L, Liou J, et al. 2006b. Geochronology and tectonic significance of Middle Proterozoic granitic orthogneiss, North Qaidam HP/UHP terrane, Western China. Mineralogy and Petrology, 88(1): 227-241.

Meng Q R, Fang X. 2008. Cenozoic tectonic development of the Qaidam Basin in the northeastern Tibetan Plateau. Geological Society of America Special Papers, 444: 1-24.

Meriaux A S, Tapponnier P, Ryerson F, et al. 2003. Post-glacial slip-rate on the Aksay segment of the Northern Altyn Tagh fault, derived from cosmogenic radionuclide dating of morphological offset features. EGS-AGU-EUG joint assembly, 5, 08062.

Meriaux A S, Ryerson F J, Tapponnier P, et al. 2004. Rapid slip along the central Altyn Tagh Fault: morphochronologic evidence from Cherchen He and Sulamu Tagh. Journal of Geophysical Research: Solid Earth, 109: B06401.

Meyer B, Tapponnier P, Bourjot L, et al. 1998. Crustal thickening in Gansu-Qinghai, lithospheric mantle subduction, and oblique, strike-slip controlled growth of the Tibet plateau. Geophysical Journal International, 135(1): 1-47.

Peltzer G, Tapponnier P, Armijo R. 1989. Magnitude of late Quaternary left-lateral displacements along the north edge of Tibet. Science, 246(4935): 1285-1289.

Peng Y B, Yu S Y, Li S Z, et al. 2019. Early Neoproterozoic magmatic imprints in the Altun-Qilian-Kunlun region of the Qinghai-Tibet Plateau: response to the assembly and breakup of Rodinia supercontinent. Earth-Science Reviews, 199: 102954.

Ren Y F, Chen D L, Hauzenberger C, et al. 2016. Petrology and geochronology of ultrahigh-pressure granitic gneiss from South Dulan, North Qaidam belt, NW China. International Geology Review, 58(2): 171-195.

Riding R. 2011. Encyclopedia of Geobiology, Encyclopedia of Earth Science Series. Heidelberg: Springer.

Rino S, Kon Y, Sato W, et al. 2008. The Grenvillian and Pan-African orogens: world's largest orogenies through geologic time, and their implications on the origin of superplume. Gondwana Research, 14(1-2): 51-72.

Ritts B D, Biffi U. 2000. Magnitude of post–Middle Jurassic (Bajocian) displacement on the central Altyn Tagh fault system, northwest China. Geological Society of America Bulletin, 112(1): 61-74.

Rivers T. 2021. The Grenvillian Orogeny and Rodinia-ScienceDirect. Encyclopedia of Geology (Second Edition), 187-201.

Shen X Z, Yuan X H, Liu M. 2015. Is the Asian lithosphere underthrusting beneath northeastern Tibetan Plateau? Insights from seismic receiver functions. Earth and Planetary Science Letters, 428: 172-180.

Shen X Z, Kim Y H, Gan W J. 2017a. Lithospheric velocity structure of the northeast margin of the Tibetan Plateau: relevance to continental geodynamics and seismicity. Tectonophysics, 712: 482-493.

Shen X Z, Liu M, Gao Y, et al. 2017b. Lithospheric structure across the northeastern margin of the Tibetan Plateau: implications for the plateau's lateral growth. Earth and Planetary Science Letters, 459: 80-92.

Shen Z K, Wang M, Li Y X, et al. 2001. Crustal deformation along the Altyn Tagh fault system, western China, from GPS. Journal of Geophysical Research: Solid Earth, 106(B12): 30607-30621.

Shi J Y, Shi D N, Shen Y, et al. 2017. Growth of the northeastern margin of the Tibetan Plateau by squeezing up of the crust at the boundaries. Scientific Reports, 7(1): 10591-10597.

Song S G, Zhang L F, Chen J, et al. 2005. Sodic amphibole exsolutions in garnet from garnet-peridotite, North Qaidam UHPM belt, NW China: implications for ultradeep-origin and hydroxyl defects in mantle garnets. American Mineralogist, 90(5-6): 814-820.

Song S G, Niu Y L, Su L, et al. 2014. Continental orogenesis from ocean subduction, continent collision/ subduction, to orogen collapse, and orogen recycling: the example of the North Qaidam UHPM belt, NW China. Earth-Science Reviews, 129: 59-84.

Tapponnier P, Xu Z Q, Roger F, et al. 2001. Oblique stepwise rise and growth of the Tibet Plateau. Science, 294(5547): 1671-1677.

Taylor M, Yin A. 2009. Active structures of the Himalayan-Tibetan orogen and their relationships to earthquake distribution, contemporary strain field, and Cenozoic volcanism. Geosphere, 5(3): 199-214.

Tung K A, Yang H Y, Liu D Y, et al. 2013. The Neoproterozoic granitoids from the Qilian Block, NW China: evidence for a link between the Qilian and South China blocks. Precambrian Research, 235: 163-189.

Wallace K, Yin G H, Bilham R. 2004. Inescapable slow slip on the Altyn Tagh Fault. Geophysical Research Letters, 31(9): L09613.

Wang C, Liu L, Yang W Q, et al. 2013. Provenance and ages of the Altyn Complex in Altyn Tagh: implications for the early Neoproterozoic evolution of northwestern China. Precambrian Research, 230: 193-208.

Wang C S, Dai J G, Zhao X X, et al. 2014. Outward-growth of the Tibetan Plateau during the Cenozoic: a review. Tectonophysics, 621: 1-43.

Wang E. 1997. Displacement and timing along the northern strand of the Altyn Tagh fault zone, Northern Tibet. Earth and Planetary Science Letters, 150(1-2): 55-64.

Wang W T, Zhang P Z, Yu J X, et al. 2016. Constraints on mountain building in the northeastern Tibet: detrital zircon records from synorogenic deposits in the Yumen Basin. Scientific Reports, 6(1): 27604.

Wang W T, Zheng D W, Li C P, et al. 2020. Cenozoic exhumation of the Qilian Shan in the Northeastern Tibetan Plateau: evidence from low-temperature thermochronology. Tectonics, 39(4): 16.

Washburn Z, Arrowsmith J R, Forman S L, et al. 2001. Late Holocene earthquake history of the central Altyn Tagh fault, China. Geology, 29(11): 1051-1054.

Wittlinger G, Tapponnier P, Poupinet G, et al. 1998. Tomographic evidence for localized lithospheric shear along the Altyn Tagh fault. Science, 282(5386): 74-76.

Wu C, Zuza A V, Yin A, et al. 2017. Geochronology and geochemistry of Neoproterozoic granitoids in the central Qilian Shan of northern Tibet: reconstructing the amalgamation processes and tectonic history of Asia. Lithosphere, 9(4): 609-636.

Wu C M, Zhao G C. 2011. The applicability of garnet-orthopyroxene geobarometry in mantle xenoliths. Lithos, 125(1-2): 1-9.

Wu L, Xiao A C, Yang S F, et al. 2012. Two-stage evolution of the Altyn Tagh Fault during the Cenozoic: new insight from provenance analysis of a geological section in NW Qaidam Basin, NW China. Terra Nova, 24(5): 387-395.

Xiao Q B, Zhao G Z, Dong Z Y. 2011. Electrical resistivity structure at the northern margin of the Tibetan Plateau and tectonic implications. Journal of Geophysical Research: Solid Earth, 116(B12): B12401.

Xiong Q, Zheng J P, Griffin W L, et al. 2011. Zircons in the Shenglikou ultrahigh-pressure garnet peridotite massif and its country rocks from the North Qaidam terrane (western China): Meso-Neoproterozoic crust-mantle coupling and early Paleozoic convergent plate margin processes. Precambrian Research, 187(1-2): 33-57.

Xiong Q, Zheng J P, Griffin W L, et al. 2012. Decoupling of U-Pb and Lu-Hf isotopes and trace elements in zircon from the UHP North Qaidam orogen, NE Tibet (China): tracing the deep subduction of continental blocks. Lithos, 155: 125-145.

Xiong Q, Griffin W L, Zheng J P, et al. 2015. Episodic refertilization and metasomatism of Archean mantle: evidence from an orogenic peridotite in North Qaidam (NE Tibet, China). Contributions to Mineralogy and Petrology, 169(3): 31.

Yakubchuk A. 2017. Evolution of the Central Asian Orogenic Supercollage since Late Neoproterozoic revised again. Gondwana Research, 47: 372-398.

Yan Z, Aitchison J C, Fu C L, et al. 2015. Hualong complex, South Qilian terrane: U-Pb and Lu-Hf constraints on Neoproterozoic micro-continental fragments accreted to the northern Proto-Tethyan margin. Precambrian Research, 266: 65-85.

Yang J S, Xu Z Q, Zhang J X, et al. 2001. Discovery of coesite in the north Qaidam early palaeozoic ultrahigh pressure (UHP) metamorphic belt, NW China. Comptes Rendus de l'Académie des Sciences-Series IIA-Earth and Planetary Science, 333(11): 719-724.

Yang J S, Xu Z Q, Zhang J X, et al. 2002. Early Paleozoic North Qaidam UHP metamorphic belt on the northeastern Tibetan Plateau and a paired subduction model. Terra Nova, 14(5): 397-404.

Ye Z, Gao R, Li Q S, et al. 2015. Seismic evidence for the North China plate underthrusting beneath northeastern Tibet and its implications for plateau growth. Earth and Planetary Science Letters, 426: 109-117.

Yin A. 2002. Passive-roof thrust model for the emplacement of the Pelona-Orocopia Schist in southern California, United States. Geology, 30(2): 183-186.

Yin A. 2010. Cenozoic tectonic evolution of Asia: a preliminary synthesis. Tectonophysics, 488(1-4): 293-325.

Yin A, Harrison T M. 2000. Geologic evolution of the Himalayan-Tibetan Orogen. Annual Review of Earth and Planetary Sciences, 28(1): 211-280.

Yin A, Rumelhart P E, Butler R, et al. 2002. Tectonic history of the Altyn Tagh fault system in northern Tibet inferred from Cenozoic sedimentation. Geological Society of America Bulletin, 114(10): 1257-1295.

Yu J X, Zheng W J, Kirby E, et al. 2016. Kinematics of Late Quaternary Slip along the Yabrai Fault: implications for Cenozoic tectonics across the Gobi Alashan Block, China. Lithosphere, 8(3): 199-218.

Yu J X, Zheng W J, Zhang P Z, et al. 2017. Late Quaternary strike-slip along the Taohuala Shan-Ayouqi fault zone and its tectonic implications in the Hexi Corridor and the southern Gobi Alashan, China. Tectonophysics, 721: 28-44.

Yu S Y, Zhang J X, Del Real P G, et al. 2013a. The Grenvillian orogeny in the Altun-Qilian-North Qaidam mountain belts of northern Tibet Plateau: constraints from geochemical and zircon U-Pb age and Hf isotopic study of magmatic rocks. Journal of Asian Earth Sciences, 73: 372-395.

Yu S Y, Zhang J X, Li H K, et al. 2013b. Geochemistry, zircon U-Pb geochronology and Lu-Hf isotopic composition of eclogites and their host gneisses in the Dulan area, North Qaidam UHP terrane: new evidence for deep continental subduction. Gondwana Research, 23(3): 901-919.

Yue Y J, Liou J G. 1999. Two stage evolution model for the Altyn Tagh fault, China. Geology, 27(3): 227-230.

Yue Y J, Ritts B D, Hanson A D, et al. 2004. Sedimentary evidence against large strike-slip translation on the Northern Altyn Tagh fault, NW China. Earth and Planetary Science Letters, 228(3-4): 311-323.

Zhang G B, Song S G, Zhang L F, et al. 2008. The subducted oceanic crust within continental-type UHP metamorphic belt in the North Qaidam, NW China: evidence from petrology, geochemistry and geochronology. Lithos, 104(1-4): 99-118.

Zhang J X, Zhang Z M, Xu Z Q, et al. 2001. Petrology and geochronology of eclogites from the western segment of the Altyn Tagh, northwestern China. Lithos, 56(2-3): 187-206.

Zhang J X, Mattinson C G, Meng F C, et al. 2008. Polyphase tectonothermal history recorded in granulitized gneisses from the north Qaidam HP/UHP metamorphic terrane, western China: evidence from zircon U-Pb geochronology. Geological Society of America Bulletin, 120(5-6): 732-749.

Zhang J X, Mattinson C G, Meng F C, et al. 2009a. U–Pb geochronology of paragneisses and metabasite in the Xitieshan area, north Qaidam Mountains, western China: constraints on the exhumation of HP/UHP metamorphic rocks. Journal of Asian Earth Sciences, 35(3-4): 245-258.

Zhang J X, Meng F C, Li J P, et al. 2009b. Coesite in eclogite from the north Qaidam Mountains and its implication. Chinese Science Bulletin, 54(6): 1105-1110.

Zhang J X, Mattinson C G, Yu S Y, et al. 2010. U-Pb zircon geochronology of coesite-bearing eclogites from the southern Dulan area of the North Qaidam UHP terrane, northwestern China: spatially and temporally extensive UHP metamorphism during continental subduction. Journal of Metamorphic Geology, 28(9): 955-978.

Zhang J X, Yu S Y, Mattinson C G. 2017. Early Paleozoic polyphase metamorphism in northern Tibet, China. Gondwana Research, 41: 267-289.

Zhang L T, Unsworth M, Jin S, et al. 2015. Structure of the Central Altyn Tagh Fault revealed by magnetotelluric data: new insights into the structure of the northern margin of the India-Asia collision. Earth and Planetary Science Letters, 415(1): 67-79.

Zhang P Z, Shen Z K, Wang M, et al. 2004. Continuous deformation of the Tibetan Plateau from global positioning system data. Geology, 32(9): 809-812.

Zhang P Z, Molnar P, Xu X W. 2007. Late Quaternary and present-day rates of slip along the Altyn Tagh Fault, northern margin of the Tibetan Plateau. Tectonics, 26(5): TC5010.

Zhao G C, Cawood P A, Wilde S A, et al. 2002. A review of the global 2.1-1.8 Ga orogens: implications for a pre-Rodinia supercontinent. Earth Science Reviews, 59(1-4): 125-162.

Zhao G C, Sun M, Wilde S A, et al. 2004. A Paleo-Mesoproterozoic supercontinent: assembly, growth and breakup. Earth Science Reviews, 67(1-2): 91-123.

Zhao G C, Wang Y J, Huang B C, et al. 2018. Geological reconstructions of the east Asian blocks: from the breakup of Rodinia to the assembly of Pangea. Earth Science Reviews, 186: 262-286.

Zhao J M, Yuan X H, Liu H B, et al. 2010. The boundary between the Indian and Asian tectonic plates below Tibet. Proceedings of the National Academy of Sciences of the United States of America, 107(25): 11229-11233.

Zhao J X, Xu F Y, Wang T C, et al. 2006. Cenozoic deformation history of the Qaidam Basin, NW China: results from cross-section restoration and implications for Qinghai-Tibet Plateau tectonics. Earth and Planetary Science Letters, 243(1-2): 195-210.

Zhao L F, Xie X B, He J K, et al. 2013. Crustal flow pattern beneath the Tibetan Plateau constrained by regional Lg-wave Q tomography. Earth and Planetary Science Letters, 383(1): 113-122.

Zhao W J, Kumar P, Mechie J, et al. 2011. Tibetan plate overriding the Asian plate in central and northern Tibet. Nature Geoscience, 4(12): 870-873.

Zheng W J, Zhang H P, Zhang P Z, et al. 2013a. Late Quaternary slip rates of the thrust faults in western Hexi Corridor (Northern Qilian Shan, China) and their implications for northeastward growth of the Tibetan Plateau. Geosphere, 9(2): 342-354.

Zheng W J, Zhang P Z, He W, et al. 2013b. Transformation of displacement between strike-slip and crustal shortening in the northern margin of the Tibetan Plateau: evidence from decadal GPS measurements and late Quaternary slip rates on faults. Tectonophysics, 584(22): 267-280.

第 2 章

阿尔金构造带的构造演化

2.1 概述

阿尔金山脉地处西藏、新疆、青海、甘肃交界的地区，将塔里木盆地和柴达木盆地隔开（图 2-1），东西与祁连山和昆仑山两大山系相连。山脉规模宏伟，东西长约 730km，南北宽 200km，一般海拔 3500m，最高达 5000m 以上。其中吾生雪尔山、阿卡腾能山、安南坝山和巴什考供山等主峰，终年积雪（黄汉纯和王长利，1987）。

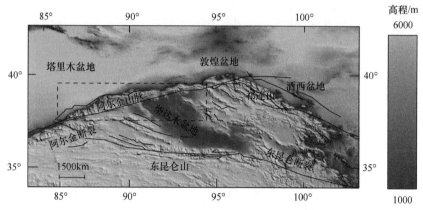

图 2-1　阿尔金断裂带及其邻近地区的 SRTM 高程图

（网址：https://geoservice.dlr.de/web/maps/srtm:x-sar[2024-02-15]）

阿尔金构造带横亘于藏、新、青、甘四省区之间，西起西藏拉竹龙，东至甘肃金塔，隐没于巴丹吉林沙漠之下，全长约 1600km。阿尔金活动断裂带是东亚大陆内部一条最引人注目的巨型断裂带，以其巨大的规模和极其醒目的线性形象分割了塔里木盆地和柴达木盆地，成为高耸的青藏高原西北部的天然边界，是研究中国大陆内部新构造变形和运动的一个重要构造形体，为中外地质学者所关注（Wang，1997；Tapponnier et al.，2001；Yin et al.，2002；Ding et al.，2004；李海兵等，2006；Liu Q et al.，2021）。Molnar 和 Tapponnier（1975）首先利用卫星照片解译了阿尔金断裂带的展布，认为它是亚洲大陆中部最显著的一条左旋走滑断裂带，其滑移量达 400km。80 年代我国一些地质工作者如赵子允和朱时达（1980）、张治洮（1985）、郑剑东（1991a）等先后对阿尔金某些地段进行考察研究。1980 年新疆地质局也开展了 1：20 万索尔库里和巴什考贡二幅地质调查，提升了对基础地质认识水平。

阿尔金断裂带的左行走滑作用及其邻区的挤压逆冲—褶皱作用吸收了印度板块向北运移量的 10%~25%。其左旋走滑作用总位移量在 320km（郭召杰等，1998）、360km（Ritts and Biffi，2000）到 500~600km，目前一般认为中新生代以来的累积位移量为 350~400km（Meng et al.，2001），而且具有从西向东减小的趋势。阿尔金断裂全新世以来的走滑速率，不同学者从不同的角度做了大量的研究（国家地震局阿尔金活动断裂带课题组，1992；王峰等，2003），获得了走滑速率从西向东不断减小的认识（Tapponnier et al.，2001；Meng et al.，2001；徐锡伟等，2003；Ding et al.，2004）。西段的走滑速率可以达到 20~30mm/a，阿克塞以西的中、西段左旋走滑速率可达 17.5±2mm/a，肃北—石包城段为 11±3.5mm/a，疏勒河口段减少到 4.8±1mm/a，东端宽滩山段仅约 2.2±0.2mm/a，左旋走滑速率的突变位于发生分支活动逆断层的肃北、石包城和疏勒河等地（徐锡伟等，2003）。

近年来，随着阿尔金山脉地区地质工作的深入开展，不仅地质研究程度大大提高，矿产资源也逐渐被发现，成为重要的矿产资源区。北阿尔金地区的超基性岩，铂族元素和 Ni 的含量较高，主要来源于地幔，未经历硫化物的熔离作用，m/f 值平均为 17.95，为与铬铁矿有关的镁质超基性岩，具有形成铬铁矿的潜力（王永等，2020）。阿尔金西段新发现了卡尔恰尔、库木塔什、小白河沟、布拉克北等萤石矿床（点），其中卡尔恰尔已达超大型规模（吴益平等，2021），初步形成西部重要的萤石大型资源基地（高永宝等，2021）。

新疆若羌县阿尔金中段吐格曼地区是花岗伟晶岩型稀有金属成矿的有利地区，目前已发现吐格曼铍锂矿（Gao et al.，2021）、吐格曼北锂铍矿和瓦石峡南锂铍矿，其中发育于吐格曼层状花岗岩中心的吐格曼铍锂矿和北部接触带的吐格曼北锂铍矿已达中型规模（徐兴旺等，2019）。北阿尔金构造带东部余石山地区是近年来新发现的极具勘探潜力的稀有金属矿区（李孝文等，2021）。另外，在阿尔金山地区陆续发现了大平沟、大平沟西、红柳沟、祥云、盘龙沟等金矿床和金矿点，其中大平沟金矿达到中型规模（杨屹等，2004）。

甘肃白石头沟石墨矿位于阿尔金南缘敦煌地块，赋存于前寒武纪敦煌岩群大理岩和石英片岩之中，目前圈定矿体 33 条，主要矿体 2 条（穆可斌等，2019）。在新疆吐拉盆地上侏罗统中发现百余米厚的油砂岩，并含大量沥青脉（郭召杰等，1998）。总之，阿尔金断裂带作为青藏高原北缘重要边界，其演化过程历来受到重视。近年来，随着高压变质带的发现，阿尔金山脉的总体研究程度提高很快，前新生代的演化也受到了重视，取得了很大的进展。

2.2 前新生代构造演化

前人对阿尔金山大地构造格局的认识一直是有争议的，有的认为是晚古生代造山带（黄汲清等，1980），有的认为是早古生代造山带（张显庭等，1984），也有的认识到其为一前寒武系地块（郑剑东，1991b）。近年来，有关该地区古大地构造格局及其演化引起越来越多的重视，取得了很多研究成果。

2.2.1 构造单元及其特征

阿尔金山地区高压变泥质岩石（Che et al.，1995）和榴辉岩的发现，引起了地质工作者对阿尔金山地区前新生代演化的重视。许志琴等（1999）将阿尔金地区划分为阿北地块、阿帕—茫崖蛇绿混杂岩带、米兰—金雁山地块（即阿中地块）以及南阿尔金俯冲碰撞杂岩带 4 个构造单元。最新研究成果把阿尔金山脉地区分为北阿尔金地块（敦煌地块）、北阿尔金增生带、中阿尔金地块、南阿尔金增生碰撞带（图 2-2；修群业等，2007；Wang et al.，2013；Liu et al.，2018；Liu D L et al.，2021）。

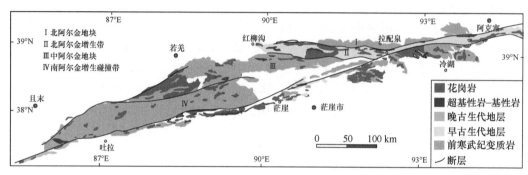

图 2-2　阿尔金地区构造单元（据 Liu D L et al.，2021 修改）

北阿尔金地块主要由太古宇米兰杂岩（或阿克塔什塔格杂岩）的 TTG 花岗质岩石和大量变质表壳岩石所组成，变质程度达中－高角闪石相至麻粒岩相（张建新等，2011）。在阿尔金山阿克塔什塔格原划为太古宙米兰岩的花岗片麻岩中，曾获得了 3650±43Ma 的单颗粒锆石 U-Pb 年龄（李惠民等，2001）。值得一提的是，近来有学者在阿克塔克塔格地区发现了约 3.7Ga 的英云闪长片麻岩，这是西北地区迄今发现的最老的岩石。研究显示阿尔金北缘地区 TTG 片麻岩形成于 2.5~2.8Ga（Lu et al.，2008；Long et al.，2014）。另外，阿尔金北缘地区还发育一套 2.03~2.01Ga 具有岛弧特征的片麻状花岗岩和片麻状辉长岩，证实该地区古元古代中晚期仍处于俯冲构造环境（辛后田等，2011）。此后，该地区普遍遭受了约 2.0Ga 变质事件（辛后田等，2012；Long et al.，2014），且这一变质事件同样被石榴角闪岩和麻粒岩所记录（Wu et al.，2019）。这都表明 2.0Ga 左右阿尔金北缘地区已进入碰撞造山阶段（辛后田等，2012）。随后，约 1.85Ga 具有 OIB 地球化学特征的基性岩墙侵入到 TTG 片麻岩和古元古代片麻状花岗岩中，初步研究显示可能与地幔柱岩浆活动或者板内伸展环境有关。

北阿尔金增生带呈近东西向分布，西起新疆的红柳沟—拉配泉一线，向东经阿克塞至肃北一带变为北东东向沿阿尔金主断裂展布（新疆维吾尔自治区地质矿产局，1993）。因构造肢解破坏，蛇绿混杂岩层序不全，各岩石单元出露的完整蛇绿岩剖面罕见，但组成蛇绿岩的岩石各单元均有所出露。蛇绿混杂岩带出露有几十个镁铁质－超镁铁质岩体，保存有较好的堆晶岩块和辉绿岩块，以及浅变质玄武岩、细碧岩、硅质岩和共生的粉砂泥质板岩等。变质岩出露于贝壳滩东侧，主要包括 HP/LT 副变质蓝片岩及含硬柱石榴辉岩，多呈透镜体状就位于俯冲增生杂岩中（车自成等，1995；刘良等，1999；张建新等，2007）；花岗岩体多呈带状分布于蛇绿混杂岩带南北两侧，研究表明其形成与洋壳俯冲、陆陆碰撞及碰撞后伸展等构造环境有关（吴才来等，2005，2007；戚学祥等，2005a；康磊等，2011）。

在阿尔金山阿克塞西青崖子—红柳沟一带，蛇绿混杂岩呈构造岩片侵位在新元古界千枚岩、板岩和硅质灰岩、大理岩中。主要由蛇纹岩和辉长岩组成，蛇纹岩呈墨绿 – 黑褐色块状构造，少数样品中蛇纹石化呈网格状，见橄榄石残留颗粒；辉长岩一般呈灰绿色，具堆晶层状构造，主要由单斜辉石和斜长石组成，辉石含量为 50% 左右，局部有角闪石化，斜长石占 40%~50%，镜下显示比较典型的辉长结构，常见绿泥石化，可见碳酸盐化、绿帘石化等（何国琦和李茂松，1994；杨经绥等，2008；张志诚等，2009a）。

阿克塞西青崖子 – 红柳沟地区蛇纹岩以富 Mg，贫 Al_2O_3、CaO、TiO 和 $\sum REE$ 为特征，与世界上典型蛇绿岩中变质橄榄岩的特征值一致。辉长岩 SiO_2 含量为 49.06%~50.70%，具有高的 MgO（7.16%~10.01%）和 Fe_2O_3（6.36%~12.85%）含量，TiO_2 含量低到中等，为 0.31%~1.02%，Na_2O 和 K_2O 含量中等，平均分别为 0.73% 和 0.75%，辉长岩在球粒陨石标准化稀土元素配分模式图上属平坦型或轻微富集型，无负 Eu 异常，与 E-type 洋中脊玄武岩类似。辉长岩具有 E-MORB 的地球化学特征，显示青崖子蛇绿混杂岩是洋脊型蛇绿岩残片。蛇绿混杂岩中辉长岩的 SHRIMP 锆石 U-Pb 年龄测定，确定出青崖子附近蛇绿混杂岩所代表的洋壳形成于 521.1±11.9Ma（图 2-3、图 2-4），为古生代早期。该年龄测定的结果还显示本区存在 472±10Ma 一次地质事件（图 2-3、图 2-4），可能代表了古生代洋盆闭合的下限年龄（张志诚等，2009a）。

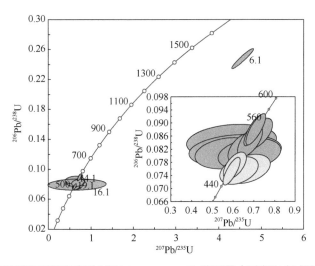

图 2-3　阿克塞红柳沟辉长岩锆石 SHRIMP U-Pb 谐和图（引自张志诚等，2009a）

中阿尔金地块广泛分布着一套巨厚的火山沉积岩系，这套岩系在不同的地段由不同比例的碎屑岩、碳酸盐岩及火山岩构成。无论是纵向上，还是横向上其岩石组合、变质程度都有较大差异，总体变质程度达角闪岩相，变形亦较强烈（新疆维吾尔自治区地质矿产局，1993）。塔什达坂以南、索尔库里及安南坝等地，蓟县系塔什达坂群下部以碎屑岩为主夹碳酸盐岩及中基性火山岩，中部主要为碎屑岩并伴有以酸性为主的火山岩，上部以碳酸盐岩为主夹少量碎屑岩。自下而上划分为马特克布拉克组、斯

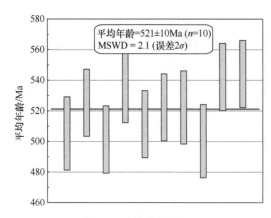
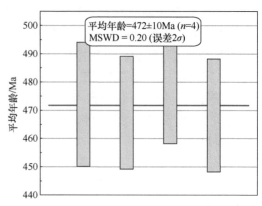

图 2-4 辉长岩中锆石 SHRIMP U-Pb 年龄直方图（引自张志诚等，2009a）

米尔布拉克组、卓阿布拉克组、木孜萨依组和金雁山组。早期的马特克布拉克组以基 – 中基性火山岩为主，晚期的卓阿布拉克组以酸性火山岩为主。其中马特克布拉克组的火山岩以角闪粗玄岩、拉斑玄武岩、斜长安山岩、安山质玄武岩等熔岩为主，并与海相正常沉积的碎屑岩及碳酸盐岩间层产出，中基性熔岩向深部与潜辉绿岩相连，部分地区中基性熔岩的枕状构造十分发育，该组火山熔岩总厚度达 921m，约占地层的15%。卓阿布拉克组为一套浅海相的碎屑岩 – 碳酸盐岩 – 火山岩，其火山岩以霏细岩、钠长霏细岩、流纹岩及酸性火山碎屑岩、火山灰凝灰岩为主，呈韵律式层状，每一韵律以爆发相火山碎屑岩开始，溢流相熔岩结束，局部剖面的该组火山岩总厚度 5800m，占地层的 93%（新疆维吾尔自治区地质矿产局，1993）。张志诚和郭召杰（2004）在巴什考供北一套变质程度达角闪岩相的片岩、大理岩夹少量斜长角闪岩的地层中，获得了斜长角闪岩全岩 Sm-Nd 同位素等时线年龄为 1185±130Ma，其 I_{Nd}=0.51140，$\varepsilon_{Nd}(t)$=5.8±0.6，可能代表原岩形成于中元古代晚期。笔者还在阿尔金索尔库里北山彩虹沟塔什达坂群卓阿布拉克组流纹岩中，获得锆石 SHRIMP U-Pb 年龄为 920±20Ma（MSWD=1.50），代表流纹岩的喷出结晶时代，也指示这些地层可能为中新元古代的产物。

南阿尔金增生碰撞带主要由茫崖蛇绿混杂岩带及南阿尔金高压 – 超高压变质带组成。阿尔金山中的榴辉岩最早发现于阿尔金构造带的西段（刘良等，1996），就目前所掌握的资料，榴辉岩带分布在且末地区的玉石矿沟—江孕勒萨依沟—米兰河上游一带，长 200 余千米，走向近东西向，在东端被阿尔金断裂所切割。榴辉岩主要呈透镜状或布丁状产于片麻岩之中，其透镜体的长轴与片麻岩的片麻理走向一致。这些片麻岩主要包括含石榴子石的长英质片麻岩、含石榴子石的斜长角闪片麻岩等。片麻岩总体上显示出角闪岩相的矿物组合，也可能达到高角闪岩相甚至麻粒岩相。超高压变质岩石锆石 U-Pb 同位素测定获得峰期变质时代为 503.9±5.3Ma（张建新等，1999），原岩形成时代多介于 750~1000Ma 之间（刘良，2007；Wang et al.，2011）。

茫崖蛇绿混杂岩带沿阿尔金南缘断裂带长约 700km 的狭长范围内断续分布。阿尔金茫崖地区基性火山岩属拉斑玄武岩系列，稀土配分均为 LREE 略富集型，具有蛇绿岩的性质，8 件基性火山岩的 Sm-Nd 同位素数据构成了一条相关性较好的等时线，其等时线年龄为 481.3±5.3Ma，表明阿尔金茫崖蛇绿岩带形成于早古生代（刘良等，1998）。阿尔金南缘断裂带中的约马克其镁铁 – 超镁铁岩具有蛇绿岩的岩石组合特征，其形成于晚寒武世 500.7±1.9Ma 的大洋中脊环境（李向民等，2009）。

2.2.2　火成岩及变质岩年龄统计分析

利用前人已发表的阿尔金地区的火成岩和变质岩年龄数据，探讨构造演化阶段和过程，将有助于深刻理解前新生代的阿尔金构造带演化过程。本次按照构造单元进行统计，北阿尔金地块火成岩年龄数据较少，合并到北阿尔金增生带，因此按照北增生带、中阿尔金地块、南阿尔金增生碰撞带三个构造单元进行统计。变质作用相关的年龄已发表的结果较少，只进行了北增生带和南增生碰撞带的统计。

南增生碰撞带收集到已发表的古生代火成岩年龄数据 85 条（表 2-1），以酸性侵入岩为主，少量喷出岩，还有与蛇绿混杂岩相关的基性岩类等，统计结果见图 2-5。统计结果表明，存在 501Ma、445Ma 和 405Ma 几个主要的年龄峰，除此外，还有少量的新元古代和晚二叠世的侵入体。约 500Ma 的峰值年龄，与高压 – 超高压变质岩的峰期变质时代一致，可能形成于陆 – 陆碰撞造山作用过程中的陆壳相互叠置加厚阶段；约 445Ma 的峰值年龄，与超高压岩石的退变质时代大致相当，可能形成于深俯冲陆壳断离后的伸展构造背景；405Ma 的峰值年龄，可能形成于碰撞造山作用结束后的伸展减薄阶段。总之，火成岩年龄可能代表了南阿尔金洋的碰撞和碰撞后演化过程中的产物。

表 2-1　南阿尔金增生碰撞带火成岩年龄数据

顺序号	样品位置	岩性特征	年龄 /Ma	1σ	定年方法	出处
1	阿克提山	花岗岩	269.2	9.8	LA-ICP-MS 锆石 U-Pb	潘雪峰等，2019
2	阿克提山	花岗岩	264.2	2.2	LA-ICP-MS 锆石 U-Pb	潘雪峰等，2019
3	阿克提山	花岗岩	260.7	3.3	LA-ICP-MS 锆石 U-Pb	潘雪峰等，2019
4	长沙沟超基性岩	辉石角闪岩	510.6	1.4	LA-ICP-MS 锆石 U-Pb	郭金城等，2014
5	约马克其	辉长岩	500.7	1.9	LA-ICP-MS 锆石 U-Pb	李向民等，2009
6	茫崖玄武岩	玄武岩	481.3	5.3	全岩 Sm-Nd 等时线	刘良等，1998
7	鱼目泉	岩浆混合花岗岩	496.9	1.9	LA-ICP-MS 锆石 U-Pb	孙吉明等，2012
8	茫崖地区	二长花岗岩	472.1	1.1	LA-ICP-MS 锆石 U-Pb	康磊等，2016
9	茫崖地区	石英闪长岩	458.3	6.2	LA-ICP-MS 锆石 U-Pb	康磊等，2016
10	清水泉	角闪辉长岩	467.4	1.4	LA-ICP-MS 锆石 U-Pb	马中平等，2011
11	长沙沟	辉长岩	458.7	1.8	LA-ICP-MS 锆石 U-Pb	董洪凯等，2014
12	阿尔金瓦石峡	二长花岗岩	462	2	LA-ICP-MS 锆石 U-Pb	曹玉亭等，2010
13	柴水沟	辉绿岩	453.5	3.5	SHRIMP 锆石 U-Pb	吴才来等，2014
14	明玉苏普阿勒克塔格	似斑状黑云二长花岗岩	450.9	4.2	LA-ICP-MS 锆石 U-Pb	徐楠等，2020
15	明玉苏普阿勒克塔格	似斑状黑云二长花岗岩	446.8	3.9	LA-ICP-MS 锆石 U-Pb	徐楠等，2020
16	阿克腾龙山	二长花岗岩	449.5	4.6	LA-ICP-MS 锆石 U-Pb	徐楠等，2018
17	阿克腾龙山	二长花岗岩	435.5	3.5	LA-ICP-MS 锆石 U-Pb	郑坤等，2019b

续表

顺序号	样品位置	岩性特征	年龄 /Ma	1σ	定年方法	出处
18	阿克腾龙山	二长花岗岩	444.7	3.8	LA-ICP-MS 锆石 U-Pb	徐楠等，2020
19	科克萨依	二长花岗岩	945	13	LA-ICP-MS 锆石 U-Pb	陈红杰，2018
20	科克萨依	二长花岗岩	947.5	7.3	LA-ICP-MS 锆石 U-Pb	高栋等，2019
21	阿克提山岩体	正长花岗岩	263.7	1.8	SHRIMP 锆石 U-Pb	吴才来等，2014
22	柴水沟岩体	正长花岗岩	404.2	4.6	SHRIMP 锆石 U-Pb	吴才来等，2014
23	柴水沟岩体	二长花岗岩	406	4	SHRIMP 锆石 U-Pb	吴才来等，2014
24	常春沟岩体	正长花岗岩	411.2	5.4	SHRIMP 锆石 U-Pb	吴才来等，2014
25	常春沟岩体	正长花岗岩	405.9	3.1	SHRIMP 锆石 U-Pb	吴才来等，2014
26	茫崖镇北花岗岩岩体	花岗岩	465.6	4.5	SHRIMP 锆石 U-Pb	吴才来等，2014
27	阿克腾山石英闪长岩体	石英闪长岩	469.3	5.7	SHRIMP 锆石 U-Pb	吴才来等，2014
28	迪木那里克花岗岩	钾长花岗岩	452.8	3.1	LA-ICP-MS 锆石 U-Pb	杨文强等，2012
29	塔特勒克布拉克	片麻状花岗岩	451	1.7	LA-ICP-MS 锆石 U-Pb	康磊等，2013
30	清水泉	斜长角闪岩	461	4	LA-ICP-MS 锆石 U-Pb	王立社等，2016
31	玉苏普阿勒克塔格	辉绿岩	453	5	LA-ICP-MS 锆石 U-Pb	Wang et al.，2014
32	玉苏普阿勒克塔格	花岗闪长岩	446	3	LA-ICP-MS 锆石 U-Pb	Wang et al.，2014
33	玉苏普阿勒克塔格	二长花岗岩	432	4	LA-ICP-MS 锆石 U-Pb	Wang et al.，2014
34	玉苏普阿勒克塔格	细晶岩	421	3	LA-ICP-MS 锆石 U-Pb	Wang et al.，2014
35	茫崖角闪辉长岩	角闪辉长岩	444.9	1.3	LA-ICP-MS 锆石 U-Pb	董增产等，2011
36	长沙沟辉长岩	辉长岩	444.9	3.4	LA-ICP-MS 锆石 U-Pb	徐旭明等，2014
37	茫崖石棉矿	英安岩	405.8	1.2	LA-ICP-MS 锆石 U-Pb	Kang et al.，2015
38	茫崖石棉矿	流纹岩	406.1	1.2	LA-ICP-MS 锆石 U-Pb	Kang et al.，2015
39	吐拉	花岗岩	385.2	8.1	SHRIMP 锆石 U-Pb	吴锁平等，2009
40	库木塔什萤石矿区	碱长花岗岩	450	2.7	LA-ICP-MS 锆石 U-Pb	高永宝等，2021
41	玉苏普阿勒克塔格	二长花岗岩	443.7	2.3	LA-ICP-MS 锆石 U-Pb	李琦等，2020
42	巴什瓦克	基性麻粒岩中长英质脉体	491.1	2.4	LA-ICP-MS 锆石 U-Pb	郭晶等，2021
43	且末依干村北	花岗岩	352	3	LA-ICP-MS 锆石 U-Pb	吴才来等，2016
44	且末依干村	花岗岩	349	2	LA-ICP-MS 锆石 U-Pb	吴才来等，2016
45	且末依干村花岗岩体	花岗岩	342	2	LA-ICP-MS 锆石 U-Pb	吴才来等，2016
46	白干湖村北	花岗岩	447	4	LA-ICP-MS 锆石 U-Pb	吴才来等，2016
47	白干湖村北花岗岩体	中细粒花岗岩	444	5	LA-ICP-MS 锆石 U-Pb	吴才来等，2016
48	白干湖村北花岗岩体	似斑状花岗岩	448	2	LA-ICP-MS 锆石 U-Pb	吴才来等，2016
49	茫崖镇西花岗岩体	花岗岩	443	5	LA-ICP-MS 锆石 U-Pb	吴才来等，2016
50	茫崖镇西花岗岩体	花岗岩	435	4	LA-ICP-MS 锆石 U-Pb	吴才来等，2016
51	茫崖镇北花岗岩体	花岗岩	462	6	LA-ICP-MS 锆石 U-Pb	吴才来等，2016
52	常春沟岩体	石英闪长岩	469	3	LA-ICP-MS 锆石 U-Pb	吴才来等，2016
53	柴水沟岩体	正长花岗岩	406	5	LA-ICP-MS 锆石 U-Pb	吴才来等，2016
54	正长花岗岩	正长花岗岩	265	2	LA-ICP-MS 锆石 U-Pb	吴才来等，2016
55	常春沟 – 柴水沟	碱长花岗岩	418.8	3.7	LA-ICP-MS 锆石 U-Pb	徐楠等，2020
56	常春沟 – 柴水沟	碱长花岗岩	424.3	2.7	LA-ICP-MS 锆石 U-Pb	徐楠等，2020
57	常春沟 – 柴水沟	碱长花岗岩	403.4	2.8	LA-ICP-MS 锆石 U-Pb	徐楠等，2020

续表

顺序号	样品位置	岩性特征	年龄/Ma	1σ	定年方法	出处
58	常春沟–柴水沟	碱长花岗岩	403.9	3.3	LA-ICP-MS 锆石 U-Pb	徐楠等，2020
59	南阿尔金木纳布拉克	石英闪长岩	455.5	1.3	LA-ICP-MS 锆石 U-Pb	高慧等，2020
60	索尔库里	二长花岗岩	377.5	1.6	LA-ICP-MS 锆石 U-Pb	袁亚平等，2021
61	索尔库里	二长花岗岩	377	2.1	LA-ICP-MS 锆石 U-Pb	袁亚平等，2021
62	索尔库里	石英闪长玢岩	375.7	2.2	LA-ICP-MS 锆石 U-Pb	何元方等，2018
63	瓦石峡	花岗岩	522.2	4.2	LA-ICP-MS 锆石 U-Pb	Liu et al.，2016
64	瓦石峡	花岗岩	518	4.1	LA-ICP-MS 锆石 U-Pb	Liu et al.，2016
65	瓦石峡	花岗岩	506.8	6.3	LA-ICP-MS 锆石 U-Pb	Liu et al.，2016
66	瓦石峡	花岗岩	501.4	4.2	LA-ICP-MS 锆石 U-Pb	Liu et al.，2016
67	瓦石峡	花岗岩	488.8	4.2	LA-ICP-MS 锆石 U-Pb	Liu et al.，2016
68	瓦石峡	花岗岩	486.1	3.8	LA-ICP-MS 锆石 U-Pb	Liu et al.，2016
69	若羌水电站	花岗岩	478.2	6.7	LA-ICP-MS 锆石 U-Pb	Liu et al.，2016
70	若羌公路	花岗岩	475.1	5.9	SIMS 锆石 U-Pb	Cowgill et al.，2003
71	苏吾什杰	花岗岩	474.7	2.7	LA-ICP-MS 锆石 U-Pb	Liu et al.，2016
72	瓦石峡	花岗岩	471	6.4	LA-ICP-MS 锆石 U-Pb	Liu et al.，2016
73	库姆达坂	花岗岩	469	4.2	LA-ICP-MS 锆石 U-Pb	Liu et al. 2016
74	苏吾什杰	花岗岩	463.6	9.1	LA-ICP-MS 锆石 U-Pb	Liu et al.，2016
75	瓦石峡	花岗岩	458	4.9	LA-ICP-MS 锆石 U-Pb	Liu et al.，2016
76	库姆达坂	花岗岩	451.1	4.7	LA-ICP-MS 锆石 U-Pb	Liu et al.，2016
77	库姆达坂	花岗岩	445.1	5.5	LA-ICP-MS 锆石 U-Pb	Liu et al. 2016
78	瓦石峡	花岗岩	432.5	2.4	LA-ICP-MS 锆石 U-Pb	Liu et al.，2016
79	苏吾什杰	花岗闪长岩	504.4	4.7	LA-ICP-MS 锆石 U-Pb	Liu et al.，2016
80	江戈萨依	花岗片麻岩	910	9	LA-ICP-MS 锆石 U-Pb	Wang et al.，2013
81	江戈萨依	淡色体	417	2	LA-ICP-MS 锆石 U-Pb	Wang et al.，2013
82	淡水泉	长英质片麻岩	924	4	LA-ICP-MS 锆石 U-Pb	Wang et al.，2013

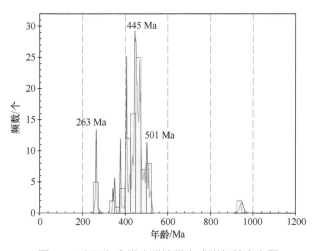

图 2-5 南阿尔金增生碰撞带火成岩年龄直方图

中阿尔金地块收集到已发表的古生代火成岩年龄数据 58 条（表 2-2），以酸性侵入岩为主，有少量喷出岩，统计结果见图 2-6。结果表明存在四个主要的年龄峰值，分别为 946Ma、882Ma、496Ma 和 434Ma。前两组峰值年龄可能代表了中阿尔金地块经历了新元古代的罗迪尼亚（Rodinia）超大陆汇聚事件及其裂解过程。496Ma 的峰值年龄，与南阿尔金增生碰撞带的火成岩年龄相近，可能是受到南阿尔金增生碰撞带影响的产物，434Ma 的峰值年龄与后面将要讨论的北阿尔金增生带密切相关。

表 2-2　中阿尔金地块火成岩年龄数据

顺序号	样品位置	岩性特征	年龄 /Ma	1σ	定年方法	出处
1	亚干布阳岩体	花岗岩	953.3	8.4	LA-ICP-MS 锆石 U-Pb	陈红杰，2018
2	亚干布阳岩体	花岗岩	954	10	LA-ICP-MS 锆石 U-Pb	陈红杰，2018
3	亚干布阳岩体	花岗岩	954.1	8.5	LA-ICP-MS 锆石 U-Pb	陈红杰，2018
4	亚干布阳岩体	花岗岩	939	7.1	LA-ICP-MS 锆石 U-Pb	陈红杰，2018
5	科克萨依岩体	眼球状二云母花岗岩	945	13	LA-ICP-MS 锆石 U-Pb	陈红杰，2018
6	科克萨依岩体	眼球状二云母花岗岩	947.5	7.3	LA-ICP-MS 锆石 U-Pb	陈红杰，2018
7	科克萨依岩体	眼球状二云母花岗岩	948	10	LA-ICP-MS 锆石 U-Pb	陈红杰，2018
8	科克萨依岩体	眼球状二云母花岗岩	948.7	6.1	LA-ICP-MS 锆石 U-Pb	陈红杰，2018
9	喀拉乔喀岩体	花岗岩	927.2	5.1	LA-ICP-MS 锆石 U-Pb	陈红杰，2018
10	喀拉乔喀岩体	花岗岩	930.9	5.9	LA-ICP-MS 锆石 U-Pb	陈红杰，2018
11	喀拉乔喀岩体	花岗岩	916	6	LA-ICP-MS 锆石 U-Pb	陈红杰，2018
12	喀拉乔喀岩体	花岗岩	939	10	LA-ICP-MS 锆石 U-Pb	陈红杰，2018
13	英其开萨依岩体	花岗岩	974.3	7.7	LA-ICP-MS 锆石 U-Pb	陈红杰，2018
14	英其开萨依岩体	花岗岩	954.6	7.7	LA-ICP-MS 锆石 U-Pb	陈红杰，2018
15	英其开萨依岩体	花岗岩	997.6	7	LA-ICP-MS 锆石 U-Pb	陈红杰，2018
16	英其开萨依岩体	花岗岩	957	11	LA-ICP-MS 锆石 U-Pb	陈红杰，2018
17	英其开萨依岩体	花岗岩	451.1	3.8	LA-ICP-MS 锆石 U-Pb	陈红杰，2018
18	盖里克岩体	花岗岩	965	8.6	LA-ICP-MS 锆石 U-Pb	陈红杰，2018
19	盖里克岩体	花岗岩	976.1	8.1	LA-ICP-MS 锆石 U-Pb	陈红杰，2018
20	盖里克岩体	花岗岩	997.5	8.9	LA-ICP-MS 锆石 U-Pb	陈红杰，2018
21	盖里克岩体	花岗岩	999.7	8.9	LA-ICP-MS 锆石 U-Pb	陈红杰，2018
22	苏吾什杰南亚干布阳	片麻状花岗岩	883	3.3	LA-ICP-MS 锆石 U-Pb	曾忠诚等，2020
23	苏吾什杰南亚干布阳	片麻状花岗岩	883.1	3.3	LA-ICP-MS 锆石 U-Pb	曾忠诚等，2020
24	帕夏拉依档沟	斜长角闪岩	857.4	7.1	LA-ICP-MS 锆石 U-Pb	毕政家等，2016
25	盖里克	眼球状黑云斜长片麻岩	886.5	5	LA-ICP-MS 锆石 U-Pb	李琦等，2015
26	亚干布阳	黑云斜长片麻岩	900.2	2.9	LA-ICP-MS 锆石 U-Pb	李琦等，2018
27	玉苏普阿勒克塔格	玄武安山岩	944.7	6.4	LA-ICP-MS 锆石 U-Pb	曾忠诚等，2019
28	玉苏普阿勒克塔格	玄武安山岩	951.2	6.3	LA-ICP-MS 锆石 U-Pb	曾忠诚等，2019
29	帕夏拉依档沟	正长花岗岩	455.1	3.6	LA-ICP-MS 锆石 U-Pb	张若愚等，2018
30	帕夏拉依档沟	二长花岗岩	460.1	3.9	LA-ICP-MS 锆石 U-Pb	张若愚等，2016
31	吐格曼铍锂金属矿区	电气石钠长伟晶岩	459.9	3.7	LA-ICP-MS 锆石 U-Pb	徐兴旺等，2019
32	茫崖 – 若羌公路	淡色花岗岩	382.5	7.4	白云母 Ar 坪年龄	Sobel and Arnaud，1999
33	茫崖 – 若羌公路	花岗岩	413.8	8	黑云母 Ar 坪年龄	Sobel and Arnaud，1999

续表

顺序号	样品位置	岩性特征	年龄/Ma	1σ	定年方法	出处
34	红柳沟西	花岗闪长岩	499.3	3	LA-ICP-MS 锆石 U-Pb	Zheng et al.，2019
35	红柳沟西	正长花岗岩	496.3	3	LA-ICP-MS 锆石 U-Pb	Zheng et al.，2019
36	红柳沟西	花岗闪长岩	496	2	LA-ICP-MS 锆石 U-Pb	彭银彪等，2018
37	红柳沟西	石英闪长岩	493.3	4	LA-ICP-MS 锆石 U-Pb	Zheng et al.，2019
38	巴什考供	石英闪长岩	481.6	5.6	SHRIMP 锆石 U-Pb	吴才来等，2006
39	巴什考供	花岗岩	474.3	6.8	SHRIMP 锆石 U-Pb	吴才来等，2005
40	巴什考供	花岗岩	446.6	5.2	SHRIMP 锆石 U-Pb	吴才来等，2005
41	巴什考供	花岗岩	443	11	SHRIMP 锆石 U-Pb	吴才来等，2006
42	巴什考供	花岗岩	439.6	6.8	SIMS 锆石 U-Pb	Cowgill et al.，2003
43	巴什考供	花岗岩	437	3	SHRIMP 锆石 U-Pb	吴才来等，2006
44	巴什考供	花岗岩	434.6	1.6	SHRIMP 锆石 U-Pb	吴才来等，2006
45	巴什考供	花岗岩	434.5	3.8	SHRIMP 锆石 U-Pb	吴才来等，2005
46	巴什考供	花岗岩	433.1	3.4	SHRIMP 锆石 U-Pb	吴才来等，2006
47	巴什考供	花岗岩	431.1	3.8	SHRIMP 锆石 U-Pb	吴才来等，2005
48	阿尔金	石榴子石花岗岩	930	42	TIMS 锆石 U-Pb	Lu et al.，2008
49	索尔库里	流纹岩	920	20	SHRIMP 锆石 U-Pb	张志诚等，2010
50	巴什考供	碱长花岗岩	825	9	LA-ICP-MS 锆石 U-Pb	Hao et al.，2022
51	巴什考供	片麻状花岗岩	779	2	LA-ICP-MS 锆石 U-Pb	Hao et al.，2022
52	巴什考供	片麻状花岗岩	758	2	LA-ICP-MS 锆石 U-Pb	Hao et al.，2022
53	塔什萨伊	白云母花岗岩	489.8	3.4	LA-ICP-MS 锆石 U-Pb	Hong et al.，2021
54	塔什萨伊	花岗伟晶岩	485.9	2.8	LA-ICP-MS 锆石 U-Pb	Hong et al.，2021
55	吐格曼	片麻状正长花岗岩	900	9	LA-ICP-MS 锆石 U-Pb	Gao et al.，2021
56	吐格曼	片麻岩	899	7	LA-ICP-MS 锆石 U-Pb	Gao et al.，2021
57	吐格曼	二长花岗岩	482	5	LA-ICP-MS 锆石 U-Pb	Gao et al.，2021
58	吐格曼	二长花岗岩	475	5	LA-ICP-MS 锆石 U-Pb	Gao et al.，2021

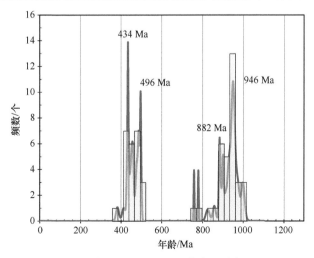

图 2-6　中阿尔金地块的火成岩年龄直方图

北增生带收集到已发表的古生代火成岩年龄数据 70 条（表 2-3），以酸性侵入岩为主，少量喷出岩，还有与蛇绿混杂岩相关的基性岩类等，统计结果见图 2-7。统计结果表明本区存在两个峰值年龄，分别为 477Ma 和 438Ma，前者代表了北阿尔金洋俯冲过程的产物，后者可能是后碰撞过程的产物。

表 2-3　北阿尔金增生带火成岩年龄数据

顺序号	样品位置	岩性特征	年龄 /Ma	1σ	定年方法	出处
1	喀腊大湾	二长花岗岩	514.3	5.6	SHRIMP 锆石 U-Pb	Meng et al.，2017
2	喀腊大湾	花岗岩	514	6	SHRIMP 锆石 U-Pb	韩凤彬等，2012
3	红柳沟	斜长花岗岩	512.1	1.5	LA-ICP-MS 锆石 U-Pb	Gao et al.，2011
4	喀腊大湾	花岗岩	506.2	2.3	SHRIMP 锆石 U-Pb	韩凤彬等，2012
5	红柳沟西	钾长花岗岩	500.3	1.2	LA-ICP-MS 锆石 U-Pb	康磊等，2011
6	喀腊大湾	花岗闪长岩	494.4	5.5	SHRIMP 锆石 U-Pb	Meng et al.，2017
7	喀腊大湾	流纹岩	492.6	2.9	LA-ICP-MS 锆石 U-Pb	Wang et al.，2019
8	喀腊大湾	流纹岩	491.6	5.6	LA-ICP-MS 锆石 U-Pb	Wang et al.，2019
9	喀腊大湾	安山岩	490.5	5.2	LA-ICP-MS 锆石 U-Pb	Wang et al.，2019
10	喀腊大湾	花岗岩	488	5	SHRIMP 锆石 U-Pb	韩凤彬等，2012
11	喀腊大湾	二长花岗岩	484.2	4.9	SHRIMP 锆石 U-Pb	吴玉等，2017
12	喀腊大湾	花岗岩	479	4	SHRIMP 锆石 U-Pb	韩凤彬等，2012
13	喀腊大湾	片理化闪长岩	478.1	2.1	LA-ICP-MS 锆石 U-Pb	吴玉等，2016
14	大平沟	花岗岩	477.1	4.7	SHRIMP 锆石 U-Pb	韩凤彬等，2012
15	喀腊大湾	石英闪长岩	477	3.7	SHRIMP 锆石 U-Pb	Meng et al.，2017
16	达坂南	石英闪长岩	477	4	SHRIMP 锆石 U-Pb	韩凤彬等，2012
17	白尖山	花岗闪长岩	475.2	2	LA-ICP-MS 锆石 U-Pb	刘锦宏等，2017
18	拉配泉齐勒萨依	辉长岩	477.5	3.3	LA-ICP-MS 锆石 U-Pb	张占武等，2012
19	拉配泉齐勒萨依	闪长岩	469.7	3.4	LA-ICP-MS 锆石 U-Pb	张占武等，2012
20	喀腊大湾	二长花岗岩	459.5	6.4	SHRIMP 锆石 U-Pb	Meng et al.，2017
21	红柳沟	花岗闪长岩	445	2	LA-ICP-MS 锆石 U-Pb	Yu et al.，2018
22	拉配泉	花岗岩	443	5	IDTIMS 锆石 U-Pb	Yu et al.，2018
23	红柳沟	花岗闪长岩	439	2	LA-ICP-MS 锆石 U-Pb	Yu et al.，2018
24	白金山东	二长花岗岩	431	5	SHRIMP 锆石 U-Pb	韩凤彬等，2012
25	喀腊大湾	二长花岗岩	427.3	5.7	SHRIMP 锆石 U-Pb	孟令通等，2016
26	红柳沟	英云闪长岩	425	2	LA-ICP-MS 锆石 U-Pb	Yu et al.，2018
27	红柳沟	英云闪长岩	422	2	LA-ICP-MS 锆石 U-Pb	Yu et al.，2018
28	喀腊大湾	花岗岩	417	5	SHRIMP 锆石 U-Pb	韩凤彬等，2012
29	喀孜萨依	花岗岩	404.7	9.8	SHRIMP 锆石 U-Pb	戚学祥等，2005b
30	贝克滩恰什坎萨依	花岗闪长岩	481.5	5.3	SHRIMP 锆石 U-Pb	戚学祥等，2005a
31	喀腊大湾	似斑状花岗岩	432.4	4.9	锆石 SHRIMP U-Pb	吴玉等，2021
32	沟口泉	似斑状二长花岗岩	432.8	4.1	锆石 SHRIMP U-Pb	吴玉等，2021

续表

顺序号	样品位置	岩性特征	年龄/Ma	1σ	定年方法	出处
33	卓尔布拉克	花岗岩	439.6	3.5	锆石 SHRIMP U-Pb	吴玉等，2021
34	木孜萨依	白云母花岗岩	437.3	2.4	LA-ICP-MS 锆石 U-Pb	吴玉等，2021
35	喀腊达坂	流纹岩	485.4	3.9	SHRIMP 锆石 U-Pb	陈柏林等，2016
36	喀腊达坂	流纹岩	482	5.1	SHRIMP 锆石 U-Pb	陈柏林等，2016
37	喀腊达坂	流纹岩	477.6	4.9	SHRIMP 锆石 U-Pb	陈柏林等，2016
38	喀腊达坂	流纹岩	483.7	4.8	SHRIMP 锆石 U-Pb	陈柏林等，2016
39	拉配泉	流纹岩	482.7	5.6	SHRIMP 锆石 U-Pb	陈柏林等，2016
40	拉配泉	安山岩	482.3	4.4	SHRIMP 锆石 U-Pb	陈柏林等，2016
41	阿尔金北缘西部喀腊大湾	英云闪长岩	2740	19	SHRIMP 锆石 U-Pb	叶现韬和张传林，2020
42	阿尔金北缘尧勒萨依	花岗片麻岩	927	3	LA-ICP-MS 锆石 U-Pb	何鹏等，2021
43	阿尔金山北缘恰什坎萨依	玄武岩	448.6	3.3	TIMS 锆石 U-Pb	修群业等，2007
44	尧勒萨依河口	黑云二长花岗岩	237.2	2	LA-ICP-MS 锆石 U-Pb	何鹏等，2020
45	阿尔金山阿克塔什塔格	英云闪长片麻岩	2604	102	TIMS 锆石 U-Pb	陆松年和袁桂邦，2003
46	阿克塞红柳沟	辉长岩	521	12	SHRIMP 锆石 U-Pb	张志诚等，2009b
47	阿克塞	玄武质凝灰岩	514.6	8.8	LA-ICP-MS 锆石 U-Pb	王军等，2018
48	阿尔金山东段黑沟脑	正长花岗岩	490.4	2.9	LA-ICP-MS 锆石 U-Pb	李小强等，2021
49	北阿尔金红柳沟	斜长花岗岩	501	3	LA-ICP-MS 锆石 U-Pb	彭银彪等，2018
50	北阿尔金巴什考供	花岗闪长岩	496	2	LA-ICP-MS 锆石 U-Pb	彭银彪等，2018
51	贝克滩	斜长花岗岩	518.5	4.1	LA-ICP-MS 锆石 U-Pb	盖永升等，2015
52	北阿尔金西段	正长花岗岩	502	3.8	LA-ICP-MS 锆石 U-Pb	郑坤等，2019a
53	北阿尔金西段	正长花岗岩	500.4	3.2	LA-ICP-MS 锆石 U-Pb	郑坤等，2019a
54	北阿尔金西段	正长花岗岩	495.7	3.3	LA-ICP-MS 锆石 U-Pb	郑坤等，2019a
55	北阿尔金西段	闪长岩	497.1	3	LA-ICP-MS 锆石 U-Pb	郑坤等，2019a
56	野马泉	二长花岗岩	453.4	3.6	LA-ICP-MS 锆石 U-Pb	郑坤等，2018
57	野马泉	二长花岗岩	450.7	3.5	LA-ICP-MS 锆石 U-Pb	郑坤等，2018
58	当今山口	花岗岩	431.6	7.6	白云母 Ar 坪年龄	Sobel and Arnaud，1999
59	喀腊大湾	辉长岩	513.6	3.1	SHRIMP 锆石 U-Pb	陈柏林等，2021
60	喀腊大湾	辉长岩	515.5	7.9	SHRIMP 锆石 U-Pb	陈柏林等，2021
61	阿尔金东段	花岗岩	2396	36	SHRIMP 锆石 U-Pb	陆松年和袁桂邦，2003
62	阿尔金东段	奥长花岗岩	2670	12	TIMS 锆石 U-Pb	陆松年和袁桂邦，2003
63	阿尔金东段	二长岩	2830	45	SHRIMP 锆石 U-Pb	陆松年和袁桂邦，2003
64	阿尔金东段	角闪岩	2351	21	SHRIMP 锆石 U-Pb	Lu et al.，2008
65	巴什考供北	花岗岩	439.6	6.8	TIMS 锆石 U-Pb	Cowgill et al.，2003

南增生碰撞带收集到已发表的变质年龄数据 17 条（表 2-4），统计结果见图 2-8。结果显示存在 499Ma 和 453Ma 直至 412Ma 的近乎连续的变质年龄，记录了高压变质年龄及其后的变质过程。另外，还记录 228Ma 的变质冷却事件。

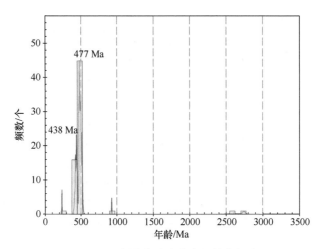

图 2-7　北阿尔金增生带火成岩年龄数据直方图

表 2-4　南阿尔金增生碰撞带变质相关年龄

顺序号	样品位置	岩性特征	年龄 /Ma	1σ	定年方法	出处
1	吐拉	榴辉岩	503.9	5.3	SIMS 锆石 U-Pb	张建新等，1999
2	南阿尔金巴什瓦克	基性麻粒岩	491	3.5	LA-ICP-MS 锆石 U-Pb	郭晶等，2020
3	南阿尔金巴什瓦克	长英质麻粒岩	500.1	2.7	LA-ICP-MS 锆石 U-Pb	Dong et al.，2018
4	南阿尔金尤努斯萨依	花岗质高压麻粒岩	497.8	2.7	LA-ICP-MS 锆石 U-Pb	马拓等，2018
5	中阿尔金南缘	高压泥质片麻岩	378.8	2.1	LA-ICP-MS 锆石 U-Pb	马拓等，2019
6	茫崖 – 若羌公路	花岗片麻岩	453.4	8.7	白云母 Ar 坪年龄	Sobel and Arnaud，1999
7	茫崖 – 若羌公路	花岗片麻岩	431.5	7.8	白云母 Ar 坪年龄	Sobel and Arnaud，1999
8	江戈萨依	花岗片麻岩	454	4	LA-ICP-MS 锆石 U-Pb	Wang et al.，2013
9	淡水泉	长英质片麻岩	500	5	LA-ICP-MS 锆石 U-Pb	Wang et al.，2013
10	巴士瓦克	花岗片麻岩	508	11	LA-ICP-MS 锆石 U-Pb	Wang et al.，2013
11	巴士瓦克	麻粒岩化蓝晶石榴辉岩	502.2	3.2	LA-ICP-MS 锆石 U-Pb	Li Y S et al.，2021
12	南阿尔金木纳布拉克	二云二长片麻岩	498	4	LA-ICP-MS 锆石 U-Pb	曹玉亭等，2015
13	南阿尔金塔特勒克布拉克	片麻状花岗岩	411.3	1.8	LA-ICP-MS 锆石 U-Pb	康磊等，2013
14	玉苏普阿勒克塔格	变玄武安山岩	228.5	5	LA-ICP-MS 锆石 U-Pb	曾忠诚等，2019
15	玉苏普阿勒克塔格	变玄武安山岩	453	4	LA-ICP-MS 锆石 U-Pb	曾忠诚等，2019
16	玉苏普阿勒克塔格	变玄武安山岩	449.5	5	LA-ICP-MS 锆石 U-Pb	曾忠诚等，2019

　　北阿尔金增生带收集到已发表的变质年龄数据 28 条（表 2-5），统计结果见图 2-9。存在三个主要的变质年龄峰值：454Ma、188Ma 和 90Ma。第一期峰值年龄与北阿尔金洋的消减闭合有关，与火成岩所记录的俯冲和碰撞过程年龄一致。后两个峰值年龄主要沿着阿尔金断裂带分布，可能与阿尔金断裂早期的活动有关。除此之外，早前寒武纪的几个变质年龄与北阿尔金地块前寒武纪的演化有关。

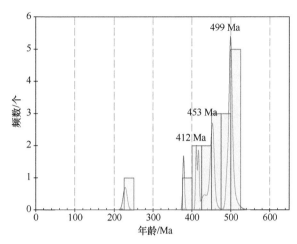

图 2-8　南阿尔金增生碰撞带变质相关年龄直方图

表 2-5　北阿尔金增生带变质相关年龄

顺序号	样品位置	岩性特征	年龄 /Ma	1σ	定年方法	出处
1	索尔库里	糜棱岩	222.6	2.9	Ar-Ar	李海兵等，2001
2	当今山口	花岗岩	247.67	3.54	黑云母坪年龄	Wang et al.，2005
3	当今山口	花岗岩	245.06	3.66	钾长石坪年龄	Wang et al.，2005
4	当今山口	石英片岩	441.86	6.79	黑云母坪年龄	Wang et al.，2005
5	当今山口	糜棱花岗岩	164.1	3.3	白云母等时线年龄	Wang et al.，2005
6	当今山口	糜棱花岗岩	152	8.8	黑云母等时线年龄	Wang et al.，2005
7	当今山口	伟晶岩	455.34	5.78	白云母坪年龄	Wang et al.，2005
8	当今山口	伟晶岩	233.7	3.2	钾长石年龄	Wang et al.，2005
9	当今山口	伟晶岩	457.89	5.75	白云母坪年龄	Wang et al.，2005
10	当今山口	糜棱花岗岩	150.49	2.18	黑云母等时线年龄	Wang et al.，2005
11	贝克滩	变质泥岩	574.68	2.5	多硅白云母坪年龄	刘良等，1999
12	贝克滩	变质泥岩	470	2.5	低温坪年龄	车自成等，1995
13	当金山口	糜棱花岗岩	89.2	1.6	白云母激光 Ar-Ar	刘永江等，2000
14	当金山口	糜棱花岗岩	91.7	2.7	黑云母激光 Ar-Ar	刘永江等，2000
15	北阿尔金西段红柳泉	榴辉岩	488	5	锆石 U-Pb	康磊等，2017
16	北阿尔金西段红柳泉	榴辉岩	452	2	锆石 U-Pb	康磊等，2017
17	阿尔金北缘西部喀腊大湾	TTG 片麻岩	2494	53	锆石 SHRIMP U-Pb	叶现韬和张传林，2020
18	阿尔金北缘西部喀腊大湾	TTG 片麻岩	1962	78	锆石 SHRIMP U-Pb	叶现韬和张传林，2020
19	北阿尔金红柳泉	榴辉岩多硅白云母	512	3	Ar-Ar 坪年龄	张建新等，2007
20	北阿尔金红柳泉	蓝片岩钠云母	491	3	Ar-Ar 坪年龄	张建新等，2007
21	红柳沟－拉配泉	变质岩	455	2	绢云母 Ar 坪年龄	郝杰等，2006
22	拉配泉	片麻岩	1741	22	黑云母 Ar 坪年龄	Sobel and Arnaud，1999
23	北阿尔金	花岗片麻岩	1978	50	SHRIMP 锆石 U-Pb	Lu et al.，2008
24	北阿尔金	石榴夕线石片岩	1986	29	SHRIMP 锆石 U-Pb	Lu et al.，2008

续表

顺序号	样品位置	岩性特征	年龄/Ma	1σ	定年方法	出处
25	肃北	碎裂岩	185.3	1.2	Ar-Ar 坪年龄	本书
26	石包城	断层泥	200.5	1.5	Ar-Ar 坪年龄	本书
27	石包城	片麻状花岗岩	194.8	1.0	Ar-Ar 坪年龄	本书
28	肃北	伟晶岩脉	187.9	1.0	Ar-Ar 坪年龄	本书

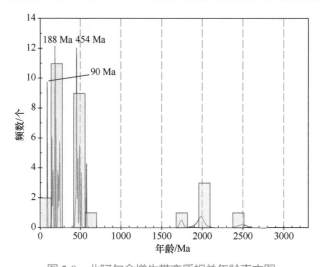

图 2-9　北阿尔金增生带变质相关年龄直方图

年代学分析表明，阿尔金山脉地区存在前寒武纪中阿尔金地块，经历了早古生代时期南北洋盆的俯冲增生碰撞的演化过程，形成了南北两个增生带。一些晚古生代末期到中生代的火成岩和变质冷却年龄表明，阿尔金断裂带经历了多期的热作用事件，可能与青藏高原的演化过程中羌塘地块和拉萨地块的不断拼贴碰撞有关（Wang et al.，2005）。如尧勒萨依河口花岗岩的同位素样品显示 LA-ICP-MS 锆石 U-Pb 年龄为 237.3±2.0Ma，表明该岩体形成于中生代中三叠世（何鹏等，2020）。

2.2.3　阿尔金地区中生代冷却事件和侏罗纪地层特征

为了进一步分析阿尔金断裂的活动历史，本次在阿尔金断裂带及其附近，采集了断层泥和碎裂岩以及变质岩等样品（表 2-6），进行了单矿物 Ar-Ar 定年分析，测试结果见表 2-7。

表 2-6　阿尔金断裂带岩石的常规 Ar-Ar 定年样品信息

样品号	纬度	经度	高程/m	岩性	单矿物
DH-03	39°36′07″N	95°00′09″E	2612	碎裂岩	钾长石
DH-65	39°51′27″N	96°01′45″E	2209	断层泥	钾长石
DH-69	39°48′36″N	96°00′36″E	2136	片麻状花岗岩	白云母
DH-16	39°28′19″N	94°55′19″E	2285	伟晶岩脉	钾长石

表 2-7　阿尔金断裂带岩石的常规 Ar-Ar 测试结果

样品	T/°C	年龄/Ma	±1σ/Ma	40Ar*/%	39Ar/mol	40Ar/39Ar	±1σ	38Ar/39Ar	±1σ	37Ar/39Ar	±1σ	36Ar/39Ar	±1σ	40Ar*ʃ39Ar	±40Ar*ʃ39Ar
						$J=0.005994$; 钾长石									
DH-16	850	7.70	3.07	73.24	2.10×10^{-13}	0.97439	0.28500	0.00829	0.00272	0.10244	0.03639	0.00089	0.00004	0.71367	0.28522
DH-16	900	121.04	1.82	50.78	2.43×10^{-14}	22.79217	0.05820	0.05416	0.00124	0.27148	0.00307	0.03801	0.00058	11.57695	0.17983
DH-16	950	156.13	1.56	89.59	3.09×10^{-14}	16.83356	0.12818	0.01647	0.00105	0.01701	0.00089	0.00591	0.00031	15.08168	0.15733
DH-16	1000	168.41	2.78	97.58	3.57×10^{-14}	16.72924	0.05564	0.01050	0.00143	0.03363	0.00155	0.00136	0.00093	16.32397	0.28181
DH-16	1050	188.26	3.88	97.11	3.69×10^{-14}	18.89656	0.16353	0.01540	0.00096	0.01575	0.00041	0.00183	0.00123	18.35066	0.39857
DH-16	1100	188.99	0.75	98.25	4.45×10^{-14}	18.75379	0.02593	0.01342	0.00426	0.04810	0.00168	0.00110	0.00025	18.42563	0.07700
DH-16	1150	188.19	6.19	97.47	6.35×10^{-14}	18.81854	0.47817	0.01555	0.00013	0.02388	0.00034	0.00159	0.00142	18.34316	0.63542
DH-16	1200	187.98	4.94	90.39	7.08×10^{-14}	20.26929	0.47466	0.01374	0.00174	0.05608	0.00043	0.00659	0.00060	18.32113	0.50682
DH-16	1250	188.28	5.18	89.31	9.31×10^{-14}	20.54989	0.52257	0.01746	0.00083	0.02288	0.00030	0.00742	0.00033	18.35246	0.53165
DH-16	1300	189.26	2.18	93.79	1.83×10^{-13}	19.67452	0.20394	0.01418	0.00001	0.00174	0.00016	0.00411	0.00032	18.45336	0.22421
DH-16	1350	187.48	1.21	94.95	2.26×10^{-13}	19.24133	0.11648	0.01335	0.00003	0.01535	0.00001	0.00327	0.00014	18.27005	0.12365
DH-16	1400	208.88	1.79	97.14	5.66×10^{-14}	21.08193	0.12420	0.01204	0.00032	0.01083	0.00111	0.00202	0.00047	20.47952	0.18548
DH-16	1450	204.09	3.67	96.31	1.95×10^{-14}	20.74603	0.15718	0.01741	0.00273	0.10543	0.00056	0.00259	0.00117	19.98242	0.38024
DH-16	1500	300.80	5.47	98.50	5.97×10^{-15}	30.72534	0.22103	0.04553	0.02045	0.24133	0.00007	0.00160	0.00188	30.27021	0.59752
						$J=0.004184$; 白云母									
DH-69	850	163.90	0.59	60.01	6.88×10^{-16}	37.86460	0.00489	0.04308	0.00038	0.56914	0.00156	0.05138	0.00029	22.73025	0.08570
DH-69	900	194.43	0.88	96.36	3.04×10^{-16}	28.22537	0.05579	0.01903	0.00001	0.05194	0.00006	0.00347	0.00040	27.19815	0.13032
DH-69	950	194.83	1.73	96.90	1.84×10^{-16}	28.12538	0.15772	0.01153	0.00142	0.07545	0.00020	0.00294	0.00068	27.25596	0.25463
DH-69	1000	194.98	3.36	94.13	2.42×10^{-16}	28.97875	0.23150	0.01516	0.00088	0.06505	0.00068	0.00575	0.00148	27.27882	0.49526
DH-69	1100	194.69	0.59	94.05	2.28×10^{-16}	28.95665	0.06713	0.01427	0.00005	0.02594	0.00006	0.00581	0.00019	27.23530	0.08686
DH-69	1200	194.96	0.62	92.93	1.72×10^{-16}	29.35067	0.04903	0.01079	0.00107	0.04071	0.00142	0.00701	0.00026	27.27596	0.09177
DH-69	1300	292.98	5.96	53.15	1.95×10^{-16}	79.23718	0.87471	0.01220	0.01194	1.09959	0.02244	0.12591	0.00105	42.14309	0.92832
DH-69	1400	22.48	74.23	7.11	1.95×10^{-15}	42.10370	3.07125	0.12202	0.03688	0.92298	0.01148	0.13257	0.03205	2.99702	9.95729

续表

样品	T/°C	年龄/Ma	±1σ/Ma	⁴⁰Ar*/%	³⁹Ar/mol	⁴⁰Ar/³⁹Ar	±1σ	³⁸Ar/³⁹Ar	±1σ	³⁷Ar/³⁹Ar	±1σ	³⁶Ar/³⁹Ar	±1σ	⁴⁰Ar*/³⁹Ar	±⁴⁰Ar*/³⁹Ar
						J=0.002954; 钾长石									
DH-03	840	4.83	0.98	13.06	2.42×10⁻¹³	6.90041	0.03157	0.17753	0.00363	9.08732	0.20519	0.02274	0.00061	0.90681	0.18411
DH-03	880	20.48	4.22	26.55	1.56×10⁻¹³	14.47666	0.68739	0.17502	0.00384	8.59155	0.53816	0.03829	0.00139	3.86565	0.80137
DH-03	920	90.00	3.89	88.57	4.37×10⁻¹⁴	19.47305	0.29749	0.13243	0.00006	6.10062	0.13230	0.00916	0.00239	17.31542	0.76756
DH-03	960	104.49	4.14	76.90	2.29×10⁻¹⁴	26.15450	0.29877	0.11660	0.00072	5.55108	0.15929	0.02193	0.00260	20.18612	0.82396
DH-03	1000	150.34	1.17	61.32	1.47×10⁻¹⁴	47.89705	0.23791	0.06732	0.00798	2.61809	0.03145	0.06338	0.00009	29.41992	0.23931
DH-03	1050	185.69	2.43	94.47	2.17×10⁻¹⁴	38.84018	0.21832	0.04228	0.00733	0.22468	0.00077	0.00730	0.00154	36.69894	0.50491
DH-03	1100	185.74	2.62	90.63	3.87×10⁻¹⁴	40.49152	0.50809	0.02649	0.00215	0.46968	0.00124	0.01294	0.00067	36.70959	0.54486
DH-03	1150	183.10	1.97	90.76	6.55×10⁻¹⁴	39.82172	0.27142	0.02737	0.00102	0.80336	0.00060	0.01264	0.00103	36.16241	0.40819
DH-03	1200	185.97	1.78	97.43	9.19×10⁻¹⁴	37.72142	0.27925	0.01616	0.00051	0.20624	0.00103	0.00331	0.00083	36.75820	0.37084
DH-03	1250	185.51	1.49	97.11	1.68×10⁻¹³	37.74598	0.30968	0.01529	0.00018	0.29512	0.00463	0.00375	0.00006	36.66292	0.31019
DH-03	1300	185.78	1.47	98.84	2.90×10⁻¹³	37.14469	0.30482	0.01421	0.00014	0.11164	0.00109	0.00146	0.00007	36.71817	0.30545
DH-03	1400	185.11	3.50	98.86	1.78×10⁻¹³	36.99688	0.72649	0.01395	0.00008	0.23048	0.00612	0.00147	0.00009	36.57902	0.72698
						J=0.004184; 钾长石									
DH-65	650	-457.74	0.00	-202.76	3.69×10⁻¹⁶	33.90867	7.60613	0.46854	0.05424	6.12796	1.41970	0.34906	0.01941	69.02927	9.52666
DH-65	700	-196.64	0.00	-102.63	1.40×10⁻¹⁵	26.73779	4.04636	0.26142	0.00519	4.68007	0.12225	0.18459	0.01400	27.52406	5.78684
DH-65	750	-44.46	0.00	-200.31	8.04×10⁻¹⁴	2.97257	0.01526	0.21155	0.00015	2.49144	0.03942	0.03086	0.00013	-5.96394	0.04042
DH-65	800	-42.79	0.00	-366.04	2.37×10⁻¹³	1.56451	0.03699	0.20228	0.00129	2.49856	0.07958	0.02533	0.00026	-5.73603	0.08678
DH-65	850	-39.58	0.00	-180.85	3.49×10⁻¹³	2.92609	0.04350	0.21103	0.01176	2.58631	0.08303	0.02849	0.00096	-5.30091	0.28807
DH-65	900	-12.45	0.00	-19.88	1.59×10⁻¹³	8.31161	0.25754	0.18333	0.00071	2.81466	0.01727	0.03446	0.00025	-1.65556	0.26754
DH-65	950	125.26	0.77	66.65	2.00×10⁻¹⁴	25.74014	0.09379	0.17046	0.00092	2.38162	0.00161	0.02967	0.00019	17.18354	0.10905
DH-65	1000	373.80	5.90	64.58	5.09×10⁻¹⁵	85.00121	0.61884	0.19785	0.02076	3.72807	0.00574	0.10288	0.00249	55.02449	0.96193
DH-65	1100	271.44	0.76	77.37	1.57×10⁻¹⁴	50.13895	0.06342	0.03377	0.00296	0.54525	0.00438	0.03852	0.00033	38.80705	0.11641
DH-65	1200	201.57	1.75	90.00	5.11×10⁻¹⁴	31.38740	0.05821	0.01027	0.00053	0.15719	0.00039	0.01064	0.00085	28.25274	0.25866
DH-65	1300	199.40	1.24	94.96	1.13×10⁻¹³	29.41387	0.08942	0.01018	0.00052	0.05494	0.00049	0.00501	0.00054	27.93184	0.18320
DH-65	1400	740.75	6.25	92.20	4.42×10⁻¹⁵	131.5755	0.98706	0.03407	0.02185	0.44896	0.00514	0.03483	0.00259	121.3483	0.124835

样品测试由北京大学造山带与地壳演化教育部重点实验室常规 $^{40}Ar/^{39}Ar$ 定年系统完成。测定采用钽（Ta）熔样炉对样品进行阶步升温熔样，每个样品分为 9~14 步加热释气，温阶范围为 850~1500℃，每个加热点在恒温状态下保持 20min。系统分别采用海绵钛炉、活性炭冷阱及锆钒铁吸气剂炉对气体进行纯化，海绵钛炉的纯化时间为 20min，活性炭冷阱的纯化时间为 10min，锆钒铁吸气剂炉的纯化时间为 15min。使用 RGA10 型质谱仪记录五组 Ar 同位素信号，信号强度以毫伏（mV）为单位记录。质谱峰循环测定 9 次，用峰顶值减去前后基线的平均值来获得 Ar 同位素的数据。数据处理时，采用本实验室编写的 $^{40}Ar/^{39}Ar$ Dating1.2 数据处理程序对各组 Ar 同位素测试数据进行校正计算，再采用 Isoplot3.0 计算坪年龄及等时线年龄（Ludwig，2003）。

样品 DH-16：在 850~1500℃温度范围内，对经过照射的钾长石进行了 14 个阶段的释热分析（表 2-7），在中高温释热阶段（1050~1350℃）构成的坪年龄为 187.9±1.0Ma［图 2-10（a）］，对应 57.8% 的 ^{39}Ar 释放量，相应的 $^{39}Ar/^{36}Ar$-$^{40}Ar/^{36}Ar$ 等时线年龄为 188.2±2.8Ma（MSWD=2.7）［图 2-10（b）］。

从分析结果可以看出该样品的总气体年龄、坪年龄相应的等时线年龄在误差范围内一致，$^{40}Ar/^{39}Ar$ 初始值为 298±53，在误差范围内和现在大气氩比值（295.5）接近，表明钾长石形成时没有捕获过剩氩，因此，样品的坪年龄可以代表矿物的冷却年龄。

样品 DH-03：在 840~1400℃温度范围内，对经过照射的钾长石进行了 12 个阶段的释热分析（表 2-7），在中高温释热阶段（1050~1400℃）构成的坪年龄为 185.3±1.2Ma［图 2-10（c）］，对应 64% 的 ^{39}Ar 释放量，相应的 $^{39}Ar/^{36}Ar$-$^{40}Ar/^{36}Ar$ 等时线年龄为 185.5±2.4Ma（MSWD=4.7）［图 2-10（d）］。

从分析结果可以看出该样品的总气体年龄、坪年龄相应的等时线年龄在误差范围内一致，$^{40}Ar/^{39}Ar$ 初始值为 273±44，在误差范围内和现在大气氩比值（295.5）接近，表明钾长石形成时没有捕获过剩氩，因此，样品的坪年龄可以代表矿物的冷却年龄。

样品 DH-69：在 850~1400℃温度范围内，对经过照射的黑云母进行了 8 个阶段的释热分析（表 2-7），在中高温释热阶段（900~1200℃）构成的坪年龄为 194.8±1.0Ma［图 2-10（e）］，对应 83.5% 的 ^{39}Ar 释放量，相应的 $^{39}Ar/^{36}Ar$-$^{40}Ar/^{36}Ar$ 等时线年龄为 194.4±2.0Ma（MSWD=0.53）［图 2-10（f）］。

从分析结果可以看出该样品的总气体年龄、坪年龄相应的等时线年龄在误差范围内一致，$^{40}Ar/^{39}Ar$ 初始值为 307±24 在误差范围内和现在大气氩比值（295.5）接近，表明黑云母形成时没有捕获过剩氩，因此，样品的坪年龄可以代表矿物的冷却年龄。

样品 DH-65 为断层泥，在 650~1400℃温度范围内，对经过照射的样品 DH-65 的钾长石进行了 12 个阶段的释热分析（表 2-7），未能获得很好的坪年龄，但在高温阶段获得了 201.57±1.75Ma 和 199.40±1.24Ma 的年龄，可能也指示存在早侏罗世的冷却事件。

实际上，李海兵等（2001）对索尔库里盆地南缘的一套花岗质和角闪质糜棱岩及糜棱岩化研究，获得了长柱形深熔型锆石的年龄为 239~244Ma，同时角闪石获得了高温阶段的坪年龄为 222.6±2.9Ma，等时线年龄为 225.59±4.63Ma，二者误差范围内年

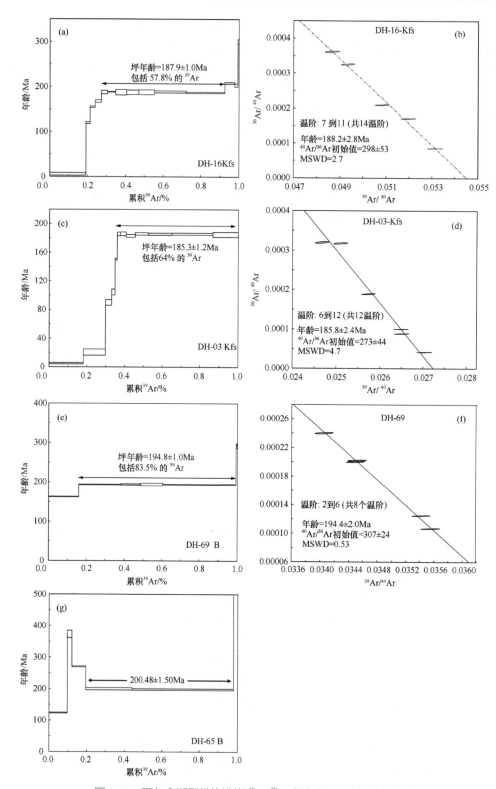

图 2-10　阿尔金断裂带构造岩 $^{40}Ar/^{39}Ar$ 坪年龄和正等时线年龄

龄一致，认为属于阿尔金断裂走滑活动的结果。Wang 等（2005）在当今山口一带的糜棱岩和伟晶岩中获得了黑云母的 Ar-Ar 的坪年龄为 247.67±3.54Ma 和钾长石的 Ar-Ar 年龄为 233.7±3.2Ma，而其锆石年龄为早古生代，反映了早中生代时期的冷却事件，并认为是存在初始左旋走滑剪切的证据。同时 Wang 等（2005）还在当今山口地区获得了糜棱岩的白云母和黑云母 Ar-Ar 年龄分别为 164.7±2.3Ma 和 150.49±2.18Ma，相应的等时线年龄为 164.1±3.3Ma 和 152.0±8.8Ma，认为是沿着阿尔金断裂发生了左行走滑变形的结果。Sobel 等（2001）报道了沿着茫崖到若羌的公路，岩石样品经历早中侏罗世的 100~150℃的冷却降温事件，认为阿尔金断裂沿线的侏罗纪冷却或构造剥露可能与晚三叠世或早侏罗世南部增生过程驱动的挤压或转压构造有关。另外，在酒西盆地北缘阿尔金断裂构造岩中，获得了断裂带内构造岩 220~207Ma 的钾长石 $^{40}Ar/^{39}Ar$ 激光探针概率年龄，其中锆石裂变径迹定年也获得了 233±19Ma 以及 192±26Ma 的年龄，代表了晚三叠世到早侏罗世快速的冷却事件，其可能与羌塘和昆仑地块的碰撞有关，这一冷却剥露伴随而来的早侏罗世的裂陷沉积及其相伴生的火山作用（张志诚等，2008）。

阿尔金断裂及其周缘侏罗系出露广泛，主要分布在吐拉盆地的西部、柴达木盆地北缘和西缘、塔里木盆地东南缘，拉配泉和肃北县南部黑大坂少量出露，敦煌盆地的托格 – 多坝沟 – 南湖地区也有零星露头（图 2-11）。

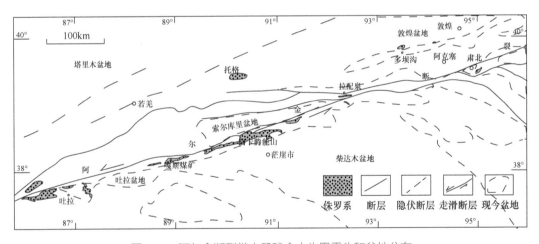

图 2-11　阿尔金断裂带中段残余中生界露头和盆地分布

野外调查表明，吐拉盆地侏罗系主要分布在盆地的北缘，靠近阿尔金山前的吐拉牧场附近，清水泉 – 嘎斯煤矿以及玉苏普阿勒克等地。嘎斯煤矿附近侏罗系出露较好，侏罗系下中上三个统均有出露。嘎斯煤矿的中下侏罗统自下而上可划分为四个岩段，第一岩段以暗色含粉砂质泥岩、暗色泥岩为主，夹中细粒砂岩和中细砾复成分砾岩，与下覆前寒武系变质岩系呈不整合接触，厚度 477.76m；第二岩性段以中细复成分砾岩、中粗粒长石岩屑砂岩和暗色粉砂质泥岩、暗色泥岩组成韵律式互层为主，厚度 148m；第三岩性段以中粗粒砂岩为主，夹暗色粉砂质泥岩和暗色泥岩及中粗砾复成分砾岩，厚度 324.78m，第一、第二和第三岩性段是在潮湿气候条件下沉积形成的；第四岩性段以中细砾岩、中粗粒砂岩为主，夹杂色粉砂岩和少量暗色粉砂质泥岩，厚度 407m，是在半干燥－半潮湿条件下形成的。上侏罗统主要由冲积扇－河流相灰－紫红色中细砾复成分砾岩、中粗粒砂岩夹少量杂色粉砂岩和含碳质粉砂岩，与下伏前寒武系变质岩不整合接触，厚度 1184m，是在干燥气候条件下沉积形成的。沉积环境分析表明吐拉盆地侏罗系主要为冲积扇－辫状河三角洲－湖泊相沉积（张志诚等，1998a，1999a）。

柴达木盆地西缘阿卡腾能山地区中生代地层发育齐全，自下而上发育有中生界侏罗系小煤沟组、大煤沟组、采石岭组、红水沟组和白垩系犬牙沟组。下侏罗统小煤沟组岩性以灰黄、灰绿色砾岩、砂岩为主，还含有少量的碳质泥岩以及灰色、灰绿色粉砂岩。厚度范围为 540~2087m。沉积相以一套陆相河流沉积、沼泽沉积为主。中侏罗统包括大煤沟组沉积相也是以一套陆相河流沉积、沼泽沉积为主，岩性以黄色、灰绿色砂岩、砾状砂岩为主，含有少量的灰色砾岩以及煤层，夹黑色碳质页岩。该组厚度范围为 218~1404m。上侏罗统采石岭组为一套陆相杂色碎屑岩系。岩性以紫红色、灰白色、灰绿色砂砾岩及紫红色泥岩为主，含有少量的灰色、灰绿色粗砂岩和粉砂岩，还存在灰色砾岩。该组厚度 276~833m。红水沟组为一套陆相红色碎屑岩系。岩性以棕红色、黄绿色砂质泥岩、泥岩以及黄绿色、灰绿色细砂岩、粉砂岩为主，偶夹蓝灰色砂岩条带。该组厚度 248m。白垩系犬牙沟组为一套陆相红色碎屑岩系。岩性以紫灰、棕红色砾岩、粒状砂岩以及浅紫红色砂岩为主，夹暗棕色泥岩。该组厚度范围为 853~1451m。

肃北地区的黑大板、牛圈一带侏罗纪地层，不整合覆盖于震旦系之上，中下侏罗统大山口群为一套内陆湖沼碎屑岩沉积，由下部砂砾岩向上逐渐变为粉砂岩、粉砂质泥岩，局部有煤线出露，整体上呈现由粗到细的韵律，反映出该套沉积物形成时气候较为温暖，沉积环境由河流相逐渐演变到静水湖泊相。侏罗系空间展布方向与阿尔金断裂一致，次级断裂严格控制了大部分侏罗系的边界，地层分布范围代表了侏罗时期沉积盆地范围，属拉分盆地性质，盆地内沉积地层受后期阿尔金断裂带左旋走滑的影响发生褶皱（龚正等，2013）。

沿着敦煌芦草沟—多坝沟—托格一线发育的侏罗纪火山岩（张志诚等，1998a），为研究侏罗纪时期的构造背景提供了很好的线索。芦草沟地区中侏罗统为一套碳质页岩夹煤层和中粗砂岩互层，夹有 4 层火山岩，自下而上厚度分别为 14m，12m，6m 和 8m（图 2-12），岩性为普通黑色玄武岩和气孔杏仁玄武岩，表面风化严重（图 2-13）。其中产植物化石：*Sphenobaierd* sp.，*Cladophlebis* sp.，*Pityophylam* sp. 等，孢粉组合为三角孢属、脑形粉属、云杉粉属等，时代为早－中侏罗世。

火山岩岩石化学分析结果（表 2-8）表明，主要氧化物百分含量特征：① SiO_2 含量为 43.28%~52.71%，除 DH09-10 外，SiO_2 均 < 52%，属于玄武岩类。②全铁的含量为 7.3%~15.15%，平均 10.87%。③全碱的含量为 2.86%~7.18%，平均 4.53%，尤其钠的含量较高，平均达到 3.81%。根据国际地质科学联合会的火山岩化学分类，本区火山

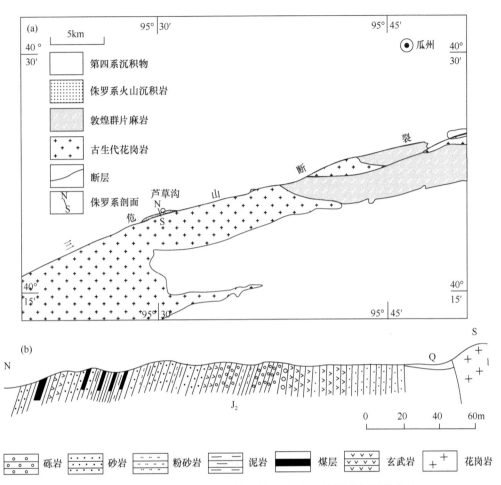

图 2-12　敦煌地区芦草沟地区地质简图（a）和侏罗系剖面图（b）

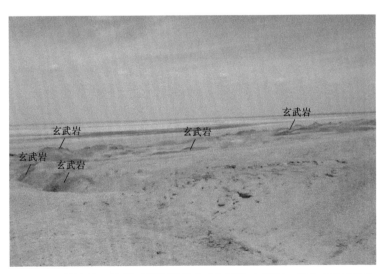

图 2-13　敦煌地区侏罗系野外景观（暗色层为玄武岩，镜头方向北东）

岩由粗面玄武岩和玄武岩组成，只有一个投影点落在碱玄岩区（图 2-14）。

表 2-8　敦煌芦草沟地区侏罗纪玄武岩主量元素特征（%）和微量元素（10^{-6}）特征

样品号	DH19-03	DH19-04-1	DH19-04-2	DH19-05	DH19-06	DH19-07	DH19-09	DH19-10	DH19-11	DH19-12
岩性	玄武岩	玄武岩	玄武岩	玄武岩	玄武岩	玄武岩	玄武岩	玄武岩	玄武岩	玄武岩
SiO_2		48.51	48.16	47.68	50.86	47.66	50.39	52.71	43.28	47.53
TiO_2		2.01	2.17	1.90	1.84	1.83	1.75	1.43	1.54	1.39
Al_2O_3		17.85	18.06	16.24	15.91	16.95	15.00	14.54	16.63	15.15
TFe_2O_3		9.59	10.40	15.51	11.11	10.39	11.44	11.97	7.30	10.09
CaO		5.39	5.83	4.46	5.84	9.34	8.97	2.72	13.03	10.03
MgO		3.73	3.82	4.79	6.29	6.45	7.57	6.64	2.94	4.18
K_2O		1.69	1.60	0.79	0.42	0.64	0.25	0.62	0.30	0.17
Na_2O		5.49	5.06	2.19	3.03	3.79	3.26	4.41	4.37	2.69
MnO		0.15	0.16	0.10	0.07	0.10	0.12	0.09	0.44	0.09
P_2O_5		0.75	0.72	0.51	0.31	0.38	0.22	0.21	0.25	0.20
LOI		4.67	3.83	5.67	4.21	2.32	0.92	4.52	9.81	8.39
总计		99.82	99.80	99.85	99.89	99.86	99.90	99.86	99.88	99.92
Li	19.70	23.30	27.10	39.80	30.10	16.40	10.10	23.20	23.00	15.70
Be	0.57	0.92	1.11	0.40	0.00	0.41	0.07	0.12	0.70	0.12
Sc	16.30	15.60	21.00	14.70	13.80	16.60	12.60	10.60	16.70	12.90
V	163	180	166	165	148	177	174	133	191	153
Cr	148	150	148	141	168	211	141	125	199	167
Co	30.0	23.4	30.9	53.7	29.1	35.6	35.2	32.2	52.2	42.0
Ni	44.3	33.2	43.8	97.8	89.9	118.0	91.8	95.5	146.0	111.0
Cu	46.0	42.2	42.0	56.1	57.8	52.8	55.4	56.3	74.1	50.8
Zn	110.0	105.0	109.0	129.0	102.0	92.9	107.0	100.0	125.0	94.9
Ga	23.5	23.1	26.9	20.3	17.2	20.4	18.3	18.9	22.4	18.0
As	11.10	9.91	4.33	6.37	3.67	5.09	13.50	3.83	9.38	5.41
Se	0.18	0.42	0.18	0.00	0.01	0.00	0.00	0.00	0.02	0.14
Rb	35.30	27.70	20.20	15.70	4.22	4.10	1.37	12.30	6.03	3.05
Sr	745	838	769	661	359	429	375	261	321	228
Y	31.1	34.6	30.8	36.2	26.3	28.1	25.1	19.5	31.1	22.5
Zr	695	672	665	276	230	362	276	231	267	210
Nb	37.50	35.70	37.10	10.60	8.95	16.20	8.23	8.49	8.26	6.57
Mo	0.93	1.23	1.06	1.04	0.60	1.08	0.14	0.52	1.10	0.36
Cd	0.12	0.14	0.13	0.16	0.07	0.08	0.10	0.10	0.11	0.13
In	0.08	0.08	0.09	0.08	0.07	0.08	0.07	0.06	0.08	0.07
Sn	2.49	2.65	2.58	1.91	1.51	1.85	1.87	1.65	1.81	1.71
Sb	0.12	0.16	0.13	0.24	0.02	0.03	0.02	0.16	0.16	0.03
Cs	3.63	5.82	6.44	11.20	1.33	1.76	2.16	2.69	3.07	3.85
Ba	840	721	642	185	188	235	142	709	302	84
La	28.10	27.60	28.10	26.90	8.83	12.20	9.29	13.90	9.92	7.19

续表

样品号	DH19-03	DH19-04-1	DH19-04-2	DH19-05	DH19-06	DH19-07	DH19-09	DH19-10	DH19-11	DH19-12
岩性	玄武岩	玄武岩	玄武岩	玄武岩	玄武岩	玄武岩	玄武岩	玄武岩	玄武岩	玄武岩
Ce	55.40	53.60	51.80	28.00	19.50	26.80	20.60	25.30	20.20	15.60
Pr	6.87	6.77	6.73	6.05	2.68	3.51	2.81	3.71	2.67	2.09
Nd	30.30	29.60	29.10	26.00	13.70	15.80	13.80	16.40	13.00	9.91
Sm	6.73	7.05	7.20	6.13	4.25	4.63	4.03	4.08	4.26	3.31
Eu	2.59	2.44	2.48	2.16	1.64	1.78	1.64	1.30	1.66	1.31
Gd	6.92	7.50	6.93	6.96	5.07	5.52	4.95	4.32	5.32	4.34
Tb	1.25	1.25	1.26	1.17	0.94	0.97	0.90	0.77	1.01	0.82
Dy	6.88	7.50	6.95	6.98	5.63	5.93	5.45	4.59	6.24	4.88
Ho	1.23	1.36	1.24	1.26	1.09	1.09	0.99	0.84	1.19	0.89
Er	3.27	3.67	3.41	3.46	2.93	3.07	2.68	2.21	3.43	2.57
Tm	0.47	0.52	0.50	0.52	0.48	0.48	0.39	0.33	0.53	0.39
Yb	2.70	3.22	3.04	3.07	2.78	2.84	2.29	1.98	3.14	2.28
Lu	0.39	0.48	0.43	0.48	0.41	0.42	0.34	0.28	0.43	0.34
Hf	12.50	12.00	12.40	6.36	5.70	7.56	6.26	4.57	6.05	5.10
Ta	2.22	2.07	2.25	0.66	0.61	1.00	0.54	0.47	0.50	0.39
W	0.28	0.47	0.47	2.07	0.00	0.00	0.00	0.00	0.30	0.00
Re	0.00	0.01	0.00	0.00	0.00	0.00	0.00	0.00	0.01	0.00
Tl	0.39	0.32	0.17	0.13	0.08	0.07	0.04	0.20	0.09	0.04
Pb	3.50	2.88	2.36	4.21	1.42	1.58	1.95	2.94	2.25	1.55
Bi	0.09	0.04	0.00	0.02	0.00	0.00	0.01	0.02	0.00	0.00
Th	2.65	2.43	2.59	1.76	1.05	1.31	1.26	4.48	1.24	0.95
U	1.52	2.42	2.22	1.01	0.74	0.96	0.56	0.94	0.70	0.30
ΣREE	153.1	152.56	149.17	119.14	69.93	85.04	70.16	80.01	73.00	55.92

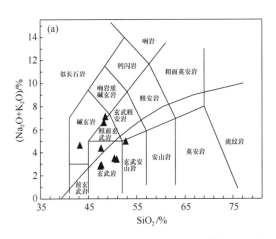
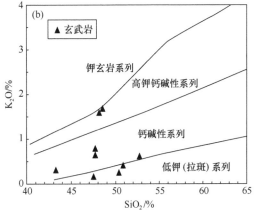

图 2-14　火山岩分类图解

在微量元素蛛网图（图 2-15）上，敦煌玄武岩分布整体较平缓，并表现出 Rb 变化范围较大，Ba、U、Pb、Zr 和 Hf 相对富集的特征。样品的稀土元素总量为 $55.92 \times 10^{-6} \sim 153.10 \times 10^{-6}$，高于 N-MORB。$\delta$Eu 在 1.031~1.194，表明原生岩浆生成后，可能只经历很弱的结晶分异作用。样品的稀土元素配分曲线彼此之间近似平行（图 2-15），指示稀土元素分异程度相当。$(La/Sm)_N$ 值在 0.91~1.53，呈轻稀土富集的特征。

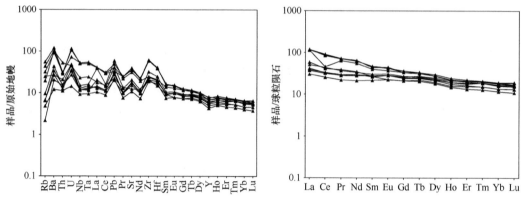

图 2-15　玄武岩原始地幔标准化微量元素蛛网图和球粒陨石标准化稀土元素配分模式图

本书对 4 件玄武岩样品和 2 件白垩纪的辉绿岩进行了 Sr-Nd 同位素测试，结果见表 2-9。该玄武岩显示正的 $\varepsilon_{Nd}(t)$ 值（1.0~3.4）和较低的初始 Sr 同位素值（$I_{Sr}(t) = 0.70499 \sim 0.70579$），与大陆溢流玄武岩 Sr-Nd 同位素组成相似，暗示起源于与大陆溢流玄武岩类似的地幔源区（White et al.，1987）。

表 2-9　敦煌芦草沟地区侏罗纪玄武岩的全岩 Sr-Nd 同位素测试结果

样品号	$^{87}Rb/^{86}Sr$	$^{87}Sr/^{86}Sr$	2σ	$I_{Sr}(t)$	$^{147}Sm/^{144}Nd$	$^{143}Nd/^{144}Nd$	2σ	$(^{143}Nd/^{144}Nd)_t$	$\varepsilon_{Nd}(t)$	T_{DM1}/Ma
DH09-03	0.140649	0.705978	0.000012	0.70528	0.1377	0.5128	0.000008	0.512642	3.4	703
DH09-06	0.032938	0.705951	0.000012	0.70579	0.1857	0.512789	0.000008	0.512576	2.2	1959
DH09-09	0.010676	0.705389	0.000019	0.70534	0.1822	0.512726	0.000006	0.512517	1.0	2044
DH09-11	0.056564	0.705273	0.000013	0.70499	0.1875	0.51277	0.000005	0.512555	1.8	2202
DH06-65	0.140186	0.705059	0.000014	0.704830	0.1654	0.512727	0.000007	0.512603	2.7	1333
DH06-68	0.090596	0.704551	0.000015	0.704409	0.1685	0.512756	0.000006	0.512635	3.3	1327

本次研究的玄武岩样品具有相对亏损的全岩 Sr-Nd 同位素组成，但其亏损程度不及 MORB（图 2-16）。Sr-Nd 同位素组成与大陆溢流玄武岩相似（图 2-16），说明火山岩岩浆很可能来自与大陆溢流玄武岩类似的地幔源区。在构造环境判别 Ti/100-Zr-Y×3 图解（图 2-14）中，样品落在钙碱性玄武岩和板内玄武岩的过渡区域。Zr/Y-Zr 图解被认为是区别陆内玄武岩和俯冲相关的玄武岩的有效判别图解之一，在 Zr/Y-Zr 图解（图 2-16）中，大部分样品落在板内玄武岩区。在 TiO_2-Zr 图解（图 2-16）中，所有样品落在板内玄武岩区。

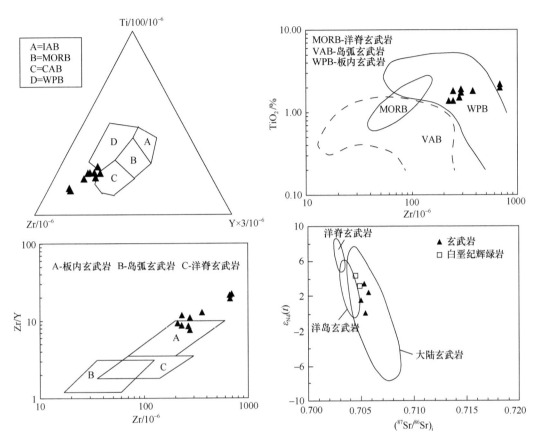

图 2-16　玄武岩岩石成因判别图解

中下侏罗统多坝沟剖面以中粗砂岩夹粉砂岩，夹有 2 层火山岩，厚度可达到 35m 左右，岩性为气孔杏仁粗安岩，表面新鲜。Wang 等（2020）进行了年代学和成因的深入分析，LA-ICP-MS 锆石测年得出的加权平均 $^{206}Pb/^{238}U$ 年龄为 201.4±3.4Ma，证实了晚三叠世—早侏罗世的形成时间。粗安岩的 LREE 相对于 HREE 富集，Eu、Sr 和 Ti 负异常。$\varepsilon_{Nd}(t)$ 值（-0.24~1.91）和（$^{87}Sr/^{86}Sr$）$_i$（0.7037~0.7049）显示 OIB 型特征。多坝沟粗安岩和芦草沟玄武岩可能是含尖晶石 - 石榴子石交代富集地幔和晶体分馏的 1%~5% 和 10%~20% 部分熔融以及轻微程度的地壳污染的结果。由于增厚的大陆地壳分层和软流圈上升流，下地壳物质交代并富集地幔源，导致粗安岩喷发。多坝沟粗面安山岩、芦草沟亚碱性玄武岩和厚层沉积地层表明，敦煌地区从晚三叠世到中侏罗世一直处于伸展环境，伴随着裂谷作用。

总之，阿尔金断裂带曾经历了晚三叠世—早侏罗世时期的冷却事件，这一冷却事件造成了阿尔金地区及其附近的广泛的伸展作用。在这种伸展环境下，柴达木盆地地区形成了具有侏罗纪早期 NE 向伸展应力场断陷盆地、中侏罗世晚期至晚侏罗世热力沉降拗陷盆地（冯乔等，2019）；敦煌盆地中生代构造演化分为早侏罗世初始裂陷期、中侏罗世断陷发展鼎盛期、晚侏罗世断陷发育晚期（贾超，2019）；吐拉盆地侏罗纪时是柴达木盆地的一部分，其原型盆地是北断南超的箕状拗陷，由于新生代阿尔金断裂带的左行走滑活动，形成吐拉盆地现今构造面貌（郭召杰和张志诚，1999）。另外，其他地区的侏罗系，由于分散零星，且由于阿尔金断裂的新生代的活动，该时期的原型盆地被肢解，对其盆地原型以及属性有不同的认识（龚正等，2013；孙松领等，2019），需要今后工作时给予重视。

2.3 新生代盆地构造演化

2.3.1 阿尔金断裂带附近盆地概述

阿尔金断裂带是和西昆仑及北祁连断裂带共同构成青藏高原的北部边界，它在其中起着连接和转换的作用。关于断裂本身的研究，中外学者已有很多的研究，其几何学特征、运动学特征基本达成共识，在此不再赘述，只是其演化过程和动力学特征还有一些不同的认识，本次不再着眼于断裂，而是通过断裂相关盆地特征的研究，给予一些启示。

在阿尔金断裂及其附近，除了塔里木盆地和柴达木盆地这两个巨大的盆地以外，还有一系列古近纪和新近纪时期的盆地。这些盆地包括吐拉、索尔库里、肃北、石包城、昌马、酒西、敦煌等盆地（图 2-17），被称为阿尔金走滑构造域沉积盆地（张国栋和王昌桂，1997）或者阿尔金盆地群（郭召杰和张志诚等，1998a）。研究这些盆地的成因及构造演化，对认识阿尔金断裂的运动学及动力学特征乃至青藏高原的构造变化和隆升具有非常重要的意义。近年来，有关阿尔金盆地群的沉积、构造特征及其演化对阿尔金断裂运动的指示作用受到越来越多国内外地质学家的关注（Wang，1997；Ritts and Biffi，2000；Meng et al.，2001；李海兵等，2002；Yin et al.，2002；陈正乐等，2003；Wang et al.，2003；Yue et al.，2003；Ritts et al.，2004；Sun et al.，2005；Chang et al.，2005，2012，2020；冯志硕等，2010a）。

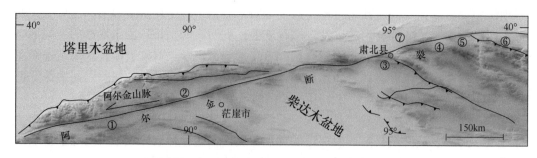

图 2-17 阿尔金断裂附近新生代盆地分布特征

（网址：https://geoservice.dlr.de/web/maps/srtm:x-sar[2024-02-25]）

①吐拉盆地；②索尔库里盆地；③肃北盆地；④石包城盆地；⑤昌马盆地；⑥酒西盆地；⑦敦煌盆地

2.3.2　吐拉盆地

2.3.2.1　吐拉盆地概况

吐拉盆地位于阿尔金断裂带南段,阿尔金主干断层东南侧。盆地呈狭长的带状 NE-SW 向延伸,面积达 8200km^2,盆地夹持于东昆仑山祁漫塔格与阿尔金山之间,其东端与柴达木盆地相接(图 2-18)。盆地基底地层主要为前中生界,与柴达木盆地的基底地层相当(郭召杰和张志诚,1998)。盆地内发育下部的侏罗系层序:下、中侏罗统大煤沟组和上侏罗统的采石岭组;古近纪以来的沉积地层,包括犬牙沟组、路乐河组、下干柴沟组、上干柴沟组直至第四系。这些地层记录了盆地早期的大地构造演化、新生代阿尔金断裂带大规模走滑活动及盆地沉积成盆过程等重要的区域地质信息(谢成龙等,2020)。

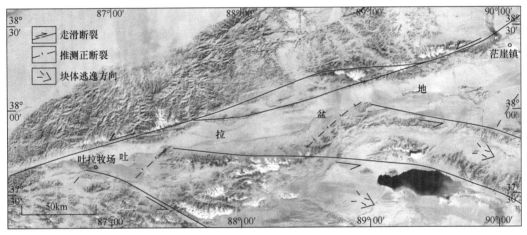

图 2-18　吐拉盆地遥感影像、几何形态及其形成模式示意图

2.3.2.2　盆地原型和特征

下侏罗统下部以粗碎屑岩为主,在某些地段可见直径近 2m 的花岗岩砾石,表明其为近源沉积。物源分析表明,其源区在北侧的阿尔金山。综合对比吐拉盆地北缘侏罗系与柴达木盆地西北缘侏罗系的沉积特征、化石发育特征、岩石学特征、微量元素特征以及侏罗系重矿物特征,我们认为吐拉盆地侏罗系与柴达木盆地西北缘侏罗系形成于同一盆地中,即柴达木盆地在侏罗纪时位于吐拉盆地的位置,二者是同一原型盆地(郭召杰等,1998),其主要沉降中心位于现今柴达木西北缘的清水沟一带,侏罗系沉积厚度最大可达 4400m。野外及物探资料均表明,侏罗系在阿尔金山前沉积最厚,呈长条状展布,向南(如柴达木盆地中部和南部)则很快减薄并有向南超覆的特征。总之,吐拉及柴达木盆地西北缘侏罗系开始沉积在阿尔金山前断陷中,早-中侏罗世

的原型盆地为北断南超的箕状洼陷。

谢成龙等（2020）在原定为白垩系的犬牙沟组获得了两个凝灰质砂岩样品中的新生代岩浆锆石年龄信息，指示其沉积年龄应为66~51Ma，因而地层应归属古近系。该组地层砂岩中碎屑锆石年龄指示其沉积源区非常复杂，具有典型的劳亚大陆属性，并记录了罗迪尼亚大陆聚合与裂解、泛非造山、加里东造山及印支造山等全球关键构造事件年代学信息（谢成龙等，2020）。物源分析显示其沉积物源应为南祁连及柴北缘块体，并非前人认为的阿尔金块体，其原始沉积位置相当于现今阿尔金断裂南缘冷湖以西一带（谢成龙等，2020）。

2.3.2.3 盆地构造演化

现今吐拉盆地在形态上呈典型的三段式，野外及其卫星影像分析均表明其北部边界为平直的阿尔金主干断层；其南部边界呈锯齿状：一组为近 EW 向平行于东昆仑构造，另一组为近 NE 向。野外及遥感资料分析表明吐拉盆地南缘近 EW 向断层为昆仑造山带中不同块体 EW 向走滑逃逸的构造线，而 NE 向断层则是块体逃逸过程中撕裂的正断层（图 2-18）。正是上述特殊构造组合，使得吐拉盆地呈现出现今由三段近于三角形的区块组成。

吐拉盆地上述特殊构造形态的形成是与阿尔金断裂带的走滑活动及昆仑山造山带的演化密切相关。印度板块与亚欧大陆的碰撞及随后青藏高原的隆升过程中，除了大规模向北的推挤作用，还使得昆仑山中若干块体发生 EW 向逃逸。笔者已经指出，侏罗纪时期柴达木地块位于吐拉盆地一带，是阿尔金断裂带的走滑和昆仑山 EW 向的逃逸联合作用的结果，才形成现今构造面貌。野外研究及其重、磁、电资料均表明，吐拉盆地基底特征及地壳结构类型与柴达木盆地是一致的。如在吐拉盆地吐拉牧场东、茫崖镇西等多处均见到前侏罗纪基底层系出露，在吐拉盆地中段盆地南缘还大面积出露中元古界蓟县系，这些特征均与柴达木盆地基底是相似的。据此我们认为，吐拉盆地在侏罗纪时是柴达木盆地的一部分，新生代青藏高原隆升过程中，柴达木地块从吐拉附近被推移至现今位置，其指示阿尔金断裂走滑运移距离大约320km。总之，吐拉盆地中生代时期原属柴达木盆地的一部分，在新生代阿尔金断裂大规模走滑作用下被拖拽分离至现今位置。区域构造分析表明，作为印度板块与欧亚板块碰撞的远程效应，阿尔金断裂左行走滑活动的开始时间应在51Ma之后，滞后于板缘碰撞约4Ma，两个阶段的总走滑位移量大于500km（谢成龙等，2020）。

2.3.3 肃北盆地沉积充填特征、沉积环境演化

2.3.3.1 肃北盆地概况

肃北盆地并非现今的沉积盆地，其夹持在党河南山山前断裂和阿尔金断裂之间（图 2-19），出露新生界，为我们研究盆地与阿尔金断裂关系提供了很好的载体。沉积

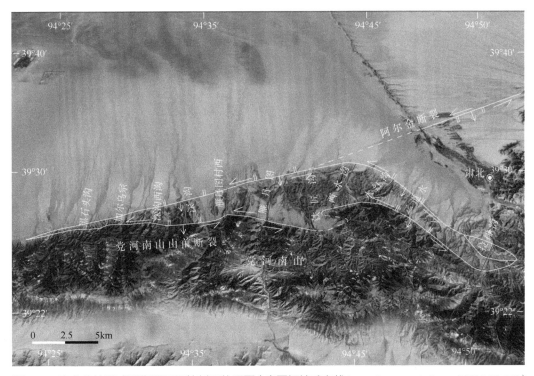

图 2-19　肃北盆地遥感影像图及野外剖面位置图（底图据地球在线 https://map.earthol.com/[2024-02-25]）

物最早是从什么时间开始沉积的，盆地开始变形的时间和沉积环境演化过程是怎样的？在野外测量剖面的基础上结合观察到的岩性变化特征、碎屑砾石成分分析及前人对肃北盆地西水沟、铁匠沟古地磁定年和碎屑 AFT（磷灰石裂变径迹分析）成果（Gilder et al.，2001；Yin et al.，2002；Wang et al.，2003；Sun et al.，2005），并与青藏高原北缘其他相关定年成果对比（方小敏等，2004；Dupont-Nivet et al.，2007），探讨肃北盆地开始沉积时间、沉积变化特征、构造变形时间、沉积环境演化过程及与阿尔金断裂活动的关系。

2.3.3.2　肃北盆地沉积充填特征与沉积环境演化

我们选择了十条剖面进行了地层的测量，下面分别分析肃北盆地北部地区各剖面的沉积特征。

西水沟剖面［图 2-20（a）］是肃北盆地地层连续性最好，研究程度最高的一条长地质剖面。地层厚度 3233m，剖面下部由红棕色泥岩、粉砂质泥岩、含砾岩透镜体粉砂岩组成，剖面中部是含砾岩透镜体泥岩，泥砾互层，剖面上部由含泥岩透镜体的砾岩层组成。砾岩按照磨圆程度分为次棱角状和次圆状两种，砾岩直径最大大于 1m（图 2-21）。沉积相自下而上为低能河漫滩相和边缘湖泊相—河流相和河漫滩混杂相—洪积扇相（图 2-21）。西水沟剖面统计的 15 个点位的碎屑砾石成分主要是花岗岩、变质石英岩、片岩，燧石和石英只占小部分。剖面下部花岗岩砾石为主要砾石成分，随

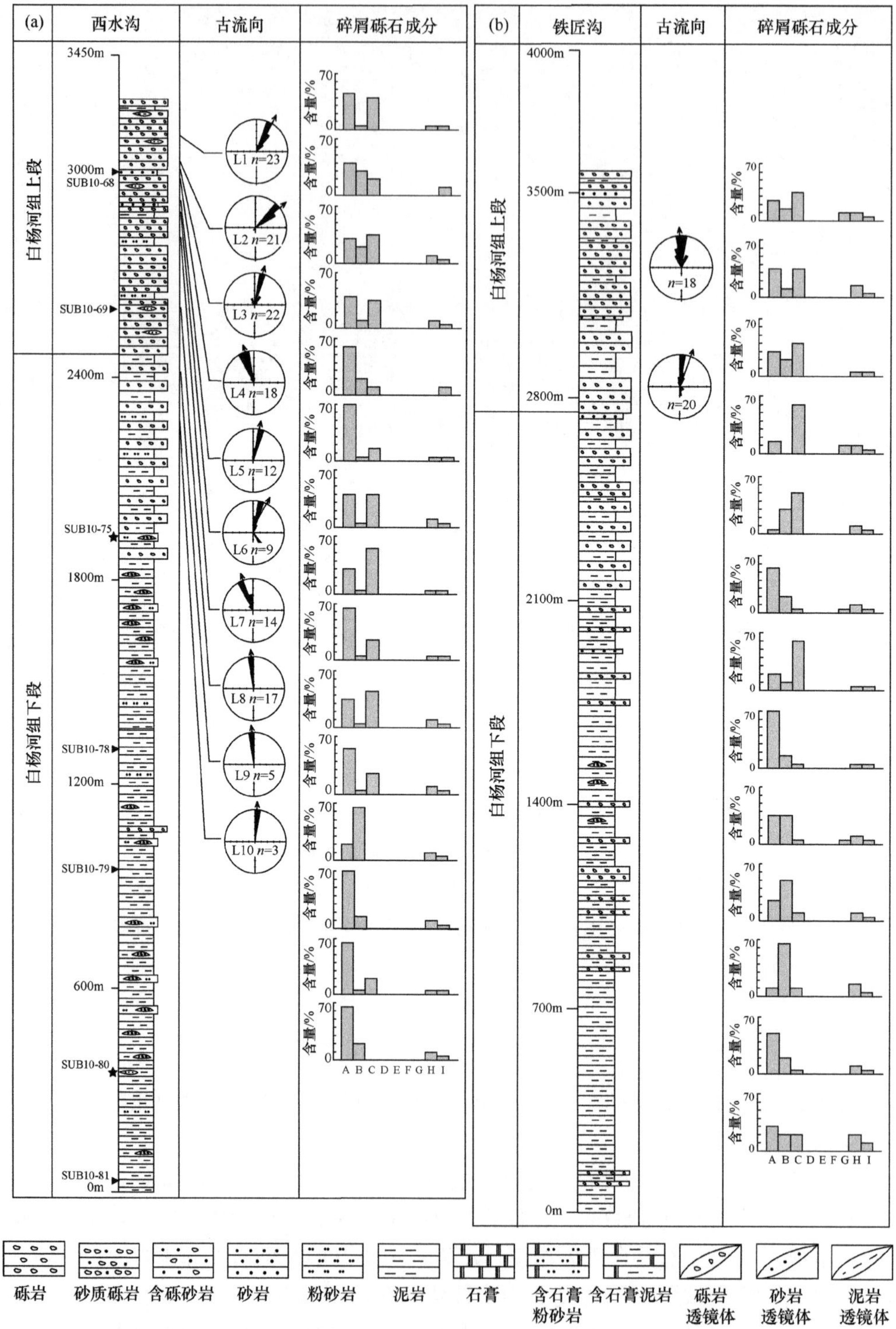

图 2-20 肃北盆地西水沟（a）和铁匠沟（b）剖面综合柱状图

五角星所标位置为碎屑锆石样品位置，三角形所标位置为碎屑 AFT 采样位置。碎屑砾石成分分类型：

A- 花岗岩；B- 片岩；C- 变质石英岩；D- 灰岩；E- 大理岩；F- 砂岩；G- 安山岩；H- 燧石；I- 石英

图 2-21　肃北盆地北部地区野外岩性剖面变化特征

（a）西水沟底白杨河组红棕色泥岩中出露钙质结核；（b）西水沟白杨河组上段剖面厚层砾岩；（c）西水沟剖面白杨河组下段砂岩波痕；（d）西水沟剖面白杨河组上段砾岩夹薄层泥岩地层；（e）西水沟白杨河组上段砾石成分情况；（f）西水沟剖面白杨河组上段下部泥砾互层；（g）拉排沟剖面白杨河组上段厚层砾岩；（h）西水沟剖面白杨河组下段厚层泥岩

着剖面向上，片岩和变质石英岩成分呈增多趋势，砾石粒度也变大。测量的西水沟剖面碎屑砾石叠瓦主要位于剖面上部砾岩之内，10 个点位的碎屑砾石叠瓦反映古流向来源方位在 160° 到 230° 之间。

铁匠沟剖面［图 2-20（b）］是肃北盆地剖面最长、出露地层最厚的一条地质剖面，地层厚度 3581m。剖面下部由红棕色泥岩、含砾岩透镜体泥岩、薄层砾岩组成，剖面中部是含砾岩透镜体泥岩，薄砂岩层、泥砾互层，剖面上部由厚层砾岩夹少量泥岩和砂岩层组成。沉积相自下而上为低能河漫滩相和边缘湖泊相—河流相和河漫滩混杂相—洪积扇相。铁匠沟剖面统计的 13 个点位的碎屑砾石成分主要是花岗岩、变质石英岩、片岩，燧石和石英只占小部分。剖面下部花岗岩为主要砾石成分，随着剖面向上，片岩和变质石英岩成分呈明显增多趋势，砾石粒度也变大。铁匠沟剖面 2 个点位的碎屑砾石叠瓦反映古流向来源方位在 179° 到 200° 之间。

雁丹图剖面［图 2-22（a）］地层厚度 1843m，剖面下部由红棕色泥岩夹少量砾岩透镜体组成，剖面中部红棕色泥岩含少量砂岩透镜体、粉砂岩层、砂岩层和薄砾岩层，剖面上部由砾岩层夹薄泥岩层组成。沉积相自下而上为低能河漫滩相和边缘湖泊相—河流相和河漫滩混杂相—洪积扇相。雁丹图剖面统计的 12 个点位的碎屑砾石成分主要是花岗岩、变质石英岩、片岩，剖面下部统计的碎屑砾石成分燧石和石英含量较多，随着剖面向上燧石和石英含量减少。1 个点位碎屑砾石成分出现继承性砂岩。雁丹图剖面 4 个点位的碎屑砾石叠瓦有 3 个点位古流向来源方位在 7° 到 66° 之间，另外一个古流向来源方位为 175°。由于雁丹图剖面产状很陡，所以测量碎屑砾石叠瓦产状不太可信。

雁丹图村西剖面［图 2-22（b）］地层厚度 1977m，剖面下部由红棕色泥岩、砂岩和砾岩薄层及少量砾岩透镜体组成，剖面中部砾岩透镜体增多，向上变为泥岩和砾岩互层，剖面上部大套厚层砾岩夹泥岩薄层和泥岩透镜体。沉积相自下而上为低能河漫滩相和边缘湖泊相—河流相和河漫滩混杂相—洪积扇相。雁丹图村西剖面统计的 7 个点位的碎屑砾石主要成分是花岗岩、变质石英岩、片岩，燧石和石英只占小部分。少量点位出现继承性砂岩和安山岩。

深沟剖面［图 2-23（a）］地层厚度 1478m，剖面下部主要由红棕色泥岩组成，含少量砾岩透镜体；剖面中部红棕色泥岩中砾岩透镜体增多并含少量砾岩薄层；剖面上部由含薄层红棕色泥岩的砾岩层组成。沉积相自下而上为低能河漫滩相和边缘湖泊相—河流相和河漫滩混杂相—洪积扇相。深沟剖面统计的 7 个点位的碎屑砾石主要成分是花岗岩、变质石英岩、片岩，部分点位出现了大理岩和继承性砂岩。大理岩和继承性砂岩的出现表明，砾岩碎屑离源区较近。2 个点位的碎屑砾石叠瓦反映深沟剖面古流向来源方位在 123° 到 158° 之间。

深沟西沟剖面［图 2-23（b）］地层厚度 642m，剖面岩性组成比较简单，主要由红棕色泥岩、含砾岩透镜体泥岩和薄层砾岩层组成。沉积相解释为干旱湖泊相、河漫滩相—河流相和河漫滩混杂相。统计的 2 个点位的碎屑砾石成分中，燧石和石英所占比例较大，暗示着沉积碎屑离物源较远。

黑石头沟剖面［图 2-24（a）］位于肃北盆地北部地区最西部，地层厚度 228m。剖

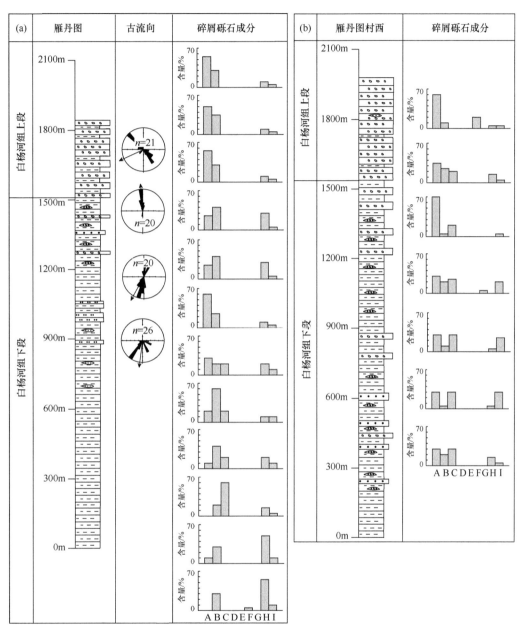

图 2-22　肃北盆地雁丹图（a）和雁丹图村西（b）剖面综合柱状图
（碎屑砾石成分统计类型同图 2-20）

面下部由红棕色泥岩组成，向上变为含砾岩透镜体的泥岩层。沉积相解释为干旱湖泊相和河漫滩相。砾石成分主要是变质石英岩和片岩，其中变质石英岩含量达到了 70%，燧石和石英只占小部分。

　　加尔乌宗剖面［图 2-24（b）］地层厚度 422m，剖面下部由红棕色泥岩、含砾岩透镜体泥岩和砾岩薄层组成，向上变为砾岩层，由泥砾互层和含砾岩透镜体泥岩组成。

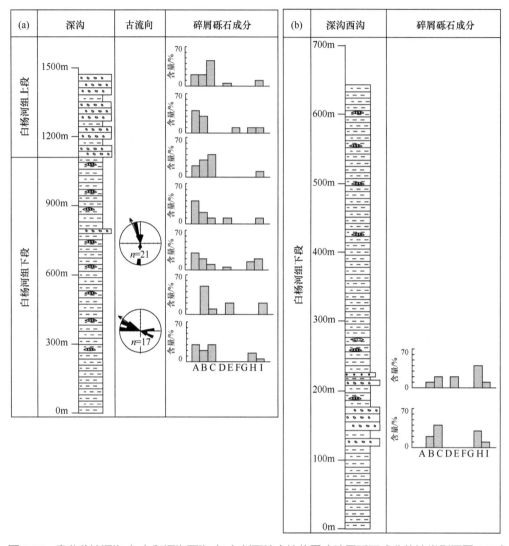

图 2-23　肃北盆地深沟（a）和深沟西沟（b）剖面综合柱状图（碎屑砾石成分统计类型同图 2-20）

沉积相解释为干旱湖泊相和河流相。加尔乌宗剖面统计的 3 个点位的碎屑砾石主要成分是燧石和石英，变质石英岩和片岩次之。

拉排沟剖面［图 2-25（a）］地层厚度 1614m，剖面下部是砾岩与红棕色泥岩砂岩互层，继而变为砾岩含少量泥岩透镜体［图 2-21（g）］，再向上红棕色泥岩层含少量砾岩薄层；剖面上部白杨河组下段与白杨河组上段灰色大套砾岩层呈断层接触。沉积相解释为干旱湖泊相和河漫滩相—河流相。砾石成分主要是花岗岩、变质石英岩和片岩，石英成分含量也较多。拉排沟剖面白杨河组上段 3 个点位的碎屑砾石叠瓦反映古流向来源方位在 162° 到 212° 之间。

二道水剖面［图 2-25（b）］地层厚度 1990m，剖面中下部由含少量砾岩透镜体和薄层的红棕色泥岩组成，剖面上部由泥岩层含有少量砾岩层和砾岩透镜体组成。沉积

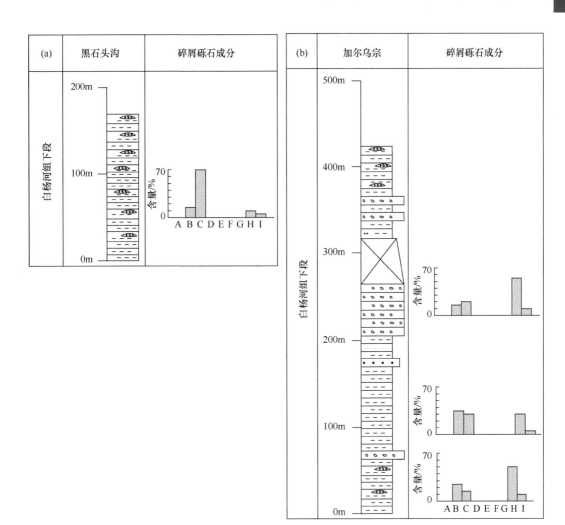

图 2-24　肃北盆地黑石头沟（a）和加尔乌宗（b）剖面综合柱状图
（碎屑砾石成分统计类型同图 2-20）

相解释为干旱湖泊相和河漫滩相。砾石主要成分是花岗岩、片岩和变质石英岩，燧石
和石英占小部分。

2.3.3.3　肃北盆地北部地区岩性横向变化特征

我们根据对肃北盆地北部地区剖面露头和野外观察绘制了肃北盆地北部地区岩性
横向展布图（图 2-26）。肃北盆地北部地区靠近党河南山，是一个主要由砾岩组成的
向斜。向斜向西到深沟剖面截止，向东尖灭在水红沟剖面前。靠近阿尔金断裂有另一
主要由砾岩和角砾岩组成的向斜。该向斜向西在铁匠沟前尖灭，向东在水红沟剖面有
少量出露，在二道水剖面前尖灭。西水沟内靠近党河南山出露与党河南山呈角度不整
合接触含有钙质结核的红棕色泥岩 [图 2-21（a）]。所以含有钙质结核的红棕色泥岩

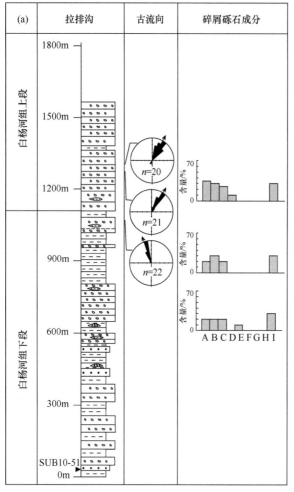

图 2-25　肃北盆地（a）拉排沟和（b）二道水剖面综合柱状图（碎屑砾石成分统计类型同图 2-20）

是肃北盆地北部地区最老的古近纪一新近纪地层。从图 2-26 及野外观察，我们发现靠近阿尔金断裂肃北盆地出露红棕色泥岩及含少量砾岩透镜体红棕色泥岩，是盆地中心相。

2.3.4　肃北盆地构造变形特征与变形分解

　　阿尔金断裂及党河南山山前走滑断裂是肃北盆地的控盆断裂。肃北盆地被阿尔金断裂及党河南山山前走滑断裂错断为两部分：肃北盆地北部地区是党河南山山前褶皱冲断带，肃北盆地南部地区是一山间的小盆地。

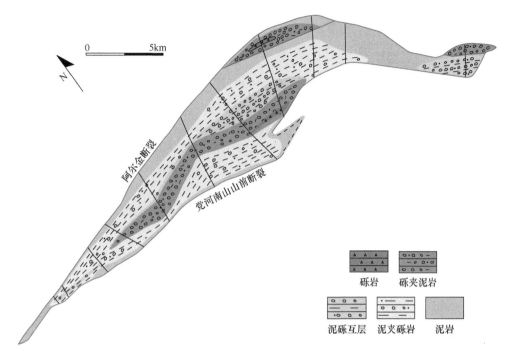

图 2-26　肃北盆地北部地区岩性横向展布特征（图中黑色线段为代表性剖面位置）

2.3.4.1　肃北盆地边界断层构造特征

肃北盆地北部地区，西水沟以东，党河南山山前断裂倾角范围为 35°~45°，阿尔金断裂分支断裂的倾角范围为 35°~40°；党河南山山前断裂走向从 NEE 变为 ESE，从西水沟西开始发育的阿尔金断裂分支断裂走向为 ESE。

深沟剖面到西水沟剖面，党河南山山前断裂倾角都是约 70° 的高角度逆冲断层（雁丹图村西剖面角度小），阿尔金断裂的倾角范围为约 30°~60°（铁匠沟剖面倾角陡），党河南山山前断裂倾角比阿尔金断裂的倾角陡；党河南山山前断裂走向为近东西向，阿尔金断裂走向约 70°。

黑石头沟剖面到深沟西沟剖面，党河南山山前断裂倾角为约 30°~40°；深沟西沟阿尔金断裂的倾角约 40°，黑石头沟剖面和加尔乌宗剖面阿尔金断裂被第四纪地层覆盖，未见出露。党河南山山前断裂黑石头沟剖面到深沟西沟剖面走向为近东西向，阿尔金断裂走向近 70°。

党河南山山前断裂沿着肃北盆地北部地区自西到东倾角缓—陡—缓的变化表明，西水沟以东党河南山山前断裂由主要为走滑作用变为主要为逆冲作用；深沟西沟及以西剖面党河南山山前断裂倾角缓主要是由于剖面内主要由泥岩组成，泥岩的能干性差，更容易滑脱，所以倾角缓。

在同一剖面内，阿尔金断裂比党河南山山前断裂倾角缓，这是由于肃北盆地经过变形分解掉了一部分挤压应力，使得阿尔金断裂走滑程度比党河南山山前断裂小。

2.3.4.2 肃北盆地变形分解特征

Tikoff 和 Teyssier（1994）基于三维速度模型解释了变形分解存在的原因，提供了斜向汇聚带内地质构造类型和方向的预测工具模型。按照 Tikoff 和 Teyssier（1994）变形分解模型预测，新西兰的 Alphine 断层还未变形分解，而加利福尼亚圣安德烈斯断层分解量已经达到了 95%。认为，由于瞬时应变方向与平移方向一致，在转换挤压区有利于进行走滑变形分解。我们据此认为在有限应变方向与瞬时应变方向趋于一致地区可以利用有限应变近似代替瞬时应变进行变形分解分析。

我们利用肃北盆地褶皱轴面和岩石挤压透镜体 XY 面代替瞬时应变进行变形分解分析。对肃北盆地深沟、雁丹图村西、铁匠沟、西水沟剖面褶皱和深沟挤压透镜体进行的走滑变形分解分析结果见图 2-27。深沟、雁丹图村西剖面由褶皱作用得出的走滑分解量为 70%。深沟剖面挤压透镜体的走滑分解量为 100%，这是由于挤压透镜体紧靠阿尔金断裂，板块斜向汇聚作用在断裂上已经完全分解。西水沟北部（里）向斜走滑分解量为 60%。西水沟南部（外）向斜未能投到图 2-27，这可能是由于西水沟南部向斜变形更多地受到阿尔金断裂南东东走向分支断裂的影响。铁匠沟向斜走滑分解量为 0，这可能是由于铁匠沟向斜位于剖面中部，两端均为泥岩，泥岩的变形吸收了应变，因而走滑分解作用力弱。

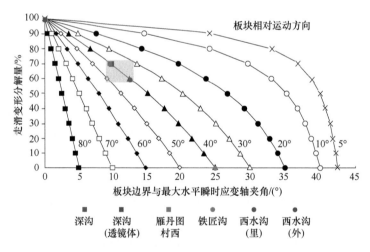

图 2-27 肃北盆地走滑变形分解特征板块运动方向为 30°（据 Meade，2007）

板块边界为阿尔金断裂，走向 70°

综合上述，对肃北盆地变形分解分析结果表明，肃北盆地总体变形分解量为 60%~70%。

肃北盆地构造解析发现，走滑变形分解过程中形成以向斜为主的构造，而不是如前陆褶皱冲断带变形过程中形成以逆冲断层和背斜为主。

2.3.4.3 肃北盆地北部地区剖面变形特征、缩短率和原型盆地规模

对于走滑挤压剖面，忽略走滑过程中的物质流失，对于褶皱地层，根据 Dahlstrom（1969）的恢复方法，采用层拉平技术恢复褶皱前地层长度；对于单斜地层，利用平衡剖面层长守恒原理（图 2-28），根据测量长度（l）恢复地层倾斜前长度（l_0）考虑泥岩作为滑脱层的断离，则造山带推覆距离 $L=l+l_0$。据此我们对前述的 11 条剖面进行了变形恢复，具体剖面见图 2-29 和图 2-30。

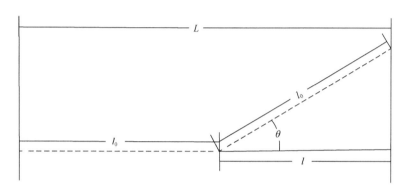

图 2-28　水平地层挤压缩短示意图

缩短量：$S=(l_0-l)/l_0=1-(l/l_0)=1-\cos\theta$；原长：$l_0=l/(l-S)=l/\cos\theta$，$\theta$ 为地层倾角，l 为测量长度，l_0 为地层原长，L 为推覆距离

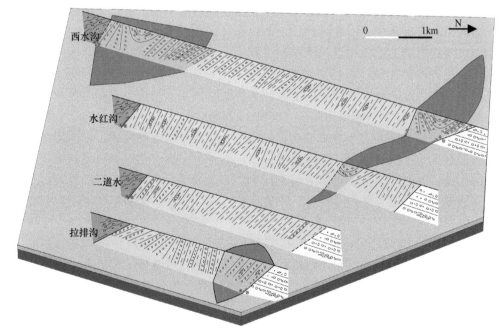

图 2-29　肃北盆地北部地区拉排沟、二道水、水红沟和西水沟剖面

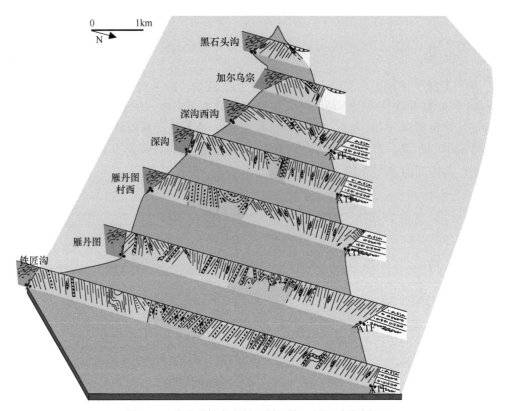

图 2-30　肃北盆地北部地区铁匠沟—黑石头沟剖面

　　西水沟剖面南部和北部各发育一个主要由白杨河组上段地层组成的向斜，剖面南端党河南山断裂高角度走滑逆冲到古近系白杨河组上段地层之上；剖面中部是由白杨河组下段地层组成的单斜构造，地层基本连续，没有大的断层；剖面北端是由阿尔金断裂派生出的次级断裂，白杨河组下段地层低角度走滑逆冲到第四纪杂积砾岩之上。剖面测量长度为5625m，通过平衡剖面技术将地层恢复水平得到原始长度9725m，地层缩短率为42.2%，党河南山向北至少推覆14.48km。

　　水红沟剖面北部发育一个主要由白杨河组上段地层组成的向斜，剖面南部未见向斜，表明盆地南部向斜在水红沟前已经截止。剖面中向斜以北发育白杨河组下段组成的单斜构造；剖面北端是由阿尔金断裂派生出的次级断裂，白杨河组下段地层走滑逆冲到第四纪杂积砾岩之上。剖面水平长度为4325m，恢复水平后的原始长度为7225m，地层缩短率为40.1%，党河南山推覆距离至少为10.385km。

　　二道水剖面构造简单，剖面南北两端分别为党河南山断裂和阿尔金断裂的次级断裂，二者之间是由白杨河组下段红棕色泥岩、含砾岩透镜体的泥岩和少量的砾岩层组成的单斜构造。剖面测量长度为2800m，恢复后原始长度4225m，地层缩短率为33.7%，党河南山推覆距离至少7.0km。

　　拉排沟剖面南部发育一个由白杨河组上段地层组成的单斜构造，剖面北部是由白杨河组下段砾岩地层组成的走滑挤压双重构造。由于剖面东北野马山的阻挡使一部分逆冲分量转化为走滑分量而出现走滑挤压双重构造。剖面测量长度为 2317m，恢复后原始长度 4633m，地层缩短率为 50%，党河南山推覆距离至少为 7.0km。

黑石头沟剖面位于肃北盆地最西部，党河南山山前断裂走滑逆冲到古近系白杨河组下段地层之上。剖面最北部为第四纪砾岩覆盖，未见阿尔金断裂出露。白杨河组下段地层变形过程可能是：党河南山走滑逆冲作用使地层发生弯曲，随着构造作用进一步加强在岩层软弱部位发生断离形成现在的剖面特征。剖面测量长度为 421m，恢复水平后的原始长度为 534m，地层缩短率为 21.3%，党河南山推覆距离至少 1.0km。

加尔乌宗沟剖面党河南山山前断裂走滑逆冲到古近系白杨河组下段地层之上。剖面最北部为第四纪砾岩覆盖，也未见阿尔金断裂出露。剖面中部是由白杨河组下段泥岩、含砾岩透镜体泥岩及砾岩薄层组成的地层。剖面测量长度为 770m，恢复水平后的原始长度为 1610m，地层缩短率为 52.2%，党河南山推覆距离至少 2.4km。

深沟西沟剖面南端党河南山断裂走滑逆冲到古近系白杨河组下段地层之上，剖面中部是由白杨河组下段泥岩、含砾岩透镜体泥岩及砾岩薄层组成的地层在变形过程中形成的正花状构造，剖面北端阿尔金断裂出露点白杨河组下段地层走滑逆冲到第四纪杂积砾岩之上。剖面测量长度为 2068m，恢复水平后的原始长度为 3637m，地层缩短率为 43.1%。

深沟剖面南端党河南山断裂走滑逆冲到古近系白杨河组下段地层之上，剖面中部是由白杨河组上段组成的向斜，剖面北端阿尔金断裂出露点白杨河组下段地层以高角度走滑逆冲到第四纪杂积砾岩之上。剖面测量长度为 3075m，恢复水平后的原始长度为 7850m，地层缩短率为 60.8%，党河南山推覆距离至少 10.9km。

雁丹图村西剖面南端党河南山断裂走滑逆冲到古近系白杨河组下段地层之上，剖面中部是白杨河组上段组成的向斜，比深沟剖面中部向斜要宽，剖面北端阿尔金断裂出露点白杨河组下段地层以 177°∠38° 角度走滑逆冲到第四纪杂积砾岩之上。剖面测量长度为 3850m，恢复水平后的原始长度为 9850m，地层缩短率为 60.9%，党河南山推覆距离至少 13.7km。

雁丹图剖面构造复杂，产状多处陡立，方向多变。剖面南端党河南山断裂高角度走滑逆冲到古近系白杨河组下段地层之上；剖面中部是由褶皱和断层组成的复杂的正花状构造，地层主要由白杨河组上段组成；剖面北端是由白杨河组下段地层走滑逆冲到第四纪杂积砾岩之上的阿尔金断裂出露点。剖面测量长度为 5100m，恢复水平后的原始长度为 11925m，地层缩短率为 57.2%，党河南山推覆距离至少 17km。

铁匠沟剖面是肃北盆地最长的剖面，剖面南端党河南山断裂高角度走滑逆冲到古近系白杨河组下段地层之上；剖面中部是白杨河组上段组成的向斜；剖面北端是阿尔金断裂出露点，白杨河组下段泥岩与第四纪杂积砾岩陡立接触。剖面测量长度为 6750m，恢复水平后的原始长度为 13350m，地层缩短率为 49.4%，党河南山推覆距离至少 20.1km。

综合上述，肃北盆地北部地区实测剖面利用平衡原理恢复地层水平，铁匠沟剖面推覆距离最长，为 20.1km，所以，肃北盆地的直径最小为 20.1km（表 2-10）。

表 2-10　肃北盆地北部地区剖面缩短率和推覆距离

剖面名称	测量长度 /km	原始长度 /km	缩短率 /%	推覆距离 /km
西水沟	5.625	9.725	42.2	14.5
水红沟	4.325	7.225	40.1	10.4
二道水	2.800	4.225	33.7	7.0
拉排沟	2.317	4.633	50.0	7.0
黑石头沟	0.420	0.534	21.3	1.0
加尔乌宗	0.770	1.610	52.2	2.4
深沟西沟	2.100	3.637	42.3	5.7
深沟	3.075	7.850	60.8	10.9
雁丹图村西	3.850	9.850	60.9	13.7
雁丹图	5.100	11.925	57.2	17.0
铁匠沟	6.750	13.350	49.4	20.1

2.3.4.4　肃北盆地与阿尔金断裂的关系

肃北盆地内由含石膏灰绿色泥岩、灰绿色粉砂岩和石膏层组成的沉积地层是肃北盆地内时代最老的地层。这与中祁连东部西宁盆地古地磁剖面记录反映的沉积环境变化一致。西宁盆地古地磁定年表明，石膏和泥岩间层的沉积时间为约 34Ma，与 EOT（始新世与渐新世转换）期间所反映的全球气候变冷有关。基于此，我们认为党河边剖面的沉积时间为约 34 Ma，即始新世末期或渐新世早期。肃北盆地内碎屑 AFT 峰值年龄也记录了盆地物源区党河南山晚始新世—早渐新世（35.1Ma、32.5Ma、27.6Ma）隆升剥蚀事件（Li et al.，2017）。

肃北盆地西水沟和铁匠沟古地磁定年成果表明，西水沟剖面厚层砾岩地层出现在约 12Ma（Wang et al.，2003），铁匠沟剖面厚层砾岩地层出现在约 13.7Ma（Sun et al.，2005）。厚层砾岩在盆地内的出现表明，盆地与其周缘山地地形高差的变大，新的构造运动传递到了肃北盆地。四级电站剖面碎屑 AFT 峰值年龄也记录了中中新世（14.6Ma）的构造热运动。基于古地磁定年和碎屑 AFT 峰值年龄，我们认为肃北盆地约 13Ma 开始受到破坏。

肃北盆地西水沟和铁匠沟古地磁定年成果表明厚层砾岩沉积分别到约 9.3Ma（Sun et al.，2005）和约 9Ma（Wang et al.，2003）结束。党河南山 AFT 热史模拟（第 6 章）也记录了约 8Ma 的冷却事件。肃北盆地南部疏勒河组橘红色泥岩以 10°~15° 的低角度不整合在白杨河组之上，所以最强一期的构造运动错断肃北盆地时间要早于疏勒河组沉积时间。据此，我们认为肃北盆地被错断的时间在约 8Ma。

肃北盆地北部地区西水沟、铁匠沟、深沟、拉排沟剖面碎屑砾石叠瓦产状共同证实肃北盆地北部地区古流向来源方向为 123°~230°，显示物源可能来自当时盆地南缘山脉。碎屑砾石组分主要是花岗岩、片岩、变质石英岩，沿剖面从下到上随着沉积物粒度增大，片岩、变质石英岩成分增多，部分剖面出现大理岩和继承性的砂岩及安山岩。花岗岩碎屑来自区内花岗岩侵入体；片岩和变质石英岩来自元古宙基底。肃北盆地北部地区碎屑锆石年龄、古流向和碎屑砾石组分表明，肃北盆地古近系—新近系沉积物源为盆地南缘的党河南山山脉。肃北盆地南部地区碎屑砾石叠瓦反映古流向来源既有南面的物源又有北面的物源；碎屑锆石阴极发光特征和锆石年龄特征也与盆地北部地区有所不同，这共同表明肃北盆地南部地区沉积物源除党河南山外，还有盆地东北部的山体。

现今的肃北盆地被阿尔金断裂及党河南山山前走滑断裂错断为两部分：肃北盆地北部地区已经形成了党河南山山前褶皱冲断带，肃北盆地南部地区为一山间的小盆地。阿尔金主走滑断裂及党河南山山前走滑断裂是肃北盆地的控盆断裂。党河南山山前断裂沿着肃北盆地北部地区自西到东倾角缓—陡—缓的变化表明，西水沟以东党河南山山前断裂由走滑作用为主变为逆冲作用为主；深沟西沟以及以西剖面党河南山山前断裂倾角缓是由于剖面内主要由泥岩组成，泥岩的能干性差，更容易滑脱，所以倾角缓。在同一剖面内，阿尔金断裂比党河南山山前断裂倾角缓，这是由于肃北盆地经过变形分解掉了一部分挤压应力，使得阿尔金断裂走滑程度比党河南山山前断裂小。利用肃北盆地褶皱轴面和岩石挤压透镜体 XY 面进行变形分解分析结果表明，肃北盆地总体变形分解量为 60%~70%。我们对肃北盆地构造解析发现，走滑变形分解过程中形成以向斜为主的构造，而不是如前陆褶皱冲断带变形过程中形成以逆冲断层和背斜为主。对肃北盆地北部地区实测剖面利用平衡原理恢复地层水平表明，实测剖面缩短率 21.3%~60.9%，肃北盆地的直径最小为 20.1km。肃北盆地南部地区整体呈近东西向的舌状构造，盆地周缘主要为断层所围限，内部三条近平行的 NW-SE 向的断层，将盆地切割成豆腐块状构造。剖面长度比较短，构造简单，地层连续，整体都呈单斜构造。

综合上述分析，得出肃北盆地的演化过程（图 2-31）如下：

（1）受印度大陆与欧亚大陆碰撞的影响，约 34Ma 全球气候开始变冷，肃北盆地开始沉积紫红色、棕红色和灰绿色含石膏的泥岩地层；向上逐渐沉积红棕色泥岩、含砾岩透镜体的泥岩和泥砾互层地层，这一沉积过程一直持续到中中新世（约 13Ma）。

（2）从约 13Ma 开始，青藏高原及 ATF 构造运动加强，新的构造运动传递到了肃北盆地，盆地与其周缘山地地形高差变大，盆地开始沉积同构造变形砾岩。

（3）约 8Ma，青藏高原及 ATF 构造运动进一步加强，盆缘断裂及盆内穿盆断裂发育，盆缘野马断裂发育并切断盆地，盆地发生褶皱、掀斜，原型盆地被错断为南北两部分。

（4）8Ma 之后青藏高原多期隆升，肃北盆地北部成为党河南山山前褶皱冲断带，南部成为党河南山山间小盆地。

2.3.5　石包城盆地

2.3.5.1　盆地概况

石包城盆地位于阿尔金断裂东段南侧，面积约为 3000km²，外形似狭长的钝角三角形，长轴方向与阿尔金走滑断裂走向一致。盆地北界被阿尔金主干断裂控制，南侧为中祁连元古宙褶皱带，东侧为一条北西向的正断层（图 2-32）。

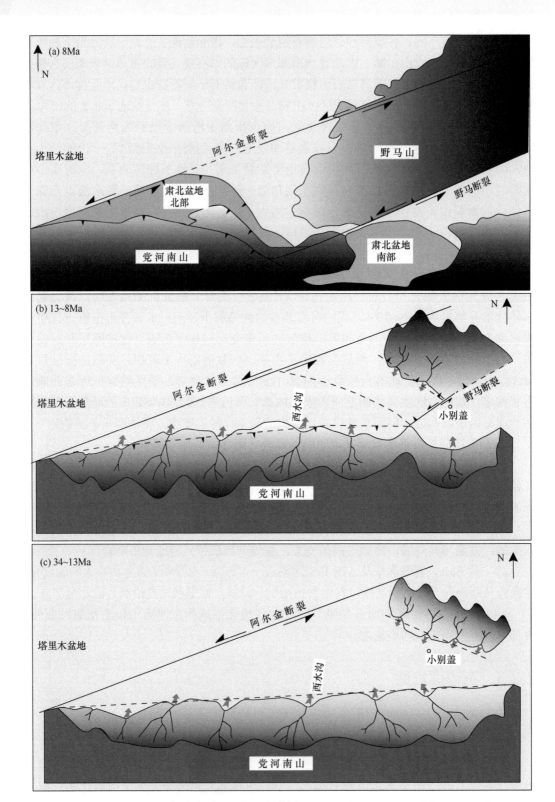

图 2-31　肃北盆地演化模式图

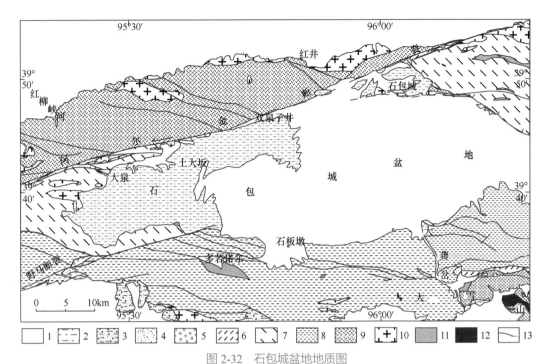

图 2-32 石包城盆地地质图

1- 第四系；2- 上新统；3- 中新统；4- 白垩系；5- 侏罗系；6- 石炭一二叠系；7- 寒武系；
8- 元古宇；9- 太古宇；10- 花岗岩；11- 辉长岩；12- 超基性岩；13- 断裂

　　盆地北界的阿尔金断裂，盆地和山地界线分明，呈直线状（图 2-33）。在盆地内部双泉子井一带可见出露（图 2-34）。新生界棕红色泥岩与太古宇敦煌群灰白色大理岩、深灰色片麻岩断层接触，接触面走向 72°，近直立，可见灰黑色断层泥出露，断裂带内

图 2-33 盆地北部边界阿尔金断裂野外宏观特征照片（镜头方向北西）

图 2-34　盆地北部边界阿尔金断裂野外露头照片

挤压透镜体长轴延伸方向 103° 左右，反映为左行剪切走滑特征。

　　石包城乡北部，可见盆地的东部边界上新统紫红色砾岩与寒武系灰色燧石团块灰岩断层接触，倾向为北东，倾角 70° 左右（图 2-35）。断层面清晰可见擦痕及其次级擦痕、断裂劈理等指示运动方向的构造，其中断层面内次级劈理及挤压透镜体的产状为 140° ∠ 18°，可知断层上盘相对上升，为上升盘，而下盘则相对下降，为下降盘。因此，此断层应为逆断层。

图 2-35　盆地东部边界逆断层野外露头照片

盆地南部边界冒水以西至大泉一带，新生界上新统砾岩与寒武系中寒武统砂板岩、千枚岩等不整合接触。冒水以东白垩系砂砾岩和上新统砾岩则以断层同新元古界变质地层接触。其中大龚岔沟地区白垩系与新元古界片岩断层接触（图 2-36）。新元古界变质地层南北两侧均为断层所限，呈近东西向条带状展布（图 2-32）。

图 2-36　盆地南部边界白垩系砂砾岩与新元古界片岩断层接触野外照片

2.3.5.2　盆地地层发育特征

石包城盆地绝大部分被上新统和第四系覆盖，仅在大龚岔沟口发育有下白垩统。

新生界上新统分布于石包城乡、双泉井子、土达坂、红泉、大泉一带，与下伏前震旦系、震旦系、寒武系及白垩系等为不整合接触关系（图 2-37）。盆地内部新生界上新统地层普遍倾角较缓（5°~30° 之间），无强烈的变形特征。该套地层主要岩性由橘黄色、橘红色砾岩、砂砾岩、砂岩、砂质泥岩等组成，可见厚度 12~288m。虽未有化石证据，但其岩性与邻区昌马幅、玉门市幅的疏勒河组可以对比，为便于对比分析，因此本书将这套地层称为疏勒河组。

从盆地西部土大坂到东部石包城一带上新统疏勒河组岩性有规律变化，大泉、土大坂地区岩性为橘红色砂砾岩、砾岩互层，偶夹粉砂岩等；双泉井子地区，该组以粉砂岩、粉砂质泥岩为主，夹少量砂砾岩透镜体；石包城乡地区，该组为砂岩、粉砂岩互层，夹砂砾岩层 [图 2-38（a）]。从盆地南部的大泉以南地区到靠近阿尔金断裂的双泉井子，疏勒河组岩性同样由砾岩、砂砾岩相变为泥岩 [图 2-38（b）]。总体规律是：由盆地的边缘到中心，岩层的厚度逐渐增大，粒度逐渐变细，且层理愈见明显，盆地的中心位于双泉井子附近，靠近阿尔金断裂一侧。

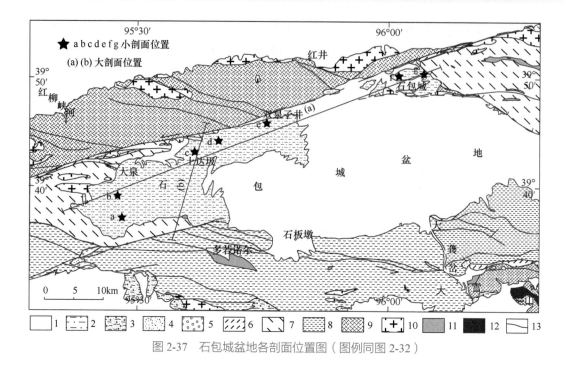

图 2-37　石包城盆地各剖面位置图（图例同图 2-32）

图 2-38　石包城盆地（a）、（b）大剖面观察图（位置见图 2-37）

　　疏勒河组在盆地西部、中部广泛出露，西起红泉、大泉南部，至中部土达坂、双泉子井地区，发育较完整，但剖面均未见底，出露厚度不大；盆地东部石包城乡地区出露厚度较大，约为 288m。本书选取红泉、土达坂、双泉子井、石包城乡四个典型剖面分别加以说明。

　　西部红泉、大泉地区疏勒河组岩性变化较为规律：岩性主要为橘黄色厚层砾岩及泥岩互层，夹杂少量砂岩透镜体（图 2-39）；自红泉→大泉，砾岩砾石粒径逐渐变小，砾石成分均以灰黑色和浅白色灰岩为主，所占比例为 80% 以上；砾石呈次棱角状，分选较差，为橘红色砂泥胶结，大小一般 3~6cm，最大可达 40cm，小的一般 1~3cm 左右（图 2-40）；砾石粒径及厚度顺剖面走向逐渐减小，部分砾石具叠瓦状构造，砂岩具斜层理。

图 2-39　大泉地区疏勒河组岩性特征，岩性主要为橘黄色厚层砾岩及泥岩互层

图 2-40　红泉剖面疏勒河组砾石，主要为灰色灰岩

西部红泉、大泉地区疏勒河组岩性纵向变化较为规律，整个岩段为洪积/冲积扇沉积（所夹的泥岩透镜体可能为扇间洼地沉积），自下而上，砾石粒径逐渐减小变细，表明水流规模不断变小。

该段沉积特征反映了上新世早期盆地气候干燥、古地形差异较大的古地理背景。

红泉野外实测地质剖面（图2-41）岩性自下而上描述如下（各层厚度均为换算后的真厚度）：

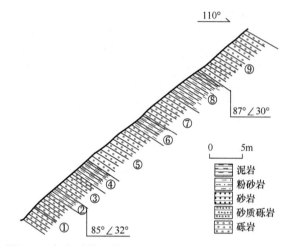

图2-41　红泉疏勒河组实测剖面图［位置见图2-37（a）］

（1）橘黄色砾岩夹少量泥岩，岩层厚度约为5m。砾岩砾石成分80%以上为灰色鲕粒状灰岩，其他为硅质岩。砾石粒径最大可达40cm，最小1~2cm，分选中等，磨圆较差。

（2）黄色泥岩，不含砂砾，岩层厚度1m。

（3）橘黄色砾岩，岩层厚度3m。砾石分选一般，呈棱角－次棱角状。砾岩砾石成分85%为灰黑色鲕粒状灰岩，10%为石英、燧石等硅质岩，其他为少量变质岩。砾石粒径最大为30cm左右，最小1cm，5cm左右居多，占40%以上。

（4）黄色泥岩，厚度约为2m。

（5）橘黄色厚层状砾岩，夹少量砂泥岩透镜体，岩层厚度可达8m左右。砾石分选中等，呈次棱角状，粒径最大为40cm左右，最小为2~3cm，5~7cm左右居多。砾石成分主要为灰岩，其中：深灰色纯灰岩占65%，红色灰岩10%，灰白色白云质灰岩占10%，鲕粒状灰岩占10%，其他5%为石英、燧石等硅质岩。层中砾石多为叠瓦状排列，可指示古水流方向。

（6）黄色泥岩，岩层厚度2m左右。

（7）橘黄色砾岩，岩层厚度4.5m。砾石分选及磨圆一般。砾岩砾石成分70%为浅灰色灰岩，其他为石英、燧石等硅质岩。砾石粒径最大为25cm左右，最小1cm，3~5cm左右居多。

（8）橘黄色厚层状泥岩，岩层厚度5m。

（9）黄色厚层状砾岩，夹少量砂泥岩，岩层厚度 8m。砾石分选中等，呈棱角 – 次棱角状，粒径最大为 35cm 左右，最小为 1~3cm，5cm 左右居多，占 50% 以上。砾石成分多为灰岩，大致占 80% 左右，含少量硅质岩。

中部土达坂地区疏勒河组岩性与红泉、大泉地区较为相似，但砾岩粒径逐渐变小。自下而上可分为两个岩段：下岩段为浅红色砂质砾岩夹橘黄色泥岩透镜体。砾石仍以灰岩为主，呈次棱角状至次圆状，分选中等，粒径变小，为红色砂泥质胶结；上岩段则为浅红色砾岩与黄色泥岩、粉砂岩互层。整个岩段自下而上具有由细到粗的沉积特征，表明水流的规模和频率不断变大。

土达坂野外实测地质剖面（图 2-42）岩性描述如下（各层厚度均为换算后的真厚度）：

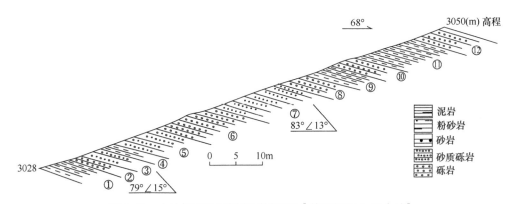

图 2-42　土达坂疏勒河组实测剖面图 [位置见图 2-37（d）]

（1）黄色泥岩，不含砾石，岩层厚度约为 1.1m。

（2）橘黄色砾岩，岩层厚度 1m。砾石分选中等，呈次棱角状 – 次圆状。砾岩砾石粒径最大为 35cm 左右，最小为 2~3cm，5cm 左右居多。砾石成分主要为浅灰色灰岩（40%）、石英、燧石等硅质岩（20%）、灰白色大理岩（10%）、片麻岩（20%）、其他变质岩（10%）。层中砾石可见叠瓦状排列，指示古水流方向。

（3）橘黄色含砂质砾岩，夹少量砂岩透镜体，岩层厚度 1.8m 左右。砾石分选中等，呈次棱角状，成分大部分为灰色纯灰岩。

（4）黄色泥岩，厚度约为 0.7m。

（5）橘黄色含砂质砾岩，岩层厚度 2m。砾石分选及磨圆中等，成分大部分为灰岩，可见少量砂岩斜层理及砾石叠瓦状排列，指示古水流方向。

（6）橘黄色厚层状砾岩，夹少量砂泥岩透镜体，岩层厚度可达 4.6m。砾石分选中等，呈次棱角状。砾石成分主要为灰岩，其中：深灰色鲕粒状灰岩占 55%、大理岩 25%、石英等硅质岩占 10%、片麻岩等变质岩占 5%。层中砾石局部为叠瓦状排列，可指示古水流方向。

（7）黄色泥岩，岩层厚度 0.8m 左右。

（8）橘黄色砾岩，岩层厚度 0.6m。砾石分选及磨圆一般。砾岩砾石成分 80% 为灰色灰岩，其他为石英、燧石等硅质岩。

（9）橘黄色泥岩，岩层厚度 1m。

（10）黄色砾岩，夹少量砂泥岩，岩层厚度 1m。砾石分选中等，呈次棱角状，粒径最大为 40cm 左右，最小为 1~3cm，5cm 左右居多，占 60% 以上。砾石成分多为灰岩，含少量硅质岩。

（11）黄色厚层状泥岩，岩层厚度 2.1m。

（12）橘黄色砾岩，岩层厚度 0.9m。砾石分选及磨圆一般，砾石成分多为灰岩，含少量硅质岩以及片麻岩等变质岩。

中部双泉子井地区疏勒河组岩性变化则较为明显，以橘红色厚层粉砂岩、粉砂质泥岩为主（图 2-43），夹少量砂砾岩透镜体，应为河湖相沉积，说明本地区应为古盆地沉积中心。岩层多呈红色，缺乏化石，表明当时气候干燥。

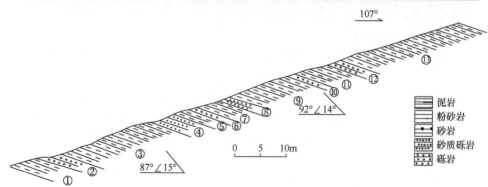

图 2-43　双泉子井疏勒河组剖面野外照片和实测剖面图 [位置见图 2-37（e）]

双泉子井野外实测地质剖面岩性描述如下（各层厚度均为换算后的真厚度）：

（1）橘红色泥岩，不含砾石，岩层厚度约为 0.8m。

（2）黄色砾岩，岩层厚度 0.5m。砾石分选中等，呈次圆状。砾石成分主要为灰色灰岩（70%）、石英、燧石等硅质岩（20%）、片岩（5%）、其他变质岩（5%）。层中砾石可见叠瓦状排列，指示古水流方向。

（3）橘红色厚层状粉砂质泥岩，夹少量砂岩透镜体，岩层厚度 3.8m 左右。岩层呈红色且缺乏化石，表明当时气候干燥。

（4）黄色中砂岩，厚度约为 0.5m，局部可见斜层理，指示古水流方向。

（5）红色泥岩，岩层厚度 1m。

（6）黄色砾岩薄夹层，厚度 0.3m。砾石成分仍以灰岩为主。

（7）橘红色泥岩，岩层厚度 0.5m 左右。

（8）橘黄色砂岩，厚度约为 0.3m。

（9）橘红色厚层状泥岩，岩层厚度 3.2m。层中缺乏化石，表明当时较干燥的气候条件。

（10）黄色砾岩夹少量砂岩透镜体，岩层厚度 0.3m。砾石分选中等，呈次棱角状，粒径 3cm 左右居多，占 60% 以上。砾石成分多为灰岩，含少量硅质岩、变质岩等。

（11）橘红色粉砂质泥岩，岩层厚度 2m，局部可见斜层理，指示古水流方向。

（12）黄色砾岩，岩层厚度 0.4m。砾石分选及磨圆一般，砾石成分多为灰岩。

（13）橘红色厚层状粉砂质泥岩，岩层厚度可达 5.4m。岩层呈红色且缺乏化石，表明当时气候干燥。

盆地东部疏勒河组只在石包城乡一带出露，发育较全，且厚度较大，出露总厚度最大可达 288m（图 2-44）。岩性自下而上可分为三个岩段：下岩段为橘红色泥岩和粉砂岩互层，夹砂砾岩透镜体，砾石具叠瓦状构造，砂岩具斜层理；中岩段以红色砾岩、砂质砾岩为主，夹少量泥岩透镜体；上岩段则为橘红色粉砂岩与泥岩互层，夹少量砾岩。整个岩段自下而上具有由细—粗—细沉积特征，表明盆地沉积时期水流的规模和频率不断地发生变化。

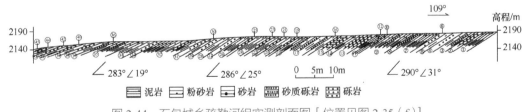

图 2-44 石包城乡疏勒河组实测剖面图［位置见图 2-35（f）］

石包城乡野外实测地质剖面岩性描述如下（各层厚度均为换算后的真厚度）：

（1）深红色厚层状泥岩，岩层厚度可达 6m，不含砾石，且岩层中未见化石，说明沉积时期极干燥的气候条件。

（2）橘黄色厚层砾岩，岩层厚度 5m。砾石分选及磨圆较差。砾岩砾石成分主要有：片麻岩（20%）、灰岩（25%）、砂板岩（25%）、石英（10%）、花岗岩（5%）、燧石（15%）。偶见砾石叠瓦状排列，可指示古水流方向。

（3）灰白色厚层状含砾粉砂岩，岩层厚度为 8m。砾石分选较差，呈次棱角状。砾岩砾石粒径最大可达 40cm 左右，最小仅为 1~2cm，4~5cm 左右居多。砾石成分主要为石英、燧石等硅质岩（40%）、片岩、片麻岩（30%）、花岗岩（20%）、砂岩（5%）、千枚岩等其他变质岩。层中砾石可见叠瓦状排列，指示古水流方向。

（4）橘黄色厚层状砾岩，夹少量砂泥岩透镜体，岩层厚度 4m。砾石分选中等，呈次棱角状。砾石成分主要为：石英、燧石等硅质岩占 45%，片岩、片麻岩占 25%，花岗岩占 15%，板岩占 10%，砂岩占 5%。层中砾石局部为叠瓦状排列，偶见砂岩斜层理，均可指示古水流方向。

（5）红色厚层状泥岩，岩层厚度 5m。

（6）黄色砾岩，岩层厚度 3m。砾石分选及磨圆较差。砾石成分主要为石英、燧石等硅质岩（25%）、片岩（10%）、片麻岩（10%）、千枚岩等其他变质岩（20%）、花岗岩（20%）、砂岩（10%）、灰岩（5%）。层中砾石可见叠瓦状排列，指示古水流方向。

（7）橘红色厚层状泥岩，岩层厚度可达 16m。岩层中未见化石，且为红色，说明沉积时期极干旱的气候条件。

（8）橘黄色含砂质砾岩夹砂泥岩透镜体，岩层厚度 5m 左右。砾石分选较差，次棱角状。砾石成分大部分为硅质岩，含少量千枚岩、片岩等变质岩。

（9）橘红色厚层状粉砂岩夹砂砾岩，岩层厚度约为 21m。砾石分选一般，呈棱角状。砾石成分主要为：花岗岩（50%）、片岩、片麻岩（30%）、砂岩（10%）、石英等硅质岩（5%）、其他变质岩（5%）。偶见砂岩斜层理及砾石叠瓦状排列，可指示古水流方向。

（10）橘黄色砾岩，岩层厚度 3m。砾石分选较差，呈次棱角状。砾岩砾石粒径最大可达 50cm 左右，最小仅为 1~2cm，3~5cm 左右居多。砾石成分主要为石英、燧石等硅质岩（45%）、片岩、片麻岩（30%）、花岗岩（20%）、砂岩（5%）。层中砾石可见叠瓦状排列，指示古水流方向。

（11）红色粉砂岩，岩层厚度 2m，不含砾石。

（12）橘红色厚层状泥岩，岩层厚度 4m。

（13）橘黄色厚层状砾岩，岩层厚度约为 13m。砾石分选较差，呈棱角状。砾石成分主要为：石英等硅质岩（45%）、片岩、片麻岩（30%）、花岗岩（15%）、千枚岩（5%）、其他变质岩（5%）。偶见砂岩斜层理及砾石叠瓦状排列，可指示古水流方向。

（14）橘红色厚层状泥岩，岩层厚度 5m 左右，不含砾石。

（15）黄色厚层状砾岩夹粗砂岩，岩层厚度 8m。砾石分选及磨圆一般。砾岩砾石成分 60% 为千枚岩、片岩等变质岩，其他为石英、燧石等硅质岩。

（16）红色泥岩，岩层厚度 2m，未见化石。

（17）橘黄色厚层状含砂质砾岩，夹少量泥岩、粉砂岩透镜体，岩层厚度约为 38m。砾石分选及磨圆一般。砾石成分主要为片岩（40%）、石英等硅质岩（35%）、砂岩（10%）、花岗岩（10%）、千枚岩（5%）。可见少量砂岩斜层理及砾石叠瓦状排列，指示古水流方向。

（18）橘红色厚层状泥岩，岩层厚度 4m 左右，不含砾石，且缺乏化石。

（19）橘黄色砾岩，岩层厚度 2.5m。砾石呈次棱角状 – 次圆状，分选一般。砾岩砾石粒径最大为 40cm 左右，最小为 2~3cm，5cm 左右居多。砾石成分主要为片岩、片麻岩（40%）、石英、燧石等硅质岩（30%）、砂板岩（15%）、花岗岩（10%）、其他变质岩（5%）。砾石局部可见叠瓦状排列，指示古水流方向。

（20）红色厚层状泥岩，不含砾石，岩层厚度 5m。

（21）黄色砾岩，岩层厚度 1m。砾石分选中等，呈次棱角状，粒径为 3~5cm 左右居多。砾石成分多为硅质岩及片岩、片麻岩。

（22）橘红色厚层状泥岩，岩层厚度 4.5m。

（23）橘黄色砾岩，含少量砂岩透镜体，岩层厚度 2m。砾石分选及磨圆较差。砾石成分主要为片岩、片麻岩、千枚岩（35%）、石英、燧石等硅质岩（35%）、花岗岩（15%）、砂岩（5%）、其他变质岩（5%）。层中砾石可见叠瓦状排列，指示古水流方向。

（24）红色厚层状泥岩，岩层厚度可达 9m。

（25）黄色砾岩，岩层厚度 1m。砾石分选中等，呈次棱角状，粒径最大为 30cm 左右，最小为 1cm，3~5cm 左右居多。砾石成分多为硅质岩、花岗岩及片岩、片麻岩等变质岩。

（26）橘红色厚层状泥岩，岩层厚度 5m。岩层呈红色且缺乏化石，表明当时气候干燥。

（27）橘黄色砾岩，岩层厚度 3m 左右。砾石分选及磨圆一般。砾岩砾石成分 80% 为红色硅质岩，其他为片岩、千枚岩等变质岩。层中砾石可见叠瓦状排列，指示古水流方向。

（28）橘红色泥岩，不含砾石，岩层厚度约为 2.5m。

（29）黄色砾岩，岩层厚度 1.8m 左右。砾石分选及磨圆差，成分以花岗岩、片岩、片麻岩为主。

（30）红色泥岩，且缺乏化石，岩层厚度约为 2m。

（31）橘黄色砾岩，岩层厚度 1.5m 左右。砾石分选中等，呈次棱角状，成分以变质岩、硅质岩为主。

（32）橘红色厚层状粉砂岩夹砾岩薄层，岩层厚度可达 28m。砾石分选一般，呈次棱角状。砾岩砾石粒径最大为 20cm 左右，最小为 2~3cm，5cm 左右居多。砾石成分主要为片岩、片麻岩（40%）、石英、燧石等硅质岩（35%）、花岗岩（10%）、其他变质岩（15%）。层中砾石可见叠瓦状排列，指示古水流方向。

（33）橘黄色厚层状砾岩，夹少量粉砂岩透镜体，岩层厚度 8m。

（34）红色厚层状泥岩，不含砾石，且缺乏化石，岩层厚度约为 11m。

（35）橘红色厚层状粉砂岩夹砂砾岩透镜体，岩层厚度可达 19m。层中局部可见还原带、还原斑，并发育钙质结核，充分说明当时干燥的气候条件。

（36）橘黄色含砂质砾岩，岩层厚度 2m。砾石分选中等，磨圆较差，砾石成分大部分为硅质岩（50%）和片岩（45%），可见少量砾石叠瓦状排列。

（37）红色厚层状泥岩，不含砾石，岩层厚度约为 7m。

（38）橘黄色砾岩，岩层厚度 6m。砾石分选及磨圆均较差，砾石成分以硅质岩、片岩、片麻岩为主。

（39）橘红色厚层状泥岩，夹少量砾岩透镜体，岩层厚度可达 9m。岩层呈红色且缺乏化石，表明当时气候干燥。

（40）黄色砾岩，岩层厚度 2m 左右。砾石分选较差，呈棱角状。砾石成分以红色硅质岩为主，占 40% 以上，片麻岩占 20%，浅绿色片岩占 20%，花岗岩占 15%，其他变质岩占 5%。局部砾石可见叠瓦状排列，指示古水流方向。

（41）橘红色泥岩，岩层厚度 2m。

（42）黄色砾岩夹泥岩透镜体，岩层厚度 3m。砾石分选及磨圆均较差，砾岩砾石粒径为 5cm 左右居多，可占 50% 以上。砾石成分以硅质岩为主，含少量片麻岩等变质岩。

（43）橘红色泥岩，不含砾石，岩层厚度 4m。

（44）橘黄色砾岩，岩层厚度 1.8m。砾石分选较差，呈棱角状。砾岩砾石粒径最大为 30cm 左右，最小为 2~3cm，5cm 左右居多。砾石成分以红色硅质岩为主，占 80% 以上，片麻岩等变质岩占 10%，花岗岩占 5%，其他变质岩占 5%。层中砾石可见叠瓦状排列，指示古水流方向。

（45）红色厚层状泥岩，夹少量砂岩透镜体，不含砾石，岩层厚度约为 8m。

2.3.5.3 疏勒河组砾岩、砂岩成分统计

在进行石包城盆地砾岩成分野外统计时，选取出露面积在 $1m^2$ 以上代表性砾石层的剖面或露头面，用网格法（根据砾石平均大小选择网格间距），统计每个网格交点的砾石成分，若砾石颗粒占据了两个网格交点，则每个交点统计一次，这样保证了大颗粒在统计过程中占有较大的权重，每处统计点均在 100 个以上。我们共统计了 17 处的砾石成分，结果见图 2-45。

上新统疏勒河组砾岩主要分布在盆地西部红泉、大泉，中部土达坂一带和东部石包城乡地区。盆地西部和中部砾岩砾石成分变化不大，以灰岩为主，含量在 80% 以上，夹杂少量硅质岩等；砾石磨圆中等，呈次棱角至次圆状，分选一般，搬运距离短，应属近源沉积。

与盆地西部和中部相比，东部石包城乡地区砾岩砾石成分发生了明显变化，砾石成分以花岗岩（20%~50%）和片岩（10%~40%）等变质岩居多，夹杂少量硅质岩。这说明，物源区有花岗质物质被剥露出来，并且遭受了进一步的剥蚀。

通过对石包城盆地内砾岩砾石成分进行统计分析可知，盆地西部和中部砾岩砾石

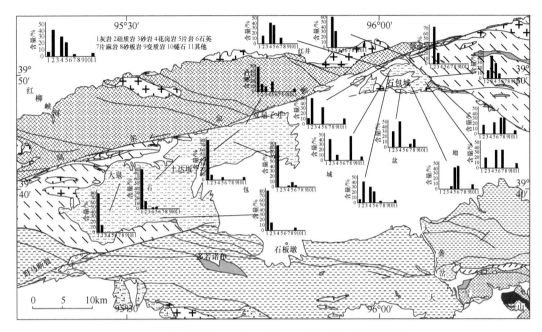

图 2-45　石包城盆地上新统砾岩砾石成分统计（图例同图 2-32）

成分变化不大，以灰岩为主，含量在 80% 以上，夹杂少量硅质岩等；砾石磨圆中等，呈次棱角至次圆状，分选一般，搬运距离短。而盆地东部石包城乡地区砾岩砾石成分则发生了明显变化，砾石成分为花岗岩和片岩等变质岩，夹杂少量硅质岩。前者应属近源沉积，后者物源可能较丰富，但仍以近源沉积为主，石包城盆地上新统砾岩成分在西部和中部与东部存在较大的差异，应该是物源不同所致。

　　我们选择了石包城盆地西部、中部和东部几个重点剖面（大泉剖面、土达坂剖面、双泉子井剖面和石包城乡剖面）作为研究对象，对新生界进行了系统取样和镜下成分统计。

　　本书砂岩薄片碎屑成分统计采用 Gazzi-Dickinson 显微镜统计法（Ingersoll et al.，1984），在单个薄片完成 300 个以上颗粒的统计，计算不同碎屑的体积百分含量。所选薄片基质含量均小于 15%，以求尽可能真实地反映母岩类型。Gazzi-Dickinson 统计方法与传统的统计方法的主要区别在于：当大岩屑中包含有粒径超过 0.0625mm（砂级颗粒）的单矿物或小岩屑时，若计数点位于单矿物或小岩屑之上，则该点计为单矿物或小岩屑本身，而不是记为大岩屑。也就是说，不管统计点位于深成岩岩屑的任何部位，都记录为石英、长石、云母等矿物组分。其他岩屑中的基质和矿物晶体和颗粒（> 0.0625mm）分别记入相应的岩屑和矿物组分中。如果较大的沉积岩岩屑中包含较小的火山岩岩屑，则把它记入火山岩岩屑（Lv），而不是沉积岩岩屑（Ls）。

　　根据砂岩骨架碎屑成分鉴定标准，在本研究中野外采集的 34 块标本中，有 19 块符合鉴定标准。石包城盆地上新统各砂岩样品碎屑成分统计结果如表 2-11 所示。

表 2-11 石包城盆地上新统砂岩碎屑成分统计表

剖面位置	地层	采样地点	石英 /%			长石 /%			岩屑 /%			备注
			Q	Qm	Qp	F	K	P	L	Lsm	Lvm	
大泉	$N_{1+2}s$	39°36′20″ 95°29′00″	42.6	33.5	9.1	4.3	1.3	3.0	53.1	42	11.1	岩屑主要为沉积岩岩屑和浅变质岩岩屑
土达坂	$N_{1+2}s$	39°45′16″ 95°41′56″	46.5	29.7	16.8	5.1	1.5	3.6	48.4	37.0	11.4	岩屑主要为浅变质粉砂岩、板岩及千枚岩岩屑
		39°45′16″ 95°41′56″	49.8	31.8	18.0	5.2	1.2	4	45	35.5	9.5	
双泉子井	$N_{1+2}s$	39°44′42″ 95°43′03″	29.3	19.4	9.9	9.5	2.6	6.9	61.2	46.1	15.1	岩屑主要为碳酸盐岩、浅变质粉砂岩和板岩岩屑
		39°45′00″ 95°43′36″	27.1	15.7	11.4	5.4	1.3	4.1	67.5	55.7	11.8	
		39°46′21″ 95°47′10″	25.2	18.3	6.9	11.7	5.8	5.9	63.1	57.6	5.5	
		39°48′40″ 95°47′29″	32.6	30.4	2.2	9.2	4.2	5.0	58.2	54.5	3.7	
石包城乡	$N_{1+2}s$	39°51′23″ 96°03′59″	22.7	18.3	4.4	13.1	2.3	10.8	64.2	25.7	38.5	岩屑主要为火山岩、浅变质粉砂岩和板岩、千枚岩岩屑
		39°51′43″ 96°03′12″	27.0	24.7	2.3	10.4	2.4	8.0	62.6	21.6	41.0	
		39°51′43″ 96°03′08″	16.9	11.5	5.4	31.8	2.7	29.1	51.3	10.4	40.9	
		39°49′38″ 96°06′07″	17.1	14.8	2.3	24.4	2.1	22.3	58.5	6.4	52.1	
		39°49′27″ 96°05′39″	18.2	11.9	6.3	22.7	3.6	19.1	60.1	12.0	48.1	
		39°49′27″ 96°05′39″	29.4	17.7	11.7	14.1	3.4	10.7	65.5	9.2	56.3	
		39°50′03″ 96°00′59″	39.4	29.7	9.7	12.1	2.9	9.2	48.5	9.8	38.7	
		39°50′04″ 96°01′07″	28.0	25.1	2.9	15.1	3.4	11.7	56.4	14.1	42.3	
		39°50′04″ 96°01′07″	15.2	11.7	3.5	4.7	1.1	3.6	70.1	4.8	65.3	
		39°50′09″ 96°01′23″	19.5	6.5	13.0	2.1	0.4	1.7	78.4	7.0	71.4	
		39°50′09″ 96°01′23″	45.6	41.8	3.8	15.6	9.4	6.2	38.8	6.9	31.9	
		39°50′09″ 96°01′23″	29.4	17.7	11.7	9.1	3.4	5.7	61.5	4.2	57.3	

石包城盆地上新统疏勒河组各剖面砂岩碎屑成分总体相近，但是不同地区砂岩碎屑成分也有一些明显差别，因此，基于这些差别，可以讨论沉积环境和构造历史对于砂岩碎屑成分的影响。

盆地西部红泉、大泉地区疏勒河组砂岩总体而言石英含量较高，以单晶石英为主，颗粒多呈次棱角状，颗粒表面光洁，晶体明亮，杂质少，部分石英颗粒具次生加大边，少部分单晶石英具波状消光。单晶石英与多晶石英比例不定，即便是邻近层位变化亦比较大。

岩屑几乎全部为沉积岩及浅变质岩，以碳酸盐岩、砂岩等沉积岩为主，含少量硅质岩岩屑和变质岩岩屑，胶结物类型主要为方解石，普遍含有硅屑（计入多晶石英成分中），以大泉地区含量最高。火山岩及变质火山岩岩屑含量较低。

砂岩中长石含量不等，且以斜长石为主。

本地区疏勒河组含有大量的沉积岩岩屑（Ls），平均含量约为 42%，在 Qm-F-Lt 和 Qp-Lvm-Lsm 图中盆地西南部地区砂岩样品点大部分落入再旋回造山带区域，并且在 Qp-Lvm-Lsm 图中更趋向于 Lsm 极点，说明其物源大部分为碳酸盐岩等沉积岩，结合前一章的古流向资料和沉积分析，认为其物源可能来自盆地南缘的大雪山等一系列隆升的山体。

与西部红泉、大泉地区相比，中部土达坂、双泉子井地区疏勒河组砂岩总体石英含量相对较低，仍属岩屑砂岩。而土达坂地区则又比双泉子井地区石英含量高，双泉子井地区石英含量最低。颗粒多呈次棱角状 – 次圆状，晶体明亮，杂质较少，少部分单晶石英具波状消光。

岩屑大部分为沉积岩，以碳酸盐岩、砂岩等沉积岩为主，含少量硅质岩岩屑和变质岩岩屑，胶结物类型主要为方解石。

砂岩中斜长石含量略有增加。

本地区疏勒河组含有大量的碳酸盐岩岩屑，在 Qm-F-Lt 和 Qp-Lvm-Lsm 图中砂岩样品点大部分落入再旋回造山带区域，且更趋向于 Lsm 极点，说明其物源大部分为碳酸盐岩等沉积岩，其物源应来自盆地南缘的大雪山等一系列隆升的山体。

盆地东部石包城乡疏勒河组的砂岩碎屑成分与西部大泉、中部土达坂等地区疏勒河组砂岩的明显差异之处为：石包城乡疏勒河组含有大量的 Lv，平均含量达到 46% 左右，含少量片岩和变质火山岩，Lm 含量也有 15%，表明在沉积源区有花岗质物质被剥露出来，并成为主要的碎屑物质供给体，物源大部分为岩浆岩。

在 Qm-F-Lt 图中石包城乡砂岩样品点大部分落入再旋回造山带区域，但在 Qp-Lvm- Lsm 图中投影点则比较分散，结合该区古流向特征，推测其原因应为石包城乡砂岩碎屑成分来自多种物源。可能物源区应为石包城乡附近东部、北部的山体以及盆地南部大雪山等一系列隆升的山体。

石包城乡疏勒河组砂岩的另一个特点是石英（包括 Qm 和 Qp）含量相对较少，且石英普遍机械破碎，岩屑和长石相对含量较高，显示其近源堆积的特点，沉积时期受构造活动剧烈影响，稳定成分少，不稳定成分较多。推测其形成的可能原因是该剖面离物源区较近，不稳定物质相对富集，快速堆积。由于阿尔金断裂东段在 33Ma 前开始发育，阿尔金断裂区自始新世初期就已经成为地貌高地（Yin et al.，2002），因此，石包城乡疏勒河组物源绝大部分可能为火山岩和花岗岩，应该来自附近隆升的山体或北部阿尔金断裂区。而本地区变质岩岩屑显著增加的原因可能是随着附近山体的进一步隆升，原来埋藏较深的变质岩被不断剥蚀出来，成为疏勒河组的物源，使得石包城乡疏勒河组的变质岩含量增加。

综上所述，石包城盆地疏勒河组砂岩石英含量在平面上从大泉、土达坂地区，经双泉子井地区，再到石包城乡一带，具有逐渐减少的规律。而长石碎屑含量则刚好表现出相反的变化趋势，大致反映了这三个地区的源区差异以及与花岗质物源区的距离及方位上的差异。

2.3.5.4 古流向统计结果

依据砾石叠瓦排列、砂岩斜层理，获得了盆地西部红泉、大泉地区，上新统沉积时期，古流向主要为北西及北西西方向，其中绝大多数呈北西方向；盆地中部土达坂、双泉子井地区，古流向未发生明显变化，主要为北西方向，少量指北及南东方向；盆地东部石包城乡地区古流向大致为北西方向，仅有少部分呈北、北西西和南西方向（图 2-46）。

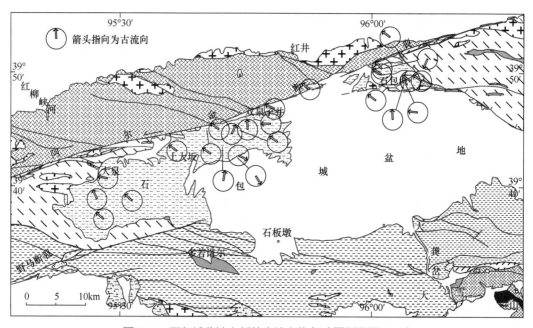

图 2-46 石包城盆地上新统古流向恢复（图例同图 2-32）

古流向研究表明，上新统沉积时期，石包城盆地古水流方向为北西和北西西方向，说明该地区地势自南东至北西方向逐渐降低，盆地南东方向应为隆起区。因此，盆地西部和中部物源区应为盆地南缘的大雪山等一系列山体，而东部物源应来自石包城乡附近隆升的山体。盆地内砾岩砾石成分统计和盆地周围区域地质资料也为此提供了很好的佐证。

2.3.5.5　石包城盆地新生界疏勒河组（N$_{1+2}$s）岩性横向变化特征

从盆地西部红泉、大泉，中部土达坂，到东部石包城一带上新统疏勒河组岩性有规律地变化（图 2-47）。

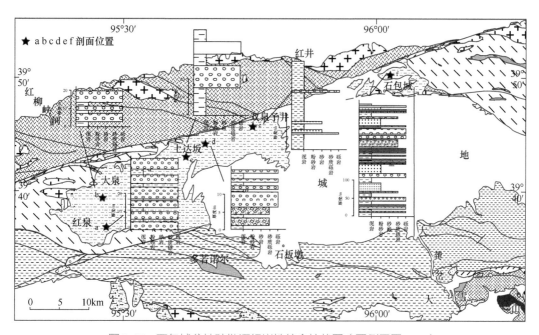

图 2-47　石包城盆地疏勒河组岩性综合柱状图（图例同图 2-32）

红泉、大泉、土达坂地区岩性为橘红色砂砾岩、砾岩互层，偶夹粉砂岩等双泉井子地区，该组以粉砂岩、粉砂质泥岩为主，夹少量砂砾岩透镜体；石包城乡地区，该组为砂岩、粉砂岩互层，夹砂砾岩层。从盆地西部的大泉以南地区到靠近阿尔金断裂的双泉井子，疏勒河组岩性同样由砾岩、砂砾岩变为泥岩。

本区西部、中部疏勒河组岩性横向变化从南到北依次为：砾岩—砂质砾岩—粉砂岩—泥岩，盆地东部疏勒河组岩性变化则为：含砾砂岩—粉砂岩。

总体规律是：由盆地的边缘到中心，岩层的厚度逐渐增大，粒度逐渐变细，且层理愈见明显，盆地的中心位于双泉井子附近，靠近阿尔金断裂一侧。

2.3.5.6　岩相分析

石包城盆地大部分被第四系沉积物覆盖，新生界上新统疏勒河组主要分布在盆地西部的红泉、大泉，中部土达坂和双泉子井一带以及东部石包城乡地区，呈北东走向条带状分布。

总体来说，盆地西部红泉、大泉和中部土达坂地区疏勒河组岩性主要为橘黄色厚层砾岩及泥岩互层，夹杂少量砂岩透镜体（图 2-48），应为河流相、冲积扇沉积。

图 2-48　红泉地区疏勒河组剖面（a）和砾岩（b）

中部双泉子井地区疏勒河组岩性则变化为粒度较细的橘红色厚层粉砂岩、粉砂质泥岩（图 2-49），粒度较大泉、土达坂地区明显变细，粉砂岩、黏土岩增多，主要为河湖相沉积。从泥岩沉积厚度分析，可知湖水深度不断加大，说明本地区应为古盆地沉积中心。岩层多呈红色，缺乏化石，表明当时气候干燥。

图 2-49　双泉子井地区疏勒河组橘红色厚层状粉砂质泥岩，
夹少量砂岩透镜体（a）和厚层泥岩（b）

盆地东部石包城乡地区疏勒河组岩性又变为较粗的砂砾岩与较细的粉砂岩、泥岩互层（图 2-50），应为山麓相与河流相交替沉积，该地区整个岩段自下而上具有由细—粗—细沉积特征。

本区西部、中部疏勒河组岩性从南到北依次为：砾岩—砂质砾岩—粉砂岩—泥岩，盆地东部疏勒河组岩性变化则为：含砾砂岩—粉砂岩。

结合前文研究所得，研究区上新统古流向为北西向（图 2-46），说明此时盆地西

图 2-50　石包城北疏勒河组橘红色砂岩（a）和其中的砂砾岩透镜体（b）

部、中部的物源区应为南部的大雪山等一系列山体，而东部物源应来自石包城乡附近隆升的山体。

阿尔金断裂东段在 33Ma 前开始发育，阿尔金断裂区自始新世初期就已经成为地貌高地（Yin et al.，2002），当时大雪山等已开始隆升。离大雪山较近处沉积速率较大，沉积物颗粒较粗，分选磨圆较差，成熟度低，应为典型的山麓相；稍远处由于受到流水冲击和短距离搬运作用，可能为冲积扇相沉积；而靠近阿尔金断裂带盆地中部的沉积物是相对颗粒较细的泥岩，应为河湖相沉积（图 2-51）。

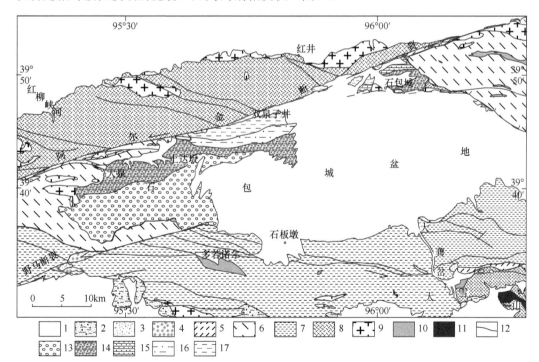

图 2-51　石包城盆地疏勒河组岩性平面变化图

1- 第四系；2- 中新统；3- 白垩系；4- 侏罗系；5- 石炭—二叠系；6- 寒武系；7- 元古宇；8- 太古宇；9- 花岗岩；
10- 辉长岩；11- 超基性岩；12- 断裂；13- 砾岩；14- 砂质砾岩；15- 含砾砂岩；16- 粉砂岩；17- 泥岩

2.3.5.7　石包城盆地形成及与阿尔金断裂的关系

石包城盆地是现今阿尔金断裂带中盆地之一，因此是一个典型的走滑盆地。走滑盆地可以划分为松弛弯曲型（releasing bend）、松弛分叉或交汇型（releasing splay or junction）、松弛叠覆型（releasing overstep）和雁列式伸展断裂型（en echelon external faults）（Harding et al.，1985）。从石包城盆地发育构造位置看，显然应与松弛分叉型走滑盆地相当。阿尔金断裂带中的构造面发育符合简单左行剪切状态下构造面的角度关系（郭召杰等，1998；王胜利等，2001），可用图 2-52（a）所示的模式来解释，那么构成石包城盆地边界断裂的分别是主剪切面（Y）—阿尔金主干断层和 P 面—石包城盆地南缘走滑挤压断层［图 2-52（b）］。从力学性质上分析，P 面是一个压扭面，在近于平行 P 面方向（实际上是垂直 T 面方向）是挤压性质，因此在 Y 面与 P 面之间的区域易形成沿近于 Y 面和 P 面方向扩张的断陷盆地，这也正是松弛分叉或交汇型走滑拉分盆地的形成机制（郭召杰和张志诚，1999）。

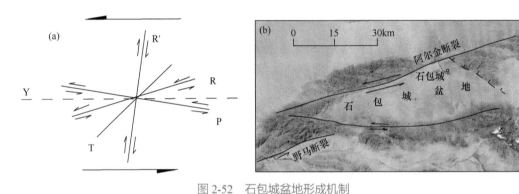

图 2-52　石包城盆地形成机制

（a）左行简单剪切状态下构造面的角度关系（据郭召杰等，1998）；（b）石包城盆地几何形态

前文研究已经表明，阿尔金主干断层是石包城盆地的北部边界，具有左行走滑的特征；石包城盆地南部边界冒水以东发育一系列北西西走向的左行走滑兼逆冲断层，断面南倾，倾角 70° 左右，构成大雪山复向斜北翼。盆地的东部边界上新统紫红色砾岩与寒武系灰色燧石团块灰岩断层接触，倾向为北西，倾角 70° 左右，断层面上劈理及擦痕均发育，指示其高角度逆断层性质。

从野外露头和沉积特征分析，石包城盆地大部为第四系覆盖，仅在大龚岔沟口附近见到盆地最早的下白垩统沉积，其次就是在盆地西部土达坂及其以南地区发育上新统粗碎屑岩沉积，在双泉井子发育上新统细碎屑岩沉积，统称为疏勒河组。从上述资料可知，石包城盆地的扩张作用应开始于上新世（约 5.3Ma）。

石包城盆地疏勒河组沉积岩石分布特征、砾石成分统计以及古流向分析表明，盆地沉积的边缘相粗碎屑岩发育于盆地的南侧和东侧，盆地北侧未发育（图 2-51）；表明疏勒河组沉积时盆地地貌南高北低，最低位置位于靠近现今阿尔金断裂附近的双泉井子一线，也就是说，现今盆地北部的山地在疏勒河组沉积时期可能并不存在；石包城拉分盆地的沉积可能跨越了阿尔金断裂，其原型盆地及其早期的沉积演化可能如图 2-53 所示。在疏勒河组沉积之前，野马断裂和先存的阿尔金分支断裂，构成松弛叠覆型断裂组合，其间发育拉分盆地，由于南高北低，所有水流流向北西（图 2-46），且盆地内疏勒河组的沉积中心位于现今的双泉井子一带（图 2-51），形成了泥岩沉积。由于走滑断裂带具有变直的趋势，走滑断裂带中的拉分盆地将会因为活动断层斜切过盆地而使得拉分作用消失，进而盆地反转或者形成走滑拉分盆地。被走滑作用肢解的拉分盆地，可以指示其后的走滑距离。由于疏勒河组出露情况一般，没有较好的确定地层年龄的方法，造成阿尔金断层北侧的相应的沉积产物难于追踪确定，还需要今后进一步研究时予以重视。

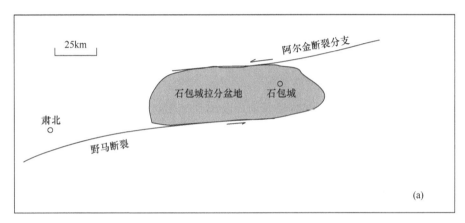

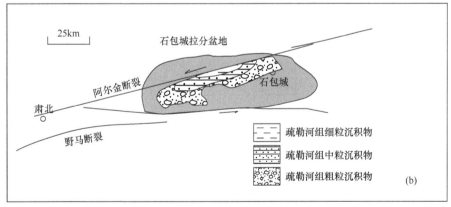

图 2-53　石包城盆地形成过程

（a）野马断裂和阿尔金分支断裂构成松弛叠覆型拉分盆地；
（b）石包城拉分盆地由于活动断层斜切过盆地而转换为走滑拉分盆地

　　总之，石包城盆地是阿尔金断裂改造新生代拉分盆地而形成的走滑拉分盆地，目前由于阿尔金断裂左行走滑运动，盆地反转，疏勒河组在盆地内遭受剥蚀，处于受挤压状态（王胜利等，2001；Bedrosian et al.，2001；许志琴等，2004）。

　　阿尔金盆地群的吐拉盆地、索尔库里盆地、肃北盆地、石包城盆地和敦煌盆地等现今是典型的走滑盆地。其中索尔库里盆地、石包城盆地是阿尔金走滑过程中形成的新生代拉分盆地（郭召杰和张志诚，1999）；肃北盆地是阿尔金走滑过程中形成的渐新世—中新世拉分盆地，并被后期走滑挤压改造，于 8Ma 发生了盆地翻转，形成了党河南山山前褶皱逆冲带；吐拉盆地和敦煌盆地的原型是侏罗纪形成的张性箕状断陷盆地，现今构造面貌是受阿尔金走滑断层改造形成的走滑盆地。

2.4 阿尔金断裂带中新生代隆升历史分析

2.4.1 阿尔金山脉冷却隆升作用

由于阿尔金断裂带以及相伴随的阿尔金山脉的隆升过程是研究青藏高原生长历史的关键，阿尔金山地区成为近几年研究青藏高原研究的热点地区之一。前人已经在阿尔金山地区进行了一些低温年代学研究，已经获得了为数不少的新生代的冷却年龄以及大量的中生代年龄（Jolivet et al.，1999；Wang et al.，2002；陈正乐等，2002，2006；张志诚等，2008）。Jolivet 等（2001）获得了阿尔金山地区磷灰石裂变径迹年龄范围为 167.0±14.8Ma 到 9.8±1.3Ma，反映了 40±10Ma 和 9~5Ma 两次挤压事件。陈正乐等（2002，2006）获得了阿尔金山西段和米兰河地区的裂变径迹年龄，年龄范围介于 61Ma 到 1.8Ma 之间，反映新生代经历了 5 期主要的隆升过程：61~34Ma，42~11Ma，10.2~7.3Ma，5.5~4.5Ma 和 2.1~1.8Ma。王瑜等（2002）通过裂变径迹测年分析，认为阿尔金山北段的阿克塞 – 当金山口地区隆升可以划分为 3 个阶段：43.6~24.3Ma，19.6~13.6Ma 和 9~7Ma。虽然前人从不同角度对阿尔金山的隆升进行了研究，然而关于阿尔金山隆升的时限和过程并未取得一致的认识，尤其是沿着阿尔金断裂纵向和横向的变化规律也未得到重视。

利用磷灰石的裂变径迹来限定山脉隆升历史已有不少成功的先例，国内外地质学家已在青藏高原南部的喜马拉雅造山带、东喜马拉雅构造结、喀喇昆仑地区等地区开展了裂变径迹的热年代学研究工作。为了更好地限定阿尔金断裂的活动与阿尔金山的隆升剥露过程的关系，以及探讨沿着阿尔金断裂走向的隆升变化规律。本次科考沿阿尔金断裂带，自西向东利用横穿阿尔金断裂带的地质构造剖面进行裂变径迹定年研究，为该区的隆升剥露过程的认识提供了新的裂变径迹资料证据。

2.4.1.1 样品采集和分析方法

阿尔金山地区从前寒武纪到新生代岩石都有分布，其中前侏罗系的岩石单元为主体，其内有元古宙、加里东和海西期的花岗岩和加里东期的蛇绿混杂岩。二叠系和三叠系在本区缺失；侏罗系煤系地层不整合于前侏罗系的火山岩、变质岩和沉积岩之上，残余厚度达到 2540m 以上，上侏罗统泥岩有机质演化程度较低，镜质组反射率为 0.57%；中下侏罗统泥岩的镜质组反射率介于 0.70%~2.23%，平均为 1.64%，达到了磷灰石完全退火温度（Barker and Pawlewicz，1986）。白垩系到上新统砾岩和砂岩地层出露在山间盆地中，最厚达到5000m；第四纪沉积物广布于塔里木盆地和柴达木盆地以及山间盆地（图2-54）。

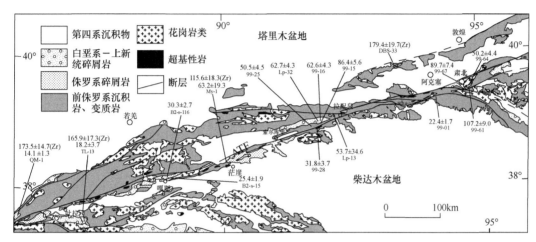

图 2-54　阿尔金地区地质简图及样品分布位置（据 Liu et al.，2007 修改）

图中的数字带（Zr）后缀的为锆石裂变径迹年龄，其余为磷灰石裂变径迹年龄，最后一行为样品号

　　研究区位于 86°00′~95°20′E，37°30′~40°20′N，包括了自西端的吐拉到东部的肃北的广大地区，东西长逾 800km，属于阿尔金断裂带的中段（图 2-53）。沿阿尔金断裂采集了 16 件花岗岩、侏罗系砂岩和上新统中的花岗岩砾石的样品，每件样品利用手持 GPS 确定位置和高程（图 2-53 和表 2-12）。

　　将野外采集的岩样通过标准重液和磁选技术筛选出磷灰石和锆石单矿物，使用外部探测器方法来确定磷灰石、锆石裂变径迹年龄，具体测试流程和年龄计算与张志诚等（2008）相同，在此不再赘述。磷灰石裂变径迹长度测量时，在显微镜 1000 倍放大倍数下，利用透射光和反射光，选择平行于表面的封闭径迹（Gleadow et al.，1986）进行测量，每个样品测量出 100 条（假设封闭径迹数目足够）。锆石和磷灰石裂变径迹分析工作是在中国科学院高能物理研究所完成的。

2.4.1.2　测试结果

　　样品的分析测试结果见表 2-12 和图 2-54。15 件样品的磷灰石裂变径迹分析给出了 107.2±9.0Ma 到 14.1±1.3Ma 冷却年龄，部分样品（My-1 和 Lp-13）测试颗粒较少，仅有参考价值，后面的讨论中将不重点讨论。磷灰石裂变径迹年龄和高程之间没有明显的线性关系，反映了大面积范围内复杂的冷却和构造演化历史。样品的热历史过程可以从磷灰石封闭径迹的长度分布特征大致推断，本区的样品封闭长度多数具有双峰态或者偏斜的单峰分布，封闭径迹长度从最短的 11.3±0.7μm（样品 QM-1）到最长的 13.3±0.2μm（样品 99-15），标准偏差介于 1.8~2.9μm。

表 2-12　阿尔金断裂带地区锆石和磷灰石裂变径迹分析数据

样品号	经纬度	高程/m	时代	岩石类型	矿物	颗粒数	$\rho_d/(10^5/cm^2)$(N_d)	$\rho_s/(10^5/cm^2)$(N_s)	$\rho_i/(10^5/cm^2)$(N_i)	$P(\chi^2)/\%$	组合年龄±1σ/Ma	径迹长度/mm±1σ(n)	标准偏差/μm	U含量/10^{-6}
99-01	38°10′59″, 94°16′10″	3659	γ₄	花岗岩	磷灰石	11	8.81×10⁵(7927)	2.98×10⁵(335)	23.98×10⁵(2698)	21.9	22.4±1.7	13.2±0.2(101)	2.2	44
99-15	39°00′03″, 91°56′41″	3240	N₂	花岗岩砾石	磷灰石	10	8.81×10⁵(7927)	8.26×10⁵(971)	17.15×10⁵(2015)	4.2	86.4±5.6	13.3±0.2(107)	1.9	56
99-16	38°59′30″, 91°57′14″	3160	N₂	花岗岩砾石	磷灰石	9	8.81×10⁵(7927)	6.93×10⁵(642)	19.90×10⁵(1843)	68.3	62.6±4.3	12.9±0.2(99)	1.8	36
99-25	38°54′28″, 91°32′10″	3360	Pt₃	流纹岩	磷灰石	15	8.81×10⁵(7927)	2.99×10⁵(236)	10.66×10⁵(840)	0	50.5±4.5	—	—	9
99-28	38°51′56″, 91°39′04″	3130	γ₄	花岗岩	磷灰石	15	8.81×10⁵(7927)	0.87×10⁵(104)	4.96×10⁵(590)	46.4	31.8±3.7	11.5±0.2(75)	2.2	7
99-61	39°26′48″, 94°58′40″	2603	J₂	砂岩	磷灰石	13	8.81×10⁵(7927)	4.36×10⁵(359)	7.29×10⁵(600)	0	107.2±9.0	—	—	7
99-64	39°27′30″, 94°57′16″	2408	J₂	砂岩	磷灰石	12	8.81×10⁵(7927)	3.48×10⁵(256)	12.49×10⁵(918)	0	50.2±4.4	—	—	28
99-67	39°28′32″, 94°54′36″	2259	γ₄	花岗岩	磷灰石	15	8.81×10⁵(7927)	3.62×10⁵(366)	7.24×10⁵(732)	12.7	89.7±7.4	12.9±0.2(99)	1.9	14
B2-s-15	38°11′27″, 89°01′07″	4450	J₂	砂岩	磷灰石	13	8.81×10⁵(7927)	3.38×10⁵(356)	24.02×10⁵(2527)	25.1	25.4±1.9	12.9±0.2(98)	1.9	35
B2-s-116	39°19′15″, 89°01′04″	4320	J₂	砂岩	磷灰石	13	8.81×10⁵(7927)	3.76×10⁵(344)	22.40×10⁵(2047)	4.3	30.3±2.3	13.0±0.2(102)	1.9	28
TL-13	37°35′05″, 86°44′10″	3287	J₂	砂岩	磷灰石	3	13.40×10⁵(3350)	2.62×10⁵(27)	30.87×10⁵(319)	3.2	18.2±3.7	—	—	12
QM-1	37°40′25″, 86°01′11″	2201	J₂	砂岩	磷灰石	11	13.40×10⁵(3350)	2.58×10⁵(129)	39.38×10⁵(1969)	54.6	14.1±1.3	11.3±0.7(17)	2.9	21
Lp-32	38°59′28″, 91°57′46″	3150	N₂	花岗岩砾石	磷灰石	9	8.81×10⁵(7927)	5.53×10⁵(656)	15.84×10⁵(1880)	26.3	62.7±4.3	12.9±0.2(106)	1.9	24

续表

样品号	经纬度	高程/m	时代	岩石类型	矿物	颗粒数	ρ_d/(10^5/cm²)(N_d)	ρ_s/(10^5/cm²)(N_s)	ρ_i/(10^5/cm²)(N_i)	$P(\chi^2)$/%	组合年龄 ±1σ/Ma	径迹长度/mm±1σ(n)	标准偏差/μm	U 含量/10^{-6}
My-1	38°23′33″,90°04′45″	3120	J₂	砂岩	磷灰石	1	9.99×10⁵(3123)	3.75×10⁵(15)	9.50×10⁵(38)	—	63.2±19.3	—		13
Lp-13	39°08′03″,92°26′05″	2670	γ₄	花岗岩	磷灰石	1	13.40×10⁵(3350)	0.40×10⁵(3)	1.60×10⁵(12)	—	53.7±34.6	11.8±1.5(2)		2
My-1	38°23′33″,90°04′45″	3120	J₂	砂岩	锆石	4	8.12×10⁴(3152)	59.25×10⁵(397)	6.72×10⁵(45)	98.7	115.6±18.3	—		111
TL-13	37°35′05″,86°44′10″	3287	J₂	砂岩	锆石	5	8.12×10⁴(3152)	259.2×10⁵(648)	20.4×10⁵(51)	89.7	165.9±17.3	—		337
QM-1	37°40′25″,86°01′11″	2201	J₂	砂岩	锆石	11	8.12×10⁴(3152)	235.0×10⁵(2115)	17.67×10⁵(159)	94.5	173.5±14.7	—		292
DBS-33	39°49′45″,93°25′30″	1385	J₂	砂岩	锆石	5	8.12×10⁴(3152)	180.86×10⁵(1266)	13.14×10⁵(92)	88.6	179.4±19.7	—		217

注：ρ_d 为外部探测器中的诱发径迹密度；N_d 为外部探测器发径迹数；ρ_s 为自发径迹密度；N_s 为自发径迹数；ρ_i 为云母中诱发径迹密度，N_i 为诱发径迹数；$P(\chi^2)$ 为 χ^2 概率；样品组合裂变径迹年龄由 Zeta 法计算得出：磷灰石 $\zeta_{\text{SNBS 962}}$=410±20.5，锆石 ζ_{CN1}=325.6±5.9。

　　3 件侏罗系砂岩的样品同时进行了锆石裂变径迹定年的分析，其年龄介于 115.6±18.3~173.5±14.7Ma，另外一件侏罗系砂岩样品采集于阿克塞县城西北的多坝沟（样品 DBS-33），其锆石裂变径迹年龄为 179.4±19.7Ma。样品 My-1 的锆石年龄（115.6±18.3Ma）小于其中侏罗世的沉积年龄（174~161Ma），可能标志着样品沉积后经历了部分退火过程，暗示其上的沉积厚度可能达到 6km 以上，与野外的地质记录基本吻合。而其他样品与其沉积时代相当或者略老，可能记录的是源区岩石的冷却事件。

　　所有分析的样品分布在吐拉到肃北的阿尔金主干断裂两侧的狭长地带内（图 2-54），而且磷灰石裂变径迹年龄从西端吐拉地区的 14.1±1.3Ma 逐渐增加到东端肃北的 107.2±9.0Ma，显示了一定的规律性变化。吐拉地区阿尔金断裂南北两侧侏罗系砂岩的磷灰石裂变径迹年龄没有明显的差别，北侧为 14.1±1.3Ma，南侧为 18.2±3.7Ma，这一结果与前人在该地区的磷灰石裂变径迹年龄结果一致（Jolivet et al.，1999）。嘎斯地区两件侏罗系砂岩的样品（B2-s-15 和 B2-s-116）位于阿尔金主干断裂南侧，磷灰石裂变径迹年龄为 25.4±1.9Ma 和 30.3±2.3Ma，明显低于其中侏罗世的沉积年龄（174~161Ma），指示样品经历了沉积后的部分或者完全退火过程。索尔库里地区，阿尔金断裂北侧的变质火山岩（样品 99-25）和上新统中的花岗岩、变质岩砾石（样品 99-15）的磷灰石裂变径迹年龄介于 86.4±5.6Ma 到 50.5±4.5Ma 之间，其中变质火山岩的形成年龄为 920±20Ma（张志诚等，2010）；阿尔金断裂南侧花岗岩样品（99-28）获得了 31.8±3.7Ma 磷灰石裂变径迹冷却年龄。阿克塞县城南部的当金山口地区仅仅获得一件靠近南侧断裂附近样品（99-01）的磷灰石裂变径迹年龄为 22.4±1.7Ma。肃北地区的侏罗系砂岩（样品 99-61 和 99-64）和花岗岩样品（样品 99-67）位于阿尔金主干和分支断裂之间，磷灰石裂变径迹年龄为 50.2±4.4Ma 到 107.2±9.0Ma 之间，其中花岗岩的侵位时代为 415±3Ma（李建锋等，2010）。

　　依据磷灰石裂变径迹年龄和样品的构造位置，可以将所有的样品简单地分为两组：A 组磷灰石裂变径迹年龄小于 50Ma，多数位于阿尔金断裂的南侧；B 组年龄大于等于 50Ma，主要位于阿尔金断裂的北侧或者是主干和分支断裂之间的生长三联点地区。

2.4.1.3　裂变径迹年龄解释和讨论

　　裂变径迹定年分析中值得注意的是，多数情况下裂变径迹年龄均为冷却年龄。裂变径迹的年龄与径迹的长度相关，因此封闭径迹长度和分布形态在裂变径迹分析和年龄解释中显得非常重要。利用针对磷灰石裂变径迹资料的热历史反演，可以帮助我们更好地建立样品所经历的热历史过程。

　　为进一步了解阿尔金山地区的热历史，对封闭径迹足够多（＞75）的样品进行了热历史模拟，模拟所用软件为 AFTSolve。由于未能对样品的磷灰石成分等进行分析，本书依据 F-磷灰石的成分，采用 Laslett 等（1987）的退火模型和 Monte Carlo 法进行了磷灰石样品的时间－温度历史的模拟。每一次模拟均进行 10000 次的尝试，只有最适合的曲线被记录。热史模拟以研究区的地质演化为基础，充分了解该地区的构造发育史、沉积埋藏史和冷却事件年龄，并以此为基础建立模拟的边界条件。侏罗系砂岩样品的边界条件限定如下：一是沉积时的地表温度设定为 5℃到 30℃；二是设定早白垩世晚期的温度范围为 90℃到 130℃之间（对应于中生界的沉积厚度）；三是 35Ma 左右的温度设定为 80℃到 120℃（对应于渐新世的隆升）；四是现今地表温度设为 20℃。变质火山岩和花岗岩样品的初始条件不同于侏罗系的砂岩，具体边界条件如下：首先，初始条件设定为 200Ma 时，样品处于退火带内，温度为 110~130℃；其次，设定样品测量的磷灰石裂变径迹年龄为样品冷却至部分退火带底部的时间，温度为 90℃到 130℃；再次，设定 10Ma 左右，温度范围 30℃到 80℃，对应了青藏高原的 8Ma 左右的快速隆升；最后，现今地表温度 20℃。事实上，如果限定条件进行改变的话，模拟结果变化很小。模拟结果质量较高，具有较高的 K-S（Kolmogorov-Smirnov test）检验值和 GOF（goodness-of-fit）值，获得了反映样品所经历热历史的较好的模拟 T-t 曲线结果。

A 组样品的磷灰石裂变径迹模拟结果见图 2-55，其磷灰石裂变径迹年龄为 31~14Ma，且主要位于阿尔金主干断裂南侧。模拟结果表明所有样品在新生代经历了两个阶段的冷却过程，两次冷却事件分别开始于 33Ma 和 8Ma。另外，比较特征的是样品在早渐新世的快速冷却之前，长期处于磷灰石部分退火带范围内或者完全退火带内。

B 组样品的磷灰石裂变径迹模拟结果见图 2-56，其磷灰石裂变径迹年龄为 107~50Ma，且主要位于阿尔金主干断裂北侧或者主干和分支断裂的三联点上。所有样品经历了晚白垩世到始新世的冷却过程，以及晚中新世（约 8Ma）开始的快速冷却事件。

侏罗系 3 件砂岩样品位于阿尔金断裂的两侧，锆石裂变径迹定年结果都给出了中侏罗世的冷却年龄，可能代表了一次区域的构造热事件。实际上，前人的工作结果表明侏罗纪的构造活动和冷却年龄在整个阿尔金山地区，甚至祁连山和河西走廊盆地相当发育。依据 $^{40}Ar/^{39}Ar$ 和磷灰石裂变径迹分析，Sobel 等（2001）报道了沿着茫崖到若羌的公路，岩石样品经历早中侏罗世的 100~150℃降温冷却事件。根据锆石和磷灰石裂变径迹分析，Liu D L 等（2021）获得了沿白干湖断层侏罗纪—白垩纪（约 180~120Ma）的快速冷却阶段。在当金山口的花岗片麻岩、片岩和糜棱岩中也有记录（本书）。这次冷却事件记录了一次重要的隆升剥露过程，其强度甚至超过了同一件样品中的新生代的冷却记录（Jolivet et al.，2001）。吐拉盆地和河西走廊盆地中早到中侏罗世的沉积物粒度较粗，为砾岩和砂岩，也指示了快速的隆升剥露过程。

开始于 35~30Ma 的快速冷却事件在阿尔金断裂南侧的样品中普遍存在（图 2-55）。利用磷灰石裂变径迹分析，Jolivet 等（2001）获得了柴达木盆地北缘的岩石记录了晚始新世到早渐新世的冷却事件，并认为这一事件代表了印度与欧亚板块碰撞的陆内响应，磷灰石裂变径迹模拟结果显示阿尔金断裂附近的 40Ma 左右的冷却速率的快速增加，标志着阿尔金断裂在始新世到早渐新世开始活动。通过钾长石的 $^{40}Ar/^{39}Ar$ 定年分析，Wang 等（2002）证明在柴达木盆地的北部和南部边缘 30Ma 左右发生了重要的冷却事件，冷却速率为 7.5~10.7℃/Ma。在当金山口，Liu 等（2007）进行了 $^{40}Ar/^{39}Ar$ 定年工作，表明阿尔金断裂经历了 85~100Ma、25~40Ma 和 8~10Ma 多期活动。河西走廊

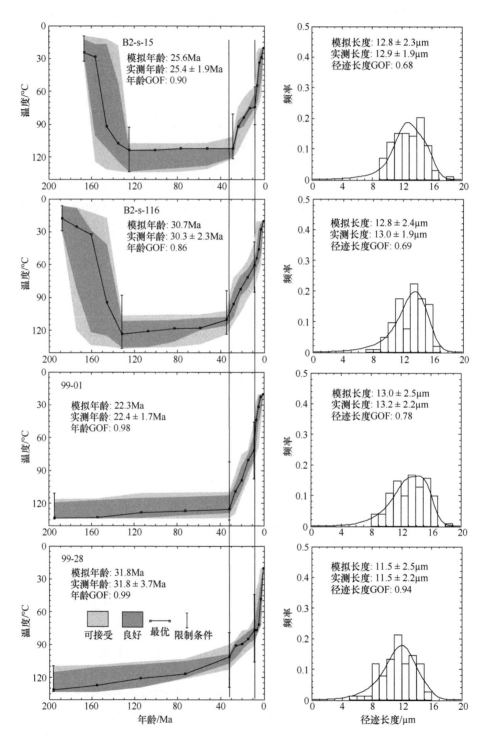

图 2-55　阿尔金断裂南侧地区部分样品模拟温度（T）–年龄（t）曲线图

浅灰色模拟区域代表可以接受的模拟结果（拟合度＞5%），深灰色模拟区域代表良好的模拟结果（拟合度＞50%），
粗实线代表最优拟合结果。图中竖线标示年龄约束

西端阿尔金断裂南侧的花岗岩类的磷灰石裂变径迹年龄为 42Ma 到 28Ma，热历史模拟结果也表明 40~30Ma 经历快速的冷却过程。此外，西宁盆地的花粉分析结果也指示了青藏高原的隆升早于始新世—渐新世的气候改变事件（Dupont-Nivet et al.，2008）。本次研究的磷灰石裂变径迹资料结合前人的研究成果，表明印度与欧亚板块碰撞后很短时间内，阿尔金断裂就开始活动了。

这同时也表明阿尔金断裂南侧地区和柴达木盆地周缘的山脉在渐新世可能发生了隆升剥蚀，并引起了阿尔金断裂带内和周边的小盆地的沉积速率的增加（Chen et al.，2001）。

阿尔金断裂北侧样品磷灰石裂变径迹热历史模拟结果显示，其缺失了 35~30Ma 的快速冷却事件，仅仅记录到晚中生代到上新世的缓慢冷却过程，降温幅度为 40℃到 70℃（图 2-56）。阿尔金断裂南侧的样品普遍缺失晚中生代到上新世这一冷却过程的记录，而显示了 35~30Ma 的快速冷却事件。造成这种差别的原因可能是晚白垩世到始新世阿尔金断裂带持续的微弱活动或者不活动造成了早前形成的地貌的缓慢剥蚀，表现为样品的缓慢冷却降温，阿尔金断裂两侧可能没有明显差别。阿尔金断裂在始新世晚期开始的强烈活动对应了青藏高原东侧的向东逃逸（Molnar and Tapponnier，1975），断裂的南侧为主动运动盘，可能表现为快速的运动与隆升剥蚀，北侧为被动运动盘，运动相对缓慢，隆升剥露过程也比较缓慢。从渐新世开始阿尔金断裂北侧继续保持了前期的缓慢冷却过程，而南侧则记录了这一时期的快速冷却过程，由于这一冷却事件更强烈，掩盖了晚白垩世到始新世的缓慢冷却过程记录，造成了目前南北两侧的裂变径迹年龄和冷却历史的差异。

磷灰石裂变径迹热历史模拟结果表明，阿尔金断裂两侧的样品普遍经历 10~8Ma 开始的快速冷却事件，事实上，晚中新世的冷却事件不仅仅局限于阿尔金山地区，在整个青藏高原的北部地区广泛发育。前已述及，现今青藏高原北缘的阿尔金断裂带在中新世同样经历了重要的隆升和变形过程。本次研究确定的 10~8Ma 的快速冷却事件，与阿尔金山和邻近地区的盆地（索尔库里盆地、酒西盆地、柴达木盆地等）沉积速率的快速增加，表明青藏高原的隆升和侧向生长造成了沿阿尔金断裂进一步活动，导致了阿尔金山及相邻地区的快速隆升和剥露。

由于阿尔金断裂南侧为主动运动的一盘，而北侧相对运动较慢或者固定，因此除了侧向运动的差别外，可能在垂向运动中也显示出了不同的特征。

2.4.2　肃北地区山脉冷却隆升历史

为了确定肃北地区山脉的构造隆升过程、剥露历史、阿尔金断裂及其分支断裂的活动与盆地耦合情况，对党河南山、野马山、塔什山阿尔金断裂两侧及大雪山进行了 AFT 研究。本次科考主要在肃北党河南山、野马山西南部采集花岗岩类岩石、白垩纪和侏罗纪砂岩和 1 件第四系花岗岩砾石进行 AFT 分析，研究肃北地区山脉的隆升和剥露历史。为了研究该地区阿尔金断裂及其分支断裂的活动，在塔什山附近阿尔金断裂

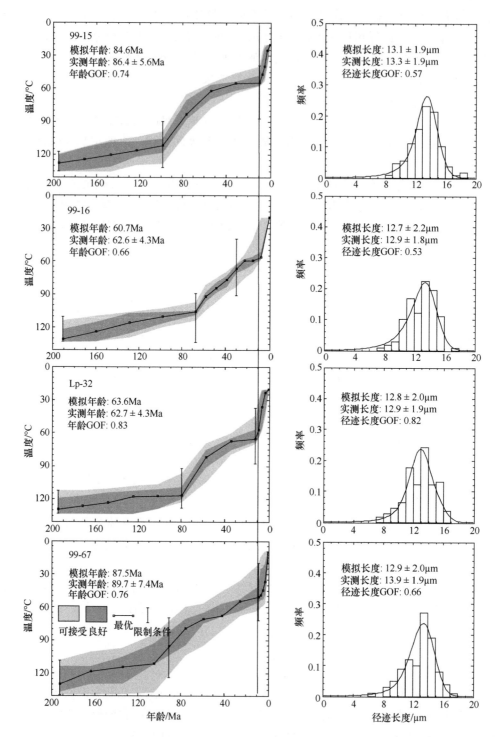

图 2-56　阿尔金断裂北侧地区部分样品模拟温度（T）– 年龄（t）曲线图

浅灰色模拟区域代表可以接受的模拟结果（拟合度＞ 5%），深灰色模拟区域代表良好的模拟结果（拟合度＞ 50%），

粗实线代表最优拟合结果。图中竖线标示年龄约束

两侧及大雪山采集样品进行 AFT 研究。本次分析共采集样品 20 件，具体采样位置见图 2-57。

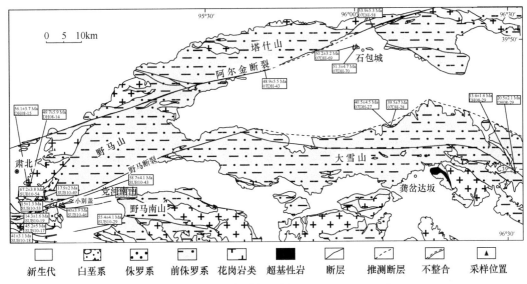

图 2-57　研究区地质简图（据 Ritts et al.，2004）

图中标明了本次 AFT 采样位置及年龄；同时引用了 Jolivet 等（2001）和张志诚等（2012）的 AFT 数据

2.4.2.1　AFT 年龄与径迹长度分布特征

测试方法与 2.4.1 节相同，磷灰石裂变径迹分析工作是在北京大学造山带与地壳演化教育部重点实验室裂变径迹分析室完成。20 件样品 AFT 分析结果参见表 2-13、图 2-58、图 2-59。使用 χ^2 检验同一样品内年龄是否来自同一群（如果 $P(\chi^2) > 5\%$，则所有颗粒年龄属于单一年龄群；如果 $P(\chi^2) < 5\%$，则颗粒年龄不属于单一群年龄；Green et al.，1986）。

本实验所有样品均通过了 χ^2 检验。样品 AFT 年龄变化范围为从 67.2±3.8Ma 到 13.6±1.6Ma。除样品 SUB10-53（第四纪花岗岩砾石，15.0±1.3Ma）外，其他样品 AFT 年龄均小于样品沉积年龄或侵位年龄。在 AFT 年龄–高程关系图 [图 2-60（a）] 中可见二者没有明显的线性关系，表明样品经历了比较复杂的热历史。但是样品 AFT 年龄可以明显地分为两组，一组年龄为约 60~40Ma，另外一组年龄为约 20~13.6Ma。在塔什山附近阿尔金断裂北侧样品 AFT 年龄（07DH-43，48.9Ma；07DH-58，53.9Ma）与南侧样品径迹年龄（07DH-69，50.2Ma；07DH-70，51.3Ma）接近，大雪山内部断裂附近早–中中新世（20.5Ma、13.5Ma）AFT 年龄的出现表明大雪山内野马断裂分支断裂 WNW 向的走滑运动转变为 NNW 向的逆冲和造山作用，所以大雪山的主要隆升时代为早–中中新世。

样品平均径迹长度变化范围为从 12.5±0.6μm 到 7.7±1.6μm，远小于径迹初始长度（16.3±0.9μm，Gleadow et al.，1986），标准偏差变化范围为 2.6μm 到 1.3μm

表 2-13 甘北地区基岩 AFT 分析结果

样品编号	颗粒数	采样位置	高程	地层时代	岩性	ρ_d/(10⁵/cm²)(N_d)	ρ_s/(10⁵/cm²)(N_s)	ρ_i/(10⁵/cm²)(N_i)	$t\pm1\sigma$/Ma	$P(\chi^2)$/%	L/μm (N)(±1σ)	STDE/μm	D_{par}/μm(±1σ)
SUB10-17	24	三个泉	3423	γ₃	花岗闪长岩	13.186(8089)	1.175(101)	7.238(622)	45.2±5	99.96	10.6±0.3(39)	1.7	2.6±0.1
SUB10-18	22	三个泉	3423	γ₃	花岗闪长岩	13.064(8089)	5.419(243)	36482(1636)	41±3.1	91.52	10.6±0.2(94)	1.5	2.8±0.05
SUB10-19	17	三个泉	3420	γ₃	片麻状花岗闪长岩	12.942(8089)	1.179(89)	22.672(1711)	14.3±1.6	93.25	N.D	N.D	2.7±0.07
SUB10-29	21	三个泉	3200	γ₃	花岗闪长岩	12.82(8089)	3.021(261)	14.756(1275)	55.4±4.1	89.92	11±0.2(44)	1.3	2.8±0.11
SUB10-43	20	小别盖	2586	Pt	灰黑色片麻岩	12.33(8089)	8.383(317)	37.157(1405)	58.7±4.1	69.27	11.3±0.2(56)	1.7	2.5±0.03
SUB10-44	16	小别盖	2586	Pt	黄绿色断层泥	12.21(8089)	4.744(126)	22.212(590)	55.0±5.7	97.95	11.4±0.2(79)	1.6	2.5±0.06
SUB10-46	23	清水沟	2586	K₁	含砾砂岩	12.204(5931)	4.487(136)	28.899(876)	40±3.9	93.88	10.6±0.3(37)	1.8	2.6±0.05
SUB10-49	16	黑达坂	2603	J	灰黑色中粗粒砂岩	12.128(5931)	2.279(94)	32.727(1350)	17.9±2	55.56	12.5±0.6(12)	2	2.4±0.07
SUB10-53	25	拉排沟	2511	Q₁	花岗岩砾石	11.9(5931)	1.253(159)	21.06(2672)	15.0±1.3	93.78	12.5±0.4(22)	1.7	3.6±0.11
SUB10-54	20	拉排沟头	2428	γ₃	花岗闪长岩	11.824(5931)	10.458(567)	38.824(2105)	67.2±3.8	49.53	10.7±0.2(124)	1.7	2.2±0.03
DH08-14	23	野马山	2298	415Ma	花岗岩	11.516(5741)	2.42(93)	11.837(455)	49.7±5.9	99.99	8.9±0.3(22)	1.3	1.0±0.03
DH08-15	22	野马山	2285	γ₃	花岗闪长岩	11.539(5741)	10.576(363)	46.726(1577)	56.1±3.7	93.18	9.4±0.1(208)	1.7	1.1±0.02
DH07-27	22	小葵盆沟	3070	K₁	砂岩	13.35(8208)	1.959(101)	13.653(704)	40.5±4.5	92.58	9±0.2(55)	1.8	1.1±0.01
DH07-28	13	小葵盆沟	3051	K₁	砂岩	13.296(8208)	1.611(37)	11.45(263)	39.5±7	68.35	8.1±0.5(33)	2.6	1.1±0.03
DH07-43	20	塔什山	3074	γ₃	闪长岩	12.915(8208)	3.316(100)	18.504(558)	48.9±5.5	87.8	9.4±0.2(76)	2	1.1±0.02
DH07-58	18	塔什山	2243	Pt	黑云斜长片麻岩	12.064(7780)	2.365(136)	11.183(643)	53.9±5.3	91.47	10.8±0.2(42)	1.5	1.3±0.02
DH07-69	14	石包城	2136	435Ma	片麻状花岗岩	12.576(7780)	6.566(396)	34.703(2093)	50.4±3.4	30.02	N.D.	N.D.	1.1±0.02
DH07-70	7	石包城	2136	γ₃	片麻状花岗岩	12.704(7780)	5.792(162)	30.284(847)	51.6±5	26.05	N.D.	N.D.	1.2±0.02
DH08-29	21	大雪山	4253	K₁	绿色砂岩	11.561(5741)	1.443(108)	17.209(1288)	20.5±2.1	96.04	8.4±0.5(16)	1.9	1.3±0.04
DH08-30	20	大雪山	4253	Pt	片麻岩	11.584(5741)	1.59(80)	28.76(1447)	13.6±1.6	99.94	7.7±1.1(5)	2.5	1.0±0.02

注：ρ_d 为在 CN5 剂量计玻璃附近的外部探测器中诱发径迹密度；N_d 为标准玻璃中诱发径迹密度；$t\pm1\sigma$ 为样品中值裂变径迹年龄；STDE 为标准误差；N_i 为诱发径迹数；$P(\chi^2)$ 为 χ^2 概率；ρ_s 为自发径迹密度；N_s 为自发径迹数；ρ_i 为诱发径迹密度；ρ_i 为外部探测器中的诱发径迹密度；由 Zeta 法计算得出；$\zeta_{CN5}=423.6\pm12.1$。

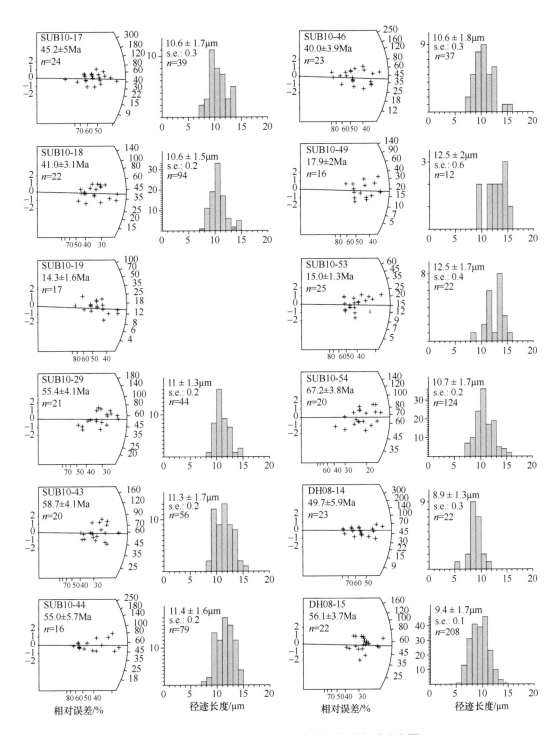

图 2-58　肃北地区 AFT 年龄放射图和径迹长度分布图

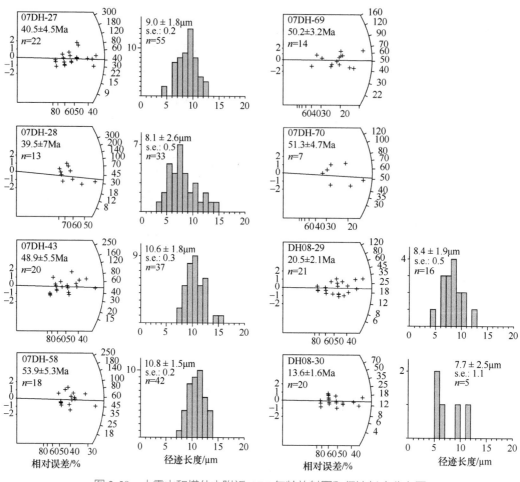

图 2-59 大雪山和塔什山附近 AFT 年龄放射图和径迹长度分布图

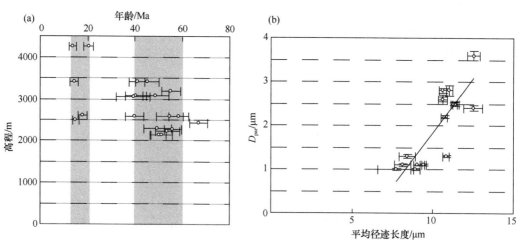

图 2-60 研究区 AFT 年龄 – 高程关系图（a）和径迹长度 –D_{par} 关系图（b）

裂变径迹年龄具有两组：15~20Ma 以及 40~60Ma，与高程无关；封闭径迹长度与 D_{par} 呈正相关关系，可能指示磷灰石成分的变化

（表 2-13）。这表明样品在部分退火带（PAZ）滞留了比较长的时间，并且经历了中等到重度退火行为。在长度 – 频度分布直方图上（图 2-58、图 2-59），封闭径迹呈不对称单峰分布特征（图 2-58、图 2-59）。

D_{par} 是裂变径迹蚀刻坑平行于颗粒表面 C 轴开口端的最大直径（Burtner et al.，1994；Donelick et al.，2005；Ketcham et al.，2009）。D_{par} 可以用来推测抗退火程度和帮助提高推测未退火径迹的长度（Burtner et al.，1994；Carlson et al.，1999；Ketcham et al.，2009）。根据 D_{par} 大小，磷灰石可以分为氟磷灰石（1~2μm D_{par}）和氯磷灰石（2~3μm D_{par}）（Burtner et al.，1994）。较大的 D_{par} 值通常具有较高的抗退火能力（Ketcham et al.，2009）。根据 D_{par} 值，党河南山和野马山样品为氯磷灰石（样品 DH08-14 和 DH08-15 除外）；大雪山和塔什山附近样品均为氟磷灰石（表 2-13）。从图 2-60（b）中可以看到，样品 D_{par} 值和平均径迹长度（MTL）之间均呈正相关关系。

2.4.2.2　AFT 热历史模拟

低温热年代学记录浅层地壳约 2~5km 深度内由断层引起侵蚀速率增加的热扰动（Lease et al.，2011）。磷灰石内 ^{238}U 原子核自发裂变生成的裂变径迹在封闭温度 110±10℃之上开始定量保存，随后在部分退火带（PAZ，温度 60~110℃）内开始退火（缩短）（Green et al.，1986；Fitzgerald et al.，1995）。热历史模拟采用 HeFTy（version 1.7.5）。径迹长度结合单颗粒年龄联合反演该地区样品所经历的时间 – 温度（t–T）热历史。D_{par} 值被用作动力参数。由裂变径迹各向异性引起的统计偏差通过 C 轴投影避免。热史模拟径迹长度测量数一般要求大于 50 条以满足热模拟的统计要求，长度测量数大于 100 条则可信度更高（Donelick et al.，2005）。笔者对该地区 6 件裂变径迹长度大于 50 条的样品进行了热史模拟。

热史模拟边界条件如下：

对于基岩样品（SUB10-43，SUB10-44，SUB10-54，DH08-15，07DH-43）起始时间设定为 200Ma。

样品 07DH-27 沉积年龄限定为 140Ma（来自白垩纪地层）。

现今地表温度为 20℃。

热史模拟结果显示所有样品均取得了比较好的结果（图 2-61）。样品热模拟结果表明，晚中新世约 8Ma 该地区存在一次快速隆升。由 AFT 热史模拟结果还得到白垩纪（约 120~70Ma）的一期构造热运动。

2.4.2.3　肃北地区山脉 AFT 分析区域构造演化意义

大部分学者认为印度大陆与欧亚大陆碰撞时限在约 70~50Ma（Molnar and Tapponnier，1975；Yin and Harrison，2000；Ding et al.，2005）。青藏高原北部约 60~40Ma 的构造热事件被认为是印度大陆与欧亚大陆碰撞后在青藏高原北部的首次响应（Jolivet et al.，

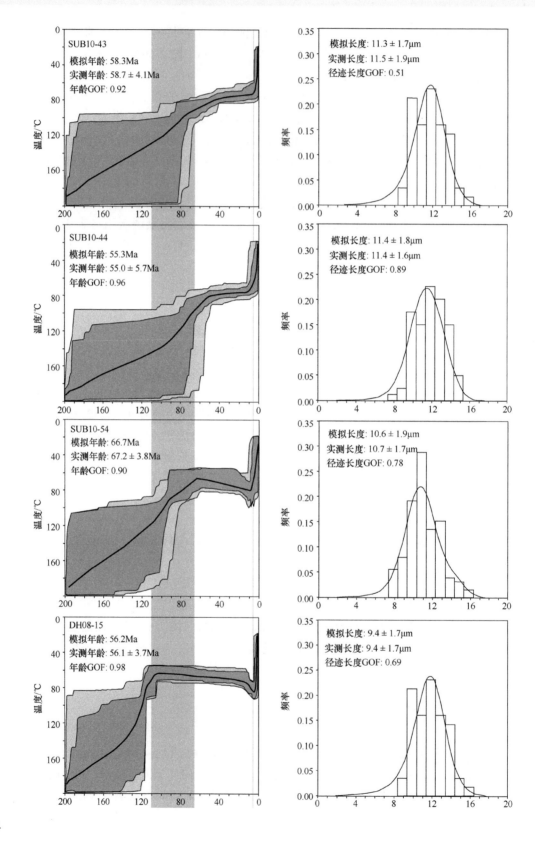

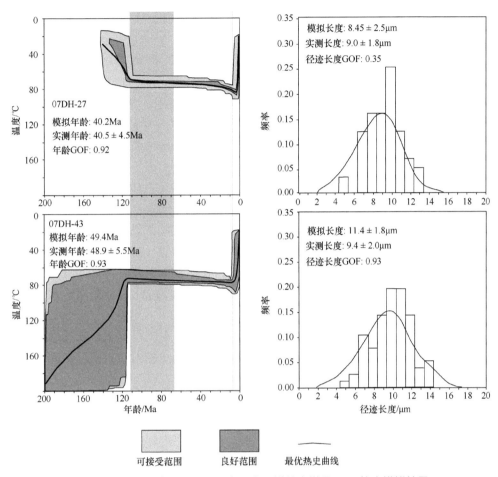

图 2-61　党河南山、野马山、大雪山和塔什山样品 AFT 热史模拟结果
（软件 HeFTy，Ketcham，2005）

2001）。本书约 60~40Ma 的冷却年龄同样被认为是印度大陆与欧亚大陆碰撞在研究区内的首次响应。Jolivet 等（2001）获得柴达木盆地及周缘地体磷灰石和锆石裂变径迹热史模拟构造热事件为约 40±10Ma。陈正乐等（2006）获得阿尔金山北缘拉配泉 – 红柳沟 AFT 年龄为 61~34Ma。Clark 等（2010）获得西秦岭地区磷灰石 U-Th/He 年龄约50~45Ma，被解释为印度与欧亚大陆碰撞后在西秦岭地区的首次响应。Li 等（2017）获得的肃北盆地碎屑 AFT 峰值年龄主要反映了早古新世—早始新世晚期（约 60~40Ma）的构造运动，其次也记录了晚始新世—早渐新世（35.1Ma、32.5Ma、27.6Ma）。

　　研究区约 20~13.6Ma 的 AFT 年龄表明该地区山脉的隆升和剥蚀，与党河南山和大雪山的走滑挤压运动有关，证明了青藏高原向北的增长和北东向的挤出。这一构造热事件对应早 – 中中新世（20~10Ma）青藏高原地表隆升（Wilson and Fowler，2011）。大雪山早 – 中新世 AFT 年龄（约 20~13.5Ma）的出现表明大雪山内野马断裂分支断裂WNW 向的走滑运动转变为 NNW 向的逆冲和造山作用。从本书 AFT 成果看，党河南山和大雪山最重要的一期生长过程并不像 Yin 等（2002）和李海兵等（2006）认为的发生在约 30~20Ma，而是主要发生在约 20~13.5Ma，对应于早 – 中中新世（20~10Ma）青藏高原广泛的地表隆升（Wilson and Fowler，2011）。

早 – 中中新世（20~10Ma）青藏高原地表隆升广泛存在。George 等（2001）和 Guo 等（2009）通过 AFT 分析证实了北祁连中新世（20~10Ma）冷却事件。Lease 等（2011）通过 AFT 和 U-Th/He 分析证实了积石山 13Ma 的快速生长。Wilson 和 Fowler（2011）通过磷灰石热年代学发现了青藏高原东南雅砻河谷渐新世—中新世（28~12Ma）的剥蚀。在肃北盆地的西水沟白杨河组碎屑岩中获得了 14~12Ma 峰值磷灰石裂变径迹年龄，反映了该时期源区的冷却剥露事件。

约 8Ma 的构造运动在青藏高原周缘广泛存在。总结了古环境、古气候、古地理和构造年代学等方面的地质证据，提出约 8Ma 青藏高原周缘存在快速隆升，并且由此进一步引发了全球气候和环境的变化。青藏高原北部及沿阿尔金断裂磷灰石和锆石裂变径迹分析结果多次证实了约 8Ma 的构造热运动。Jolivet 等（2001）对柴达木盆地及周缘样品裂变径迹热史模拟发现了 9~5Ma 的构造挤压运动。万景林等（2001）报道了阿尔金断裂附近党金山口 9~7Ma 的 AFT 年龄。陈正乐等（2002）得到了柴达木盆地西北缘阿尔金断裂附近约 8Ma 的 AFT 年龄。张志诚等（2012）对沿着阿尔金断裂附近地体样品热史模拟得到了约 8Ma 的快速隆升事件。青藏高原东南缘鲜水河断裂裂变径迹分析结果也证实了 7~8Ma 构造热运动。本书的裂变径迹热史模拟结果表明，晚中新世约 8Ma 青藏高原北缘存在着一次快速隆升。

除了新生代的构造隆升事件，由 AFT 热史模拟结果还得到肃北地区白垩纪（约 120~70Ma）构造热运动反映的快速隆升事件。由基岩 AFT 热史模拟结果得到白垩纪（约 120~70Ma）隆升事件在白垩纪碎屑砂岩热史模拟中得到了证实，白垩纪砂岩样品 07DH-27 在热史模拟 120Ma 达到了最大温度，盆地开始反转。George 等（2001）通过 AFT 分析证实了北祁连地区约 115~90Ma 的冷却事件。张志诚等（2008）通过锆石裂变径迹分析证实了阿尔金断裂东端晚侏罗—早白垩世（149~125Ma）冷却事件。其他学者（Clark et al.，2005；Wilson and Fowler，2011）也发现了青藏高原东南缘白垩纪冷却事件。

2.4.3 青藏高原东北缘中新生代构造演化

印度板块和欧亚板块碰撞产生的远程效应使得中亚地区产生了一系列的陆内造山带，如：祁连山地区、天山地区。北祁连山位于青藏高原的东北缘，其现今地貌特征被认为是由于印度与欧亚板块碰撞的远程效应产生的，不可否认的是，北祁连山存在多期隆升事件：晚侏罗世—早白垩世、约 75Ma、约 60~50Ma、40~30Ma、15~10Ma、约 5Ma（He et al.，2017；Zhang et al.，2017；Lin et al.，2019；An et al.，2020），但是每期的隆升时间和机制仍然存在争议。一部分学者认为青藏高原东北缘始新世期间的抬升冷却剥露与酒泉盆地西北地区有限的火烧沟组沉积相耦合（An et al.，2020），这个时期的断裂活动在昆仑山地区和西秦岭等地也广泛发育（Zhuang et al.，2018），是印度与欧亚板块碰撞快速响应的结果（Clark et al.，2005），而中中新世时期酒泉盆地的物源发生变化，从北部的黑山—宽滩山转为南部的北祁连山，标志着此期变形事件在北祁连山更有意义，可能与后期青藏高原的地壳增厚有关（An et al.，2020）或者与阿尔金断裂由高原外的构造演化转为祁连山和昆仑山 / 海原断裂区的构造演化有关（Zhuang et al.，2018），同时造成多期的变形事件与青藏高原东北缘地区所处的地块边界——长期继承性的岩石圈薄弱带有关（An et al.，2020）。而另一部分学者的研究指出酒西盆地接受北祁连山的沉积供给始于晚渐新世—中中新世（Wang et al.，2016），在25~20Ma 南祁连山开始向柴达木盆地北缘输送沉积物质，而且在祁连山地区广泛存在约 15Ma 的冷却降温事件（Meng et al.，2020），直接造成该时期的冷却降温过程与祁连山地区广泛发育的逆冲断层的断裂活动有关，即祁连山南北缘在 18~11Ma 和 10~5Ma发生了同步的南北向扩张（Pang et al.，2019），这和印度与欧亚板块碰撞后产生的逐渐变形传播模型一致（Tapponnier et al.，2001；Meng et al.，2020）。

在前人研究的基础上，本次研究在北祁连山及北缘旱峡、石油河、白杨河、红山地区和酒泉盆地以北的黑山和金塔南山地区系统采集岩石样品，进行磷灰石和锆石裂变径迹分析以及侏罗系煤样的镜质组反射率分析，试图限定北祁连山以及酒泉盆地以北山体的隆升冷却时间和过程，进一步加深对青藏高原东北缘隆升剥露冷却过程的地质认识，探索青藏高原东北缘在印度与欧亚板块碰撞下的响应机制。

2.4.3.1 样品采集

北祁连山位于青藏高原东北缘祁连山最北端，整体呈 NWW-SEE 走向，海拔在4500m 以上。北缘发育 NWW-SEE 走向、WSS 倾向的推覆构造带，逆冲岩片以早古生代的变质沉积岩和火山岩为主，部分逆冲岩席中含前寒武纪基底和下古生界—侏罗系，新生代沉积零星分布在北祁连山山间，主要为渐新统白杨河组和全新统（陆洁民等，2004）。阿尔金断裂带东端的主干断层及具有一定规模的左旋运动的北祁连山逆冲断层为本次研究区的主要构造，断裂带的变形以浅层次或表层变形为主，发育标志性的脆性断裂、断层角砾岩、断层泥或碎裂岩（张志诚等，2008）（图 2-62）。

酒泉盆地地处青藏高原东北缘河西走廊的最西端，呈 NW-SE 向展布，海拔在2000~2300m，受阿尔金走滑断裂和北祁连山逆冲断层带的控制（Wang and Coward，1993）。酒泉盆地的南部边界为北祁连山断裂带，北部以赤金峡山 – 宽滩山 – 黑山 – 金塔南山断裂带（即河西走廊北缘断裂带或者龙首山断裂；Wang and Coward，1993）为界线，西侧以阿尔金断裂为界线，以嘉峪关 – 文殊山断裂为界线划分为酒西盆地和酒东盆地。酒西盆地由南向北，划分为山前褶皱带—中央拗陷带—北部单斜带三个带（玉门油田石油地质志编写组，1989）。古生界和中生界共同组成酒西盆地基底，古生界在盆地周缘地区广泛发育，下古生界发育厚层碳酸盐岩、海相碎屑岩和火山碎屑岩，上古生界以碳酸盐岩、海陆交互相和陆相碎屑岩建造为主，中生界为一套陆相碎屑岩成煤成油建造（玉门油田石油地质志编写组，1989），在旱峡沟口、高崖东和红柳峡等

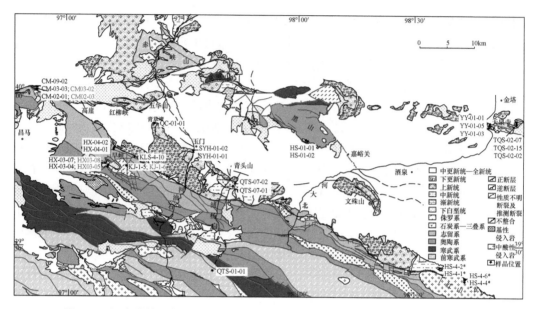

图 2-62　酒泉盆地及邻区地质简图和样品分布（据 1 ：20 万玉门幅地质图改编）
（图中灰色的样品号代表煤样）

地发育早白垩世基性火山岩（王晓丰等，2008）。酒西盆地缺失古新统，新生界由老到新分别为始新统火烧沟组（地层年龄为始新世 40.2~33.4Ma）（戴霜等，2005），渐新统白杨河组（地层年龄为渐新世 30.9~23.8Ma）（方小敏等，2004），中新统—上新统疏勒河组（地层年龄为中新世—上新世 23~ < 4.9Ma）（方小敏等，2004）以及第四系下更新统玉门组（地层年龄为 3.66~0.93Ma）（方小敏等，2004）、中更新统酒泉组（地层年龄为 0.84~0.14Ma）（方小敏等，2004）和上更新统—全新统戈壁砾石组（地层年龄为 0.14~0Ma）（方小敏等，2004）。酒西盆地新生界最下部的火烧沟组仅分布于盆地北部，向南沉积厚度减薄并尖灭，与下伏白垩系新民堡群呈角度不整合或平行不整合接触，自下而上分为马城段、乔家段和红柳峡段，主要含山麓冲积 – 河流相沉积的棕褐色含砾砂岩，夹砂质泥岩，砾石以片麻岩、石英片岩、片岩和石英为主，浑圆状，分选极差；白杨河组在全酒西盆地广泛分布，南厚北薄，与下伏火烧沟组呈不整合接触，为一套河湖相沉积，其岩性组合为橘红、棕红色粒状砂岩和棕红色泥岩互层，其顶底部均含石膏或石膏结核；疏勒河组在全盆地均有分布，中部薄，东、西部厚，为一套比白杨河组更粗的河湖相沉积，与下伏白杨河组多呈平行不整合关系。根据岩性组合自下而上分为弓形山段、胳塘沟段和牛胳套段，下部弓形山段底部为灰白色粒状砂岩、灰白色厚层砂岩、泥岩夹泥灰岩，中部胳塘沟段具黄灰色砾岩 – 砂岩 – 棕红色砂质泥岩互层的特征，上部牛胳套段以灰色厚层块状砾岩夹薄层灰色砂岩和黄色砂质泥岩为主；玉门砾岩组和酒泉砾岩组以砂砾岩夹透镜状砂岩为主，各组与下覆地层呈不整合接触（玉门油田石油地质志编写组，1989）。

本次研究在酒泉盆地边界断裂（北祁连山断裂带）以南北祁连山基岩、酒泉盆地南部基岩露头和部分新生代地层及酒泉盆地以北的黑山和金塔南山天泉寺地区的基岩露头共采集 27 件样品，进行磷灰石和锆石裂变径迹分析。样品地质时代介于元古宙—第四纪，时间跨度大，岩性大部分为砂岩和花岗岩，少量变质岩，具体样品信息见表 2-14。对部分侏罗系砂岩样品的对应煤层（线）进行采样，共采集 5 件镜质组反射率（R_o）样品。详细样品位置信息见图 2-61。

表 2-14 研究区裂变径迹分析样品表

样品号	样品位置		高程 /m	时代	岩石类型	分析方法
北祁连山逆冲断层以南						
HX-03-04	39°47′22″	97°10′24″	2796	J_2	砂岩	Zr
HX-03-07	39°47′27″	97°10′52″	2755	J_2	砂岩	Zr
HX-04-01	39°48′19″	97°12′15″	2589	S	砂岩	Zr、Ap
HX-04-02	39°48′41″	97°13′33″	2474	S	砂岩	Zr、Ap
KJ-1-5	39°45′35″	97°15′27″	2617	J_2	砂岩	Ap
KLS-4-10	39°47′31″	97°17′37″	2405	Pz	花岗岩	Ap
QTS-01-01	39°25′02″	97°38′13″	3540	Pt	片岩	Zr、Ap
HS-4-4	39°23′02″	98°44′12″	1977	Pz	花岗岩	Ap
HS-4-6	39°23′34″	98°44′35″	1955	Pz	花岗岩	Ap
北祁连山逆冲断层以北、酒泉盆地南部						
CM-02-01	40°00′08″	96°51′47″	2275	J_2	砂岩	Zr
CM-03-03	40°00′11″	96°51′44″	2257	J_2	砂岩	Zr、Ap
CM-09-02	39°59′47″	97°26′00″	1638	K_1	砂岩	Zr、Ap
QC-01-01	39°53′51″	97°23′59″	1871	Q_1y	砂岩	Zr、Ap
SYH-01-01	39°48′36″	97°33′10″	2241	N_2	花岗岩砾石	Zr、Ap
SYH-01-02	39°48′51″	97°33′08″	2220	N_2	花岗岩砾石	Zr、Ap
QTS-07-01	39°41′58″	97°44′03″	2510	C_2	砂岩	Zr、Ap
QTS-07-02	39°41′58″	97°44′03″	2510	P	砂岩	Zr、Ap
HS-4-1*	39°25′42″	98°38′07″	1913	Pz	花岗岩	Ap
HS-4-2*	39°25′46″	98°38′13″	1899	Pz	花岗岩	Ap
酒泉盆地以北地区						
HS-01-01	39°50′38″	98°02′21″	1836	Pz	花岗岩	Zr、Ap
HS-01-02	39°50′38″	98°02′21″	1836	Pz	花岗岩	Zr、Ap
YY-01-01	39°53′58″	98°53′28″	1389	Pt	片麻岩	Zr、Ap
YY-01-03	39°53′24″	98°53′23″	1383	Pt	花岗岩	Zr、Ap
YY-01-05	39°53′24″	98°53′23″	1383	Pt	砂岩	Zr、Ap
TQS-02-02	39°53′50″	98°57′37″	1430	J_2	砂岩	Zr、Ap
TQS-02-07	39°54′10″	98°57′51″	1412	J_2	砂岩	Zr
TQS-02-15	39°54′12″	98°57′46″	1403	J_2	砂岩	Zr、Ap

注：Zr 代表锆石裂变径迹分析；Ap 代表磷灰石裂变径迹分析。

2.4.3.2 测试结果

测试方法与 2.4.1 节相同，磷灰石裂变径迹测试结果如下：

　　本次采集的 23 件磷灰石样品进行年龄测试分析，3 件样品的单颗粒测试数目小于等于 6，其裂变径迹年龄仅作为参考。除样品 QTS-07-02、YY-01-01 和 KJ-1-5 未取得封闭径迹长度数据外，其他样品的径迹长度的测试数目均大于 30 条，其中大部分样品的径迹长度测试数目超过 100 条（表 2-15）。12 件测试样品 $P(\chi^2) < 5\%$，年龄直方图呈现多峰态势，单颗粒年龄辐射图中年龄离散分布，这些没有通过 χ^2 检验样品的单颗粒年龄并不属于同一年龄组分，因此采用样品的中值年龄；另外 11 件样品 $P(\chi^2) > 5\%$，通过 χ^2 检验，因此采用样品的池年龄。测试结果表明，研究区样品的裂变径迹年龄分布在 4.2 ± 0.8 Ma~82.0 ± 4.1 Ma，除 1 件第四系砂岩样品（QC-01-01）和 2 件新近系花岗岩砾石样品（SYH-01-01 和 SYH-01-02）裂变径迹年龄大于样品沉积年龄外，其他碎屑岩样品的径迹年龄均小于其沉积年龄，说明大部分碎屑岩样品经历了埋藏引起的热退火作用，记录了样品所在地区附近山体的隆升剥露冷却历史。径迹长度集中在 9.6 ± 0.5 μm~13.6 ± 0.2 μm，均小于样品的初始径迹长度（16 ± 1 μm，Gleadow et al.，1986），也表明受到了退火温度的影响。

表 2-15　研究区磷灰石裂变径迹分析数据表

样品号	粒数	ρ_d/ $(10^5$ cm$^2)$ (N_d)	ρ_s/ $(10^5$ cm$^2)$ (N_s)	ρ_i/ $(10^5$ cm$^2)$ (N_i)	$P(\chi^2)$/ %	中值年龄 $(\pm1\sigma)$ /Ma	池年龄 $(\pm1\sigma)$ /Ma	长度 /μm (n)	STDE	铀含量 /10^{-6}
北祁连山逆冲断层以南										
HX-04-01	7	7.224 (4395)	0.321 (30)	9.841 (919)	23.8	4.2 ± 0.8	4.2 ± 0.8	12.7 ± 0.4 (33)	2.2	21.4
HX-04-02	34	7.087 (4395)	0.577 (125)	5.073 (1098)	0.2	15.6 ± 3.1	14.4 ± 1.4	9.6 ± 0.5 (30)	2.8	8.1
KJ-1-5	16	7.227 (4395)	0.787 (63)	7.411 (593)	3.3	7.1 ± 2.7	13.7 ± 1.8	N.D.	N.D.	11.0
KLS-4-10	28	9.519 (5872)	1.590 (159)	17.415 (1741)	31.4	15.7 ± 1.5	15.6 ± 1.4	10.7 ± 0.2 (103)	2.2	24.1
QTS-01-01	20	7.003 (4395)	0.711 (90)	3.665 (464)	51.3	24.3 ± 2.9	24.3 ± 2.9	11.2 ± 0.3 (51)	2.2	6.5
HS-4-4	27	9.840 (5872)	2.317 (587)	16.201 (4104)	0	23.4 ± 2.0	25.2 ± 1.4	9.7 ± 0.2 (105)	2.3	20.6
HS-4-6	20	9.626 (5872)	3.352 (261)	31.726 (2470)	65.0	18.2 ± 1.3	18.2 ± 1.3	9.8 ± 0.2 (105)	2.2	40.2
北祁连山逆冲断层以北、酒泉盆地南部										
CM-03-03	22	7.576 (4395)	2.086 (363)	10.909 (1898)	58.7	25.9 ± 1.7	25.9 ± 1.6	12.0 ± 0.2 (126)	1.8	16.9
CM-09-02	21	7.453 (4395)	2.900 (537)	5.567 (1031)	0	68.6 ± 6.9	69.1 ± 4.0	12.4 ± 0.2 (102)	1.6	11.4
QC-01-01	6	7.115 (4395)	0.518 (29)	3.248 (182)	76.7	20.3 ± 4.1	20.3 ± 4.1	9.6 ± 0.5 (30)	2.8	5.2
SYH-01-01	22	7.647 (4395)	5.191 (498)	18.553 (1780)	0	34.0 ± 4.0	38.2 ± 2.1	12.5 ± 0.2 (102)	1.6	31.4
SYH-01-02	31	7.535 (4395)	1.385 (197)	8.570 (1219)	0.1	21.3 ± 2.4	21.7 ± 1.8	11.6 ± 0.2 (101)	2.1	15.0
QTS-07-01	22	7.367 (4395)	1.528 (183)	6.064 (726)	0	22.1 ± 4.5	33.1 ± 2.9	12.2 ± 0.2 (106)	2.0	10.4
QTS-07-02	3	7.171 (4395)	0.750 (14)	5.729 (107)	47.8	16.8 ± 4.8	16.8 ± 4.8	N.D.	N.D.	9.9

续表

样品号	粒数	ρ_d/(10^5 cm²)(N_d)	ρ_s/(10^5 cm²)(N_s)	ρ_i/(10^5 cm²)(N_i)	$P(\chi^2)$/%	中值年龄(±1σ)/Ma	池年龄(±1σ)/Ma	长度/μm(n)	STDE	铀含量/10^{-6}
北祁连山逆冲断层以北、酒泉盆地南部										
HS-4-1*	23	10.054 (5872)	4.810 (356)	23.940 (1772)	34.4	35.2±2.6	36.2±2.4	11.7±0.2 (101)	1.8	31.1
HS-4-2*	21	9.899 (5872)	2.799 (586)	19.214 (4023)	5.2	26.1±1.7	25.8±1.4	12.5±0.2 (109)	1.8	25.0
酒泉盆地以北地区										
HS-01-01	15	7.650 (4395)	4.882 (823)	8.097 (1365)	0	81.4±9.5	82.0±4.1	13.4±0.2 (102)	1.8	15.3
HS-01-02	24	7.032 (4395)	3.187 (719)	10.709 (2416)	0	45.2±5.2	37.3±1.8	13.6±0.2 (107)	1.8	18.5
YY-01-01	4	7.256 (4395)	1.831 (81)	10.693 (473)	12	22.3±3.3	22.2±2.7	N.D.	N.D.	18.0
YY-01-03	20	7.647 (4395)	5.339 (665)	17.239 (2147)	0	34.4±5.0	42.2±2.1	12.8±0.2 (114)	2.0	27.5
YY-01-05	23	7.283 (4395)	2.240 (474)	6.865 (1453)	3.5	40.3±3.3	42.4±2.5	13.6±0.2 (99)	1.5	11.8
TQS-02-02	20	7.563 (4395)	4.319 (518)	11.332 (1359)	0	49.7±4.4	51.4±2.9	13.5±0.2 (102)	1.7	20.0
TQS-02-15	20	7.288 (4395)	3.290 (520)	7.003 (1107)	37.6	60.5±3.7	61.0±3.6	12.9±0.2 (89)	1.5	11.4

注：ρ_s 为自发径迹密度；N_s 为自发径迹数目；ρ_i 为外探测器诱发径迹密度；N_i 为诱发径迹数目；ρ_d 为在 CN5 剂量计玻璃附近的外部探测器中诱发径迹密度；N_d 为标准玻璃上的诱发径迹密度；$P(\chi^2)$ 为卡方检验；n 为颗粒数目；STDE 为标准误差；磷灰石样品的 Zeta_{CN5}=357.8±6.9；带 * 样品的 Zeta_{CN5}=359.2±10.8。Zeta 是磷灰石裂变径迹定年中的一个经验常数；不同测试者该值略有差别。

北祁连山逆冲断层以南的基岩区，共采集 7 件样品。样品裂变径迹年龄介于 4.2±0.8~24.3±2.9Ma，长度分布于 9.6~12.7μm，揭示了中新世以来北祁连山逆冲断层以南的基岩区的快速隆升剥露冷却历史。旱峡地区两件志留系砂岩样品，裂变径迹年龄分别为 4.2±0.8Ma 和 14.4±1.4Ma，径迹长度为 12.7±0.4μm（33）和 9.6±0.5μm（30）；旱峡东的窟窿山地区，一件侏罗系砂岩样品裂变径迹年龄为 13.7±1.8Ma，未获得径迹长度数据，一件花岗岩样品裂变径迹年龄为 15.6±1.4Ma，径迹长度为 10.7±0.2μm 白杨河上游地区，获得了一件元古宇片岩样品的裂变径迹年龄 24.3±2.9Ma，径迹长度 11.2±0.3μm；红山地区两件花岗岩样品的裂变径迹年龄为 25.2±1.4Ma 和 18.2±1.3Ma，径迹长度为 9.7±0.2μm 和 9.8±0.2μm。总体而言，靠近北祁连山逆冲断层一侧的样品裂变径迹年龄集中在 14~18Ma，径迹长度明显小于其他样品径迹长度，其径迹长度分布在 10μm 左右，反映出北祁连山逆冲断层中新世以来的断裂活动时间。

北祁连山逆冲断层以北、酒西盆地南部的晚古生代—新生代地层和早古生代花岗岩共完成 9 件样品的裂变径迹分析。高崖西侧地区中侏罗世砂岩（CM-03-03）裂变径迹年龄为 25.9±1.6Ma，早白垩世砂岩（CM-09-02）裂变径迹年龄为 69.1±4.0Ma，两件样品径迹长度分别为 12.0±0.2μm 和 12.4±0.2μm；青头山两件晚古生代砂岩样品（QTS-07-01 和 QTS-07-02）裂变径迹年龄分别为 33.1±2.9Ma 和 16.8±4.8Ma，远小于地层的沉积年龄，揭示所在地层的隆升剥露冷却历史，其中二叠纪砂岩样品没有获得径迹长度数据，晚石炭世砂岩样品的径迹长度为 $12.2\pm0.2\mu m$。需要说明的是，QTS-07-02 样品测试磷灰石只有 3 粒，其年龄仅有参考意义。青草湾地区 1 件第四系玉门组砂岩（QC-01-01）裂变径迹年龄为 $20.3\pm4.1Ma$，远大于地层年龄，反映出砂岩源区的隆升剥露冷却历史，其径迹长度为 $9.6\pm0.5\mu m$；石油河地区 2 件新近系疏勒河组牛胳套段花岗岩砾石（SYH-01-01 和 SYH-01-02）裂变径迹年龄分别为 $38.2\pm2.1Ma$ 和 $21.7\pm1.8Ma$，下部层位砾石的裂变径迹大于上部层位砾石的年龄，也远大于地层年龄，因此揭示的是花岗岩砾石源区的隆升剥露冷却历史，径迹长度分别为 $12.5\pm0.2\mu m$ 和 $11.6\pm0.2\mu m$，三件碎屑磷灰石裂变径迹年龄表明地层由老到新裂变年龄由大变小，反映了源区不断的隆升剥露过程。

酒西盆地以北的黑山地区 2 件花岗岩样品（HS-01-01 和 HS-01-02）裂变径迹年龄分别为 $82.0\pm4.1Ma$ 和 $37.3\pm1.8Ma$，径迹长度分别为 $13.4\pm0.2\mu m$ 和 $13.6\pm0.2\mu m$；酒东盆地以北的金塔南山天泉寺地区共 5 件样品，2 件侏罗系砂岩（TQS-02-02 和 TQS-02-15）的裂变径迹年龄分别为 $51.4\pm2.9Ma$ 和 $61.0\pm3.6Ma$，径迹长度分别为 $13.5\pm0.2\mu m$ 和 $12.9\pm0.2\mu m$；2 件元古宇花岗岩（YY-01-03）和砂岩（YY-01-05）裂变径迹年龄分别为 $42.2\pm2.1Ma$ 和 $42.4\pm2.5Ma$，两者误差范围内一致，径迹长度分别为 $12.8\pm0.2\mu m$ 和 $13.6\pm0.2\mu m$；另外一件元古宇片麻岩的裂变径迹年龄约为 22Ma，未获得裂变径迹长度数据。由于测试磷灰石仅为 4 粒，年龄仅具有参考意义。

对获得可靠年龄的 18 件基岩样品进行磷灰石裂变径迹（AFT）年龄和样品高程投图、AFT 年龄和距北祁连山逆冲断层距离投图，投图结果见图 2-63（a）。结果显示酒西盆地以南的样品磷灰石裂变径迹年龄与样品高程之间关系并不明显，北祁连山逆冲断层以北、酒泉盆地南部样品磷灰石裂变径迹年龄与高程之间呈弱的负相关，酒泉盆地以北的样品年龄与高程呈弱正相关，表现为正常的磷灰石裂变径迹年龄-高程关系，随着海拔的增加，年龄增大［图 2-63（a）］。同时北祁连山逆冲断层以北、酒西盆地南部的样品磷灰石裂变径迹年龄值要高于断层以南的样品磷灰石裂变径迹年龄值［图 2-63（b）］。

综合样品的采集位置信息分析得到，北祁连山逆冲断层以南的磷灰石样品裂变径

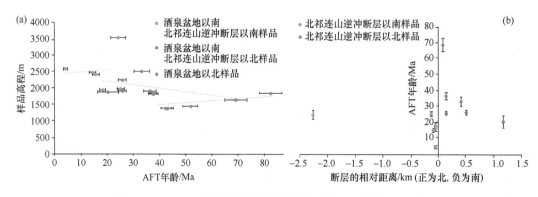

图 2-63　磷灰石裂变径迹年龄规律图（引自张怀惠等，2021）

（a）裂变径迹年龄 VS 样品所处高程；（b）裂变径迹年龄 VS 样品距断层的距离

迹年龄较小，介于 4.2~25.2Ma，裂变径迹长度较短，其中 3 件样品小于 10μm，而且其标准偏差较高，介于 2.2~2.8，长度分布形式属于混合型（Gleadow et al.，1986），反映出北祁连山逆冲断层中新世以来的断裂活动时间和在磷灰石部分退火带停留时间较长（Gleadow et al.，1986）；酒泉盆地南部基岩样品的裂变径迹年龄明显大于北祁连山断层以南样品的裂变径迹年龄，介于 25.8~69.1Ma，径迹长度介于 11.7~12.5μm，呈非对称的单峰态分布，标准偏差为 1.6~2.0，属于未扰动基岩型（Gleadow et al.，1986）；酒泉盆地以北的黑山和天泉寺地区的样品的裂变径迹年龄明显大于其他地区，介于 37.3~82.0Ma，径迹长度介于 12.8~13.6μm，也呈非对称的单峰态分布，标准偏差为 1.5~2.0，也应属于未扰动基岩型（Gleadow et al.，1986），反映出盆地两侧山体隆升的差异。总之，研究区基岩样品的裂变径迹年龄具有自南向北逐渐增加的趋势。

　　21 件锆石的裂变径迹中值年龄分布在 106~480Ma，大多数样品的锆石裂变径迹年龄分布在 106~195Ma（表 2-16）。

表 2-16　研究区锆石裂变径迹分析数据表

样品号	颗粒数	ρ_d/（10^5/cm²）（N_d）	ρ_s/（10^5/cm²）（N_s）	ρ_i/（10^5/cm²）（N_i）	$P(\chi^2)$/%	中值年龄/Ma（±1σ）	池年龄/Ma（±1σ）	铀含量/10^{-6}
北祁连山逆冲断层以南								
HX-03-04	20	2.765（5615）	165.719（5164）	21.597（673）	0	143.8±13.7	139.3±9.0	262.0
HX-03-07	17	2.765（5615）	93.270（1742）	14.724（275）	0.8	118.3±12.9	115.2±9.4	183.6
HX-04-01	19	2.765（5615）	152.550（3479）	5.569（127）	0.4	480.5±69.9	483.9±50.0	69.5
HX-04-02	21	2.765（5615）	183.655（4062）	20.301（449）	0	160.9±16.4	163.9±11.6	265.1
QTS-01-01	9	2.765（5615）	79.688（650）	14.463（118）	0.3	106.3±19.0	100.3±11.2	190.9
北祁连山逆冲断层以北、酒泉盆地南部								
CM-02-01	19	2.765（5615）	138.312（2760）	15.184（303）	0	153.0±21.6	165.0±13.0	187.0
CM-03-03	16	2.765（5615）	97.960（2157）	16.168（356）	0.02	106.5±11.6	110.2±8.4	202.2
CM-09-02	25	2.765（5615）	146.480（5918）	15.792（638）	0	176.4±19.1	168.0±10.9	183.3
QTS-07-01	17	2.765（5615）	99.006（1236）	14.659（183）	23.1	123.4±12.8	122.7±11.5	190.4
QTS-07-02	15	2.765（5615）	115.275（2153）	17.401（325）	0.1	118.5±12.5	120.4±9.4	222.8
SYH-01-01	23	2.765（5615）	201.908（6768）	14.499（486）	0	254.9±27.6	250.5±17.2	180.1
SYH-01-02	19	2.765（5615）	219.287（6747）	24.214（745）	0	149.5±15.8	164.0±10.4	308.9
QC-01-01	11	2.765（5615）	88.944（647）	10.860（79）	28.1	148.9±20.3	148.5±19.2	141.8
酒泉盆地以北地区								
HS-01-01	23	2.765（5615）	143.799（4382）	5.677（173）	0.5	412.1±46.5	448.7±41.4	76.6
HS-01-02	21	2.765（5615）	176.051（5659）	10.111（325）	38.3	311.8±24.2	311.8±23.7	129.4
TQS-02-02	15	2.765（5615）	146.039（2785）	10.855（207）	0	272.8±40.0	242.2±21.2	122.7
TQS-02-07	24	2.765（5615）	176.143（6874）	13.197（515）	0	223.4±23.0	240.3±16.3	184.2
TQS-02-15	19	2.765（5615）	128.260（4728）	14.432（532）	5.2	160.9±12.3	161.0±10.9	190.5
YY-01-01	20	2.765（5615）	162.017（3026）	19.114（357）	0.01	150.9±15.7	153.7±11.5	246.8
YY-01-03	18	2.765（5615）	200.430（2581）	20.346（262）	5.9	177.1±18.2	178.2±14.6	223.9
YY-01-05	8	2.765（5615）	157.052（1374）	14.631（128）	0.4	195.2±38.9	194.0±20.4	165.3

　　注：ρ_s 为自发径迹密度；N_s 为自发径迹数目；ρ_i 为外探测器诱发径迹密度；N_i 为诱发径迹数目；ρ_d 为在 CN2 剂量计玻璃附近的外部探测器中诱发径迹密度；N_d 为标准玻璃上的诱发径迹密度；$P(\chi^2)$ 为卡方检验；锆石 Zeta 值 = 132.7±6.4。

北祁连山逆冲断层以南的基岩区，除一件志留纪砂岩（HX-04-01）的锆石裂变径迹年龄在早奥陶世（480.5±69.9Ma）外，其他四件锆石样品裂变径迹年龄分布在晚侏罗世—早白垩世（106.3±19.0Ma~160.9±16.4Ma），揭示了北祁连山逆冲断层以南的基岩区晚侏罗世—早白垩世的快速隆升剥露冷却历史。基岩区以南的锆石裂变径迹年龄西侧年龄明显大于东侧，反映出中生代东侧地区的隆升要晚于西侧的隆升。

对北祁连山逆冲断层以北，酒西盆地南部的 8 件样品进行了锆石裂变径迹定年测试。高崖西地区两件侏罗系砂岩样品锆石裂变径迹年龄分别为 153.0±21.6Ma 和106.5±11.6Ma，在晚侏罗世—早白垩世范围内，小于样品的地层沉积年龄，反映了埋藏热退火作用过程；一件早白垩世的砂岩裂变径迹年龄为 176.4±19.1Ma，大于样品的沉积年龄，揭示源区的隆升剥露冷却过程。白杨河两件样品裂变径迹年龄属于早白垩世，QTS-07-01 和 QTS-07-02 年龄分别是 123.4±12.8Ma 和 118.5±12.5Ma，在误差范围内一致。锆石裂变径迹的年龄集中在晚侏罗世—早白垩世，反映了该阶段的隆升剥露冷却事件。青草湾地区 1 件第四系玉门组砂岩（QC-01-01）裂变径迹年龄为 148.9±20.3Ma，远大于地层所在的沉积年龄，反映出砂岩源区的隆升剥露冷却历史；石油河地区 2 件新近系疏勒河组牛胳套段砾岩中花岗岩砾石（SYH-01-01 和 SYH-01-02），裂变径迹年龄分别为 254.9±27.6Ma 和 149.5±15.8Ma，下部层位砾石的裂变径迹年龄大于上部层位砾石的年龄，也远大于地层所在的沉积年龄，因此揭示的是花岗岩砾石的源区隆升剥露冷却历史。与磷灰石裂变径迹年龄特征类似，地层由老到新锆石裂变径迹年龄由大变小，反映了源区不断的隆升剥露过程。

酒西盆地以北黑山的 2 件花岗岩样品（HS-01-01 和 HS-01-02）锆石裂变径迹年龄分别为 412.1±46.5Ma 和 311.8±24.2Ma，年龄值高于研究区的其他样品值；酒东盆地以北的天泉寺地区 3 件侏罗纪砂岩自下向上锆石裂变径迹年龄依次为 272.8±40.0Ma、223.4±23.0Ma、160.9±12.3Ma，大于或者接近地层的沉积年龄，反映的是源区的隆升剥露冷却事件。3 件前寒武系样品的裂变径迹年龄为 150.9±15.7Ma、177.1±18.2Ma、195.2±38.9Ma，记录了侏罗纪时期的隆升剥露冷却过程。

综合样品的采集位置信息，本次研究分析得到，酒泉盆地以北的黑山地区锆石裂变径迹年龄明显老于其他地区，反映该区在古生代发生过隆升剥露冷却事件；金塔南山天泉寺地区侏罗纪砂岩碎屑锆石和石油河疏勒河组牛胳套段砾岩下部的花岗岩砾石裂变径迹年龄记录了源区早中三叠世的冷却事件；其他地区的锆石裂变径迹年龄普遍属于晚侏罗世—早白垩世。

镜质组反射率测试结果显示，旱峡和高崖西侧地区的侏罗纪煤样镜质组反射率分布在 0.77%~2.79%，相应的最大古地温值在 103~295℃的范围内（表 2-17）。高崖地区相邻位置的两件煤样的镜质组反射率的平均值在误差范围内一致（0.77%~0.79%），反映出本次实验的可靠性。旱峡地区的侏罗纪山间盆地经历的热演化程度要明显高于高崖西侧地区的热演化程度，其镜质组反射率的平均值可达 1.84%~2.79%，其最大古地温达到 225~295℃。

表 2-17　镜质组反射率（R_o）分析数据

样品号	岩层	岩性	R_{omin}/%	R_{omax}/%	STD	测试数量	R_{omea}/%	t_{max}/℃
CM-02-03	J	煤	0.67	0.88	0.06	50	0.77	103~137
CM-03-02	J	煤	0.74	0.83	0.02	50	0.79	115~130
HX-03-05	J	煤	2.24	2.63	0.12	64	2.45	257~278
HX-03-08	J	煤	1.74	1.99	0.06	41	1.84	225~242
KJ-1-6	J	煤	2.61	3.00	0.11	53	2.79	277~295

注：R_o- 温度转换计算参照 Barker。

2.4.3.3　热史模拟

将实验得出的磷灰石裂变径迹长度和年龄资料，结合其经历的最大古地温、锆石裂变径迹年龄等，通过热史模拟软件 Hefty 分析得出样品所经历的热历史。热史模拟过程中采用 Ketcham 等（2007，2009）的单组分退火模型和 Monte Carlo 法，其中 D_{par} 初始值为 1.5，径迹初始长度为 16.3μm，模拟次数为 10000 次。热模拟的一般要求径迹长度测量数大于 50 条，若长度测量数大于 100 条则热模拟的可信度更高（Ketcham，2005）。在模拟过程中，充分考虑了沉积年龄、不整合面、生长地层等因素，并进行了径迹长度模拟值和实测值吻合程度的"K-S 检验"以及径迹年龄模拟值和实测值的吻合程度的"年龄 GOF"检验。若"K-S 检验"和"年龄 GOF"都大于 5%，表明模拟结果可以接受，当大于 50% 时，表明模拟结果较好（Ketcham，2005）。

从表 2-15 可知，磷灰石样品 KJ-1-5、QTS-07-02 和 YY-01-01 的径迹长度测试数为 0，无法进行热史模拟；理论上，样品 KLS-4-10、SYH-01-01、SYH-01-02、QTS-07-01、CM-03-03、CM-09-02、HS-01-01、HS-01-02、YY-01-03、TQS-02-02、HS-4-1*、HS-4-2*、HS-4-4*、HS-4-6* 的径迹长度测试数均大于 100，最适合做热史模拟；样品 QTS-01-01、YY-01-05、TQS-02-15 的径迹长度测试数大于 50，可以做热史模拟；样品 HX-04-01、HX-04-02、QC-01-01 的径迹长度测量数小于 50，其热史模拟结果仅供参考。热史模拟结果如图 2-64 所示，本次热史模拟共得到 11 件样品的热史模拟曲线，大部分热史模拟结果并不理想，可能与样品未通过 χ^2 检验有关，也可能是热历史比较复杂的原因。其中北祁连山逆冲断层以南基岩区 4 件样品（HX-04-01、HX-04-02、KLS-4-10、QTS-01-01）模拟出热历史，且"K-S 检验"和"年龄 GOF"都大于 50%，模拟结果较好；北祁连山逆冲断层以北，酒泉盆地南部地区获得 6 件样品（QTS-07-01、SYH-01-01、SYH-01-02、CM-03-03、HS-4-1* 和 HS-4-2*）的热历史曲线；酒泉盆地以北地区获得 1 件天泉寺地区样品（TQS-02-15）的热史模拟曲线，其年龄和长度 GOF 值大于 5%，模拟结果可以接受。

北祁连山逆冲断层以南的样品模拟出两种类型的热历史曲线（图 2-64）。第一种类型的热史模拟曲线（HX-04-01、HX-04-02）显示在 55~30Ma 样品从约 120℃冷却至约 60℃，冷却降温速率大约为 2.4℃/Ma，之后处于平稳阶段，晚中新世以来（约 10Ma）发生迅速冷却过程，冷却至现今地表温度，冷却降温速率大约为 3~4℃/Ma，晚中新

135

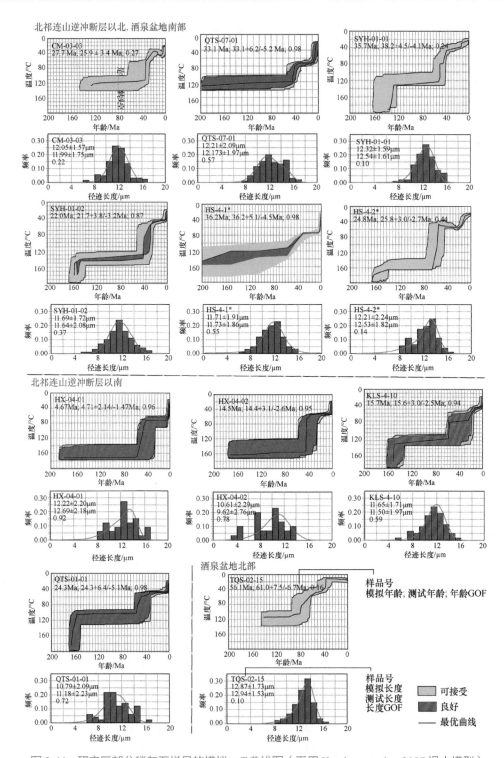

图 2-64　研究区部分磷灰石样品的模拟 t–T 曲线图（采用 Ketcham et al.，2007 退火模型）

绿色模拟区域代表可接受的模拟结果（拟合度＞5%）；紫色模拟区域代表符合良好的模拟结果（拟合度＞50%）；

粗实线代表符合较好的 t–T 曲线；裂变径迹长度图中的曲线是与模拟结果相符的理想裂变径迹长度分布曲线

世的冷却降温速率要明显大于始新世期间的冷却降温速率。第二类样品（KLS-4-10 和 QTS-01-01）的热史模拟曲线除模拟出始新世期间和晚中新世以来的两次快速隆升冷却事件，还显示出早白垩世（140~100Ma）的快速隆升剥露冷却事件。

北祁连山逆冲断层以北，酒泉盆地南部样品 CM-03-03、QTS-07-01 和 HS-4-1* 热史模拟曲线揭示了始新世期间（约 55~30Ma）的冷却降温过程，降至 60℃，之后在部分退火带停留至约 10Ma，最近一次的迅速降温过程发生在约 10~8Ma。而样品 SYH-01-01、SYH-01-02、HS-4-2* 显示在早白垩世早期（约 140Ma）发生过一次冷却事件，之后处于稳定状态，在始新世期间（约 55~30Ma）发生第二次冷却降温事件，晚中新世（约 10Ma）发生第三次快速冷却降温事件。断层以北样品始新世期间的冷却降温速率与断层以南样品冷却速率几乎一致，但是晚中新世的冷却降温速率要略小于断层以南的样品冷却速率。

酒泉盆地以北的天泉寺地区模拟出的一件砂岩样品（TQS-02-15）揭示了自晚中生代—晚始新世（80~35Ma）的持续冷却事件，本次隆升剥露事件直接将样品冷却抬升至地表。

综上所述，酒泉盆地南部样品的热史模拟曲线揭示了中、新生代三期主要的冷却事件：早白垩世（140~100Ma）、始新世期间（55~30Ma）、中新世（约 10~8Ma）以来。其中早白垩世的冷却事件只是零星地展布在部分样品中，始新世期间的冷却速率低于晚中新世以来的降温速率，分别为 2.4℃ /Ma 和 3~4℃ /Ma。假设酒泉盆地新生代以来的古地温梯度约 30℃ /km，冷却事件是由于地层的抬升剥露导致的，则始新世期间的隆升速率约为 0.08mm/a，剥蚀量约为 2km；晚中新世以来的隆升速率约为 0.1~0.133mm/a，隆升量约为 1~1.33km。酒泉盆地以北的样品热史模拟曲线只显示了晚中生代—晚始新世（80~35Ma）的持续冷却事件。

2.4.3.4 青藏高原东北缘冷却降温事件的构造意义

青藏高原东北缘地区样品实验结果及模拟结果显示出研究区中新生代的隆升具有明显的时空差异性。在时间上磷灰石裂变径迹年龄主要集中在晚中生代至上新世，反映出晚中生代—上新世以来快速冷却剥蚀事件，且新生代的隆升事件更明显；锆石裂变径迹的年龄主要集中在侏罗纪—早白垩世，少数样品年龄出现在晚古生代，侏罗纪—早白垩世的锆石裂变径迹年龄表明锆石从其部分退火带到达地表所需时间跨度。在空间上表现为酒泉盆地南侧的北祁连山逆冲断层两侧的基岩样品的磷灰石裂变径迹年龄有一定的差异，南侧主要集中在中新世，北侧则为始新世—渐新世，都明显小于酒泉盆地北侧山体的磷灰石裂变径迹年龄（古新世—始新世）。酒泉盆地南侧北祁连山的大多数锆石裂变径迹年龄集中在晚侏罗世—早白垩世，北侧的黑山和天泉寺山体的锆石裂变径迹年龄集中在晚古生代—早中生代，表明酒泉盆地北侧山体的隆升时间早于南侧的祁连山地区。通过与前人的年龄数据对比（图 2-65），青藏高原东北缘地区的基岩或碎屑磷灰石裂变径迹年龄主要分布在早白垩世以来，大部分样品热年代学年龄分布

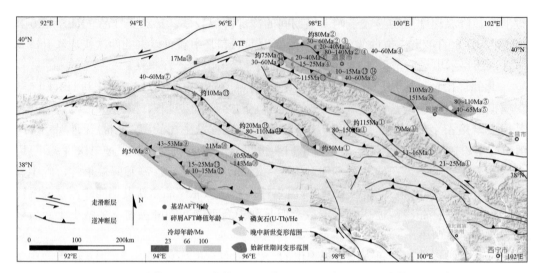

图 2-65　青藏高原东北缘热年代学数据总结图（引自张怀惠等，2021）

阿尔金断裂：其中紫色区域代表始新世期间的大致隆升范围，蓝色区域代表晚中新世大致隆升范围，数据来源：① Li et al.，2020；② An et al.，2020；③张志诚等，2008；④本次研究；⑤ Zhang et al.，2017；⑥ He et al.，2017；⑦ Li et al.，2017；⑧ Jian et al.，2018；⑨ Du et al.，2018；⑩ Jolivet et al.，2001；⑪ Guo et al.，2009；⑫ Meng et al.，2020；⑬ Zhuang et al.，2018；⑭ Zheng et al.，2010；⑮ Pang et al.，2019

在新生代。对于热史模拟出的冷却事件，其中始新世期间的冷却剥露事件主要集中在祁连山南北两侧和中间部分区域，但是晚中新世以来的冷却剥露事件广泛分布在祁连山地区。

北祁连山部分样品磷灰石裂变径迹模拟结果记录了早白垩世（140~100Ma）以来的隆升事件，同时该地区的锆石裂变径迹年龄也记录了晚侏罗世—早白垩世（160~100Ma）以来的隆升冷却事件。George 等（2001）在酒西盆地的研究表明盆地在白垩纪中期达到最大古地温，之后约 115~90Ma 发生冷却事件。赤金峡山岩体的锆石裂变径迹年龄和磷灰石热史模拟结果表明，140~100Ma 左右酒西盆地北缘地区可能经历了一次快速冷却事件（张志诚等，2008）。托来山地区基岩和碎屑磷灰石样品的裂变径迹分析结果记录了局部晚侏罗世—早白垩世的冷却事件，表明存在一个区域性剥露阶段（Li et al.，2020）。综合前人的研究结果表明，这一冷却事件不仅仅局限于北祁连山，在阿尔金山、南祁连山、酒西盆地北缘地区、天山地区、西秦岭乃至整个中国西部地区也经历了近乎同期的快速冷却事件（Jolivet et al.，2001；Yin et al.，2018；An et al.，2020）。造成早白垩世的快速隆升剥露冷却可能与区域性的构造事件有关，即拉萨地块的北向拼贴碰撞。

磷灰石样品热史模拟曲线普遍显示出始新世期间（55~30Ma）的冷却降温过程（图 2-64），隆升速率约为 0.08mm/a，隆升量约为 2km。靠近阿尔金主断裂一侧的高崖西侧地区的磷灰石裂变径迹年龄也分布在古新世—始新世，这与孙岳等（2014）在阿尔金主断裂的中部地区得出的 65~28Ma 的隆升剥露冷却历史结果相匹配，但是在时间上略晚于阿尔金主断裂中部的活动时间，表明阿尔金主断裂的活动具有延迟效应。

研究区以南的疏勒南山、托来南山和托来山地区基岩的磷灰石裂变径迹分析结果表明，始新世—渐新世时期，沿断裂带发生了一期与逆冲作用相关的冷却过程（Li et al.，2020）。祁连山西北地区的肃北盆地新生代沉积地层碎屑磷灰石裂变径迹分析表明，祁连山地体在约 60~45Ma 经历了一次显著的构造剥露事件（Li et al.，2017，2020）。该期的快速冷却降温过程在酒西盆地北侧的黑山地区也有体现（An et al.，2020）。研究区始新世的快速隆升剥露冷却事件与初始印度与欧亚板块碰撞几乎同时进行，即青藏高原东北缘是两者碰撞的快速响应地区（Yin et al.，2002）。先存的高地形和薄弱区是产生始新世期间断裂活动的主要原因（Clark et al.，2010；Zhuang et al.，2018）。但是始新世期间的隆升事件具有一定的局限性，抬升冷却事件集中分布在祁连山的南北两侧，中间仅一部分脆弱带记录了这个时期的隆升历史（图 2-65）（Yin et al.，2002；Zhuang et al.，2018）。但是对于应力是如何从印度与欧亚板块碰撞的板块边界传递至青藏高原东北缘地区仍有待进一步探讨。An 等（2020）认为应力沿阿尔金断裂传递至黑山地区，由于刚性阿拉善块体的阻挡作用，使应力在酒泉盆地北缘的赤金峡山 – 黑山地区产生响应。

　　酒泉盆地以南样品的热史模拟曲线普遍显示出约 10Ma 以来的冷却降温事件（图 2-61），隆升速率约为 0.1~0.133mm/a，隆升量约为 1~1.33km。酒西盆地南部样品的晚中新世的隆升剥露冷却过程和酒西盆地疏勒河组的沉积过程相耦合（Guo et al.，2009；Wang et al.，2016；An et al.，2020）。Wang 等（2016）通过分析玉门盆地（酒西盆地）的砂岩和北山 – 北祁连山河沙的碎屑锆石 U-Pb 年龄，得出 24.2~16.7Ma 的沉积地层物源来自北山，而约 16Ma 沉积物源快速转变至北祁连山，实验结果表明早期（约 24Ma）黑山发生快速变形，之后约 16Ma 北祁连山发生快速隆升改变了玉门盆地的沉积物源。且靠近北祁连山逆冲断层的磷灰石裂变径迹年龄约为 15Ma，反映出中新世以来的北祁连山逆冲断层的活动时间。Zheng 等（2017）通过祁连山中部托来山、北祁连山和酒西盆地南部新生代地层的裂变径迹综合分析，认为祁连山中部托来山的形成发生在 17~14Ma，北祁连山逆冲作用始于 10~8Ma。Li 等（2020）通过对研究区以南的托来山、托来南山和疏勒南山地区基岩的磷灰石裂变径迹分析，获得了最年轻年龄组为 25~11Ma，认为托来山、北祁连逆冲带的复活和海原断裂西段的形成发生在 16Ma 左右，并最终导致中新世加速冷却和地表剥蚀。通过对红山花岗岩体的磷灰石（U-Th）/He 分析得出，北祁连山逆冲断层的活动时间约为 10Ma（Zheng et al.，2010，2017）。北祁连山逆冲断层东侧山间盆地地层研究、古水流、锆石 U-Pb 及古地磁分析表明断层周缘地区在约 10~7Ma 发生构造活化（Craddock et al.，2011；Liu et al.，2011；Wang et al.，2011；Lease et al.，2012；Hu et al.，2019）。柴达木盆地北缘的南祁连山断层的构造活动时间约 18~11Ma（Jian et al.，2018；Pang et al.，2019）。因此，酒西盆地南侧样品晚中新世（约 10Ma）的隆升剥露冷却过程与北祁连山逆冲断层的构造活动有关，而且这一冷却事件在祁连山地区广泛存在（图 2-64）。磷灰石裂变径迹年龄与北祁连山逆冲断层关系规律也表明年龄的分布与断层具有相关性（图 2-63）。不可否认的是，祁连山在晚中新世存在南北向的逆冲构造活动，但是造成晚中新世逆冲断层活动的原因有待商榷。Zhuang 等（2018）认为此期变形与阿尔金断裂的调节有关，指出太平洋—亚洲边界的封闭程度也是控制青藏高原东北缘新近纪扩张隆升的一个关键因素。Pang 等（2019）则从岩石圈地幔的角度考虑，认为同步向外的花状构造的形成可能与青藏高原北部地幔的移动有关。

本节小结：从整个阿尔金构造带分析，阿尔金断裂南侧记录了白垩纪（140~90Ma）、始新世期间（55~30Ma）的两次冷却过程，可能反映了本地区的两次隆升作用相关的事件。白垩纪的事件还与昌马盆地以及酒西盆地的发育相一致（王晓丰等，2008；汤文豪等，2012），始新世的事件造成了吐拉盆地、索尔库里北盆地（陈正乐等，2001）、肃北盆地的形成发育。沿着阿尔金断裂及其分支断裂的活动，不仅造成了山脉的隆升引起的中中新世（13~8Ma）以来的冷却降温事件，还形成了松弛分叉型的走滑拉分盆地索尔库里和石包城盆地。位于阿尔金断裂北侧的阿尔金山地区，经历了晚白垩世开始的相对缓慢的冷却过程以及 8Ma 以来快速冷却事件，这一事件与整个青藏高原周缘的快速隆升过程一致。

参考文献

毕政家, 曾忠诚, 张昆昆, 等. 2016. 阿尔金南缘帕夏拉依档沟斜长角闪岩年代学、地球化学及其构造意义. 中国地质, 43(4): 1149-1164.

曹玉亭, 刘良, 王超, 等. 2010. 阿尔金南缘塔特勒克布拉克花岗岩的地球化学特征、锆石U-Pb定年及Hf同位素组成. 岩石学报, 26(11): 3259-3271.

曹玉亭, 刘良, 王超, 等. 2015. 南阿尔金木纳布拉克地区长城系巴什库尔干岩群LA-ICP-MS锆石U-Pb定年及其地质意义. 地质通报, 34(8): 1447-1459.

常宏, 方小敏, 安芷生, 等. 2001. 索尔库里盆地中–上新世地层特征及其环境意义. 海洋地质与第四纪地质, 21(3): 107-111.

车自成, 刘良, 刘洪福, 等. 1995. 阿尔金山地区高压变质泥质岩石的发现及其产出环境. 科学通报, 40(14): 1298-1300.

陈柏林, 李松彬, 蒋荣宝, 等. 2016. 阿尔金喀腊大湾地区中酸性火山岩SHRIMP年龄及其构造环境. 地质学报, 90(4): 708-727.

陈柏林, 李松彬, 王永, 等. 2021. 阿尔金山喀腊大湾地区堆晶辉长岩地球化学、年代学: 洋壳演化证据. 中国地质, 50(5): 1557-1572.

陈红杰. 2018. 阿尔金新元古代花岗岩的成因及其地球动力学意义. 北京: 中国地质大学(北京), 40-79.

陈正乐, 张岳桥, 王小凤, 等. 2001. 新生代阿尔金山脉隆升历史的裂变径迹证据. 地球学报, (5): 413-418.

陈正乐, 万景林, 王小凤, 等. 2002. 阿尔金断裂带8Ma左右的快速走滑及其地质意义. 地球学报, 23(4): 295-300.

陈正乐, 白彦飞, 陈柏林, 等. 2003. 阿尔金山索尔库里北盆地沉积与构造演化. 地质通报, 22(6): 405-411.

陈正乐, 宫红良, 李丽, 等. 2006. 阿尔金山脉新生代隆升—剥露过程. 地学前缘, 13(4): 91-102.

戴霜, 方小敏, 宋春晖, 等. 2005. 青藏高原北部的早期隆升. 科学通报, (7): 673-683.

董洪凯, 郭金城, 陈海燕, 等. 2014. 新疆阿尔金地区长沙沟一带奥陶纪侵入岩及其演化特征. 西北地质, 47(4): 73-87.

董杰, 魏春景, 张建新. 2019. 南阿尔金高压–超高温麻粒岩变质作用: 大陆地壳超深俯冲与折返过程的记录. 地球科学, 44(12): 4004-4008.

董增产, 校培喜, 奚仁刚, 等. 2011. 阿尔金南缘构造混杂岩带中角闪辉长岩地球化学特征及同位素测年. 地质论评, 57(2): 207-215.

方小敏, 赵志军, 李吉均, 等. 2004. 祁连山北缘老君庙背斜晚新生代磁性地层与高原北部隆升. 中国科学D辑: 地球科学, 34(2): 97-106.

冯乔, 付锁堂, 张小莉, 等. 2019. 柴达木盆地及邻区侏罗纪原型盆地恢复及油气勘探前景. 地学前缘, 26(1): 44-58.

冯志硕, 张志诚, 李建锋, 等. 2010a. 敦煌三危山地区白垩纪OIB型基性岩墙的特征及地质意义. 岩石学报, 26(2): 607-616.

冯志硕, 张志诚, 李建锋, 等. 2010b. 甘肃石包城盆地新生代沉积特征及与阿尔金断裂的关系研究. 地质科学, 45(1): 181-193.

盖永升, 刘良, 康磊, 等. 2015. 北阿尔金蛇绿混杂岩带中斜长花岗岩的成因及其地质意义. 岩石学报, 31(9): 2549-2565.

高栋, 吴才来, 郜源红, 等. 2019. 南阿尔金玉苏普阿勒克塔格花岗岩体锆石U-Pb年代学、地球化学特征及地质意义. 地球科学, 44(11): 3812-3828.

高慧, 曹玉亭, 刘良, 等. 2020. 南阿尔金木纳布拉克地区石英闪长岩的成因: 来自地球化学特征、锆石U-Pb定年和Lu-Hf同位素组成的制约. 地质学报, 94(8): 2262-2278.

高永宝, 赵辛敏, 王博, 等. 2023. 阿尔金西段卡尔恰尔–库木塔什超大型萤石矿带矿床地质、控矿花岗岩特征及找矿远景. 中国地质, 50(3): 704-729.

龚建业, 张志诚, 张臣, 等. 2007. 阿尔金断裂带东端断裂展布型式的研究. 北京大学学报(自然科学版), 43(2): 169-175.

龚正, 李海兵, 孙知明, 等. 2013. 阿尔金断裂带中侏罗世走滑活动及其断裂规模的探讨——来自软沉积物变形的证据. 岩石学报, 29(6): 2233-2250.

郭金城, 徐旭明, 陈海燕, 等. 2014. 新疆阿尔金长沙沟超镁铁质岩锆石U-Pb年龄及其地质意义. 西北地质, 47(4): 170-177.

郭晶, 李云帅, 张建新. 2020. 南阿尔金巴什瓦克基性麻粒岩的变质演化P-T-t轨迹. 地质学报, 94(9): 2698-2711.

郭晶, 李云帅, 张建新. 2021. 大陆碰撞造山带榴辉岩相的熔体活动: 来自南阿尔金基性麻粒岩中长英质脉体的证据. 地质学报, 95(3): 723-736.

郭召杰, 张志诚. 1999. 新疆吐拉盆地构造特征与含油气评价. 地质科学, 34(3): 357-364.

郭召杰, 张志诚, 王建君. 1998. 阿尔金山北缘蛇绿岩带的Sm-Nd等时线年龄及其大地构造意义. 科学通报, 43(18): 1981-1984.

国家地震局阿尔金活动断裂带课题组. 1992. 阿尔金活动断裂带. 北京: 地震出版社, 319.

韩凤彬, 陈柏林, 崔玲玲, 等. 2012. 阿尔金山喀腊大湾地区中酸性侵入岩SHRIMP年龄及其意义. 岩石学报, 28(7): 2277-2291.

郝杰, 王二七, 刘小汉, 等. 2006. 阿尔金山脉中金雁山早古生代碰撞造山带: 弧岩浆岩的确定与岩体锆石U-Pb和蛇绿混杂岩$^{40}Ar/^{39}Ar$年代学研究的证据. 岩石学报, 22(11): 2743-2752.

何国琦, 李茂松. 1994. 中国兴蒙-北疆蛇绿岩地质的若干问题//中国地质科学院地质研究所文集(26). 北京: 地质出版社, 15-24.

何鹏, 芦西战, 杨睿娜, 等. 2020. 阿尔金北缘尧勒萨依河口I型花岗岩岩石地球化学、锆石U-Pb年代学研究. 矿产勘查, 11(9): 1822-1830.

何鹏, 杨睿娜, 陈培伟, 等. 2021. 阿尔金北缘尧勒萨依片麻岩锆石LA-ICP-MS U-Pb年龄、地球化学特征及其地质意义. 地质论评, 67: 803-815.

何元方, 张振凯, 高峰, 等. 2018. 阿尔金索尔库里地区石英闪长玢岩锆石U-Pb年龄、地球化学特征及其地质意义. 西北地质, 51(3): 38-52.

黄汉纯, 王长利. 1987. 阿尔金构造带及其对塔里木和柴达木盆地的影响. 中国地质科学院院报, 17: 17-30.

黄汲清, 任纪舜, 姜春发, 等. 1980. 中国大地构造及其演化. 北京: 科学出版社, 1-124.

贾超. 2019. 敦煌盆地断裂体系对盆地的控制作用. 西安: 西北大学.

康磊, 刘良, 曹玉亭, 等. 2011. 北阿尔金构造带红柳沟钾长花岗岩地球化学特征、LA-ICP-MS锆石U-Pb定年和Hf同位素组成. 地质通报, 30(7): 1066-1076.

康磊, 刘良, 曹玉亭, 等. 2013. 阿尔金南缘塔特勒克布拉克复式花岗质岩体东段片麻状花岗岩的地球化学特征、锆石U-Pb定年及其地质意义. 岩石学报, 29(9): 3039-3048.

康磊, 校培喜, 高晓峰, 等. 2016. 茫崖二长花岗岩、石英闪长岩的年代学、地球化学及岩石成因: 对阿尔金南缘早古生代构造-岩浆演化的启示. 岩石学报, 32(6): 1731-1748.

康磊, 刘良, 曹玉亭, 等. 2017. 北阿尔金早古生代洋盆闭合时限: 来自退变榴辉岩年代学的约束中国矿物岩石地球化学学会//中国矿物岩石地球化学学会第九次全国会员代表大会暨第16届学术年会文集: 323.

李海兵, 杨经绥, 许志琴, 等. 2001. 阿尔金断裂带印支期走滑活动的地质及年代学证据. 科学通报, 46(16): 1333-1338.

李海兵, 杨经绥, 史仁灯, 等. 2002. 阿尔金走滑断陷盆地的确定及其与山脉的关系. 科学通报, 47(1): 63-67.

李海兵, 杨经绥, 许志琴, 等. 2006. 阿尔金断裂带对青藏高原北部生长、隆升的制约. 地学前缘, 13(4): 59-79.

李惠民, 陆松年, 郑健康, 等. 2001. 阿尔金山东端花岗片麻岩中3.6Ga锆石的地质意义. 矿物岩石地球化学通报, (4): 259-262.

李建锋, 张志诚, 韩宝福. 2010. 中祁连西段肃北、石包城地区早古生代花岗岩年代学、地球化学特征及其地质意义. 岩石学报, 26(8): 2431-2444.

李琦, 曾忠诚, 陈宁, 等. 2015. 阿尔金南缘新元古代盖里克片麻岩年代学、地球化学特征及其构造意义. 现代地质, 29(6): 1271-1283.

李琦, 曾忠诚, 陈宁, 等. 2018. 阿尔金造山带青白口纪亚干布阳片麻岩年龄、地球化学特征及其地质意义. 地质通报, 37(4): 642-654.

李琦, 王疆涛, 曾忠诚, 等. 2020. 阿尔金造山带南缘蛇绿构造混杂岩带中晚奥陶世—早志留世二长花岗岩年代学、地球化学特征及地质意义. 现代地质, 34(1): 51-63.

李向民, 马中平, 孙吉明, 等. 2009. 阿尔金断裂南缘约马克其镁铁–超镁铁岩的性质和年代学研究. 岩石学报, 25(4): 862-872.

李小强, 王军, 张海峰, 等. 2021. 阿尔金山东段黑沟脑侵入体地球化学特征及锆石U-Pb年龄. 地质科学, 56(4): 1176-1191.

李孝文, 曹淑云, 刘建华, 等. 2021. 北阿尔金余石山含金石英脉地质构造特征与流体作用. 大地构造与成矿学, (6): 1061-1093.

刘锦宏, 刘良, 盖永升, 等. 2017. 北阿尔金白尖山地区花岗闪长岩锆石U-Pb定年、Hf同位素组成及其地质意义. 地质学报, 91(5): 1022-1038.

刘良, 车自成, 罗金海, 等. 1996. 阿尔金山西段榴辉岩的确定及其地质意义. 科学通报, 41: 1485-1488.

刘良, 车自成, 王焰, 等. 1998. 阿尔金茫崖地区早古生代蛇绿岩的Sm-Nd等时线年龄证据. 科学通报, 43: 880-883.

刘良, 车自成, 王焰, 等. 1999. 阿尔金高压变质岩带的特征及其构造意义. 岩石学报, 15(1): 57-64.

刘良, 张安达, 陈丹玲, 等. 2007. 阿尔金江尕勒萨依榴辉岩和围岩锆石LA-ICP-MS微区原位定年及其地质意义. 地学前缘, (1): 98-107.

刘良, 康磊, 曹玉亭, 等. 2015. 南阿尔金早古生代俯冲碰撞过程中的花岗质岩浆作用. 中国科学: 地球科学, 45: 1126-1137.

刘永江, 叶慧文, 葛肖虹, 等. 2000. 阿尔金断裂变形岩激光微区$^{40}Ar/^{39}Ar$年龄. 科学通报, 45(19): 2101-2104.

卢鹏, 张志诚, 郭召杰. 2006. 阿克塞盆地和肃北盆地中新世沉积特征及其与阿尔金断裂关系的研究. 北京大学学报(自然科学版), 42(2): 199-205.

陆洁民, 郭召杰, 赵泽辉, 等. 2004. 新生代酒西盆地沉积特征及其与祁连山隆升关系的研究. 高校地质学报, 10(1): 50-61.

陆松年, 袁桂邦. 2003. 阿尔金山阿克塔什塔格早前寒武纪岩浆活动的年代学证据. 地质学报, 77(1): 61-68.

马拓, 刘良, 盖永升, 等. 2018. 南阿尔金尤努斯萨依花岗质高压麻粒岩的发现及其地质意义. 岩石学报, 34(12): 3643-3657.

马拓, 刘良, 盖永升, 等. 2019. 中阿尔金南缘志留纪高压泥质片麻岩的发现及其构造地质意义. 岩石学报, 35(6): 1800-1818.

马中平, 李向民, 孙吉明, 等. 2009. 阿尔金山南缘长沙沟镁铁–超镁铁质层状杂岩体的发现与地质意义——岩石学和地球化学初步研究. 岩石学报, 25(4): 793-804.

马中平, 李向民, 徐学义, 等. 2011. 南阿尔金山清水泉镁铁–超镁铁质侵入体LA-ICP-MS锆石U-Pb同位素定年及其意义. 中国地质, 38(4): 1071-1078.

孟令通, 陈柏林, 王永, 等. 2016. 北阿尔金早古生代构造体制转换的时限: 来自花岗岩的证据. 大地构造与成矿学, 40(2): 295-307.

穆可斌, 连志义, 王学银. 2019. 甘肃阿尔金南缘白石头沟石墨矿地质特征、成矿条件及找矿标志. 地质与勘探, 55(3): 701-711.

潘桂棠, 焦淑沛, 徐耀荣, 等. 1984. 阿尔金山新生代构造及造山性质//青藏高原地质论文集(15). 北京: 地质出版社, 113-120.

潘雪峰, 焦建刚, 吴才来, 等. 2019. 阿尔金南缘阿克提山岩体锆石U-Pb定年、Hf同位素特征及构造意义. 地质学报, 93(3): 633-646.

彭银彪, 于胜尧, 张建新, 等. 2018. 北阿尔金地区早古生代洋壳俯冲时限: 来自斜长花岗岩和花岗闪长岩的证据. 中国地质, 45(2): 334-350.

戚学祥, 李海兵, 吴才来, 等. 2005a. 北阿尔金恰什坎萨依花岗闪长岩的锆石SHRIMP U-Pb定年及其地质意义. 科学通报, 50(6): 571-576.

戚学祥, 吴才来, 李海兵. 2005b. 北阿尔金喀孜萨依花岗岩锆石SHRIMP U-Pb定年及其构造意义. 岩石学报, 21(3): 859-866.

孙吉明, 马中平, 唐卓, 等. 2012. 阿尔金南缘鱼目泉岩浆混合花岗岩LA-ICP-MS测年与构造意义. 地质学报, 86(2): 247-257.

孙松领, 张正刚, 荣光来, 等. 2019. 阿尔金断裂带中段中生代盆地形成及演化. 新疆石油地质, 40(5): 528-535.

孙岳, 陈正乐, 陈柏林, 等. 2014. 阿尔金北缘EW向山脉新生代隆升剥露的裂变径迹证据. 地球学报, 35(1): 67-75.

汤文豪, 张志诚, 李建锋, 等. 2012. 阿尔金断裂东端白垩纪火山岩地球化学特征及其地质意义. 地学前缘, 19(4): 51-62.

陶亚玲, 张会平, 葛玉魁, 等. 2020. 青藏高原东缘新生代隆升剥露与断裂活动的低温热年代学约束. 地球物理学报, 63(11): 4154-4167.

万景林, 王瑜, 李齐, 等. 2001. 阿尔金山北段晚新生代山体抬升的裂变径迹证据. 矿物岩石地球化学通报, (4): 222-224.

王峰, 徐锡伟, 郑荣章. 2003. 阿尔金断裂带东段距今20ka以来的滑动速率. 地震地质, (3): 349-358.

王军, 李小强, 梁明宏, 等. 2018. 阿尔金山东段阿克塞蛇绿岩地质地球化学特征及形成时代. 地质通报, 37(4): 559-569.

王立社, 李智明, 杨鹏飞, 等. 2016. 阿尔金清水泉斜长角闪岩同位素定年及其地球化学特征. 大地构造与成矿学, 40(4): 839-852.

王胜利, 卢华复, 贾东, 等. 2001. 甘肃昌马盆地构造特征与成因. 高校地质学报, 7(1): 13-20.

王晓丰, 张志诚, 郭召杰, 等. 2008. 酒西盆地早白垩世沉积特征及原型盆地恢复. 石油与天然气地质, 29(3): 303-311.

王永, 吴玉, 陈柏林, 等. 2020. 北阿尔金地区超基性岩地球化学特征及其成矿潜力分析. 中国地质, 47(4): 1220-1240.

王瑜, 万景林, 李齐, 等. 2002. 阿尔金山北段阿克塞—当金山口一带新生代山体抬升和剥蚀的裂变径迹证据. 地质学报, 76(2): 191-198.

吴才来, 杨经绥, 姚尚志, 等. 2005. 北阿尔金巴什考供盆地南缘花岗杂岩体特征及锆石SHRIMP定年. 岩石学报, 21(3): 846-858.

吴才来, 姚尚志, 杨经绥, 等. 2006. 北祁连洋早古生代双向俯冲的花岗岩证据. 中国地质, 33(6): 1197-

1208.

吴才来, 姚尚志, 曾令森, 等. 2007. 北阿尔金巴什考供–斯米尔布拉克花岗杂岩特征及锆石SHRIMP U-Pb
　定年. 中国科学D辑: 地球科学, (1): 10-26.

吴才来, 郜源红, 雷敏, 等. 2014. 南阿尔金茫崖地区花岗岩类锆石SHRIMP U-Pb定年、Lu-Hf同位素特征
　及岩石成因. 岩石学报, 30(8): 2297-2323.

吴才来, 雷敏, 吴迪, 等. 2016. 南阿尔金古生代花岗岩U-Pb定年及岩浆活动对造山带构造演化的响应.
　地质学报, 90(9): 2276-2315.

吴锁平, 吴才来, 陈其龙. 2009. 阿尔金断裂南侧吐拉铝质A型花岗岩的特征及构造环境. 地质通报,
　26(10): 1385-1392.

吴益平, 张连昌, 袁波, 等. 2021. 新疆阿尔金地区卡尔恰尔超大型萤石矿床地质特征及成因. 地球科学与
　环境学报, 43(6): 962-977.

吴玉, 陈正乐, 陈柏林, 等. 2016. 阿尔金北缘脆–韧性剪切带内变形闪长岩的年代学、地球化学特征及其
　对北阿尔金早古生代构造演化的指示. 岩石学报, 32(2): 555-570.

吴玉, 陈正乐, 陈柏林, 等. 2017. 北阿尔金喀腊大湾南段二长花岗岩地球化学、SHRIMP锆石U-Pb年代
　学、Hf同位素特征及其对壳–幔相互作用的指示. 地质学报, 91(6): 1227-1243.

吴玉, 陈正乐, 陈柏林, 等. 2021. 北阿尔金早古生代同碰撞花岗质岩浆记录及其对增生造山过程的启示.
　岩石学报, 37(5): 1321-1346.

谢成龙, 孟栋材, 王大华, 等. 2020. 吐拉盆地锆石U-Pb年代学: 对成岩年龄、源区特征及阿尔金新生代
　走滑的制约. 大地构造与成矿学, 44(4): 783-800.

辛后田, 赵凤清, 罗照华, 等. 2011. 塔里木盆地东南缘阿克塔什塔格地区古元古代精细年代格架的建立
　及其地质意义. 地质学报, 85(12): 1977-1993.

辛后田, 罗照华, 刘永顺, 等. 2012. 塔里木东南缘阿克塔什塔格地区古元古代壳源碳酸岩的特征及其地
　质意义. 地学前缘, 19(6): 167-178.

新疆维吾尔自治区地质矿产局. 1993. 新疆维吾尔自治区区域地质志. 北京: 地质出版社, 163-165.

修群业, 于海峰, 刘永顺, 等. 2007. 阿尔金北缘枕状玄武岩的地质特征及其锆石U-Pb年龄. 地质学报, 81:
　787-794.

徐楠, 吴才来, 雷敏, 等. 2018. 茫崖二长花岗岩锆石U-Pb年代学、Lu-Hf同位素特征及岩石成因. 地球科
　学, 43(增刊2): 60-80.

徐楠, 吴才来, 郑坤, 等. 2020. 南阿尔金茫崖A型花岗岩的成因及构造意义. 地质学报, 94(5): 1431-1449.

徐锡伟, Tapponnier P, Van der Woerd J, 等. 2003. 阿尔金断裂带晚第四纪左旋走滑速率及其构造运动转
　换模式讨论. 中国科学(D辑), 33(10): 967-974.

徐兴旺, 李杭, 石福品, 等. 2019. 阿尔金中段吐格曼地区花岗伟晶岩型稀有金属成矿特征与找矿预测. 岩
　石学报, 35(11): 3303-3316.

徐旭明, 郭金城, 陈海燕, 等. 2014. 新疆阿尔金长沙沟一带奥陶纪辉长岩SHRIMP锆石U-Pb年龄及其地
　球化学特征. 西北地质, 47(4): 156-162.

许志琴, 杨经绥, 张建新, 等. 1999. 阿尔金断裂两侧构造单元的对比及岩石圈剪切机制. 地质学报, 73(3):
　193-205.

许志琴, 曾令森, 杨经绥, 等. 2004. 走滑断裂. "挤压性盆–山构造" 与油气资源关系的探讨. 地球科学——中国地质大学学报, 29(6): 631-643.

杨经绥, 史仁灯, 吴才来, 等. 2008. 北阿尔金地区米兰红柳沟蛇绿岩的岩石学特征和SHRIMP定年. 岩石学报, 24(7): 1567-1584.

杨文强, 刘良, 丁海波, 等. 2012. 南阿尔金迪木那里克花岗岩地球化学、锆石U-Pb年代学与Hf同位素特征及其构造地质意义. 岩石学报, 128(12): 4139-4150.

杨屹, 陈宣华, George G, 等. 2004. 阿尔金山早古生代岩浆活动与金成矿作用. 矿床地质, 23: 464-472.

杨子江, 马华东, 王宗秀, 等. 2012. 阿尔金山北缘冰沟蛇绿混杂岩中辉长岩锆石SHRIMP U-Pb定年及其地质意义. 岩石学报, 28(7): 2269-2276.

叶现韬, 张传林. 2020. 阿尔金北缘新太古代TTG片麻岩的成因及其构造意义. 岩石学报, 36: 3397-3413.

玉门油田石油地质志编写组. 1989. 中国石油地质志: 卷十三, 玉门油田. 北京: 石油工业出版社, 84-180.

袁亚平, 刘向东, 张振凯, 等. 2021. 南阿尔金晚泥盆世构造体制转换: 来自索尔库里二长花岗岩年代学和地球化学的制约. 现代地质, 35(4): 940-954.

曾忠诚, 边小卫, 赵江林, 等. 2019. 阿尔金南缘冰沟南组火山岩锆石U-Pb年龄及其前寒武纪构造演化意义. 地质论评, 65(1): 103-118.

曾忠诚, 洪增林, 刘芳晓, 等. 2020. 阿尔金造山带青白口纪片麻状花岗岩的厘定及对Rodinia超大陆汇聚时限的制约. 中国地质, 47(3): 569-589.

张国栋, 王昌桂. 1997. 阿尔金走滑构造域沉积盆地特征. 勘探家, 2(3): 17-20.

张怀惠, 张志诚, 李建锋, 等. 2021. 青藏高原东北缘中新生代构造演化: 来自磷灰石和锆石裂变径迹的证据. 地球物理学报, 64(6): 2017-2034.

张建新, 张泽明, 许志琴, 等. 1999. 阿尔金构造带西段榴辉岩的Sm-Nd及U-Pb年龄—阿尔金中加里东期山根存在的证据. 科学通报, 44(10): 1109-1112.

张建新, 杨经绥, 许志琴, 等. 2002. 阿尔金榴辉岩中超高压变质作用证据. 科学通报, 47(3): 231-234.

张建新, 孟繁聪, Mattinson C G. 2007. 南阿尔金—柴北缘高压–超高压变质带研究进展、问题及挑战. 高校地质学报, (3): 526-545.

张建新, 李怀坤, 孟繁聪, 等. 2011. 塔里木盆地东南缘(阿尔金山) "变质基底" 记录的多期构造热事件: 锆石U-Pb年代学的制约. 岩石学报, 27(1): 23-46.

张若愚, 曾忠诚, 朱伟鹏, 等. 2016. 阿尔金造山带帕夏拉依档岩体锆石U-Pb年代学、地球化学特征及地质意义. 地质论评, 62(05): 1283-1299.

张若愚, 曾忠诚, 陈宁, 等. 2018. 阿尔金造山带南缘中–晚奥陶世正长花岗岩的发现及其地质意义. 地质通报, 37(4): 545-558.

张显庭, 郑健康, 苟金, 等. 1984. 阿尔金东段槽型晚奥陶世地层的发现及其构造意义. 地质论评, 30(2): 184-186.

张新建, 孟繁聪, 于胜尧, 等. 2007. 北阿尔金HP/LT蓝片岩和榴辉岩的Ar-Ar年代学及其区域构造意义. 中国地质, 34(4): 558-564.

张益银, 郭佩, 徐崇凯, 等. 2018. 阿尔金断裂中段新生代隆升过程研究进展. 西安文理学院学报(自然科学版), 21(4): 99-105.

张占武, 黄岗, 李怀敏, 等. 2012. 北阿尔金拉配泉地区齐勒萨依岩体的年代学、地球化学特征及其构造意义. 岩石矿物学杂志, 31(1): 13-27.

张志诚, 郭召杰. 2004. 阿尔金山巴什考供地区斜长角闪岩的岩石地球化学和Sm-Nd, Ar同位素特征. 高校地质学报, 10(4): 528-534.

张志诚, 郭召杰, 关平, 等. 1998a. 阿尔金山南缘吐拉盆地侏罗系砂岩储集性特征. 矿物岩石, 18(4): 50-57.

张志诚, 郭召杰, 韩作振. 1998b. 敦煌盆地中侏罗世火山岩的地球化学特征及其地质意义. 北京大学学报(自然科学版), 34(1): 72-79.

张志诚, 郭召杰, 关平, 等. 1999a. 阿尔金山南缘吐拉盆地侏罗系砂岩成岩作用研究. 北京大学学报(自然科学版), 35(4): 535-541.

张志诚, 郭召杰, 刘树文. 1999b. 新疆阿尔金山地区元古宙超钾质碱性岩的发现. 地质论评, 45(增刊): 1015-1018.

张志诚, 龚建业, 王晓丰, 等. 2008. 阿尔金断裂带东端^{40}Ar/^{39}Ar和裂变径迹定年及其地质意义. 岩石学报, 24(5): 1041-1053.

张志诚, 郭召杰, 宋彪. 2009a. 阿尔金山北缘蛇绿混杂岩中辉长岩锆石SHRIMP U-Pb定年及其地质意义. 岩石学报, 25(3): 568-576.

张志诚, 郭召杰, 邹冠群, 等. 2009b. 甘肃敦煌党河水库TTG地球化学特征、锆石SHRIMP U-Pb定年及其构造意义. 岩石学报, 25(3): 495-506.

张志诚, 郭召杰, 冯志硕, 等. 2010. 阿尔金索尔库里地区元古代流纹岩锆石SHRIMP U-Pb定年及其地质意义. 岩石学报, 26(2): 597-606.

张志诚, 郭召杰, 李建锋, 等. 2012. 阿尔金断裂带中段中新生代隆升历史分析: 裂变径迹年龄制约. 第四纪研究, 32(3): 499-509.

张治洮. 1985. 阿尔金断裂的地质特征. 中国地质科学院西安地质矿产研究所所刊, (9): 20-32.

赵子允, 朱时达. 1980. 斜切昆仑山脉的苦牙克裂谷科学通报, 25(24): 1131-1133.

郑剑东. 1991a. 阿尔金断裂带的几何学研究. 中国区域地质, (1): 54-59.

郑剑东. 1991b. 阿尔金山大地构造及其演化. 现代地质, 5(4): 347-354.

郑坤, 吴才来, 郜源红, 等. 2018. 北阿尔金野马泉二长花岗岩成因及其构造意义. 地球科学, 43(4): 1266-1277.

郑坤, 吴才来, 魏春景, 等. 2019a. 北阿尔金西段正长花岗岩和闪长岩地球化学、锆石U-Pb定年及Hf同位素特征. 岩石学报, 35(2): 541-557.

郑坤, 吴才来, 吴迪, 等. 2019b. 北阿尔金喀孜萨依二长花岗岩成因及其构造意义. 地质学报, 93(10): 2531-2541.

An K X, Lin X B, Wu L, et al. 2020. An immediate response to the Indian-Eurasian collision along the northeastern Tibetan Plateau: evidence from apatite fission track analysis in the Kuantan Shan-Hei Shan. Tectonophysics, 774: 228-278.

Bedrosian P A, Unsworth M J, Wang F. 2001. Structure of the Altyn Tagh Fault and Daxue Shan from magnetotelluric surveys: implications for faulting associated with the rise of the Tibetan Plateau.

Tectonics, 20(4): 474-486.

Burtner R L, Nigrini A, Donelick R A. 1994. Thermochronology of Lower Cretaceous source rocks in the Idaho-Wyoming thrust belt. AAPG Bulletin, 78(10): 1613-1636.

Carlson W D, Donelick R A, Ketcham R A. 1999. Variability of apatite fission-track annealing kinetics: I. Experimental results. American Mineralogist, 84: 1213-1223.

Chang H, An Z S, Fang X M, et al. 2005. Magnetostratigraphy study on the Miocene sediments of Suerkal Basin, Altyn Tagh and its significance. IEEE International Geoscience and Remote Sensing Symposium, Vols 1-8, Proceedings, 5244-5246.

Chang H, Ao H, An Z S, et al. 2012. Magnetostratigraphy of the Suerkuli Basin indicates Pliocene (3.2Ma) activity of the middle Altyn Tagh Fault, northern Tibetan Plateau. Journal of Asian Earth Sciences, 44: 169-175.

Chang H, Li L Y, Qiang X K, et al. 2020. Formation and re-orientation of the Suerkuli Basin within the Altyn Tagh in northeastern Tibetan Plateau since late Miocene. Palaeogeography, Palaeoclimatology, Palaeoecology, 556: 109851.

Che Z C, Liu l, Liu H F, et al. 1995. Discovery and occurrence of high-pressure metapelitic rocks in Altun Mountain areas, Xinjiang Autonomous Region. Chinese Science Bulletin, 40(23): 1988-1991.

Chen Z L, Zhang Y Q, Chen X H, et al. 2001. Late Cenozoic sedimentary process and its response to the slip history of the central Altyn Tagh fault, NW China. Science in China(Series D), 44(S1): 103-111.

Cheng F, Garzione C, Jolivet M, et al. 2019. Provenance analysis of the Yumen Basin and northern Qilian Shan: implications for the pre-collisional paleogeography in the NE Tibetan plateau and eastern termination of Altyn Tagh fault. Gondwana Research, 65: 156-171.

Chung S L, Chu M F, Zhang Y Q, et al. 2005. Tibetan tectonic evolution inferred from spatial and temporal variations in post-collisional magmatism. Earth-Science Reviews, 68(3): 173-196.

Clark M K, House M A, Royden L H, et al. 2005. Late Cenozoic uplift of southeastern Tibet. Geology, 33(6): 525-528.

Clark M K, Farley K A, Zheng D W, et al. 2010. Early Cenozoic faulting of the northern Tibetan Plateau margin from apatite (U-Th)/He ages. Earth and Planetary Science Letters, 296(1-2): 78-88.

Cowgill E, Yin A, Harrison T M, et al. 2003. Reconstruction of the Altyn Tagh fault based on U-Pb geochronology: role of back thrusts, mantle sutures, and heterogeneous crustal strength in forming the Tibetan Plateau. Journal of Geophysical Research - Solid Earth, 108: 2346.

Craddock W, Kirby E, Zhang H P. 2011. Late Miocene-Pliocene range growth in the interior of the northeastern Tibetan Plateau. Lithosphere, 3(6): 420-438.

Dahlstrom C D A. 1969. Balanced cross sections. Canadian Journal of Earth Sciences, 6(4): 743-757.

Ding G Y, Chen J, Tian Q J, et al. 2004. Active faults and magnitudes of left–lateral displacement along the northern margin of the Tibetan Plateau. Tectonophysics, 380: 243-260.

Ding L, Kapp P, Wan X Q. 2005. Paleocene-Eocene record of ophiolite obduction and initial India-Asia collision, south central Tibet. Tectonics, 24(3): TC3001.

Donelick R A, ÓSullivan P B, Ketcham R A. 2005. Apatite fission-track analysis. Reviews in Mineralogy and Geochemistry, 58(1): 49-94.

Dong J, Wei C J, Clarke, G L, et al. 2018. Metamorphic evolution during deep subduction and exhumation of continental crust: insights from felsic granulites in South Altyn Tagh, West China. Journal of Petrology, 59(10): 1965-1990.

Dong J, Wei C J, Chen J, et al. 2020. P-T-t path of garnetites in South Altyn Tagh, West China: a complete record of the ultradeep subduction and exhumation of continental crust. Journal of Geophysical Research: Solid Earth 125: e2019JB018881.

Dong S L, Yan Z K, Ren J, et al. 2019. The Redefinition on Formation Time of the Lapeiquan Group in the Hongliugou Area, North Altyn: constrains from New Detrital Zircon LA-ICP-MS U-Pb Ages. Acta Geologica Sinica (English Edition), 93(6): 1971-1973.

Du D D, Zhang C J, Mughal M M, et al. 2018. Detrital apatite fission track constraints on Cenozoic tectonic evolution of the northeastern Qinghai-Tibet Plateau, China: evidence from Cenozoic strata in Lulehe section, Northern Qaidam Basin. Journal of Mountain Science, 15(3): 532-547.

Dupont-Nivet G, Hoorn C, Konert M. 2008. Tibetan uplift prior to the Eocene-Oligocene climate transition: evidence from pollen analysis of the Xining Basin. Geology, 36(12): 987-990.

Fitzgerald P G, Sorkhabi R B, Redfield T F, et al. 1995. Uplift and denudation of the central Alaska Range: a case study in the use of apatite fission track thermochronology to determine absolute uplift parameters. Journal of Geophysical Research, 100 (B10): 20175-20191.

Gao X F, Xiao P X, Guo L, et al. 2011. Opening of an early Paleozoic limited oceanic basin in the northern Altyn area: constraints from plagiogranites in the Hongliugou-Lapeiquan ophiolitic mélange. Science China Earth Science, 54(12): 1871-1879.

Gao Y B, Zhao X M, Bagas L W, et al. 2021. Newly discovered Ordovician Li-Be deposits at Tugeman in the Altyn-Tagh Orogen, NW China. Ore Geology Reviews, 139: 104515.

George A D, Marshallsea S J, Wyrwoll K H, et al. 2001. Miocene cooling in the northern Qilian Shan, northeastern margin of the Tibetan Plateau, revealed by apatite fission-track and vitrinite-reflectance analysis. Geology, 29(10): 939-942.

Gilder S, Chen Y, Sen S. 2001. Oligo-Miocene magnetostratigraphy and rock magnetism of the Xishuigou section, Subei (Gansu Province, western China), and implications for shallow inclinations in central Asia. Journal of Geophysical Research: Solid Earth, 106(B12): 30505-30521.

Gleadow A J W, Duddy I R, Green P F, et al. 1986. Confined fission track lengths in apatite: a diagnostic tool for thermal history analysis. Contributions to Mineralogy and Petrology, 94(4): 405-415.

Green P F, Duddy I R, Gleadow A J W, et al. 1986. Thermal annealing of fission tracks in apatite 1. A qualitative description. Chemical Geology, 59: 237-253.

Guo Z J, Lu J M, Zhang Z C. 2009. Cenozoic exhumation and thrusting in the northern Qilian Shan, northeastern margin of the Tibetan Plateau: Constraints from sedimentological and apatite fission-track data. Acta Geologica Sinica, 83(3): 562-579.

Hao J B, Wang C, Zhang J H, et al. 2022. Episodic Neoproterozoic extension-related magmatism in the Altyn Tagh, NW China: implications for extension and breakup processes of Rodinia supercontinent. International Geology Review, 64(10): 1474-1489.

Harding T P, Vierbuchen R C, Christie-Blick N. 1985. Structural style, plate tectonic setting, and hydrocarbon trap s of divergent wrench faults. in Biddle KT and Christie-Clicks N(eds.), Strike-slip deformation, basin formation and sedimentation. Society of Economic Paleontologist and Mineralogists Special Publication, 37: 51-57.

He P J, Song C H, Wang Y D, et al. 2017. Cenozoic exhumation in the Qilian Shan, northeastern Tibetan Plateau: evidence from detrital fission track thermochronology in the Jiuquan Basin. Journal of Geophysical Research: Solid Earth, 122(8): 6910-6927.

Hong T, Zhai M G, Xu X W, et al. 2021. Tourmaline and quartz in the igneous and metamorphic rocks of the Tashisayi granitic batholith, Altyn Tagh, northwestern China: geochemical variability constraints on metallogenesis. Lithos, 400-401: 106358.

Hu X F, Chen D B, Pan B T, et al. 2019. Sedimentary evolution of the foreland basin in the NE Tibetan Plateau and the growth of the Qilian Shan since 7 Ma. GSA Bulletin, 131(9-10): 1744-1760.

Ingersoll R V, Bullard T F, Ford R L, et al. 1984. The effect of grain size on detrital modes: a test of the Gazzi-Dikison point-counting method. Journal of Sedimentary petrology, 54: 103-116.

Jian X, Guan P, Zhang W, et al. 2018. Late Cretaceous to early Eocene deformation in the northern Tibetan Plateau: detrital apatite fission track evidence from northern Qaidam basin. Gondwana Research, 60: 94-104.

Jolivet M, Roger F, Arnaud N, et al. 1999. Exhumation histoy of the Altun Shan with evidence for the timing of the subduction of the Tarim block beneath the Altyn Tagh system, North Tibet. Comptes Rendus de l'Académie des Sciences-Series IIA-Earth and Planetary Science, 329(10): 749-755.

Jolivet M, Brunel M, Seward D, et al. 2001. Mesozoic and Cenozoic tectonics of the northern edge of the Tibetan Plateau: Fission-track constraints. Tectonophysics, 343(1-2): 111-134.

Kang L, Xiao P X, Gao X F, et al. 2015. Age, petrogenesis and tectonic implications of Early Devonian bimodal volcanic rocks in the South Altyn, NW China. Journal of Asian Earth Sciences, 111: 733-750.

Ketcham R A. 2005. Forward and inverse modeling of low-temperature thermochronometry data. Reviews in Mineralogy and Geochemistry, 58(1): 275-314.

Ketcham R A, Donelick R A, Carlson W D. 1999. Variability of apatite fission-track annealing kinetics: III. Extrapolation to geological time scales. American Mineralogist, 84: 1235-1255.

Ketcham R A, Carter A, Donelick R A, et al. 2007. Improved measurement of fission-track annealing in apatite using c-axis projection. American Mineralogist, 92(5-6): 789-798.

Ketcham R A, Donelick R A, Balestrieri M L, et al. 2009. Reproducibility of apatite fission-track length data and thermal history reconstruction. Earth and Planetary Science Letters, 284(3-4): 504-515.

Laslett G M, Green P F, Duddy I R, et al. 1987. Thermal annealing of fission tracks in apatite. 2. A quantitative analysis. Chemical Geology (Isotopes Geoscience Section), 65(1): 1-13.

Lease R O, Burbank D W, Clark M K, et al. 2011. Middle Miocene reorganization of deformation along the northeastern Tibetan Plateau. Geology, 39(4): 359-362.

Lease R O, Burbank D W, Hough B, et al. 2012. Pulsed Miocene range growth in northeastern Tibet: Insights from Xunhua Basin magnetostratigraphy and provenance. GSA Bulletin, 124(5-6): 657-677.

Li B, Zuza A V, Chen X H, et al. 2020. Cenozoic multi-phase deformation in the Qilian Shan and out-of-sequence development of the northern Tibetan Plateau. Tectonophysics, 782-783: 228423.

Li B S, Yan M D, Zhang W L, et al. 2021. Bidirectional growth of the Altyn Tagh Fault since the Early Oligocene. Tectonophysics, 815: 228991.

Li J F, Zhang Z C, Tang W H, et al. 2014. Provenance of Oligocene–Miocene sediments in the Subei area, eastern Altyn Tagh fault and its geological implications: Evidence from detrital zircons LA-ICP-MS U-Pb chronology. Journal of Asian Earth Sciences, 87: 130-140.

Li J F, Zhang Z C, Zhao Y, et al. 2017. Detrital apatite fission track analyses of the Subei basin: implications for basin-range structure of the northern Tibetan Plateau. International Geology Review, 59(2): 204-218.

Li Y S, Santosh M, Zhang J X, et al. 2021. Tracking a continental deep subduction and exhumation from granulitized kyanite eclogites in the South Altyn Tagh, northern Qinghai-Tibet Plateau, China. Lithos 382-383: 105954.

Lin X, Tian Y T, Donelick R A, et al. 2019. Mesozoic and Cenozoic tectonics of the northeastern edge of the Tibetan plateau: evidence from modern river detrital apatite fission–track age constraints. Journal of Asian Earth Sciences, 170: 84-95.

Liu C H, Wu C L, Gao Y H, et al. 2016. Age, composition, and tectonic significance of Palaeozoic granites in the Altyn orogenic belt, China. International Geology Review, 58(2): 131-154.

Liu D L, Yan M D, Fang X M, et al. 2011. Magnetostratigraphy of sediments from the Yumu Shan, Hexi Corridor and its implications regarding the Late Cenozoic uplift of the NE Tibetan Plateau. Quaternary International, 236(1-2): 13-20.

Liu D L, Li H B, Chevalier M L, et al. 2021. Activity of the Baiganhu Fault of the Altyn Tagh Fault System, northern Tibetan Plateau: insights from zircon and apatite fission track analyses. Palaeogeography, Palaeoclimatology, Palaeoecology, 570: 110356.

Liu L, Che Z C, Luo J H, et al. 1997. Recognition and implication of eclogite in the western Altun Mountain, Xinjiang. Chinese Science Bulletin, 42(11): 931-934.

Liu L, Zhang J F, Cao Y T, et al. 2018. Evidence of former stishovite in UHP eclogite from the South Altyn Tagh, western China. Earth and Planetary Science Letters, 484: 353-362.

Liu Q, Tsunogae T, Zhao G C, et al. 2021. Provenance and tectonic implications of early Paleozoic sedimentary rocks in the Central Altyn Tagh terrane, southeast of the Tarim craton. International Journal of Earth Sciences, 110: 1883-1898.

Liu Y J, Neubauer F, Genser J, et al. 2007. Geochronology of the initiation and displacement of the Altyn Strike-Slip Fault, western China. Journal of Asian Earth Sciences, 29(2-3): 243-252.

Long X P, Yuan C, Sun M, et al. 2014. New geochemical and combined zircon U-Pb and Lu-Hf isotopic data of orthogneisses in the northern Altyn Tagh, northern margin of the Tibetan Plateau: implication for Archean evolution of the Dunhuang Block and crust formation in NW China. Lithos, 200-201: 418-431.

Lu S N, Li H K, Zhang C L, et al. 2008. Geological and geochronological evidence for the Precambrian evolution of the Tarim Craton and surrounding continental fragments. Precambrian Research, 160: 94-107.

Ludwig K R. 2003. User's Manual for Isoplot 3.0: a geochronological, toolkit for Microsoft excel. Berkeley Geochronology Center Special Publication, 4: 1-71.

Luo H, Xu X W, Gao Z P, et al. 2019. Spatial and temporal distribution of earthquake ruptures in the eastern segment of the Altyn Tagh fault, China. Journal of Asian Earth Sciences, 173: 263-274.

Meade B J. 2007. Present-day kinematics at the India-Asia collision zone. Geology, 35(1): 81-84.

Meng L T, Chen B L, Zhao N N, et al. 2017. The distribution, geochronology and geochemistry of early Paleozoic granitoid plutons in the North Altun orogenic belt, NW China: implications for the petrogenesis and tectonic evolution. Lithos, 268: 399-417.

Meng Q R, Hu J M, Yang F Z. 2001. Timing and magnitude of displacement on the Altyn Tagh fault: constraints from stratigraphic correlation of adjoining Tarim and Qaidam basins, NW China. Terra Nova, 13(2): 86-91.

Meng Q R, Song C H, Nie J S, et al. 2020. Middle-late Miocene rapid exhumation of the southern Qilian Shan and implications for propagation of the Tibetan Plateau. Tectonophysics, 774: 228279.

Molnar P. 2005. Mio-Pliocene growth of the Tibetan Plateau and evolution of East Asian climate. Palaeontologia Electronica, 8(1): 1-23.

Molnar P, Tapponnier P. 1975. Cenozoic tectonic of Asia: effects of a continental collision. Science, 189(4201): 419-426.

Pang J Z, Yu J X, Zheng D W, et al. 2019. Neogene expansion of the Qilian Shan, north Tibet: implications for the dynamic evolution of the Tibetan Plateau. Tectonics, 38(3): 1018-1032.

Ritts B D, Biffi U. 2000. Magnitude of post-Middle Jurassic (Bajocian) displacement on the central Altyn Tagh fault system, northwest China. Geological Society of America Bulletin, 112(1): 61-74.

Ritts B D, Yue Y J, Graham S A. 2004. Oligoeene-Miocene tectonics and sedimentation along the Altyn Tagh fault, northern Tibetan Plateau: analysis of the Xorkol, Subei and Aksay Basins. The Journal of Geology, 112(2): 207-229.

Shi W B, Wang F, Yang L K, et al. 2018. Diachronous growth of the Altyn Tagh Mountains: constraints on propagation of the northern Tibetan margin from (U-Th)/He dating. Journal of Geophysical Research: Solid Earth, 123: 6000-6018.

Sobel E R, Arnaud N. 1999. A possible middle Paleozoic suture in the Altyn Tagh, NW China. Tectonics, 18: 64-74.

Sobel E R, Arnaud N O, Jolivet M, et al. 2001. Jurassic to Cenozoic exhumation history of the Altyn Tagh range, NW China, constrained by $^{40}Ar/^{39}Ar$ and apatite fission track thermochronology. Geological Society of America Memoirs, 194: 247-267.

Sun J M, Zhu R X, An Z S. 2005. Tectonic uplift in the northern Tibetan Plateau since 13.7 Ma ago inferred from molasses deposits along the Altyn Tagh fault. Earth and Planetary Science Letters, 235(3-4): 641-653.

Tapponnier P, Xu Z Q, Roger F, et al. 2001. Oblique stepwise rise and growth of the Tibet Plateau. Science, 294(5547): 1671-1677.

Tikoff B, Teyssier C. 1994. Strain modeling of displacement-field partitioning in transpressional orogens. Journal of Structural Geology, 16(11): 1575-1588.

Wang C, Liu L, Yang W Q, et al. 2013. Provenance and ages of the Altyn complex in Altyn Tagh: implications for the early Neoproterozoic evolution of northwestern China. Precambrian Research, 230: 193-208.

Wang C, Liu L, Xiao P X, et al. 2014. Geochemical and geochronologic constraints for Paleozoic magmatism related to the orogenic collapse in the Qimantagh-South Altyn region, northwestern China. Lithos, 202-203: 1-20.

Wang C M, Tang H S, Zheng Y, et al. 2019. Early Paleozoic magmatism and metallogeny related to Proto-Tethys subduction: insights from volcanic rocks in the northeastern Altyn Mountains, NW China. Gondwana Research, 75: 134-153.

Wang E. 1997. Displacement and timing along the northern strand of the Altyn Tagh fault zone, Northern Tibet. Earth and Planetary Science Letters, 150: 55-64.

Wang F, Lo C H, Li Q, et al. 2002. Unroofing around Qaidam Basin of northern Tibet at 30 Ma: constraints from $^{40}Ar/^{39}Ar$ and FT thermochronology on granitoids. Science in China (Series B), 45(S1): 70-83.

Wang Q M, Coward M P. 1993. The Jiuxi Basin, Hexi Corridor, NW China: foreland structural features and hydrocarbon potential. Journal of Petroleum Geology, 16(2): 169-182.

Wang W T, Zhang P Z, Kirby E, et al. 2011. A revised chronology for Tertiary sedimentation in the Sikouzi basin: implications for the tectonic evolution of the northeastern corner of the Tibetan Plateau. Tectonophysics, 505(1-4): 100-114.

Wang X M, Wang B Y, Qiu Z X, et al. 2003. Danghe area (western Gansu, China) biostratigraphy and implications for depositional history and tectonics of northern Tibetan Plateau. Earth and Planetary Science Letters, 208(3-4): 253-269.

Wang X X, Song C H, Zattin M, et al. 2016. Cenozoic pulsed deformation history of northeastern Tibetan Plateau reconstructed from fission-track thermochronology. Tectonophysics, 672-673: 212-227.

Wang Y, Zhang Z M, Wang E Q, et al. 2005. $^{40}Ar/^{39}Ar$ thermochronological evidence for formation and Mesozoic evolution of the northern-central segment of the Altyn Tagh fault system in the northern Tibetan Plateau. GSA Bulletin, 117: 1336-1346.

Wang Z D, Guo Z J, Yu X J, et al. 2020. Zircon U-Pb dating, geochemical, and Sr-Nd isotopic characteristics of Duobagou trachyandesite from Dunhuang, NW China: implications for crust-mantle interaction. Geological Journal, 55: 4493-4506.

White W M, Hofmann A W, Puchelt H. 1987. Isotope geochemistry of Pacific Mid-Ocean Ridge Basalt. Journal of Geophysical Research, 92(B6): 4881-4893.

Wilson C J L, Fowler A P. 2011. Denudational response to surface uplift in east Tibet: evidence from apatite fission-track thermochronology. Geological Society of America Bulletin, 123(9-10): 1966-1987.

Wu L, Lin X B, Cowgill E, et al. 2019. Middle Miocene reorganization of the Altyn Tagh fault system, northern Tibetan Plateau. GSA Bulletin, 131: 1157-1178.

Yin A, Harrison T M. 2000. Geologic evolution of the Himalayan-Tibetan orogen. Annual Review of Earth and Planetary Sciences, 28(1): 211-280.

Yin A, Rumelhart P E, Butler R, et al. 2002. Tectonic history of the Altyn Tagh fault system in northern Tibet inferred from Cenozoic sedimentation. GSA Bulletin, 114(10): 1257-1295.

Yin J Y, Chen W, Hodges K V, et al. 2018. The thermal evolution of Chinese central Tianshan and its implications: insights from multi-method chronometry. Tectonophysics, 722: 536-548.

Yu J X, Zheng D W, Pang J Z, et al. 2019. Miocene range growth along the Altyn Tagh fault: insights from apatite fission track and (U-Th)/He thermochronometry in the western Danghenan Shan, China. Journal of Geophysical Research: Solid Earth, 124: 9433-9453.

Yu S Y, Zhang J X, Li S Z, et al. 2018. Continuity of the North Qilian and North Altun orogenic belts of NW China: evidence from newly discovered Palaeozoic low-Mg and high-Mg adakitic rocks. Geological Magazine, 155(8): 1684-1704.

Yue Y J, Ritts B D, Graham S A, et al. 2003. Slowing extrusion tectonics: Lowered estimate of post-Early Miocene long-term slip rate for the Altyn Tagh fault, China. Earth and Planetary Science Letters, 217(1-2): 111-122.

Yue Y J, Stephan A G, Bradley D R, et al. 2005. Detrital zircon provenance evidence for large-scale extrusion along the Altyn Tagh fault. Tectonophysics, 406: 165-178.

Zhang B H, Zhang J, Wang Y N, et al. 2017. Late mesozoic-cenozoic exhumation of the northern Hexi corridor: constrained by apatite fission track ages of the Longshoushan. Acta Geologica Sinica (English Edition), 91(5): 1624-1643.

Zheng D W, Clark M K, Zhang P Z, et al. 2010. Erosion, fault initiation and topographic growth of the North Qilian Shan (northern Tibetan Plateau). Geosphere, 6(6): 937-941.

Zheng D W, Wang W T, Wan J L, et al. 2017. Progressive northward growth of the northern Qilian Shan-Hexi Corridor (northeastern Tibet) during the Cenozoic. Lithosphere, 9(3): 408-416.

Zheng K, Wu C L, Lei M, et al. 2019. Petrogenesis and tectonic implications of granitoids from western North Altun, Northwest China. Lithos, 340: 255-269.

Zhuang G S, Johnstone S A, Hourigan J, et al. 2018. Understanding the geologic evolution of northern Tibetan Plateau with multiple thermochronometers. Gondwana Research, 58: 195-210.

第 3 章

祁连山前新生代构造演化

3.1 概述

祁连山,其名源自古代匈奴,在古匈奴语中,"祁连"意即"天",祁连山因此而得名"天山",大诗人李白的千古佳句《关山月》:"明月出天山,苍茫云海间。长风几万里,吹度玉门关",这里的天山即为祁连山。又因其位于河西走廊以南,故称南山。

20 世纪 30~60 年代,中外地质先驱们开始对北祁连山的地层、古生物、火成岩、冰川地质、变质岩、大地构造以及煤、砂金等矿产资源等诸多方面进行了较全面的调查,为以后的地质研究和矿产普查工作打下了基础。1956~1958 年,由中国科学院地质研究所、兰州地质研究室、地质古生物研究所和北京地质学院组成的祁连山队对祁连山的地层、古生物、岩石、构造和矿产进行了全面调查,并分别在 1960 年和 1963 年出版了两卷《祁连山地质志》。该书是第一部系统全面描述有关祁连山区域地质、构造岩相带、地质发展史和矿产分布规律等基础地质的综合性经典著作。

在 20 世纪 70 年代,随着板块构造理论在中国的广泛传播,北祁连山造山带的研究得到飞速发展,许多地质学家从不同角度对北祁连山古板块运动的发生、发展过程和动力学机制方面进行了分析研究,确定本区是一典型的加里东期板块俯冲缝合带。肖序常等(1974,1978)报道北祁连山地区发现蓝闪片岩带、蛇绿岩套和混杂堆积,确定北祁连山是中国境内最典型的古板块俯冲带之一(冯益民和何世平,1995,1996)。夏林圻等(1991,1995,1996,1998)通过北祁连海相火山岩岩石学、地球化学、同位素年代学、构造环境等方面研究,提出从早古生代早期裂谷到中期有限洋盆、晚期俯冲碰撞的演化模式,并划分出沟—弧—盆体系。

吴汉泉(1980,1982,1987)、张之孟(1989)、宋述光和吴汉泉(1992)、Wu 等(1993)、许志琴等(1994)、宋述光(1997)、张建新等(1997)对蓝闪片岩和榴辉岩的岩石学、矿物学、同位素年代学、构造变形以及成因机制等方面进行了深入研究。同时,吴汉泉等(1990)又发现一条含硬柱石、绿纤石、文石的低温蓝闪片岩带,并对它与前者进行了对比研究,划分为高级蓝片岩(含榴辉岩)带和低级蓝片岩带(吴汉泉和宋述光,1992;Wu et al.,1993;Zhang et al.,2009)。之后,张建新和宋述光研究团队分别确定了硬柱石榴辉岩和纤柱石泥质片岩的存在,并确定榴辉岩的变质年龄为 490~460Ma(张建新和孟繁聪,2006;Zhang et al.,2007;宋述光等,2004;Song et al.,2007,2009)。因此,两条变质变形特征不同的早古生代蓝片岩带的共存构成了北祁连山所独有的特色,尤其是近年来岩石学、地球化学和同位素年代学的深入研究,也引起国内外学者的关注和对北祁连山构造演化的重新认识。

作为中央造山带的重要组成部分,祁连山在我国蛇绿岩、高压变质和板块构造研究中有着十分重要的地位。新世纪以来 20 年多年的研究证明,阿拉善地块和柴达木地块的祁连造山带记录原特提斯洋扩张、俯冲、闭合、大陆边缘增生和碰撞造山的完整过程。

3.2　区域地质背景

　　祁连山 – 柴北缘复合造山带位于青藏高原的北部，中国三大稳定克拉通板块之间。其东部是秦岭造山带（详见张国伟等，2001；Dong et al.，2013），西部是被阿尔金左行走滑断裂所切断，南部为东昆仑造山带（详见李荣社等，2008），在大地构造上是秦 – 祁 – 昆巨型造山带的一部分，由阿拉善地块与柴达木 – 祁连地块之间汇聚形成的增生 – 碰撞造山带。

　　祁连山及周边地区由北向南可以详细划分为 7 个构造单元（图 3-1）：①阿拉善地块；②北祁连山俯冲增生杂岩带；③中祁连地块；④南祁连增生杂岩带；⑤全吉 – 欧龙布鲁克地块；⑥柴北缘超高压变质带；⑦柴达木地块。这些构造单元在西部被北东方向的阿尔金左行走滑断裂所切，而两条高压超高压变质带可以追索到走滑断裂的西部（Zhang J X et al.，2001a，2007）。

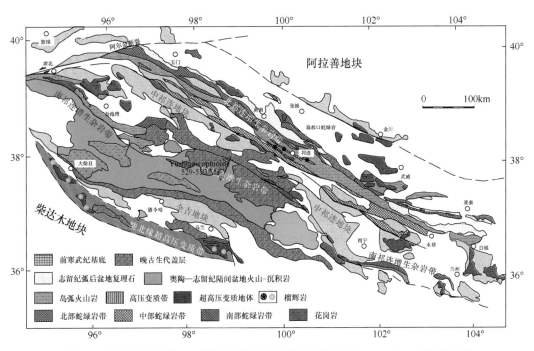

图 3-1　青藏高原祁连山 – 柴达木复合造山带构造单元（Song et al.，2013 修改）

3.2.1　阿拉善地块

　　阿拉善地块是指阿拉善及与其相邻的龙首山一带，形态上呈三角形，其北毗邻中亚造山带，其东以贺兰山褶皱带与华北克拉通相隔，其南以断裂与北祁连造山带相邻。阿拉善地块大部分面积为新生代沉积物所覆盖，早前寒武纪变质基底岩系仅见于其东部和西南部，主要包括约 2.7~2.34Ga 角闪岩（耿元生等，2006；Dan et al.，2012）、约 2.5~1.9Ga TTG 花岗片麻岩（修群业等，2002；耿元生等，2007）、角闪岩相 – 麻粒岩相表壳岩。该地块长期以来被认为是华北克拉通西向延伸的一部分（Zhao et al.，2005）。区内西部北大山地区新太古代 TTG 花岗片麻岩锆石中记录了早期近乎同时发生的约 2.5Ga 岩浆和变质事件以及后期约 1.8Ga 高级变质事件。锆石 Hf 同位素模式年龄暗示了约 2.7~2.8Ga 的地壳增长事件。这些结果与华北克拉通记录的信息类似，暗示阿拉善地块可能在古元古代以前属于华北克拉通的一部分。然而，近年来在阿拉善地块北部地区发现有约 845~971Ma 片麻状花岗岩侵入到古元古代片麻岩中（耿元生等，2002），南部龙首山地区有约 827~828Ma 的金川含铜 – 镍硫化物矿床的超镁铁质岩石（李献华等，2004），这些新元古代侵入体可能与 Rodinia 超大陆的拼合和裂解有关。另外，阿拉善地块东部巴彦乌拉山和迭布斯格变质杂岩原岩形成时代为古元古代而非太古宙，火成变质岩原岩年龄为 2.34~2.3Ga，迭布斯格副片麻岩原岩的沉积年龄在约 2.45~2.0Ga（Dan et al.，2012）。阿拉善地块东南缘牛首山地区中晚泥盆世砂岩和鄂尔多斯地块西南边缘奥陶纪砂岩碎屑锆石谱峰分别主要集中在 0.4~0.7Ga 和 0.8~1.0Ga，其次为 1.0~1.3Ga 和 0.5~0.6Ga，说明阿拉善地块可与祁连 – 柴达木地块或华南地块对比，而与华北克拉通不同。因此，阿拉善地块与华北克拉通具有不同的构造演化史，尤其是新元古代至早古生代以来（Song et al.，2013），可能与塔里木地块有很好的亲缘性（Song and Li，2019）。

3.2.2　北祁连增生杂岩带

北祁连山是一典型的早古生代大洋型俯冲缝合带，该缝合带宽约 80~100km，呈北西 – 南东方向展布于阿拉善地块和祁连地块之间。其西部被阿尔金左行走滑断裂截断，并且可以与北阿尔金高压变质带相对比（Zhang J X et al.，2001，2007）。带内由早古生代蛇绿岩组合、岛弧杂岩及俯冲杂岩（包括蛇绿混杂岩、低温高压蓝片岩和榴辉岩）组成，岩石组合特征反映北祁连山是一典型的大洋型或 B 型俯冲带，是两个大陆之间的缝合线。志留纪以残余海相复理石建造为特征，早泥盆世为磨拉石建造，中晚泥盆世—三叠纪为稳定盖层沉积。

北祁连造山带内发育有新元古代—早古生代蛇绿岩、高压变质岩石、早古生代岛弧火山岩及花岗岩侵入体、志留纪复理石建造、早泥盆世磨拉石建造和石炭纪—三叠纪沉积盖层（图 3-2）（肖序常等，1978；夏林圻等，1991，1992，1995；Song et al.，2009，2013；Xia et al.，2012）。

志留纪复理石建造主要分布在北蛇绿岩带中，两者在空间分布上密切相关，且变形方向一致，其上均为早泥盆世磨拉石和晚泥盆世—三叠纪稳定地台沉积物不整合覆盖（Song et al.，2013）。它的上部主要由浊积成因的砂岩—细砂岩—粉砂岩—泥岩互层组成，具鲍马序列结构；下部为稳定沉积的一套巨厚砾岩层，且南北部砾岩中的砾石成分有所区别，北部主要为来源于大陆边缘的花岗岩、硅质岩、砂岩、灰岩和火山岩，

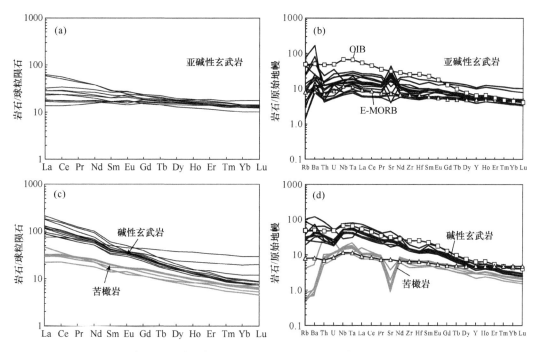

图 3-2　拉脊山洋底高原型蛇绿岩的稀土和微量元素模式图（数据引自 Zhang et al., 2017）

而南部主要为来源于火山弧的火山岩、硅质岩和花岗岩。锆石定年结果显示这些火山岩和花岗岩砾石的形成时代为 515~42Ma，与火山弧和同碰撞岩浆的活动时间一致，说明这套复理石建造的沉积时代晚于 429Ma。以上这些结果显示这套复理石建造的沉积环境为弧后盆地。

早泥盆世磨拉石建造为一套巨厚的以粗碎屑为主的岩系，岩层中碎屑物分选和磨圆较差，在北祁连造山带内分布较为零散，通常不整合于岛弧火山杂岩、蛇绿岩、高压变质岩和志留纪复理石之上，形成于造山隆起阶段（Song et al., 2013）。

石炭—二叠纪沉积盖层：石炭纪为典型的海相碳酸盐沉积，反映祁连山地区造山带结束并夷平，形成广泛的陆表海沉积，二叠纪为海陆交互相沉积，并形成含煤层（Song et al., 2014）。

3.2.3　中祁连地块

祁连地块的前寒武纪基底岩石主要有长英质片麻岩、大理岩、斜长角闪岩和麻粒岩，其南部发育有厚层的早古生代沉积岩系。其中侵入到湟源群的花岗岩和花岗片麻岩的锆石年龄 910~940Ma（郭进京等，1999；万渝生等，2003；董国安等，2007a）。

祁连地块夹持于北祁连造山带与柴北缘超高压变质带之间，是一个以前寒武变质结晶基底为主，其上被早古生代—中生代以来沉积物所覆盖的块体，包括前人所划分的中祁连地块和欧龙布鲁克／全吉地块（陆松年，2002）。中祁连前寒武纪变质结晶基底主要由晋宁期角闪岩相变泥砂质岩石和壳源花岗岩组成，另有少量大理岩和角闪岩（Wan et al.，2001）。基底沉积岩中碎屑锆石年龄谱峰值主要集中在 1.0~1.8Ga，少量分布在太古宙及新元古代（董国安等，2007a）。区内无太古宙岩石出露，但有大量约940~750Ma 的花岗类岩石或花岗片麻岩（郭进京等，1999；Wan et al.，2001；Gehrels et al.，2003；董国安等，2007a；徐旺春等，2007）和约 919~905Ma 角闪岩出露，可能与 Rodinia 超大陆的拼合和裂解有关（Li et al.，2008）。

3.2.4　南祁连增生杂岩带

该增生杂岩带从西部的肃北，经盐池湾、刚察、海晏，向东到拉脊山、永靖，断续产出，并延伸约 1000km，并且与北祁连增生杂岩带平行展布（图3-2）。该构造带向东与西秦岭天水—武山以及东秦岭的丹凤早古生代增生杂岩带相连，构成连接祁连和秦岭的祁秦增生杂岩带（Song et al.，2017）。在肃北—盐池湾一带，主要是岛弧火山岩和中酸性深成岩体，并有大道尔吉蛇绿岩的产出。在刚察和海晏一带，枕状熔岩和岛弧火山岩为小的构造块体出露，在拉脊山地壳，由蛇绿岩和岛弧火山岩组成的杂岩带延伸约 200km，南北两侧均被逆冲断裂控制。邱家骧等（1995，1998）和邓清禄等（1995）对本区火山岩进行了研究，并确定了裂谷火山岩的存在。杨巍然等（2000，2002）进行了蛇绿岩的研究，将其作为独立的造山带来考虑，认为是在晋宁期基底上，强烈断裂作用而成，并确定了具有 OIB 特征的蛇绿岩组合和岛弧火山岩组合；王二七等（2000）认为拉脊山是一个多阶段抬升的构造窗；侯青叶等（2005）通过地球化学分析认为，拉脊山火山岩带由两类火山岩组成，一类为大陆板内碱性玄武岩，另一类为与地幔柱活动有关的拉斑玄武岩，具有洋岛玄武岩 OIB 特征；付长垒等（2014）报道了拉脊山辉绿岩的锆石年龄为 491±5Ma。笔者研究确定蛇绿岩中辉长岩的形成年龄为 525~508Ma，为中晚寒武世，岛弧火山岩和深成岩体的形成时代为 460~440Ma，为中晚奥陶世。

南祁连陆间火山－沉积盆地主要由奥陶纪—志留纪巨厚的复理石沉积岩和少量火山岩组成，沉积岩以深灰色－浅灰色薄层状板岩和页岩为主，夹中薄层的石英砂岩，具有深海浊积岩特征。将该区域划分为南祁连冒地槽褶皱带，Song 等（2014）认为可能是两个汇聚大陆之间的陆间盆地沉积，当两个大陆碰撞时被逆冲到俯冲的大陆之上，与喜马拉雅造山带的特提斯喜马拉雅构造带类似。

3.2.5　全吉微陆块

全吉微陆块位于南祁连与柴北缘超高压变质带之间，发育有 2470±20Ma 的古元古代花岗质岩石（李晓彦等，2007；陈能松等，2007；Chen et al.，2009）。而变质沉积岩中单颗粒碎屑锆石年龄分布于 3.09~0.88Ga 之间（董国安等，2007a），可与扬子地块的结晶基底相对比。

全吉地块自下而上由德令哈杂岩、达肯大坂岩群和万洞沟群三个岩石 – 构造单元组成。相关花岗质片麻岩原岩及花岗岩侵入体年龄主要集中在约 2.47~2.2Ga（陆松年，2002；李晓彦等，2007），是区内最古老的岩浆记录，未见太古宙岩石出露。另外，对该区的副片麻岩、基性和酸性混合岩中淡色体和角闪岩（张建新等，2001）研究表明，该区在晚古元古代时期可能经历了两期变质事件，具体时间为约 1.96~1.90Ga 和约 1.85~1.80Ga。认为其可能与哥伦比亚超大陆的聚合有关。但是，我们认为以古元古代为主的年龄特征与华北克拉通的年龄结构不一致，说明二者可能具有不同的演化历史。

3.2.6　柴北缘超高压变质带

柴北缘超高压变质带位于我国西部的青海省境内，青藏高原的东北缘，沿柴达木盆地的北缘呈 NWW-SEE 走向展布。北侧是祁连地体，南侧为柴达木地体，东接秦岭造山带（图 3-1），其西端被阿尔金断裂所切。阿尔金断裂的西南为南阿尔金超高压变质地体（刘良等，1996，1998，1999，2003，2005；张建新等，2001）。Zhang J X 等（2001）认为南阿尔金和柴北缘是同一超高压变质带，被阿尔金断裂切断，位移量达400km。根据二者超高压变质年龄的差别，认为不是一条超高压变质带。

柴北缘超高压变质带主要由花岗质片麻岩（＞ 80%）、泥质片麻岩及少量榴辉岩和石榴橄榄岩组成。花岗质片麻岩原岩的锆石 SHRIMP 年龄为 950~1000Ma（Song et al.，2012），与祁连地块花岗质片麻岩的年龄一致。柯石英和金刚石等包裹体矿物的发现表明这些岩石经历了 100~200km 深的超高压变质作用。

3.2.7　柴达木地块

柴达木地块的中央基本全被盆地新生代沉积物所覆盖，其基底岩石只在其北缘和南缘有所出露。柴北缘基底岩系由沙柳河岩群（角闪岩相变质表壳岩夹少量变基性岩）和侵入其中的深变质高钾过铝质 S 型花岗岩组成（陈能松等，2007）。柴南缘（东昆仑北缘）基底岩系为金水口群，主要由中新元古代格林威尔期高角闪岩相 – 麻粒岩相变质花岗岩和表壳岩组成，夹少量变基性岩（陈能松等，2006；张建新等，2010；何凡和宋述光，2020）。现有的研究表明，柴达木地块前寒武变质基底岩系在早古生代造山作用过程中发生了再度活化（张建新等，2003；高晓峰等，2011）。

3.2.8　祁连山原特提斯洋的形成和演化

3.2.8.1　蛇绿岩带

作为古洋壳碎片，蛇绿岩在研究古大洋的形成、发展和闭合以及大陆造山带的形成过程等方面，起着不可替代的关键作用，也是碰撞和增生造山带中作为识别汇聚板块边界的最主要标志。祁连造山带从南向北发育有 3 条平行排列、不同类型的蛇绿岩带（宋述光等，2019）：①南部（南祁连）洋底高原 – 洋中脊型 – 弧前蛇绿岩混杂带；②中部大洋中脊型蛇绿岩带；③北部 SSZ 型蛇绿岩带。

3.2.8.2　祁连洋底高原 – 洋中脊型 – 弧前蛇绿岩混杂带

南部蛇绿岩带（也可以称之为南祁连蛇绿岩带）从东部的甘肃永靖，经青海的拉脊山，青海湖北侧的刚察和海晏，向西延伸至盐池湾的大道尔吉一带。事实上，南部蛇绿岩带展布于任纪舜等（1980）划分的中祁连地块与南祁连冒地槽褶皱带之间的分界线上，而南祁连冒地槽沉积岩地层是被动陆缘和俯冲带之间的沉积盆地。该蛇绿岩带向东与西秦岭的早古生代蛇绿岩（Yang H B et al.，2018）相连，加上与之相伴的奥陶纪洋内弧火山岩，弧火山岩的形成年龄为 470~440Ma（Song et al.，2017；Yang L M et al.，2018，2019）；Song 等（2017）将其统称为"祁秦增生杂岩带"。该蛇绿岩带由西向东断续分布，分别为大道尔吉蛇绿岩地体、木里蛇绿岩地体、刚察蛇绿岩地体、拉脊山蛇绿岩地体和永靖蛇绿岩地体。大道尔吉蛇绿岩的资料较少，刚察地体只是一些蛇绿岩碎片，部分位置上的岩石经历了强烈的变形而难以识别。在东部拉脊山和永靖地区出露好，规模较大，岩石新鲜，可以作为南部蛇绿岩带的代表。该蛇绿岩混杂带的形成年龄可以分为两个阶段，早期蛇绿岩形成于 535~490Ma，为俯冲带无关的蛇绿岩组合，形成于洋底高原和洋中脊。晚期蛇绿岩 470~440Ma，形成于俯冲带环境，为弧前伸展的 SSZ 型蛇绿岩（与大洋俯冲相关型蛇绿岩）。

拉脊山 – 永靖蛇绿岩为典型的洋底高原型蛇绿岩地体（Song et al.，2017；Zhang et al.，2017）。蛇绿岩主要由块状和枕状玄武岩组成，并出露有两块蛇纹石化的超基性岩体，但未见堆晶岩系列岩石。块状构造的玄武岩表面受到风化作用的影响而变成绿色，呈厚层状分布，不具备柱状节理，这是一种大量岩浆在短时间内喷发所产生的现象。一些露头具有席状岩墙的特征，并具有冷凝边结构。枕状熔岩呈深绿色，并覆盖到块状构造玄武岩上部。在永靖蛇绿岩中发现的苦橄岩同样具有枕状构造。它们经历了洋底低级蚀变作用，发育出低绿片岩相的矿物组合：蛇纹石 + 绿泥石 + 透闪石。所有的橄榄石均已蚀变为绿泥石或者蛇纹石，辉石蚀变为透闪石。亚碱性玄武岩具有显著的辉绿结构，即长条状斜长石搭架，单斜辉石充填在空隙中。部分高 Cr 的碱性玄武岩中具有特征的铬尖晶石副矿物。

拉脊山 – 永靖蛇绿岩的玄武岩 MgO 含量分布范围较大，为 5.47%~22.58%，全碱（Na_2O+K_2O）含量为 0.04%~8.35%，在全岩硅碱图中主要分布于玄武岩和碱玄岩区。根据（Nb/Y）-（Zr/TiO_2）玄武岩分类图解，部分玄武岩属于碱性玄武岩，另一部分玄武岩可以归类为亚碱性玄武岩。永靖蛇绿岩地体的 6 块具有枕状熔岩样品以及 1 块块状熔岩样品具有非常高的 MgO 含量（＞18%），属于典型苦橄岩。根据样品的主微量元素特征，我们将玄武岩质岩石样品划分为三组：①板内碱性玄武岩；②板内亚碱性

拉斑玄武岩;③苦橄岩。微量元素地球化学特征显示为地幔柱成因的洋底高原玄武岩
(图 3-3)。

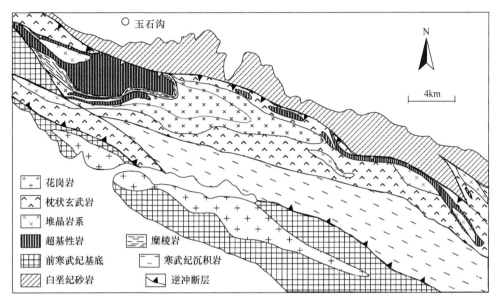

图 3-3 玉石沟蛇绿岩平面图(据 Song et al.,2013)

图例:
- 花岗岩
- 枕状玄武岩
- 堆晶岩系
- 超基性岩
- 前寒武纪基底
- 白垩纪砂岩
- 糜棱岩
- 寒武纪沉积岩
- 逆冲断层

3.2.8.3 中部托勒山洋中脊型蛇绿岩带

中部蛇绿岩带从北西的熬油沟经玉石沟,祁连(东草河)延伸到东南的永登地
区(图 3-1),贯穿整个祁连造山带。岩相学和地球化学研究表明中部蛇绿岩带的玄
武质岩石类似现今的正常型大洋中脊玄武岩(N-MORB)和富集型大洋中脊玄武岩
(E-MORB),因此代表洋中脊产生的洋壳。堆晶辉长岩的岩浆锆石年龄在 496~550Ma。
该蛇绿岩带的 3 个典型代表分别为熬油沟蛇绿岩、玉石沟蛇绿岩和东草河蛇绿岩。

玉石沟蛇绿岩的岩石组合为:地幔橄榄岩,超基性 – 基性(辉长质)堆晶岩,枕
状熔岩,并有一层红色含放射虫硅质岩,组成一个完整的大洋岩石圈剖面(图 3-3)。
史仁灯等(2004)首次报道了辉长岩锆石的 SHRIMP 年龄为 550 ± 17Ma。Song 等(2013)
进一步确定其形成年龄为 550~530Ma。

玉石沟蛇绿岩的枕状和岩墙熔岩为拉斑玄武岩成分,稀土模式图较平坦,轻微富
集轻稀土(La_N/Yb_N=1.01~2.56),Eu 有微弱的负异常(Eu/Eu^*=0.77~1.0)。地球化学分
析表明,所有的枕状熔岩都有与现今的 N-MORB 和 E-MROB 类似的微量元素模式。
冰沟蛇绿岩中的橄长岩代表干体系下形成的岩浆房堆晶的产物,是大洋地壳的典型代
表,在快速扩张的太平洋、慢速扩张的大西洋和印度洋中广泛出现。东草河蛇绿岩中
橄长岩的出现说明中部蛇绿岩带是典型的大洋型蛇绿岩,与俯冲带或弧后没有关系。

在传统的构造判别图解中,如 Nb-Zr-Y、Ti-V、Zr-Zr/Y,大部分玄武岩投点分布
于 N-MORB 区域,少数样品分布于 E-MORB 区域(图 3-4);在 Ti-V 图解中,熬油沟

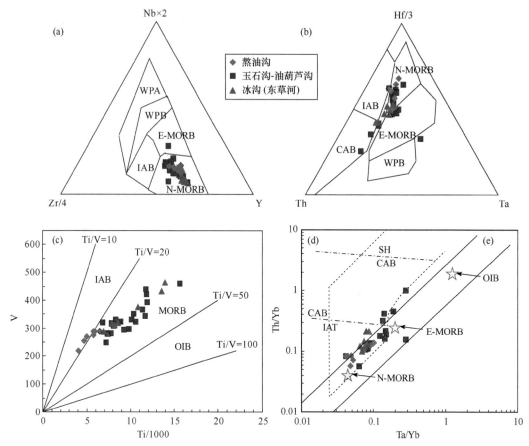

图 3-4 中部蛇绿岩带微量元素构造判别图解（据宋述光等，2019）

CAB- 大陆弧玄武岩；IAB- 岛弧玄武岩；N-MORB- 正常洋中脊玄武岩；E-MORB- 富集型洋中脊玄武岩；

OIB- 洋岛玄武岩；SH- 钾玄岩；WPA- 板内碱性玄武岩；WPB- 板内拉斑玄武岩；IAT- 板内玄武岩

粒玄岩和细粒辉长岩的 Ti 含量较低，说明受到拉斑质玄武岩岩浆结晶分异的影响，与典型的蛇绿岩上部岩系枕状熔岩有一定的差别。在 Th 相关的图解中，玉石沟部分样品具有向 CAB 偏移的趋势，表明可能有弱的大陆地壳成分的混染，但与俯冲带流体无关。结合冰沟蛇绿岩中橄长岩的出现，说明该蛇绿岩带形成于大洋环境。

3.2.8.4 北部走廊南山 SSZ 型蛇绿岩：从弧前初始俯冲到弧后盆地形成

北部走廊南山蛇绿岩带位于祁连 – 白银弧岩浆杂岩带的北部，自东向西从景泰，经肃南一直延伸到玉门之西，并被阿尔金左行走滑断裂所穿切，与中部蛇绿岩带平行伸展。该蛇绿岩带中的蛇绿岩类型包括弧前型蛇绿岩和弧后盆地型蛇绿岩。弧前型蛇绿岩以大岔大坂玄武岩 – 玻安岩地体为典型代表，形成时间为 517~487Ma，记录了大洋初始俯冲和弧前 / 弧后扩张的过程。弧后蛇绿岩的三个代表性蛇绿岩包括：西部的九个泉蛇绿岩，中部的扁都口蛇绿岩，东部的老虎山蛇绿岩。其岩相学和地球化学研究表明北带的玄武质岩石地球化学上与现今的 N-MORB 类似（钱青等，2001；Xia and Song，2010；Song et al.，2013），但岩石组合表明这些蛇绿岩组合形成于弧后拉张中心，属于与俯冲有关的 SSZ 蛇绿岩（钱青等，2001；Xia et al.，2003；Xia and Song，2010）。北部蛇绿岩带辉长岩锆石 SHRIMP U-Pb 年龄为 490~448Ma（宋忠宝等，2006；Xia and Song，2010；Xia et al.，2012；Song et al.，2013），比中部洋中脊型蛇绿岩的形成时代年轻很多。

大岔大坂弧前蛇绿岩由拉斑玄武岩和玻安岩系两部分组成，厚约 4.5km，向北被石炭—二叠纪的沉积岩系同九个泉弧后盆地蛇绿岩带隔开，向南逆冲到北祁连火山 – 俯冲杂岩带之上（图 3-5）。冯益民和何世平（1995，1996）最早根据大岔大坂细粒辉长岩 + 席状岩墙 + 枕状熔岩的岩石组合将其确定为蛇绿岩组合，认为代表了弧间拉张洋脊扩张的产物。随后的地球化学研究证实，上部的枕状熔岩不具有正常洋中脊玄武岩的成分特点，而具有玻安岩的地球化学特征。考虑到上下两个岩石单元在岩石组合和地球化学性质存在较大的差异，以及大多数的玻安岩均报道产出于弧前有关的构造环境，大多学者将大岔大坂玻安岩系解释为产于弧前环境的上部玻安质枕状熔岩构造叠加到形成于弧后盆地环境的下部辉长 – 辉绿岩单元之上（张旗等，1997a）。因此，大岔大坂玻安岩系内部各单元以及同其他岩系之间的野外相互关系对于理解其成因和地球动力学意义至关重要。与大岔大坂玻安岩系相关的岩石地层单元主要包括：以石英钠长斑岩为主的中 – 酸性弧火山岩单元、下部弧前蛇绿岩（拉斑玄武岩 – 辉长岩）单元、上部的玻安质枕状熔岩和不整合覆盖在整个玻安岩系最上部的泥盆纪磨拉石建造（图 3-6）。

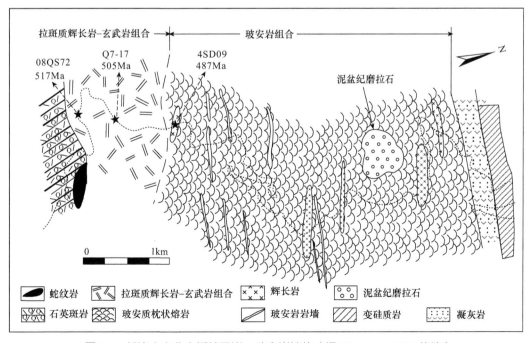

图 3-5　祁连山大岔大坂蛇绿岩 – 玻安岩地体（据 Xia et al.，2012 修改）

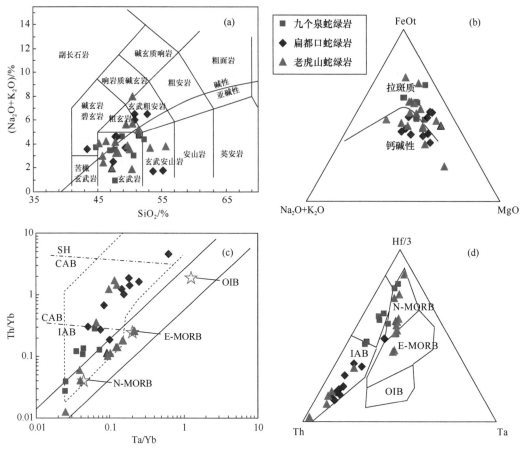

图 3-6　祁连山北部蛇绿岩带玄武质熔岩的分类和构造判别图解

（a）TAS 分类图解；（b）AFM 图解；（c）Ta/Yb-Th/Yb 图解；（d）Hf-Th-Ta 图解；

数据引自 Xia and Song，2010；Song et al.，2013

CAB- 大陆弧玄武岩；IAB- 岛弧玄武岩；N-MORB- 正常洋中脊玄武岩；E-MORB- 富集型洋中脊玄武岩；

OIB- 洋岛玄武岩；SH- 钾玄岩

　　从下部弧前蛇绿岩单元最下部的辉长岩样品获得了锆石 U-Pb 年龄为 517±4Ma（MSWD=1.6），在玻安岩系列辉长岩中获得锆石 U-Pb 年龄为 487±9Ma（MSWD=0.4）（Xia et al.，2012）。结合孟繁聪等（2010）报道辉长岩锆石年龄 505±8Ma，大岔大坂蛇绿岩从早期的拉斑质玄武岩系列到晚期玻安岩系列经历了约 30Ma 的演化历史。锆石的 U、Th 含量和 Th/U 值随着年龄从 517Ma 到 505Ma，再到 487Ma，体现出系统降低的特征，反映出从拉斑质玄武岩 - 辉长岩到玻安岩熔体中的 Th 和 U 含量降低，也反映了熔融地幔源区逐渐亏损（Xia et al.，2012）。

　　大岔大坂玻安岩则具有轻稀土亏损的稀土元素形态（图 3-7），说明了板片来源的流体 / 熔体对地幔楔源区的贡献相对较弱，与 IBM 岛弧轻稀土再富集的 U 型玻安岩有明显差别。大岔大坂玻安岩具有高的 Ti/Zr 值，介于 96~136 范围内（平均 112.5），类似于原始地幔（116）和 N-MORB（99）的比值，同时也类似于阿曼、特罗多斯、北汤

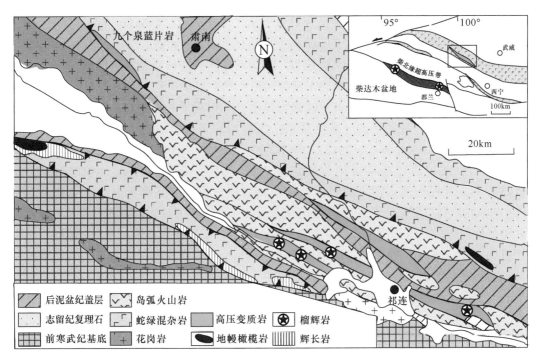

图 3-7　北祁连山肃南—祁连—带地质略图（Song et al.，2007）

加弧 – 弧后盆地环境有关的玻安岩。因此，大岔大坂玻安岩的微量元素特征类似于原始地幔和 N-MORB 的 Ti/Zr 值，最有可能继承自先前亏损的地幔源区，而缺少板片来源的变质流体对轻稀土、Ti 和 Zr 的改造。大岔大坂蛇绿岩 – 玻安岩地体的年代学和地球化学特征为原特提斯洋（秦祁昆洋）的初始俯冲，弧前到弧后扩张过程及其地幔楔成分演化提供了最为直接的约束，我们可以将其划分为：①初始俯冲 – 弧前扩张阶段；②弧后盆地形成阶段。

　　弧后盆地蛇绿岩套的岩石组合包括蛇纹石化的橄榄岩，堆晶辉长岩 – 角闪辉长岩、块状辉绿岩、枕状熔岩和红色富含放射虫的泥硅质岩 + 不同厚度的板岩，它们整合产出在枕状熔岩内部。蛇绿岩的上部是具有细粒砂岩、砂泥岩、板岩韵律层的浊积岩，表明一个相对浅水的环境。志留纪的含砾浊积岩序列（砾岩、砂岩、泥岩）覆盖在蛇绿岩之上。地球化学数据表明这些蛇绿岩具有 MORB、VAB 和 WPB 的共同特征，而在 Ta/Yb-Th/Yb 和 Hf-Th-Ta 图解中，样品投点主要分布于 VAB 区域，说明俯冲带对 Th 元素的增加（图 3-6）。两个枕状熔岩样品化学成分具有高硅（54%~55%）、低 TiO_2（< 0.5%），低稀土含量，高 Cr、Ni 含量等特征，是较为典型的玻安岩，代表这些蛇绿岩形成于弧后盆地环境。

　　九个泉 SSZ 型蛇绿岩的不同剖面内，火山碎屑岩的大量出现及其与蛇绿岩组合的共存展示了从火山弧到弧后盆地的形成过程，蛇绿岩组合中粗粒辉长岩逐渐过渡到细粒辉长岩最后到玄武岩，这些特征说明了扩张脊下的岩浆房已经发育完全。分布在上部喷出岩系列中同时代的无数的中 – 小型塞浦路斯型块状硫化物铜矿体和同生的断裂体系说明了一个完全的弧后洋脊扩张体系在早奥陶世（490Ma）左右可能已经建立。同时九个泉蛇绿岩喷出岩（$\varepsilon_{Nd}(t)$=+7.9~+8.0）与同一蛇绿岩带中的石鸡河蛇绿岩中玄武岩（$\varepsilon_{Nd}(t)$=+7.4~+7.5）（刘晓煌等，2010）亏损的同位素特征也印证了上述的判断。区域位置上，九个泉蛇绿岩向东延伸同造山带中段的大红沟蛇绿岩碎片和东端的老虎山蛇绿岩，向西延伸和石鸡河蛇绿岩碎片一起组成了北祁连造山带中俯冲 – 增生杂岩和岛弧火山岩带北面的一条巨型 SSZ 型蛇绿岩带（冯益民和何世平，1996；夏林圻等，1996；Song et al.，2013）。夏林圻等（1995，1998）对苏优河和老虎山蛇绿岩中的玄武岩进行 Sm-Nd 同位素定年测试，结果分别为 465Ma 和 454Ma。这些数据表明，北祁连弧后洋脊扩张活动从早奥陶世一直持续到晚奥陶世。至奥陶纪末（约 440Ma）到志留纪，北祁连进入到大洋闭合和盆地收缩阶段，强烈的弧 – 陆或陆 – 陆碰撞使得弧后盆地快速抬升，规模急剧收缩，形成了从东向西绵延长达 1000 多千米，厚度为 2~3km 的中 – 晚志留世的复理石建造和九个泉 – 老虎山弧后盆地蛇绿岩带，共同保存于北祁连岛弧岩浆杂岩带的北边。

3.2.9 岛弧火山岩

根据祁连山 – 柴北缘之间火山岩和花岗质岩石的分布，祁连造山带发育有两个弧岩浆岩带，北部为北祁连大陆边缘岩浆弧，分布于北部蛇绿岩带和中部蛇绿岩带之间；南部为南祁连岩浆弧，展布于中祁连地块与南祁连陆间盆地之间。

3.2.9.1 北祁连活动大陆边缘岩浆弧

北祁连弧火山岩贯穿整个造山带，北西 – 南东向展布，西起肃北鹰嘴山—香毛山，沿走廊南山向东，经祁连边麻沟—清水沟—白柳沟、门源北东方向冷龙岭、永登北侧石灰沟，至造山带东端的石青硐 – 白银地区（图 3-3），总长度超过 800km。弧岩浆带出露有弧火山杂岩、玻安岩、高压变质岩石和钙碱性花岗岩侵入体，另有少量新元古代花岗质片麻岩（约 776~751Ma）（苏建平等，2004）。弧火山杂岩以英安质 – 流纹质为主，并伴有少量中基性火山岩，形成于约 517~445Ma（张旗等，1997a；Wang et al.，2005；Xia et al.，2012；Song et al.，2013）。弧火山岩在各个地段的岩石组合差异较大。肃南县附近大岔大坂玻安岩系早期以拉斑质玄武岩为主，形成于约 517~505Ma，而上部以钙碱性的玄武岩 – 玄武安山岩 – 安山岩为主，为玻安质，形成于约 487Ma，可能对应俯冲带早期俯冲到弧后盆地打开过程地幔楔的部分熔融，反映了俯冲带流体加入的印记不断增强（Xia et al.，2012）。祁连县附近以钙碱性的安山岩 – 英安岩 – 流纹岩为主，包括富钾（$K_2O/Na_2O > 1$）和富钠（$K_2O/Na_2O > 1$）两类，其中富钾火山岩形成于约 466~494Ma（Song et al.，2013）。民乐一带以中基性的玄武岩 – 玄武安山岩 – 安山岩为主，缺乏流纹岩（Xia et al.，2012）。白银矿田一带以双峰式玄武岩 – 玄武安山岩 – 英安岩 – 流纹岩组合为主，缺乏安山岩，地球化学特征表明基性和酸性火山岩形成于成熟的弧体系，且酸性火山岩形成可能与新生基性地壳的部分熔融有关（Wang et al.，2005）。SHRIMP 锆石 U-Pb 年龄显示流纹岩形成于约 445Ma（Wang et al.，2005），而 LA-ICP-MS 单颗粒锆石 U-Pb 年代学显示玄武岩形成于约 465Ma（李向民等，2009）。

花岗岩侵入体主要呈拉长状沿岛链延伸方向出露，其出露面积或大或小，大者可达几百平方千米，小者小于 1km²。各岩体的岩石组合类型变化较大，包括有辉长岩、（石英）闪长岩、二长岩、花岗闪长岩、花岗岩和英云闪长岩等。这些花岗岩侵入体主要形成于早古生代，锆石 U-Pb 年代学表明其形成时代为 512~402Ma，最晚形成于 383Ma（吴才来等，2010；秦海鹏，2012；熊子良等，2012；Chen et al.，2014），与北祁连洋的俯冲、碰撞作用及造山后垮塌作用有关。这些花岗岩体以 I 型花岗岩为主，少量表现出类似于 S 型花岗岩，如柴达诺花岗岩体、民乐窑花岗闪长岩（Wu et al.，2010），还有一些表现出 A 型花岗岩的特征，如武威一带约 422~418Ma 二长花岗岩（秦海鹏，2012）和黄羊河约 404Ma 钾长花岗岩（熊子良等，2012），被认为是北祁连造山带造山作用结束的标志。造山带东段雷公山和神木头地区出露有约 450~430Ma 埃达克质岩石（王金荣等，2005；Tseng et al.，2009）。

3.2.9.2　南北祁连洋内岩浆弧

拉脊山 – 盐池湾岩浆岩带从东部永靖开始，经拉脊山、刚察，断续延伸至肃北的盐池湾、党河南山，岩石类型以中基性火山岩为主，少量酸性火山岩，并有中酸性深成岩体。在永靖—拉脊山一带，火山岩以中基性的洋内弧火山岩为特征，弧前玻安岩发育，形成时代为 470~440Ma，明显晚于北祁连弧火山岩的形成时代。西端的党河南山火山岩显示向大陆弧转化的地球化学特征（Yang et al.，2019）。

两条岩浆岩带的发育过程反映了整个祁连洋的俯冲和消亡的历程。年代学资料证明祁连洋的俯冲时间从 520Ma 开始，一直持续到 440Ma，俯冲时间的跨度为 80Ma。在 490Ma 发生弧后拉张，形成日本海型沟 – 弧 – 盆体系。从安第斯型大陆弧到日本海型大洋弧的转化，反映岛弧岩浆作用的变迁和大洋俯冲带的不断后退，并在 440Ma 祁连洋闭合。

3.2.10　高压变质带

北祁连山蓝片岩岩石学、矿物学、同位素年代学、构造变形以及成因机制等方面的深入研究主要集中在 20 世纪八九十年代（吴汉泉，1980，1982；1987；张之孟，1989；许志琴等，1994；宋述光，1997；张建新等，1997）。吴汉泉等在 1990 年又发现一条含硬柱石、绿纤石、文石的低温蓝闪片岩带，并对它与前者进行了对比研究，划分为高级蓝片岩带和低级蓝片岩带（吴汉泉和宋述光，1992；Song，1996）。因此，两条变质变形特征不同的早古生代蓝片岩带的共存构成了北祁连山所独有的特色。Wu

等（1993）首次报道了北祁连山的榴辉岩的存在，并进行了详细的岩石学、矿物学和温压条件的研究。近年来，人们对祁连山高压变质岩石（尤其是榴辉岩）的岩石学、地球化学和同位素年代学的深入研究所取得的进展主要有几个方面：

根据产出位置和岩石组合，北祁连山高压变质岩石被划分为九个泉低级蓝片岩带和野牛沟 – 百经寺高级蓝片岩带（Wu et al.，1993；宋述光，1997）。

在榴辉岩中发现高压低温、高含水性矿物 – 硬柱石（Zhang et al.，2007；Song et al.，2007），并在榴辉岩相变质的泥质岩中发现镁纤柱石（Song et al.，2007），从而确定北祁连山高级蓝片岩带是典型的大洋冷俯冲的产物（Song et al.，2007；Zhang et al.，2007）。

精确地确定了榴辉岩和蓝片岩的变质年龄（张建新等，1997；Song et al.，2004，2006，2009；Liu et al.，2006；Zhang et al.，2007；林宜慧等，2010），证明祁连山是世界上 3 个最古老的早古生代大洋冷俯冲带之一。

通过矿物学和相平衡研究，确定了北祁连山高压榴辉岩和蓝片岩变质的温压和 P-T-t 轨迹（Song et al.，2007，2009；Zhang et al.，2007；Wei and Song，2008；Wei et al.，2009）。

3.2.10.1 硬柱石蓝片岩带

低级蓝片岩带位于肃南县九个泉一带，其宽度只有 200~500m，呈北西 – 南东走向延伸约 20km，其北侧为九个泉蛇绿岩带，主要由蛇纹石化橄榄岩、堆晶辉长岩、枕状熔岩和放射虫硅质岩组成，并发育有典型的塞浦路斯型 Cu 矿床。南侧逆冲到泥盆纪磨拉石之上，进一步向南为平行走向的柴达诺花岗岩体（图 3-7）。

九个泉低级蓝片岩带主要由强片理化硬柱石 – 绿纤石 – 蓝闪石片岩和弱片理化的硬柱石蓝闪石岩组成，岩石变形的强度由南向北逐渐减弱，部分蓝片岩保持了玄武岩原岩的结构。蓝片岩的原岩主要为玄武质岩石和少量的长英质岩石。片状蓝片岩的高压变质矿物组合为绿纤石 + 蓝闪石 + 硬柱石 + 绿泥石 + 钠长石 + 石英，而块状蓝片岩的矿物组合为蓝闪石 + 硬柱石 + 绿纤石。文石偶见于部分蓝片岩岩石中。

利用蓝闪石 NaM4-AlIV 图解，Wu 等（1993）估算了含硬柱石蓝片岩的形成压力为 0.6~0.7GPa。实验表明，在 H_2O 和 SiO_2 饱和的条件下，硬柱石形成的温度为 170~180℃，压力 $P_{H_2O}=P_{Total}$=0.4~0.5GPa。认为 Arg+Lws+Qtz 组合稳定存在的条件为 150℃和 0.4GPa，而硬柱石（Lws）+ 绿纤石（Pmp）+ 蓝闪石（Gln）组合为 200~250℃和 0.7GPa。钠长石和文石的存在反映变质的压力介于 Jd+Qtz=Ab 和 Arg=Cc 两个反应线之间，二者限定的压力范围为 0.6~1.1GPa。作为葡萄石 – 绿纤石相的标志矿物，绿纤石通过反应片沸石（Lm）+ 葡萄石（Prh）+ 绿泥石（Chl）══ 绿纤石（Pmp）+ 石英（Qtz）+H_2O 出现的温度为 250℃，而通过反应 Pmp══Zo+Grs+Chl+H_2O 消失的温度为约 350℃。硬柱石在 0.6~1.1GPa 时通过反应 Lws+Ab══Zo+Pa+Qtz+H_2O 转变为黝帘石的温度为 350~400℃。因此，九个泉低温蓝片岩的矿物组合很好地限定了其形

成的温度和压力条件为 T=250~350℃，P=0.6~1.1GPa。最近，Zhang 等（2009）通过
THERMOCALC 计算获得低温蓝片岩的温压条件为 320~375℃和 0.75~0.95GPa。报道
了蓝片岩中多硅白云母的 Ar-Ar 年龄为 417~415Ma。

3.2.10.2　祁连高级蓝片岩 - 榴辉岩带

如图 3-8 所示，高级蓝片岩带位于青海省祁连县境内的百经寺到野牛沟，呈北西 -
南东走向延伸约 140km，并呈 3 个构造岩片 A、B、C 产于中酸性火山岩为主的弧火
山岩之中。这些火山岩曾经被认为是新元古代大陆裂谷的产物（夏林圻等，1991）。高
压构造岩片的岩石主要为典型的大洋俯冲带混杂岩，包括蓝片岩相到榴辉岩相变质的
蛇绿岩碎片、大理岩、泥质岩、深海硅质岩等岩块，其基质为蓝片岩相变质的硬砂岩。
最经典的研究地区分别在清水沟和百经寺两个剖面。

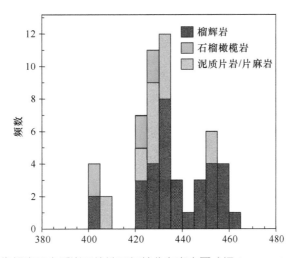

图 3-8　柴北缘超高压变质岩石的锆石年龄分布直方图（据 Song et al.，2014，2019）

硬砂岩和滑塌堆积主要发育在清水沟—石头沟一带，作为混杂岩的主要基质，变
质硬砂岩是典型的增生楔岩石类型，也是安第斯型俯冲大陆边缘海沟的典型沉积。它们
构成了高级蓝片岩带的主体。变质硬砂岩具有很强的片理化，其蓝片岩相变质矿物组合
为蓝闪石（Gln）+ 多硅白云母（Phn）+ 钠云母（Pg）+ 绿帘石（Ep）+ 钠长石（Ab）+
石英（Qtz）± 石榴子石（Grt）。清水沟剖面发育一套厚约 200m 的滑塌堆积砾岩层，
砾石由大理岩、硅质岩、基性火山岩、酸性火山岩和蛇纹岩等岩块组成，岩块大小混
杂，硅质胶结物已被片理化，部分滑块已被压扁拉长。Song（1996）将砾岩层认为是
海沟相滑塌堆积（olistostrome）。该滑塌堆积层经历了高级蓝片岩相变质作用的改造。
滑塌堆积以北以硬砂岩为主，夹中基性火山岩和硅质岩岩块，强烈的蓝片岩相变质和
剪切变形使其均一化，难以区分开来。变硬砂岩以高含量的多硅白云母和石英为特征。
所有的镁铁质蓝片岩和榴辉岩的原岩为大洋玄武岩或辉长岩，并作为构造岩块或

透镜体产于长英质蓝片岩（原岩为硬砂岩）之中。蓝片岩的典型变质矿物组成为石榴子石＋蓝闪石＋多硅白云母＋绿帘石／黝帘石＋钠长石＋石英。榴辉岩主要产于 A 和 B 两个高压变质岩片中，在清水沟、香子沟、上柳沟、下柳沟、百经寺等地区都有出露。根据矿物组合特征，Song 等（2007）将其划分为多硅白云母榴辉岩和绿帘石榴辉岩。大部分榴辉岩都受到不同程度的蓝片岩相退化变质的叠加改造。部分已完全变为基性石榴子石蓝闪石片岩。

根据矿物组合，祁连山榴辉岩可以划分两种类型：多硅白云母榴辉岩和绿帘石榴辉岩。多硅白云母榴辉岩的矿物组合为石榴子石＋绿辉石＋多硅白云母＋金红石＋蓝闪石；绿帘石榴辉岩的矿物组合为绿帘石／黝帘石＋石榴子石＋绿辉石＋金红石＋蓝闪石。在榴辉岩中，硬柱石和硬柱石假象作为包裹体产于石榴子石中。这些硬柱石包裹体与绿辉石包裹体共生，反映榴辉岩峰期的矿物组合为石榴子石（Grt）＋绿辉石（Omp）＋硬柱石（Law）＋多硅白云母（Phn）＋金红石（Rt），代表大洋冷俯冲条件下的榴辉岩相变质的典型矿物组合。应用 Grt-Omp-Phn（-Ky）地质温压计计算榴辉岩峰期变质条件为 460~510℃ 和 2.20~2.60GPa，位于硬柱石的稳定域（Zhang et al.，2007；Song et al.，2007；Wei et al.，2009）。

高压变质岩石包括低级蓝片岩带和高级蓝片岩带，其中高级蓝片岩带呈三条构造残片带出露于祁连县清水沟地区，局部可见其内包含有块状榴辉岩、变燧石岩、蛇纹岩和大理岩等（Song et al.，2007，2009）。含硬柱石榴辉岩和含纤柱石变泥质岩的峰期温压估算结果证明北祁连大洋俯冲为冷俯冲，对应的地热梯度为 6~7℃ /km，俯冲深度大于 75km（Song et al.，2007）。榴辉岩样品中锆石记录了 463~489Ma 的榴辉岩相变质年龄和 544~710Ma 的原岩年龄（Song et al.，2004，2006；Zhang et al.，2007）。蓝片岩样品中多硅白云母 Ar-Ar 坪年龄记录了 460~440Ma 的蓝片岩相变质年龄（Liu et al.，2006；林宜慧等，2010）。

3.2.11　柴北缘大陆俯冲碰撞及造山垮塌

柴北缘超高压变质带位于柴达木盆地北缘，柴达木地块与全吉地块之间，由西至东为大柴旦的鱼卡河含榴辉岩地体、绿梁山含石榴橄榄岩地体、锡铁山榴辉岩地体和都兰含榴辉岩地体，沿 WNW-ESE 方向延伸达 400km，其西端被阿尔金左行走滑断裂所切。

3.2.11.1　超高压变质石组合及其变质条件

柴北缘超高压变质带的岩石组合为花岗质片麻岩、沉积岩变质的副片麻岩、大理岩、榴辉岩和石榴橄榄岩等，其中花岗质片麻岩占高压－超高压变质带岩石总体积的80% 以上，榴辉岩和石榴橄榄岩都以大小不等的岩块分布于两种片麻岩中。因此，柴北缘超高压变质带的岩石组合以大陆地壳为主要成分，是典型的大陆型俯冲碰撞带。

172

榴辉岩和副片麻岩中柯石英及其假象（杨经绥等，2001；Yang et al.，2002；Song et al.，2003a，2003b，2006，2014；Zhang et al.，2010）以及石榴橄榄岩中金刚石包裹体和石榴子石中两种辉石、金红石和钠质闪石出溶片晶等的发现（Song et al.，2004，2005）均表明带内至少部分岩石经历了 100~200km 地幔深度的超高压变质作用，可与世界其他经典地区（如大别－苏鲁超高压带）与大陆碰撞有关的超高压变质带对比，因此，柴北缘超高压变质带被列入全球 22 条超高压变质带之一。

石榴橄榄岩位于绿梁山地区，大柴旦镇以南约 20km 的位置，是柴北缘最大的超基性岩体，该岩体呈多个构造块体产于花岗质片麻岩中。杨建军等（1994）首次将其作为超高压变质的石榴橄榄岩。

根据野外的产状和矿物组合，绿梁山石榴橄榄岩的岩石类型主要有 4 种岩石：不含石榴子石的纯橄岩，石榴子石方辉橄榄岩，石榴子石二辉橄榄岩，石榴辉石岩。各种岩石呈明显的层状产出特征。

利用石榴子石－橄榄石－斜方辉石温压计，我们对石榴子石二辉橄榄岩（2C42，2C44）、石榴子石方辉橄榄岩（2C39）和石榴辉石岩进行了温度和压力计算。斜方辉石的 Al 压力计和石榴子石－橄榄石温度计计算获得石榴子石二辉橄榄岩的压力 P=5.0~6.5GPa，温度 T=960~1040℃；石榴子石方辉橄榄岩的变质压力 P=4.6~5.3GPa，温度 T=980~1130℃；石榴辉石岩的变质压力 P=2.6~3.0GPa，温度 T=800~900℃。

年龄统计结果表明，石榴橄榄岩的峰期变质年龄为 426Ma，与柯石英片麻岩和榴辉岩的变质年龄一致，代表柴北缘大陆深俯冲到 200~220km 时的超高压变质时代。400Ma 以后的年龄是变质叠加的结果。

3.2.11.2　柴北缘超高压变质年龄

根据柴北缘超高压变质带的已发表的变质年龄数据统计（图 3-8），包括榴辉岩、片麻岩和石榴橄榄岩，柴北缘超高压变质带主要有 3 个时期：第一期为 470~440Ma，主要表现在与蛇绿岩有关的榴辉岩和少量片麻岩中，为早期大洋俯冲变质的产物；第二期为 440~420Ma，主要表现在大陆溢流玄武岩变质的榴辉岩、石榴橄榄岩和泥质片麻岩中，为大陆俯冲过程的超高压变质时期；第三期为 410~400Ma，为超高压变质岩石在折返过程中的退化变质时期。

3.2.11.3　大陆俯冲带折返及造山带垮塌

年代学资料表明，与蛇绿岩有关的榴辉岩的早期变质年龄为＞ 440Ma，与北祁连山的榴辉岩和蓝片岩的形成时代一致，反映了柴北缘大陆型超高压变质带经历了早期大洋俯冲的过程，证明了大洋岩石圈在柴北缘超高压变质带的存在，也代表了古生代秦－祁－昆的最终闭合。

大陆碰撞和深俯冲的时代主要发生在 440~420Ma，超高压变质的年龄范围小于

20Ma，主要表现为以大陆地壳成分为主的格林威尔期造山形成的花岗岩和变质沉积岩、850~820Ma的大陆溢流玄武岩以及两个拼合大陆的陆间盆地沉积岩发生的高压 - 超高压变质带作用，榴辉岩和石榴橄榄岩的形成压力反映柴北缘大陆地壳俯冲深度最大可达200km。

深俯冲的大陆地壳折返时间大约在435Ma开始，在420~400Ma为主要的折返时期，与大洋岩石圈和大陆岩石圈断离有关，在折返的同时发生减压熔融，形成埃达克岩和花岗质的脉体（混合岩化）和小规模的岩体（Yu et al.，2019），从400Ma之后，造山带开始伸展和垮塌，软流圈地幔的上涌使造山带的根部遭受侵蚀，并在370~360Ma发生拆沉作用，上涌的软流圈地幔发生熔融形成基性岩浆，并使地壳发生熔融，形成一系列碰撞后花岗质岩浆岩，最晚的360Ma的闪长岩和基性岩脉代表祁连 - 柴北缘古生代造山旋回最终结束于泥盆纪末期（Wang M J et al.，2014；Zhou et al.，2021）（图3-9），这些过程与祁连山 - 柴北缘的沉积记录相吻合。

3.2.12 祁连山原特提斯洋构造演化

祁连造山带（图3-10）记录了从原特提斯洋扩张、俯冲和消亡到大陆碰撞造山完整的威尔逊造山旋回，时间贯穿新元古代到古生代。因此我们将整个地区称之为祁连山 - 柴北缘复合造山带。该造山带的解剖在认识整个秦 - 祁 - 昆巨型造山带的构造演化历史，以及它们在全球Rodinia超大陆的裂解、Pangea（潘基亚）超大陆的形成等方面有十分重要的作用。

北祁连山增生杂岩带中，榴辉岩的变质年龄为500~460Ma，蓝片岩的时代为460~440Ma，是目前世界上确定的3个最老的大洋"冷"俯冲带之一（Zhang et al.，2007；Song et al.，2007，2009）。柴北缘大陆型俯冲带也记录了460~420Ma两期高压 - 超高压变质作用、420~400Ma的折返和退化变质以及400~360Ma的造山带去根和垮塌。因此，祁连山和柴北缘两个不同类型的俯冲带在时间和空间上有很好的继承性，也显示了整个大洋俯冲，岛弧后退到大陆碰撞 / 俯冲的过程和内在联系。

岩石学、地球化学以及同位素年代学资料揭示了祁连山 - 柴北缘地区所记录的威尔逊造山旋回，从850Ma地幔柱活动开始到超大陆的裂解到最终的造山带垮塌（360Ma），整个演化历史长达490Ma。我们将该构造演化历史划分为以下几个阶段（图3-11）。

3.2.12.1 Rodinia超大陆板内地幔柱活动（850~810Ma）

新元古代850Ma开始，本区发育大量的板内与地幔柱有关的岩浆活动（详见第3章），形成的岩石包括：844~810Ma的鹰峰基性岩墙群，柴北缘超高压变质的850~820Ma的大陆溢流玄武岩（榴辉岩的原岩）和金川Cu-Ni基性 - 超基性岩体和岩墙群。地球化学特征表明这些岩石普遍具有板内玄武岩和洋岛玄武岩的特征，可以与

(a) 420~395Ma: 陆壳折返

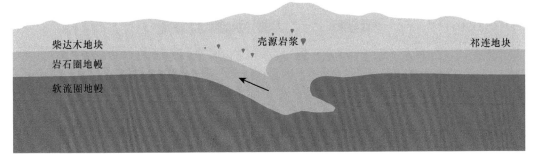

(b) 395~375Ma: 岩石圈地幔持续减薄

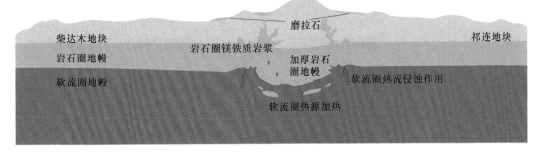

(c) 375~360Ma: 岩石圈地幔快速拆沉

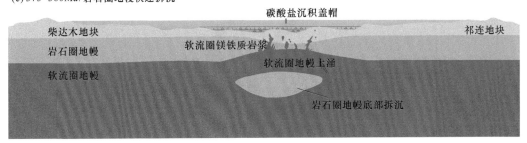

图 3-9　柴北缘大陆碰撞造山带从大陆碰撞、折返到造山带垮塌的构造演化示意图（据 Zhou et al.，2021）
（a）俯冲大陆地壳的折返；（b）造山带垮塌早期的热对流侵蚀作用；（c）泥盆纪造山垮塌晚期岩石圈拆沉，
标志着造山旋回的结束和克拉通化

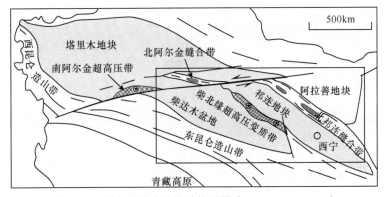

图 3-10　研究区的大地构造位置图（Song et al.，2012）

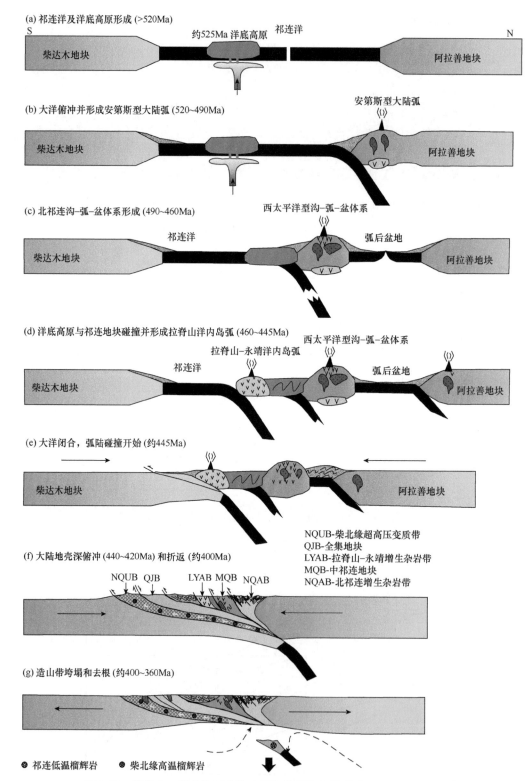

(a) 祁连洋及洋底高原形成 (>520Ma)

(b) 大洋俯冲并形成安第斯型大陆弧 (520~490Ma)

(c) 北祁连沟–弧–盆体系形成 (490~460Ma)

(d) 洋底高原与祁连地块碰撞并形成拉脊山洋内岛弧 (460~445Ma)

(e) 大洋闭合，弧陆碰撞开始 (约445Ma)

(f) 大陆地壳深俯冲 (440~420Ma) 和折返 (约400Ma)

NQUB-柴北缘超高压变质带
QJB-全集地块
LYAB-拉脊山–永靖增生杂岩带
MQB-中祁连地块
NQAB-北祁连增生杂岩带

(g) 造山带垮塌和去根 (约400~360Ma)

⊛ 祁连低温榴辉岩   ⊛ 柴北缘高温榴辉岩

图 3-11   祁连山 – 柴北缘复合造山带的构造演化模式（Song et al.，2013）

很多著名的大陆溢流玄武岩省（峨眉山、西伯利亚等）相对比，反映了地幔柱成因，该岩浆活动是 Rodinia 超大陆裂解的前奏。

3.2.12.2　大陆裂谷到秦–祁–昆大洋的形成（600~520Ma）

很多学者认为，华南板块是在大约 750Ma 与澳大利亚板块分离（Li et al.，2008），但并没有 750Ma 裂谷火山岩的证据。通过 600~580Ma 朱龙关群火山岩–沉积岩系列与澳大利亚东部的相同火山–沉积系列对比，我们发现，朱龙关群与澳大利亚东部的岩石组合、形成时代和微量元素及同位素地球化学特征完全一致，因此，我们认为祁连–柴达木地块是从冈瓦那大陆的东部裂解出来，开始裂解的时间为大约 600Ma，大约在 580Ma 由大陆裂谷转化为大洋，秦祁昆洋开始扩张和发育，使柴达木–祁连和华南陆块一起与冈瓦那大陆分离。

整个祁连山地区蛇绿岩最老的年龄为 550Ma（史仁灯等，2004；Song et al.，2013），其他大洋型蛇绿岩年龄主要在 550~495Ma，说明大洋的扩张时间主要在寒武纪。

拉脊山–永靖蛇绿岩带的火山岩形成时代为 525Ma，岩石的成分具有典型 OIB 的地球化学特征，可能是与地幔柱活动有关的洋底高原，与现代的夏威夷群岛火山岩十分相似。

3.2.12.3　祁连洋的初始俯冲和安第斯型大陆弧的形成（530~490Ma）

弧火山岩和花岗岩的地球化学和年代学资料揭示，北祁连地区最早的弧岩浆作用记录为 520Ma（Wu et al.，2010；Xia et al.，2012；Song et al.，2013；Chen et al.，2014），代表的岩浆岩包括：大岔大坂拉斑玄武质火山岩，柴达诺过铝花岗岩和托勒牧场一带的花岗闪长岩。而榴辉岩相变质的最早年龄为 500Ma（Zhang et al.，2007）。从镜铁山、托勒牧场、祁连到东部的白银，大量的中酸性岩浆岩的产出、强烈富集的 Nd 同位素，说明弧岩浆作用是发育在陆壳的基底之上，因此，从 520Ma 到 490Ma 北祁连具有活动大陆边缘的特征。

高压变质的硬柱石榴辉岩和榴辉岩相纤柱石泥质片岩反映了大洋冷俯冲的过程，俯冲洋壳和沉积物的脱水，使地幔楔部分熔融形成弧岩浆岩。

3.2.12.4　日本海型弧后盆地扩张（490~450Ma）

弧后盆地的形成与大洋俯冲有密切关系，是大洋岩石圈俯冲时弧后拉张和软流圈上涌的产物。在 20 世纪 90 年代，夏林圻及其合作者建立了祁连山的沟–弧–盆体系，证明弧后盆地蛇绿岩的存在（夏林圻等，1991，1992，1995；Xia et al.，2003），通过岩石地球化学和锆石年代学研究，我们进一步确定了北祁连地区九个泉–扁都口–老虎山弧后盆地型蛇绿岩的地球化学特征，并确定其形成时代为 490~450Ma（夏小洪和宋述光，2010；Song et al.，2013），代表了祁连山弧后盆地的扩张时代，并与岛弧火山岩和高压变质岩的形成时代一致。

3.2.12.5 中祁连微陆块与阿拉善碰撞及拉脊山－盐池湾俯冲带形成（460~440Ma）

中祁连地块位于北祁连增生杂岩带和拉脊山－盐池湾增生杂岩带之间，并发育26亿年到9亿年形成的复杂基底，与北部的阿拉善地块有一定的相似性。北祁连山高压变质带中460~445Ma 的蓝片岩相变质年龄可能代表弧陆（或中祁连微陆块与阿拉善地块）碰撞的时代。拉脊山－永靖洋底高原型蛇绿岩形成于 525Ma，与岛弧火山岩共同构成了一条与北祁连山混杂岩带排行的增生杂岩带。拉脊山－盐池湾的岛弧火山岩的形成年龄为 470~440Ma，是中祁连地块与阿拉善地块拼合之后，在约 460Ma 开始形成的新俯冲杂岩带。我们认为，其形成过程是寒武纪洋底高原蛇绿岩与中祁连地块碰撞，导致俯冲带的阻塞，形成新的洋内岛弧火山岩带。最后祁连洋在大约 440Ma 洋壳消亡，岛弧和弧后盆地岩浆作用终止。

3.2.12.6 洋壳消亡和大陆碰撞及深俯冲（440~420Ma）

祁连洋的闭合和弧后盆地停止扩张发生在奥陶纪的末期（约 440Ma），大陆地块开始碰撞，而大洋岩石圈的持续下沉导致柴达木地块被拖曳到阿拉善地块之下 100~200km 的深度，并在 440~420Ma 发生超高压变质。

3.2.12.7 超高压变质岩折返和山脉隆升（420~400Ma）

俯冲的大陆地壳随大洋岩石圈的断离而开始折返，同时在晚志留世—早泥盆世期间发生强烈的造山作用，导致山脉的隆升、超高压变质岩石的折返和泥盆纪磨拉石的形成。泥盆纪磨拉石建造广泛出露于祁连山－柴北缘地区，是造山带隆升最强烈的时间。

3.2.12.8 造山带去根和垮塌：造山旋回结束（400~360Ma）

从中泥盆世（约 400Ma）起，祁连－柴北缘复合造山带开始垮塌，持续的伸展作用引起造山带的去根和地幔软流圈的上涌并发生部分熔融，造成地壳岩石的熔融，形成柴北缘、祁连山出露的碰撞后花岗质岩石。碰撞后岩浆作用一直持续到泥盆纪末期（约 360Ma）。在石炭纪，造山作用完全停止，整个祁连－柴北缘加里东期造山带被夷平和覆盖于石炭纪海相到海陆交互相沉积层之下。新的山脉的隆起与新生代喜马拉雅造山带的活动有密切关系。

3.3　祁连山新生代隆升和扩展

3.3.1　概述

青藏高原的隆升和扩展是新生代地质史上的重大事件，由于印度板块以＞40mm/a 的速度持续向北运动，在亚洲大陆内部形成超过 1000km 宽的巨大变形域和平均海拔＞4000m 的青藏高原。青藏高原记录了大陆碰撞过程、岩石圈和地壳变形的信息，并且正在继续发生变形，是研究大陆动力学的天然实验室（Molnar and Tapponnier，1975；Molnar et al.，1993；Tapponnier et al.，1982，2001；Royden et al.，1997，2008；Clark，2012）。由于青藏高原大面积的隆升和平均 4000m 以上的高程，其作为巨大的热源或障碍体，改变了亚洲大陆的大气环流，造成了我国西北部干旱和东南部湿润的气候格局（An et al.，2001；Guo et al.，2002；Li et al.，2021）。青藏高原新生代的构造变形还造成了其周边强震、洪水和泥石流等自然灾害频发（张培震等，2006）。因此，研究青藏高原的隆升和变形历史，不但对于探讨高原形成的大陆动力学机制，探讨高原地貌演化与亚洲气候变迁的动力学机制具有重要的理论意义，而且对于了解我国自然灾害孕育地质背景具有现实价值。

对于青藏高原隆升和扩展，国内外科学家通过大量的研究，获得了一批宝贵的资料和认识（Molnar and Tapponnier，1975；Tapponnier et al.，1982，2001a，2001b；Burchfiel et al.，1989；Molnar et al.，1993；Royden et al.，1997，2008；Zhang P Z et al.，2001，2004；Wobus et al.，2003；Wang and Deng，2005；Wang et al.，2008；Molnar and Stock，2009；Clark，2012；常承法和郑锡澜，1973；丁林等，1995；李吉均等，1979；李吉均和方小敏，1998；杨树锋，2007）。但是，关于青藏高原变形的动力学机制，仍然存在激烈的争论（Molnar et al.，1993；Royden et al.，1997，2008；Tapponnier et al.，2001；Yin et al.，2002，2008a，2008b；Yue et al.，2004；Wang et al.，2008；Clark，2012），其中，最引人注目的是两种端元模型的争论（Tapponnier and Molnar，1976；Tapponnier et al.，1982，2001；England and Houseman，1986；Molnar et al.，1993；Molnar and Stock，2009）。一种以滑移线场理论和后来改进的陆内斜向深俯冲消减（oblique intra-continental subduction）（Tapponnier and Molnar，1976；Tapponnier et al.，1982，2001；Avouac and Tapponnier，1993）为代表；另一种以岩石圈增厚、岩石圈地幔对流剥离模型（convective removal of lithospheric mantle）（England and Houseman，1986；Molnar et al.，1993；Turner et al.，1993；Chung et al.，1998；Molnar and Stock，2009）为代表。虽然这两种模型都认为青藏高原是逐渐扩展变形的，但是无论在变形方式上，还是在时空演化特征上，以上两种模式都存在显著的差别。因此，研究青藏高原扩展和变形的方式、变形的时空特征将有效地制约高原变形的动力学模型。

地貌上，祁连山是青藏高原东北部面积最大的山脉，东西长约 800km，南北宽约 300km。祁连山最高峰海拔约 5500m，平均高程约 4000m，与北侧的河西走廊盆地

（1500~2000m）最大高差约4000m，而与南侧的柴达木盆地（3000m）最大高差为约2500m。祁连山为一系列近平行的逆冲山体和山间盆地组成的挤压型盆－岭地貌。祁连山周边高海拔高起伏、内部低起伏的地貌特征与青藏高原主体的地貌特征相似，被称为"小青藏高原"（Zhang et al.，2017）。构造上，祁连山西北端与阿尔金左行走滑断裂相连，东端倾覆于陇西盆地，东南端与西秦岭—东昆仑山以断裂接触，西南侧和东北侧，祁连山分别逆冲于柴达木盆地和河西走廊盆地之上（图3-12）。祁连山既吸收了青藏高原向东北方向的挤压变形（Hetzel et al.，2002，2004；Zhang et al.，2004），也可能调节着阿尔金断裂带和海原断裂带的左行走滑分量（Li et al.，2009；Zheng et al.，2013a）。因此，祁连山正是研究探讨上述青藏高原隆升和扩展机制的最理想地区。Tapponnier研究团队（Meyer et al.，1998）正是通过对祁连山地区的研究，提出了"澡盆"式（bathtub）变形模型，并推广到整个青藏高原，提出了青藏高原逐渐向北扩展的斜向碰撞扩展模式（Tapponnier et al.，2001）。Molnar（2005）也试图通过总结高原周边约5~13Ma的构造变形事件与我国西北部地区的气候干旱化在时间上大体一致，并与印度板块向北的运动速率在约10~20Ma期间减小相吻合，再次论证地幔对流剥离模型。Clark（2012）依据祁连山以及高原东北部东昆仑山新生代早期变形事件，重新解释了印度板块新生代运动轨迹，提出了黏性地幔岩石圈的模型。可见，详细研究祁连山新生代构造变形的方式、时空演化特征，将有效制约青藏高原新生代变形的大陆动力学机制。

3.3.2　祁连山北部新生代隆升及扩展过程

3.3.2.1　祁连山北缘金佛寺岩体约10Ma隆升的低温热年代学证据

金佛寺岩体是一个早古生代酸性侵入岩，位于酒泉市金佛寺镇南侧，以祁连山北缘断裂逆冲于河西走廊盆地第四纪洪积物之上（图3-13）。为了研究祁连山北缘新生代隆升时间，Zheng等（2010）沿金佛寺岩体北坡采集了9个高程剖面样品，分别是ft-04~ft-12，样品分布见图3-13。样品ft-08没有能够分选出适合要求的磷灰石颗粒，只分析了其他8个样品的U-Th/He年龄。另外，由于在裂变径迹制样过程中，ft-05的磷灰石颗粒撒落，该样品没有进行裂变径迹测试。所分析样品的磷灰石U-Th/He年龄介于7.2±0.6Ma~106±29Ma；磷灰石裂变径迹年龄介于17.9±1.7Ma~88.3±8.0Ma，平均径迹长度（mean track length）介于12.0±0.7mm~8.6±0.7mm。

样品年龄－高程图常用来研究山体的剥露历史。金佛寺岩体样品年龄－高程图[图3-14（a）]中U-Th/He年龄随高程降低逐渐减小。在高程2636m以上，He年龄随高程降低逐渐减小，从106Ma减小到9.5Ma；从2636m到1970m，He年龄随高程降低略有减小，在误差范围内基本一致，从9.5Ma减小到7.2Ma。He年龄随高程变化的斜率于2636m处出现了拐点。这一He年龄随高程变化斜率的拐点表明：2636m为磷灰石中He古部分保存带（partial retention zone）的底部，对应的温度约70℃（Farley，2002）。2636m处样品的年龄（9.5Ma）代表岩体快速冷却的年龄。在活动的挤压构造区，

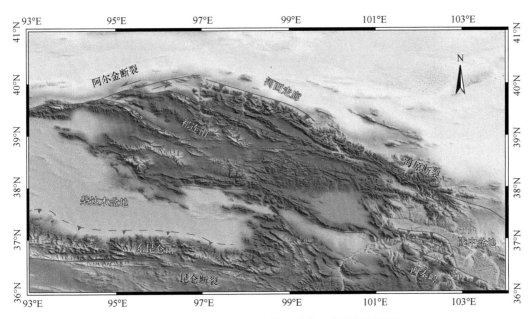

图 3-12　祁连山及其周边地区地貌和主要断裂简图

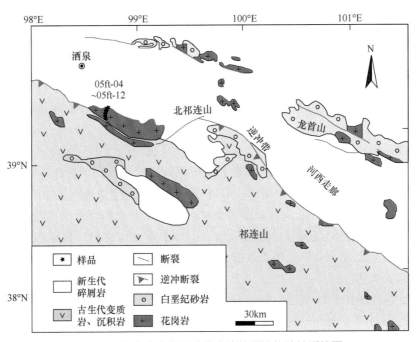

图 3-13　祁连山北缘及金佛寺岩体周边构造地质简图

这一快速冷却的年龄通常解释为逆冲断裂上盘发生构造活动的时间。

图 3-14（a）中，磷灰石裂变径迹年龄也表现出随高程降低逐渐减小的趋势，从 88.3Ma 逐渐减小到 17.9Ma，没有出现明显的斜率变化的拐点。同时，裂变径迹长度的变化出现了复杂的形态 [图 3-14（b）]，在 2400m 高程以上，裂变径迹长度从 12mm

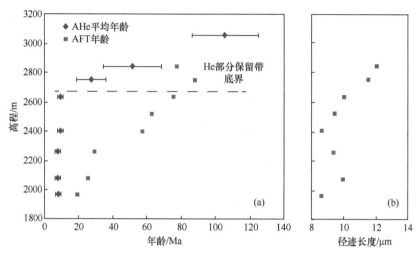

图 3-14　U-Th/He 年龄、裂变径迹年龄及其长度与高程的相关图

（a）年龄 – 高程相关图；（b）裂变径迹长度 – 高程相关图；正方形为磷灰石裂变径迹分析结果，

菱形为磷灰石 U-Th/He 年龄

减小到 8.6mm；在 2400m 高程以下，2 个样品的裂变径迹长度变长，分别为 9.3mm 和 9.9mm，最后突然减小为 8.6mm。这种径迹长度复杂的变化形态可能与统计数量有关。随着样品年龄变年轻，可测试的径迹长度的数量也减少，造成了长度统计值的不确定度增大。而且，当径迹长度为约 10mm 或以下时，测量工作也变得困难。虽然径迹长度出现复杂变化，但是在 2636m 到 1970m 的高程范围内，裂变径迹的长度介于 10~8.6mm，在误差范围内基本一致，远小于自然界快速冷却状态下裂变径迹的长度（约 14~15mm）。以上裂变径迹年龄和长度的变化特征表明样品经历了部分退火作用，特别是 2636~1970m 的样品，处于晚新生代快速冷却前的古退火带中，对应古地温约为 90℃。虽然这些样品的裂变径迹年龄和长度不能直接指示山体快速冷却发生的时间，但是可以说明从晚白垩世到中中新世，祁连山北缘没有发生快速剥露作用。

在研究由断裂活动造成山体垂直运动时，如果能够找到合适的参照物，比如开始构造活动以来古地表的高程差，就可以估算山体的垂直位移量。低温热年代计的封闭温度线（如裂变径迹部分退火带的底部、He 部分保存带的底部）也是一个研究山体隆升幅度的有效工作。

Zheng 等（2010）以祁连山最高峰—河西走廊古地表以及 He 部分保存带（PRZ）底部、祁连山"夷平面"—河西走廊前新生代基岩面为参照面，分别估算了岩体隆升幅度（图 3-15）。磷灰石中 He 年龄随高程变化的斜率表明 He 部分保存区间（PRZ）的底部位于约 2636m ［图 3-14（a）］。由于磷灰石 U-Th/He 法的封闭温度为约 70℃（Farley，2002），假设地温梯度为 15~30℃ /km，地表温度为 10℃，那么，在约 9.5Ma 时，磷灰石中 He 的部分保存带（PRZ）的底部应位于地表以下（即埋藏深度）2.8±1km。因此，通过年龄 – 高程所获得的 He 部分保存带（PRZ）底部的目前高程（2636m）加上当时的埋藏深度（2.8±1km）可以得到约 9.5Ma 时的古地面隆升到现在高程，即约 9.5Ma

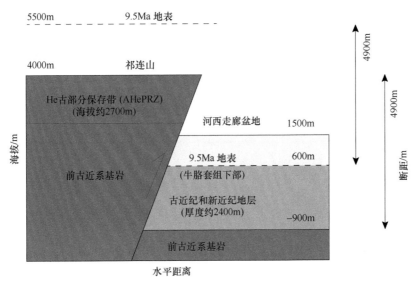

图 3-15　祁连山北缘逆冲高度示意图

时的古地面隆升到约 5.5±1km 高程,与祁连山最高峰近似(图 3-15)。同时,河西走廊盆地的沉积地层研究表明,构造变形起始的时间为约 9Ma(杨树锋,2007),生长地层位于牛胳套组的下部,前生长地层目前的埋深约 0.9km,以河西走廊的平均高程为1.5km 计算,约 9.3Ma 开始构造活动时河西走廊的地表高程约为 0.6km,与目前祁连山最高峰约 5.5km 相差约 4.9km。因此,约 9.5Ma 祁连山开始隆升以来,垂向上位移约为祁连山最高峰与河西走廊古地表高程之差,即约 4.9±1km(图 3-15)。另外,约9.3Ma 时河西走廊的地表高程约为 0.6km,当时 He 部分保存带的底部高程约为地表高程(约 0.6km)减去埋藏深度(2.8km),即 –2.2km,与目前 PAZ 底部高程(约 2.6km)的高差约 4.8km(图 3-15)。最后,如果以目前祁连山约 4km 处的古剥蚀面作为标志,以河西走廊盆地新生代沉积的平均厚度约 2.4km 计算,目前基岩面对应的高程为约–0.9km,与祁连山古剥蚀面之差也为约 4.9km,因此,根据古剥蚀面估算的祁连山隆升量也为约 4.9km(图 3-15)。总之,通过三种参照物估算的祁连山垂向隆升量基本一致,约 4.9km。

以祁连山起始隆升时间 9.5±0.5Ma 和垂向隆升位移 4.9±1km 计算,祁连山隆升的速率约为 0.5±0.1mm/a。假设祁连山北缘断裂的倾角介于 30°~60°,在祁连山向河西走廊盆地逆冲中,水平方向的运动分量为 0.3~0.9mm/a。

3.3.2.2　托来山–祁连山北缘由南向北扩展序列

祁连山西段总体上由一系列近平行的逆冲山体和山间盆地组成,具有明显的盆–岭地貌特征。由于缩短变形从祁连山西端向东逐渐增强(Zhang et al.,2004),山间盆地也相应地逐渐变窄,山体高度逐渐增加。北大河–洪水坝河之间,昌马盆地消亡,托来山和祁连山北缘通过昌马断裂（逆冲兼走滑）叠置在一起（图 3-16 和图 3-17），并继续向河西走廊盆地逆冲，在剖面上表现为一系列逆冲席体［图 3-16（b）］。从托来山向河西走廊盆地，依次排列 4 个逆冲席体，分别被 4 条活动断裂带区隔（图 3-16 和图 3-17）。这 4 条断裂从南向北分别为昌马断裂、未命名的一组逆冲及反冲断裂（F2 和 F1）、旱峡 – 大黄沟断裂（F3）以及玉门 – 北大河断裂（F4）。

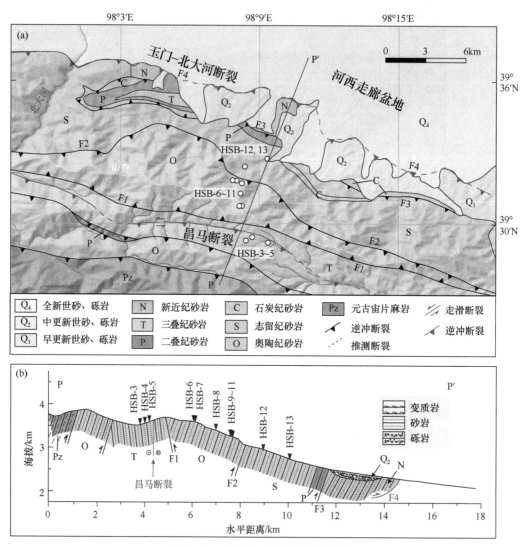

图 3-16　托来山 – 河西走廊地质图

（a）地质简图及样品分布；（b）垂直于北祁连山走向的地质剖面图及样品分布

为了研究祁连山隆升的时空差异，Pang 等（2019a）沿托来山 – 祁连山北缘采集了系列样品（HSB-3～HSB-13）进行裂变径迹分析，样品空间分布及断裂带展布详见图 3-16 和图 3-17。按照样品所属构造位置不同，将这些样品可分为 3 组，第一组（A 组）3 个样品，位于托来山，高程最高（3970～3568m）；第二组（B 组）6 个样品，

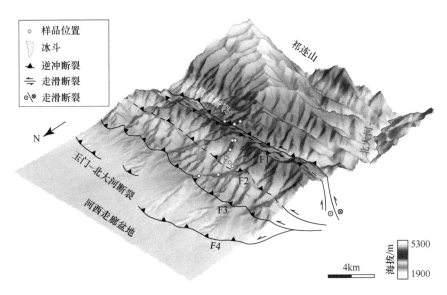

图 3-17　托来山 – 河西走廊地貌三维斜视图

位于祁连山北缘，高程居中且样品高程跨度较大（3855~3158m）；第三组（C 组）2 个样品，位于祁连山北缘 – 河西走廊过渡带，样品高程最低（2988~2834m）。

　　Pang 等（2019a）基于以上样品的裂变径迹结果分别绘制了年龄 – 高程相关图 [图 3-18（a）] 和裂变径迹长度 – 高程相关图 [图 3-18（b）]。与常见的裂变径迹年龄随高程降低逐渐减小的年龄 – 高程关系相反，该研究区托来山 – 祁连山北缘剖面的裂变径迹年龄随高程降低而逐渐增加，从约 10Ma 逐渐增加到约 63Ma；同时，径迹长度随高程降低逐渐缩短，从约 14.5μm 逐渐缩短到约 13.3μm。可见，不能简单地根据年龄随高程变化趋势线的拐点确定该研究区山体快速剥露的时间和速率。由于三组样品分属不同的构造位置，分别被不同的断层区隔，因此需要研究每个组样品年龄、裂变径迹长度随高程的变化特征。A 组 3 个样品，高程最高（3970~3568m），年龄最年轻且几乎相等（约 10Ma），年龄 – 高程趋势线斜率近垂直，没有趋势线斜率变化拐点 [图 3-18（a）]。同时，A 组样品裂变径迹长度也最长，都大于 14μm [图 3-18（b）]。这些数据特征表明 A 组 3 个样品位于古部分退火带（PAZ）底部之下，发生了完全退火。由于没有年龄 – 高程趋势线的拐点，尚无法简单推论托来山快速剥露的精确起始时间，但是数据也表明托来山快速剥露的起始时间可能略早于样品最老年龄（约 11Ma）。B 组 6 个样品，高程介于 3855~3158m，样品年龄随高程降低逐渐减小，由约 23.3Ma 减小到约 16.7Ma，定义了一条斜率较缓的斜线，斜率约 0.07km/Ma，没有明显的年龄 – 高程趋势线斜率的拐点 [图 3-18（a）]。同时，B 组 6 个样品裂变径迹长度较 A 组样品的径迹长度略短，约 13.5μm。B 组样品的年龄和长度随高程变化的趋势表明它们处于裂变径迹古部分退火带（PAZ，约 60~120℃）中，虽然不能直接指示山体快速剥露的时间，但是可以推测快速剥露的时间小于其最小年龄（约 16.7Ma）。与以上两组样品年龄随高程降低而减小的趋势相反，C 组样品年龄随高程降低而增加。C 组 2 个样品，

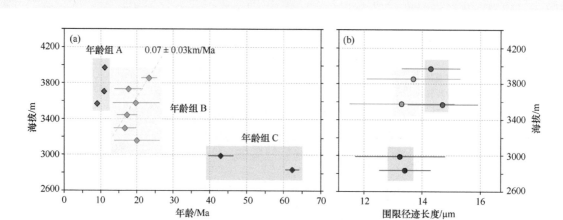

图 3-18　托来山－祁连山北缘裂变径迹年龄、长度与高程相关图

（a）裂变径迹年龄－高程相关图；（b）裂变径迹长度－高程相关图；浅蓝色区域为 A 组样品，
浅黄色区域为 B 组样品，棕色区域为 C 组样品

高程分别为 2988m 和 2834m，样品年龄分别为约 43.0Ma 和约 62.3Ma，定义了一条斜率为负数的较缓的斜线，斜率约 –0.008km/Ma。同时，C 组 2 个样品裂变径迹长度较 A 组样品的裂变径迹长度短，分别为 13.2μm 和 13.4μm。C 组样品的年龄和长度随高程变化趋势表明它们经历了部分退火，处于裂变径迹古部分退火带（PAZ，约 60~120℃）中，不能直接指示山体快速剥露的时间。但是，C 组样品年龄随高程降低而增加的变化趋势表明该区域可能受旱峡－大黄沟断裂（F3）活动影响而发生了掀斜式变形。总之，以上 C、B、A 三组样品的年龄逐渐减小表明从河西走廊盆地到祁连山，剥露程度逐渐增加。

　　Pang 等（2019a）选择径迹长度测试数据较多的 4 个样品进行了热历史模拟，结果见图 3-19。A 组的两个样品均获得约 10Ma 快速剥露的热历史，B 组的两个样品的模拟结果显示，山体快速剥露的时间约 15~10Ma。由于裂变径迹对于温度敏感而对于时间不敏感，模拟结果显示的快速剥露起始时间的范围较宽，无法区分两个山体快速剥

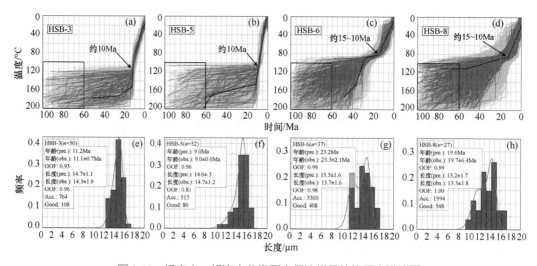

图 3-19　托来山－祁连山北缘裂变径迹样品的热历史模拟图

露的先后序列，同时也表明托来山和祁连山北缘隆升的时间相近，约 15~10Ma。

构造活动和由降雨、冰川引起的剥蚀作用如何影响山体剥露程度甚至地貌是近年来的热门话题（Burbank et al.，2003；Whipple and Brendan，2006；Egholm et al.，2009；Wang P et al.，2014；Zhang et al.，2016）。构造活动方式、强度、时间长短造成垂向运动的差异，可以影响剥蚀速率和剥露程度的大小；同时，降雨量、河流、冰川等因素也影响剥蚀速率的大小，从而进一步影响剥露程度的差异。近年来，越来越多的研究发现剥蚀在地球系统中发挥重要的作用，有时甚至可以改变构造变形的式样（Willett，1999）。托来山 – 祁连山北缘剖面的裂变径迹数据揭示出从北向南剥露程度逐渐增加的趋势。构造活动和剥蚀对托来山 – 祁连山北缘剥露程度差异的作用如何？首先观察样品与断裂活动之间的联系。从南向北，即从托来山向河西走廊盆地，山体为一系列叠置的逆冲席体，A 组样品位于托来山，通过昌马断裂逆冲于祁连山北缘之上（B 组样品之上）；B 组样品位于祁连山北缘，通过断裂 F3 逆冲于祁连 – 河西走廊过渡带之上（即 C 组样品之上）。在断裂活动时间相近或逐渐向北扩展的情况下，断裂上盘的垂向运动量大于断层下盘的垂向运动量，断裂上盘的剥露速率也相应地高于断裂下盘的剥露速率。托来山 – 祁连山北缘分布的一系列逆冲席体可以解释剥露程度从南向北减小的趋势。因此构造活动是控制剥露程度差异的重要因素。接下来观察剥蚀与剥露程度之间的相关性。为了研究这一相关关系，Pang 等（2019a）绘制了样品年龄与高程、地形起伏度以及降雨量的关系图（图 3-20）。图 3-20 显示样品年龄（剥露程度）与山体高程、起伏度以及现代降雨量在空间上具有一定的相关性。总体上，从北向南，高程、地形起伏度、降雨量逐渐增加，样品年龄逐渐减小。C 组样品高程、地形起伏度、降雨量最小，年龄最老；B 组样品随高程逐渐增加，地形起伏度、降雨量逐渐增加，样品年龄介于 C 组和 A 组年龄之间；A 组样品高程最高，地形起伏度、降雨量位于高值区域，但是比 B 组样品的峰值略小，样品年龄最小。

从北向南，C 组样品区域，高程、地形起伏、降雨量正相关，年龄随着它们逐渐增加而减小（剥露程度逐渐增大），与降雨剥蚀为主控因素的理想模型一致，但也可以用掀斜式变形解释。B 组样品区域的降雨量、高程、地形起伏之间表现为很好的正相关性，表明它们之间具有较强的相互作用。但是，样品年龄随高程、地形起伏、降雨量逐渐增加而逐渐增大，与降雨剥蚀为主控因素的理想模型相反，但与逆冲构造变形的模型基本一致。A 组样品高程、地形起伏度、降雨量介于高值区域，比 B 组样品的峰值略小，但是年龄远小于 B 组区的样品年龄，且不随高程变化，与降雨剥蚀为主控因素的理想模型不同。以上变化规律表明裂变径迹年龄变化受断裂控制的逆冲席体的影响明显，而降雨量对年龄的影响较弱。

与 B 组样品相比，A 组样品所在区域高程、地形起伏比 B 组峰值略低，降雨量与 B 组的峰值相当，但是裂变径迹最小，剥露量或剥露速率最大。A 组样品所在区域高程和地形起伏度略有降低，可能受古地形影响。A 组样品位于昌马盆地东延的迹线上，虽然由于强烈的挤压变形，昌马盆地在该区域消亡，但是在地貌上仍受到前期盆地地形的影响。但是 A 组样品位于昌马断裂上盘，断裂上盘的托来山向南不远就迅速

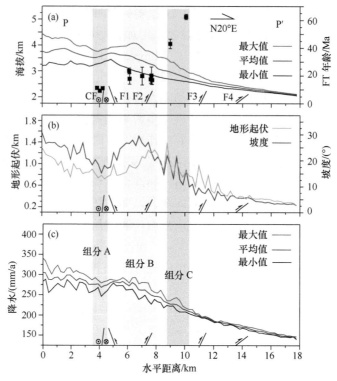

图 3-20　托来山 – 祁连山北缘裂变径迹年龄与高程、地形起伏和降雨量相关图
（a）年龄、高程图分布图；（b）地形起伏和坡度图分布图；（c）降雨量分布图

隆升，最高峰达约 5500m，4900m 以上发育大面积现代冰川。虽然现代冰川线出现于约 4900m，但是大量的冰川地貌遗迹残留于约 4000m 或更低的高程，表明也许冰川线在冰盛期更低。研究表明，冰川的剥蚀速率惊人，常常达到河流剥蚀速率的 5~10 倍（Egholm et al.，2009）。A 组样品位于 3970~3568m 高程，冰川剥蚀作用及其融水剥蚀可能是导致 A 组剥露程度高的最大外动力地质因素。因此，构造、气候与剥蚀之间的作用与反馈路径似乎浮现出来，即构造活动控制了一级地形的演化和剥露程度，气候的反馈作用雕刻着山体地形。一系列逆冲断裂作用造成地形由南向北逐渐减低，托来山最高，祁连山北缘次高。随着山体的隆升，地形雨逐渐增加，引起河流侵蚀加剧，地形起伏加大；托来山最高，发育大面积冰川，冰川锯效应（Zhang et al.，2016）出现，剥蚀速率最高，限制了山体高程。因此，除了构造因素外，冰川作用也可能是引起托来山剥露程度最高的因素之一。

3.3.2.3　约 4Ma 榆木山隆升

榆木山是河西走廊盆地内最高的山，走向 NWW-SEE，长度约为 60km，最高峰海拔为 3200m，高于河西走廊约 1700m。受榆木山北缘逆冲断层控制，断层上盘发生垂向隆升和侧向扩展（Palumbo et al.，2009a；Liu et al.，2011），志留纪的低级变质岩逆冲于第四纪地层之上形成山体［图 3-21（b）］。榆木山的东部和南部，白垩纪—第四纪的沉积地层不整合于榆木山之上［图 3-21（b）］。榆木山北缘逆冲断裂为活动断裂，公元 180 年的地震与该断裂有关［图 3-21（a），Tapponnier et al.，1990］。对榆木山山前断裂的研究表明，岩体隆升速率从中间向东部降低（770~550mm/ka），在地形和岩性控制下，流域内平均剥蚀速率介于 87~550mm/ka［图 3-21（a）］，综合榆木山岩体隆升速

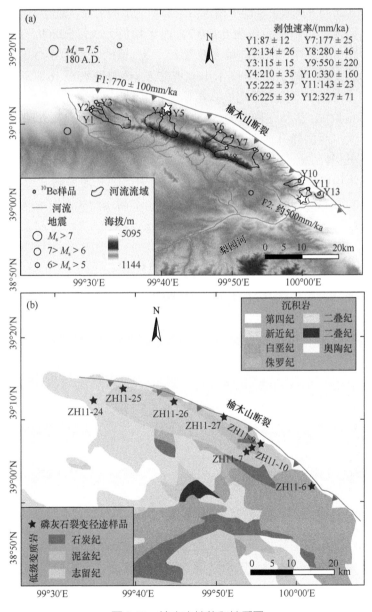

图 3-21　榆木山地貌和地质图

（a）榆木山数字地形（DEM）图和各流域平均剥蚀速率和隆升速率分布图；（b）榆木山地质图

（据甘肃省地质矿产局，1989；Palumbo et al.，2009a，2009b）及裂变径迹样品分布图

率、剥蚀速率、山脉整体结构和地势，Palumbo 等（2009a）认为榆木山的隆升开始于约 3.7±0.9Ma。通过对梨园河附近风口进行的野外测量以及样品的光释光年代学研究，Seong 等（2011）推论山脉的东向扩展的速率为 40mm/a。

河流地貌特征是活动造山带的重要表征之一（Kirby and Whipple，2012）。通过将河流流域方向、河流纵剖面的陡峭度指数与裂变径迹热年代学相结合，获得了榆木山晚新生代隆升扩展的方式和时间。

Wang Y Z（2014）提取了发源于榆木山南部和北部的河流，进行了坡度 – 面积分析，发现榆木山区河流凹度值的范围为 0.1~0.7，而平均值为 0.35±0.09。因此，选择 0.35 为参考凹度，进一步计算了河道陡峭度系数 K_{sn}。K_{sn} 值的范围为 6~26m$^{0.7}$，并且在空间上出现有规律的变化（图 3-22）。榆木山北坡的 K_{sn} 值普遍大于 16，南坡的高的 K_{sn} 值普遍小于 16，北坡的 K_{sn} 值大于南坡，与榆木山断裂向北逆冲的变形方式一致。榆木山北坡陡峭度指数 K_{sn} 值从中间部位（＞23）向东侧和西侧递减（＜12），表明山体中部隆升速率大，两侧隆升速率小，或者山体由中部向东西两侧扩展，与 Palumbo 等（2009a）和 Seong 等（2011）的研究结果一致。Palumbo 等（2009a）和 Seong 等（2011）的研究表明榆木山隆升速率在空间上存在差异，中部隆升速率高（约 770mm/ka），而东部的隆升速率低（约 500mm/ka），隆升速率由中部向东侧和西侧递减 [图 3-21（a）]。

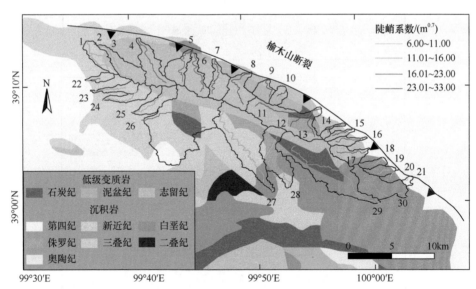

图 3-22　榆木山河道陡峭系数分布图（参考凹度 0.35）

发源于活动造山带的流域通常被认为是与山体走向大致正交的。流域盆地的走向对于这一理想系统的偏移可以反映山体隆升的空间特征。应用加权正交线性回归计算方法（Goren et al.，2015），统计了发源于榆木山的 27 个河流流域的方向（图 3-23）。这 27 个盆地的方位角的范围为 40°~180°。榆木山各河流域及其方向以及榆木山北缘断裂的展布见图 3-23。根据榆木山北缘断裂走向的差异，将榆木山分成两部分，西部（点 A- 点 B），走向方位角为约 115°，东部（点 C- 点 B），走向方位角为约 140°（图 3-23），

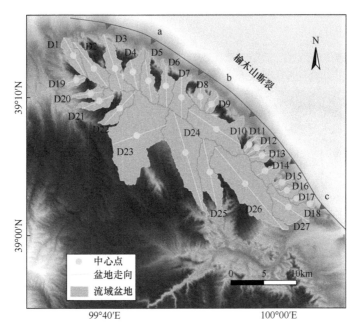

图 3-23　榆木山河流的流域走向图

浅蓝色点和灰色直线分别是流域的中心和长度

因此，西部和东部河流流域的理想走向分别为 25° 和 50°。图 3-23 显示了各河流流域的走向，表明多数河流流域偏离了理想方位，具有从山体中央向东西两侧偏移的特征。流域 D1~D8，向西北方向偏移约 63°~25°，流域 D8~D11（D10 除外），略向东偏移 10°~30°（图 3-23）。在南侧，流域 D19~D23 表现为向西偏移，流域 D24~D27 表现为向东偏移（图 3-23）。河流流域走向的这种有规律的变化表明山体可能出现了侧向扩展，这与风口迁移揭示的规律一致（Seong et al.，2011）。

　　活动造山带中，基岩样品的磷灰石裂变径迹年龄 – 高程图通常用于研究岩体剥露的历史。榆木山磷灰石裂变径迹样品的位置和年龄如图 3-24（a）所示，样品高差 700m，年龄范围为 30.5~88.7Ma［图 3-24（b）］，径迹长度范围为 10~14μm。与理想的年龄 – 高程图不同，榆木山样品的裂变径迹年龄与高程之间没有明显的相关关系［图 3-24（b）］，这可能是由于榆木山不同位置垂向运动的速率不同或山体隆升过程中存在由中部向两侧的侧向扩展，造成等温线（等年龄线）扭曲。从榆木山的地貌角度看，无论 K_{sn} 分布特征还是河流流域方向的偏转特征，都表明榆木山在山体形成过程中存在侧向扩展。而且，山体的西坡为一平缓的斜坡，向西倾斜［图 3-24（c）中的红色曲线］，因此，榆木山西坡可能是倾斜的古剥蚀面，或新生代地层与基岩的不整合面。以此面为参照，可以获得样品的古埋藏深度。为此，通过 DEM 技术获得了榆木山沿走向（从西到东）的地形剖面图［图 3-24（d）］以及样品的投影位置，裂变径迹年龄分布表现出山体中段最年轻，向东西两侧变老的趋势。以西坡为参照，估算了各个样品的古埋藏深度，绘制了样品年龄 – 古埋藏深度相关图［图 3-24（c）］。图 3-24（c）中，样品年龄随古深度的变化趋势近似一条平缓的斜线，斜率约 0.05mm/a，随着古埋藏深度的

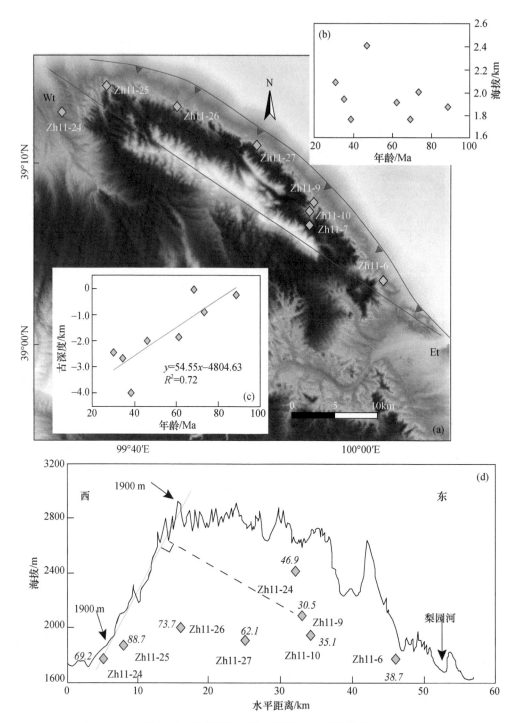

图 3-24　裂变径迹年龄、高程和样品古深度图

（a）榆木山数字地形图及样品位置；（b）样品年龄 – 高程图；（c）年龄深度图；（d）沿山体走向（西至东）的地形剖面图，
黑色方块表示样品在地形剖面图上的投影位置、样品编号以及年龄，其中斜体数字为裂变径迹年龄，灰色虚线表示以西
坡为参照面，估算各样品古深度时的参考线

增加，裂变径迹年龄从 **88.7Ma** 逐渐减小到 **38.7Ma**，说明这些样品位于裂变径迹古部分退火带，未能揭露出 PAZ 的底部。由于裂变径迹年龄和长度只能记录其处于部分退火带（60~120℃）时经历的热历史信息，因此，古埋藏深度最深的 4 个样品（Zh11-6、Zh11-7、Zh11-9 和 Zh11-10）可能包含了较可靠的榆木山隆升的信息。应用 Hefty 程序（Ketcham，2005）对以上 4 个样品进行了热历史模拟，模拟结果表明榆木山快速冷却的开始时间为约 4Ma（图 3-25）。

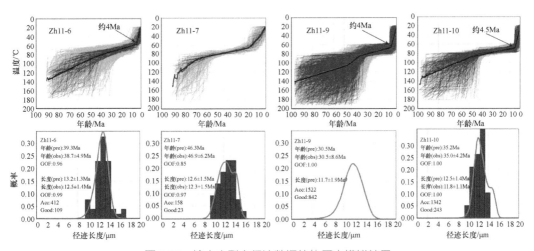

图 3-25　榆木山裂变径迹数据的热历史模拟结果

模拟结果显示榆木山约 4Ma 发生快速冷却

3.3.2.4　酒西盆地西端新生代变形及其源区示踪

老君庙背斜位于甘肃省玉门市南部，由于玉门油田而闻名地质学界，是中国石油工业的摇篮。老君庙背斜是被祁连山逆冲断裂的分支向北逆冲形成的一系列褶皱变形之一，由新近纪陆相碎屑岩地层组成，经石油河下切出露地表（图 3-26）。

1. 老君庙剖面新生代地层变形

为了直接获得老君庙背斜构造变形信息，袁道阳（2003）对其北翼进行了大比例尺剖面填图（图 3-27）。从图 3-27 中发现，在牛胳套组顶部到玉门砾岩组的底部，地层倾角较大，约 60°。从玉门砾岩底部开始，地层倾角突然变小，减小到约 30°，并开始逐渐减小，到酒泉砾岩组时，地层倾角减小到约 17°。这表明，显著的构造活动造成的角度不整合及生长地层从玉门砾岩下部开始发育。根据不同的磁性地层研究结果，不整合的时间略有差异，如约 3.6Ma（赵志军等，2001a）或约 2Ma（陈杰，1995）。这里简单地把这次构造变形的时间近似到约 3Ma。尽管方小敏等（2004）揭示出老君庙剖面经历了更早期的构造变形（约 8Ma），但是，最显著的变形发生于约 3Ma。约 8Ma 的变形可能与祁连山北缘断裂的活动有关；而约 3Ma 的构造变形，代表老君庙背斜开

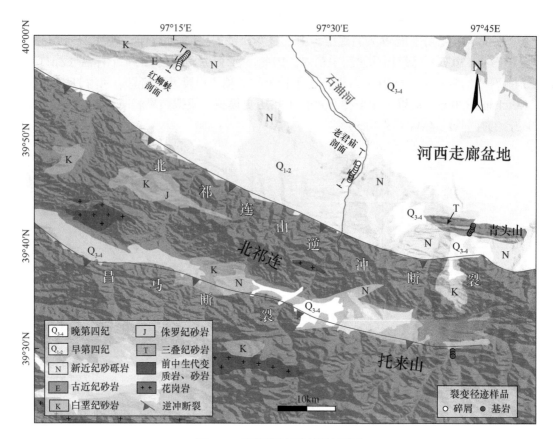

图 3-26 酒西盆地石油河地质图

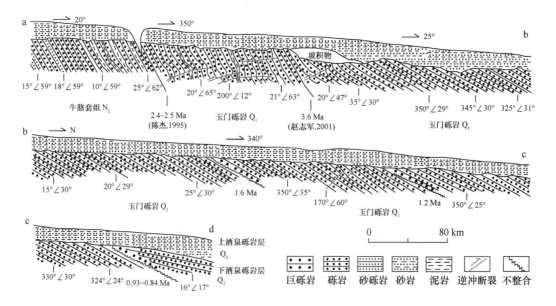

图 3-27 石油河实测地质剖面图（袁道阳，2003）

始变形的时间。老君庙背斜变形时间与青山头背斜开始变形的时间（约 3Ma）（陈杰，1995）基本一致。

2. 老君庙剖面碎屑裂变径迹年龄结果

基于老君庙剖面新生代沉积地层的古地磁研究结果（方小敏等，2004），Zheng 等（2017）沿老君庙剖面采集了 16 个样品，测试它们的碎屑颗粒裂变径迹年龄，进行沉积物源区示踪工作。由于这些采自沉积岩的样品是不同年龄源区的混合物，所以需要进行年龄分解，获得各年龄组。通常，最年轻的年龄组分（P1）可用来研究源区的剥露特征。在研究源区的剥露特征时，需要引入一个中间变量，滞后时间（t），即最年轻年龄组分与对应的沉积年龄之间的差，代表样品从完全退火带剥露到地表，并被剥蚀搬运到盆地中耗费的时间总和。滞后时间越小，代表剥露速率越大，构造活动越强烈或有利于剥蚀的气候条件越强烈。老君庙剖面的 16 个样品中，最小年龄组分的年龄介于 68.6~27.2Ma，每个样品对应的滞后时间介于 17.2~63.5Ma。为了直观地显示出最小年龄组分的变化规律，Zheng 等（2017）把最小年龄组分（P1）和次小年龄组分（P2）绘制于图 3-28 中。

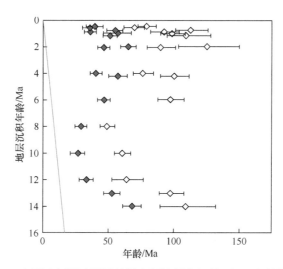

图 3-28　老君庙剖面碎屑颗粒裂变径迹组分年龄 – 沉积年龄相关图
红色菱形为最年轻年龄组分 P1；空心菱形为次年轻年龄组分 P2

图 3-28 显示，从地层下部到上部，碎屑颗粒年龄组分表现出了复杂的变化趋势。下部，地层年龄约 14~10Ma，最年轻的年龄组分从最老的 68.6Ma 逐渐减小到 27.2Ma；沿地层柱继续向上，地层年龄约 10~2Ma，最年轻年龄组分从约 27.2Ma 逐渐增加到约 65.5Ma；最上部，地层年龄约 2~0.5Ma，最小年龄组分的波动比较大，似乎有再次减小的趋势。最年轻年龄组分的变化趋势在约 10Ma 发生转变，由 10Ma 之前的逐渐变小转变为之后的逐渐变老。滞后时间也表现出相似的变化，14~10Ma，滞后时间逐渐减小，由 54.6Ma 减小到 17.2Ma；10Ma 之后，滞后时间逐渐增大到约 63.5Ma。碎屑颗粒最年轻年龄组分的这种由老变年轻又变老的变化趋势表明，约 10Ma 时，沉积物源区

发生显著的变化。约 10Ma 之前，源区遭受稳定的剥露作用，之后发生了沉积物的二次循环作用，即盆地沉积物作为源区被剥蚀并再次沉积在老君庙地区。地层中砾石的优选方位测量表明，物质来源为南侧的祁连山。从区域地质图可以发现，祁连山北缘的北侧是新生代的酒泉盆地，南坡被昌马盆地的中－新生代地层覆盖，可以推断祁连山北缘在 10Ma 之前曾经被新生代地层覆盖，在约 10Ma 之后，由于祁连山北缘断裂的逆冲作用而隆升成山。于是，酒西盆地和昌马盆地被祁连山北缘分割成前陆盆地和背驮式盆地。祁连山北缘断裂向北的逆冲活动、隆升可能是造成老君庙剖面沉积物二次循环的原因。

3. 红柳峡剖面碎屑裂变径迹结果

红柳峡剖面位于酒西盆地西北端，在祁连山北缘断裂和阿尔金断裂晚新生代构造活动共同作用下褶皱变形（图 3-26）。在陈杰等（2006）磁性地层年龄研究的基础上，我们采集了 12 个碎屑颗粒裂变径迹年龄样品进行源区示踪研究。

图 3-29 显示，从地层下部到上部，碎屑颗粒年龄组分也表现出了二次循环的特征，即最年轻年龄组分变化的趋势在约 8.5Ma 发生转变，由 8.5Ma 之前的逐渐变小转变为之后的逐渐变老。地层下部，约 12~8.5Ma，最年轻的年龄组分从最老的 42.3Ma 逐渐减小到 13.1Ma；沿地层向上，沉积年龄约 8.5~4.5Ma 期间，最年轻年龄组分从约 13.1Ma 逐渐增加到约 58.3Ma。虽然在 7~8Ma 期间，有 3 个样品的最年轻年龄组分老于其上下的年龄，数据出现突变，可能代表新物源出现，但从趋势上看，这并不影响最年轻年龄组分的变化趋势和结论。同时，滞后时间也表现出相似变化趋势，即 12~8.5Ma 期间，滞后时间逐渐减小，由 31.3Ma 减小到 4.6Ma；8.5Ma 之后，滞后时间逐渐增大到最大约 63.5Ma。碎屑颗粒最年轻年龄组分和滞后时间的变化趋势表明，约 8.5Ma 时，源区发生显著的变化。约 8.5Ma 之前，源区遭受稳定的剥露作用，之后发生了沉积物的二次循环作用。地层中砾石的优选方位测量表明，红柳峡地区的物质

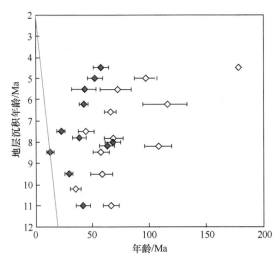

图 3-29　红柳峡剖面碎屑组分年龄－沉积年龄相关图
地层沉积年龄由陈杰等（2006）根据古地磁结果提供

来源也为南侧的祁连山。因此，与老君庙结果类似，推测祁连山北缘向北的逆冲活动、隆升可能是造成二次循环发生的原因。

4. 青山头－托来山剖面裂变径迹数据

除了用来研究山体快速剥露的时间，低温热年代学还可以用来研究山体的剥露程度。裂变径迹年龄－高程相关图（图 3-30）显示，位于托来山的 3 个样品，磷灰石裂变径迹年龄分别是 33.1Ma、17.6Ma、15.9Ma，远远小于其太古宙地层的年龄，表明这些样品经历强烈的退火作用。在样品的年龄－高程图（图 3-30）中，年龄随高程降低而减小，由于只有三个样品，而且两个样品的位置非常近，虽然没有获得年龄－高程趋势线斜率的拐点，难以获得完全退火带的位置和托来山快速剥露的时间，但是可以推论快速剥露出现于其最小年龄附近或之后，即≤16Ma。青头山的 5 个样品，随着高程的降低，在高差约 140m 范围内，裂变径迹年龄从 98.2Ma 减小到 51.3Ma。同时，从北向南，随着样品远离断裂，样品的年龄逐渐变老，从 51.3Ma 逐渐增加到 98.2Ma，表明青山头的剥露程度随着远离断层而逐渐减小，在断层附近剥露程度最大。因此，断层高角度逆冲作用造成了青头山裂变径迹年龄的变化特征。祁连山北缘的样品年龄和高程，均介于托来山和青头山样品年龄和高程之间。这一变化趋势表明，从青头山到托来山，山体的剥露程度逐渐增加。托来山、祁连山北缘逆冲和青头山一系列向北扩展的逆冲席体可以解释以上剥露程度的变化特征。

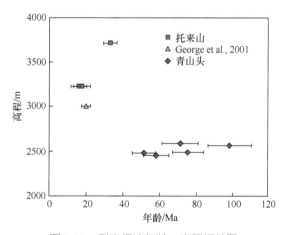

图 3-30　裂变径迹年龄－高程相关图

紫红色正方形为托来山的样品；绿色三角形为祁连山北缘的样品（George et al.，2001）；蓝色菱形为青头山样品，托来山样品高程最高，年龄最小；青头山样品高程最小，年龄最老；祁连山北缘样品介于中间

从地层的分布也可以观察到类似的剥露程度差异（图 3-31）。托来山地区，完全出露古生代、太古宙的地层；祁连山北缘地区，山体南侧的昌马盆地残留少量侏罗系、白垩系以及古近系和新近系，为一背驮式盆地；而青山头地区，少量的古生代地层被侏罗系、白垩系和大量的古近系和新近系、第四系覆盖，构成祁连山北缘逆冲断裂的前陆盆地。通常，造成山体剥露程度差异可能有三种原因。一是强烈的构造活动；

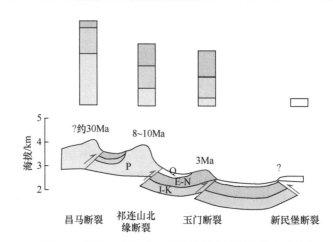

图 3-31　托来山、祁连山北缘、青山头差异性剥露及薄皮式扩展示意图

二是有利于剥蚀的气候条件，如强降雨量、冰川作用、气候强烈波动；三是构造活动的持续时间，持续时间越长，剥露程度越大。本书研究地区，祁连山北缘断裂的活动性最强，而祁连山北缘的剥露程度中等，因此构造活动的强弱不是造成托来山剥露程度高的原因。祁连山北缘是青藏高原与河西走廊盆地的分界线，由于其作为地形障碍，阻挡了从北部来的气流，容易在山前形成地形雨，在祁连山北缘山前更容易形成强剥蚀区。如果托来山和祁连山同时开始构造活动并发生山体隆升，祁连山北缘的剥露程度应该大于托来山的剥露程度，而不是相反。所以气候条件也不是造成研究区剥露程度变化的原因。因此，构造活动的先后差异是一个合适的理由。如果托来山开始构造活动的时间早于祁连山北缘，可以造成其剥露程度最大。

5. 小结

老君庙剖面、红柳峡剖面获得的碎屑颗粒裂变径迹的结果表明，祁连山北缘开始构造活动时间约为 10~8Ma，与金佛寺岩体 U-Th/He 结果一致（9.5Ma），但是略小于 George 等（2001）获得的祁连山北缘构造活动的时间（10~20Ma）。George 等（2001）的结果通过热历史模拟获得。热历史模拟对最高温度敏感，但是对时间不敏感。因此认为祁连山北缘约 8~10Ma 隆升的结果更可信。

基岩裂变径迹结果表明，托来山、祁连山北缘、青头山的剥露程度逐渐减小，并推论托来山开始构造活动的时间可能要略早于祁连山北缘，≤16Ma。而且，老君庙背斜构造变形的时间约为 3Ma，青头山开始活动的时间约 3Ma（陈杰，1995）。综合裂变径迹年龄结果和沉积地层变形结果，在祁连山的西段，可能存在由祁连山逐渐向酒西盆地逆冲扩展的过程。

3.3.3　祁连山内部祁连盆地南侧托来山约 15Ma 隆升

祁连盆地位于祁连山中部，祁连县境内，是一个北西西向狭长（长约 100km，宽

小于 5km）的山间盆地。祁连盆地形成于白垩纪，新生代为继承性盆地，沉积了一
套白垩纪—第四纪的陆相碎屑岩（青海省地质局区域地质测量队，1968）。通过磁
性地层学研究，刘彩彩等（2016）认为祁连盆地新生代地层中砾岩的沉积时间约为
14.3~10Ma，并推断祁连山新生代构造隆升开始于约 14Ma。盆地的北边界为走廊南山，
主要由古生代变质岩组成，通过一系列的逆冲席体，沿北东向逆冲到河西走廊新生
代沉积地层之上。盆地的南边界为托来山（研究区段也称达坂山），主要由三叠纪—奥陶
纪的变质岩组成（青海省地质局区域地质测量队，1968），以海原断裂带与祁连山盆地
分割，并向北逆冲于祁连盆地白垩纪—第四纪的地层之上。

为了研究托来山（祁连盆地南侧）的冷却历史，Yu 等（2019a）沿祁连盆地西南
部东草沟采集了 10 个磷灰石裂变径迹样品（图 3-32），样品相邻高程间隔为约 150m。
4 个样品（DCG1302，DCG1303，DCG1304，DCG1305）分布于南祁连盆地，海原断
裂下盘；DCG13-01 位于祁连盆地南缘断裂和海源断裂之间前寒武纪的基岩；其余的 5
个样品（DCG1306，DCG1307，DCG1308，DCG1309，DCG1310）采集于海原断裂上

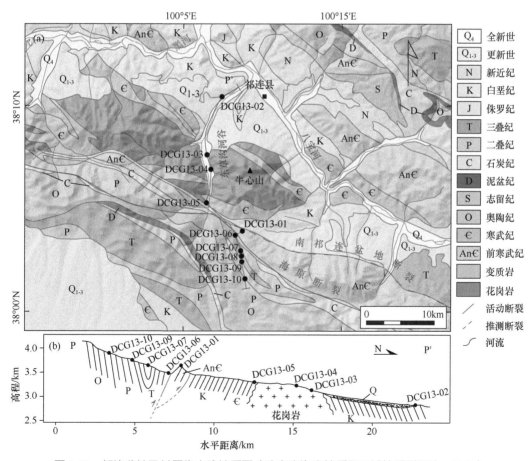

图 3-32 祁连盆地及其周缘山脉地质图（改自青海省地质局区域地质测量队，1968）

图（a）中，黑色圆点为样品点，样品沿 P-P' 剖面采集，红色实线为海原断裂，红色虚线为推断祁连盆地南缘断层；

图（b）中，样品采集编号及其对应高程、岩性、断层分布剖面图

盘的古生代变质岩中。

10 个样品中最终获得了 9 个裂变径迹年龄和 8 个样品的长度数据。9 个样品的中心年龄值的范围从 15.2±0.8Ma 到 53.8±2.7Ma。平均径迹长度介于 10.8±1.35μm 和 13.3±1.8μm 之间。裂变径迹的平均 D_{par} 值变化范围为从 1.61±0.2μm 到 2.33±0.31μm。

样品年龄－高程图中（图 3-33），位于断裂下盘的四个样品（DCG13-02，DCG13-03，DCG13-04，DCG13-05）的年龄相对较老，介于 42.4±2.4Ma 到 53.8±2.7Ma。这 4 个样品的年龄均远远小于其对应的地层年龄（白垩纪的砂岩和古生代的花岗岩），且径迹长度较短，介于 10.8±1.35μm 和 11.5±1.84μm 之间，表明样品经历了较强的部分退火作用，不能直接指示山体快速剥露的时间。样品年龄－高程斜率表明其剥露速率为 0.04mm/a。样品 DCG13-01 采于海原断裂和祁连盆地南缘断裂之间，其裂变径迹年龄值为 25.7±2.7Ma，小于祁连盆地的 4 个样品，因此该样品比祁连盆地样品经历了更高的退火程度。这可能与样品介于祁连盆地南缘断裂和海原断裂之间的构造位置有关（图 3-32）。在海原断裂的上盘，样品的高程－年龄关系显示了典型的斜率拐点特征。样品 DCG13-10 的海拔最高，裂变径迹年龄为 34.1±2.9Ma，远小于其沉积地层年龄（二叠纪），而且其平均径迹长度为 12.1±1.59——样品经历了很强的退火作用。该样品之下的 3 个样品（DCG13-0、DCG13-07、DCG13-09）采集于古生代基岩，它们获得了几乎一致的更年轻的裂变径迹年龄，约 15~17Ma（图 3-33a），且径迹平均长度增加，均大于 13μm［图 3-33（b）］，表明这 3 个样品经历了完全退火作用。因此，磷灰石裂变径迹部分退火带底部介于样品 DCG13-10 和样品 DCG13-09 之间，完全退火的样品指示了山体快速剥露的时间约为 17~15Ma。

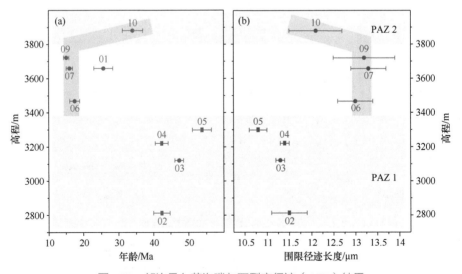

图 3-33　祁连县东草沟磷灰石裂变径迹（AFT）结果

图（a）裂变径迹年龄－高程图；图（b）平均径迹长度－高程图，裂变径迹年龄和径迹长度的误差均为 1σ，通过 $P(\chi^2)$ 检验的样品用圆点表示，未通过检验的用矩形表示，浅蓝色条带代表中生代－新生代的部分退火带（PAZ1）；浅黄色的条带代表中新世的部分退火带（PAZ2），灰色条带为推测的海原断裂上盘样品的 AFT 年龄和长度随高程变化的趋势

3.3.4　南祁连山－柴达木盆地北缘新生代构造活动

3.3.4.1　怀头他拉剖面地层及其褶皱变形

柴达木盆地北缘发育了巨厚的新生代陆相地层和一系列新生代背斜（图 3-34），新生代沉积厚度约 5km，记录了丰富的构造变形、源区演化以及气候变化的信息。柴达木盆地新生代地层自下而上分为路乐河组、下干柴沟组、上干柴沟组、下油砂山组、上油砂山组、狮子沟组和七个泉组。路乐河组以紫红色砾岩夹棕红色砂岩为特征；下干柴沟组以棕红色砾岩与黄绿色砂岩、暗色泥岩互层为特征；上干柴沟组以灰绿色砂岩与杂色泥岩互层为特征；下油砂山组以灰绿色含砾砂岩、粉砂岩与红色、绿色等杂色泥岩互层为特征，并含钙质结核；上油砂山组以灰色、棕黄色砂质、泥岩与砾岩互层为特征；狮子沟组以黄灰色、黄绿色砂岩、泥岩为特征，夹杂灰绿色砾岩及少量粉砂岩；七个泉组以黄色厚层砾岩夹砂岩、粉砂岩为特征（图 3-35）。Wang W T 等（2017）对大红沟剖面进行了详细的磁性地层研究，获得了柴达木盆地北缘新生代地层的年龄，各地层组的年龄分别为：路乐河组（25~23.5Ma）、下干柴沟组（23.5~16.5Ma）、上干柴沟组（16.5~11.1Ma）、下油砂山组（11.1~9.0Ma）、上油砂山组（9.0~6.3Ma）、狮子沟组（＜6.3 Ma）。

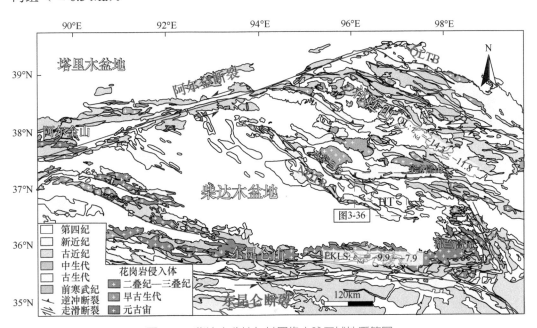

图 3-34　柴达木盆地与其周缘山脉区域地质简图

NQTB- 柴达木北缘逆冲带；QLTB- 祁连逆冲带；祁连山和东昆仑山的 Nd 同位素数据来源于 Wu 等（2010）

怀头他拉剖面（图 3-36）位于德令哈市怀头他拉镇南约 10km，为一复式背斜，是柴达木盆地北缘与南祁连山逆冲断裂相关的一系列背斜之一。剖面西南为欧龙布鲁克

(a) 353°
路乐河组 (锡铁山附近)

(b)
路乐河组 (锡铁山附近)

(c) 353° 古流向
下干柴沟组 (锡铁山附近)

(d) 14°
下干柴沟组 (鱼卡剖面)

(e) 14°
上干柴沟组 (鱼卡剖面)

(f) 14°
上干柴沟组 (鱼卡剖面)

(g) 66° 古流向
下油砂山组 (怀头他拉剖面)

(h) 32°
下油砂山组 (鱼卡剖面)

图 3-35　柴达木盆地北缘新生代地层照片

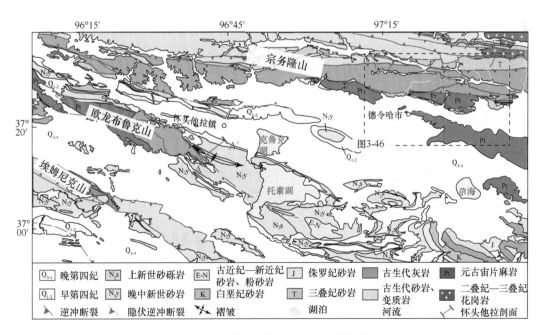

图 3-36　柴达木盆地东北部地质简图

山，由奥陶系的灰岩、页岩、板岩以及石炭系灰岩组成，向北逆冲于新生代地层之上，并导致北侧怀头他拉复背斜形成，并沿河流几乎出露完整的新生代地层。Fang 等（2007）以一系列哺乳动物化石 [欧龙布鲁克生物群（12~15Ma）、托素生物群（10~12Ma）和怀头他拉生物群（4~5Ma）] 作为"钉子"，对怀头他拉剖面上部地层进行了详细的磁性地层研究，建立了精确的古地磁年龄框架。具体为：下油砂山组（> 15.3Ma）、上油砂山组（15.3~8.1Ma），狮子沟组（8.1~2.5Ma）和七个泉组（< 2.5Ma）（Fang et al.，2007）（图 3-36，图 3-37）。由于 Fang 等（2007）与 Wang W T 等（2017）对岩性地层组划分的差异，他们测定的柴达木盆地北缘各地层单元的年龄也存在较大的分歧。但是，这不妨碍这两个剖面的磁性地层年龄成为柴达木盆地北缘最可靠的年龄结果。巨厚的新生代地层以及准确的地层年龄为应用多种源区示踪方法研究相邻的祁连山隆升提供了坚实的物质基础。

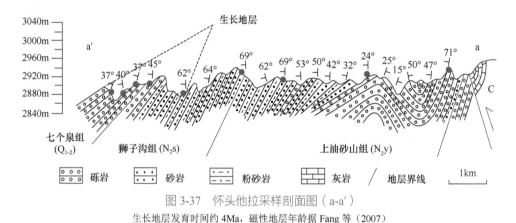

图 3-37　怀头他拉采样剖面图（a-a'）

生长地层发育时间约 4Ma，磁性地层年龄据 Fang 等（2007）

为了利用可靠的磁性地层年龄结果，Li C 等（2021）选择怀头他拉剖面作为研究对象（图 3-34 和图 3-36），通过综合多种物源分析方法（砂岩碎屑骨架成分统计法、全岩主量元素分析法、全岩 Nd 同位素分析法、碎屑锆石 U-Pb 地质年代学法以及碎屑磷灰石裂变径迹年代学法），对怀头他拉剖面进行物源示踪研究。

根据 Fang 等（2007）对怀头他拉剖面的磁性地层研究成果，结合野外地质剖面填图，Pang 等（2019b）获得了怀头他拉地层剖面图（图 3-37）。怀头他拉剖面为受欧龙布鲁克山北侧断层影响的复式背斜。背斜核部由上油砂山组下部地层组成，地层产状也较缓（约 20°~40°）。从核部向北，背斜北翼依次为上油砂山组中上部、狮子沟组、七个泉组。如图 3-37 所示，狮子沟组中部地层倾角 > 62°，而且从狮子沟组上部开始到七个泉组，地层倾角由 62° 迅速减小到 37°，展现出生长地层的特征（图 3-37）。根据一系列地层倾角变缓的过程以及地层的沉积年龄，推测生长地层开始发育的时间为 4.0±1.0Ma。这表明背斜开始形成的时间为约 4Ma。

3.3.4.2　怀头他拉剖面源区示踪

为了研究怀头他拉剖面的沉积物源区，Li 等（2021）沿着怀头他拉剖面采集了

8 个中 – 粗砂岩样品用于砂岩碎屑骨架成分统计, 9 个砂岩样品进行碎屑裂变径迹年龄测试, 77 个泥岩或者粉砂岩样品用于全岩主量元素分析, 15 个泥岩或者粉砂岩样品用于 Nd 同位素分析和 5 个砂岩样品用于碎屑锆石 U-Pb 年代学分析 (图 3-38)。Pang 等 (2019b) 沿怀头他拉剖面采集 9 个样品用于碎屑裂变径迹年龄测试, 并测量了砾石优选方位, 用于研究古水流方向并推测物源区 (图 3-38)。

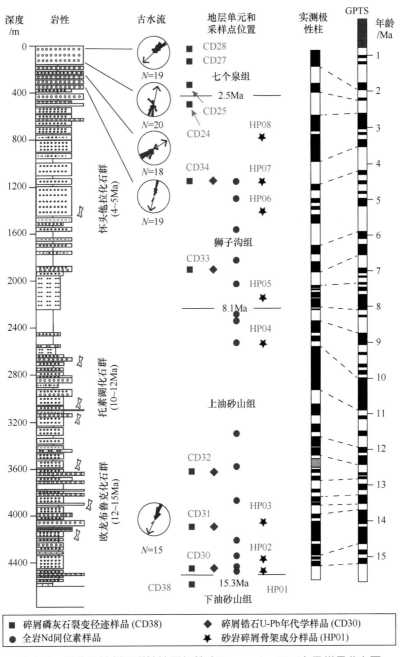

图 3-38　怀头他拉剖面磁性地层年龄 (Fang et al., 2007) 及样品分布图

3.3.4.3 潜在源区特征

1. 祁连山特征

祁连山位于柴达木盆地北部，南、北两侧以逆冲断裂带分别与河西走廊盆地和柴达木盆地接触（图 3-34）。祁连山为古生代造山带，由于新生代以来印度板块 – 欧亚板块持续汇聚，再次活化成山。祁连山主要由元古宙和古生代变质沉积岩、早古生代侵入岩和少量的中、新生代碎屑沉积岩组成。碎屑锆石 U-Pb 年龄数据显示，祁连山内出露的前寒武系变质岩中锆石 U-Pb 年龄存在多个年龄峰，分别为约 800Ma，约 1800Ma 和约 2400Ma（Cheng et al.，2017；Zuza et al.，2018a；Wang et al.，2019）；早古生代变质沉积岩中锆石 U-Pb 年龄集中于 490~450Ma（Gehrels et al.，2011；Zuza et al.，2018a）；晚古生代地层和中生代地层含有大量的二叠—三叠系锆石年龄组分（Lu et al.，2018；Zuza et al.，2018b；Wang L et al.，2020）。源于祁连山现代河流的细粒沉积物（< 75μm）具有负的 ε_{Nd} 值（–14.3~–11.8）（图 3-34，Wu et al.，2010）。由于 Nd 同位素在地表过程中不发生显著的分馏，沉积物的 ε_{Nd} 值主要受控于源区岩石 Nd 同位素组成。另外，祁连山内广泛出露的元古宙—古生代变质岩和早古生代花岗岩的 ε_{Nd} 平均值约为 –15.0（Wan et al.，2006）。源于祁连山的现今河流沉积物的 ε_{Nd} 值可能反映了广泛出露的元古宙—古生代变质岩和早古生代花岗岩对其的贡献。

2. 都兰高地特征

都兰高地位于柴达木盆地东部，分隔了柴达木盆地和茶卡盆地（图 3-34）。都兰高地出露早古生代、二叠—三叠纪花岗岩和古生代、中生代沉积岩。广泛分布的二叠—三叠纪花岗岩的 ε_{Nd} 平均值为 –7.6（Chen et al.，2015）。锆石 U-Pb 年代学数据显示都兰高地的岩浆作用主要集中在 240~230Ma 和 430~410Ma。新构造和活动构造的研究表明，都兰高地快速剥露始于中中新世（约 15Ma）（Duvall et al.，2013），或约 9Ma（Yuan et al.，2011）。

3. 东昆仑山特征

东昆仑山位于柴达木盆地东南缘，广泛出露二叠系—三叠系和早古生代花岗岩侵入体和新元古代变质岩、古生代变质沉积岩以及少量侏罗纪、新生代碎屑沉积岩（图 3-34）。锆石 U-Pb 年龄显示东昆仑山内花岗岩的时代集中于 260~210Ma 和 450~380Ma（Wu et al.，2016，2019）。发源于东昆仑山的河流中细粒沉积物的 ε_{Nd} 值介于 –9.9~–7.9 之间（Wu et al.，2010）。新构造研究表明东昆仑山于晚渐新世再次活化。

4. 古水流方向

叠瓦状砾石的优选方位是研究古水流方向、判别物源方向的一种常用方法。Li

等（2021）通过野外测量地层中叠瓦状排列砾石的产状以及地层产状，经过地层校正后作图得到砾石优选方位图（图 3-38）。根据古流向（图 3-38）可知，样品 CD30（约 15 Ma）所在地层物源主要来自西南，其砾石岩性以石英岩、变质岩为主，含少量石灰岩，说明物源可能来自东昆仑山。此外根据野外观测样品 CD30（约 15 Ma）处地层的楔状交错层理也判断其物源为西南方向。由于样品 CD30（约 15 Ma）与 CD25（约 2.5 Ma）之间的地层（15~2.5Ma）中缺少可以测量的砾石，因此未能提供古流向。但是 CD25 及 CD28 处测得的物源方向主要来自东北方向（图 3-38）。CD25（约 2.5 Ma）上部及 CD27（< 2.5 Ma）处测得的物源方向来自西南（图 3-38），说明当时西南和东北两个方向均为怀头他拉地区提供物源。自样品 CD25（< 2.5 Ma）起，砾石成分以石灰岩为主，同时欧龙布鲁克山以石炭系的灰岩为主，因此推断物源来自欧龙布鲁克山，且覆盖于欧龙布鲁克山之上的新生代沉积地层已经全部被剥蚀掉，七个泉组石灰岩的出现表明欧龙布鲁克山的基底已经被剥露至地表。

3.3.4.4　怀头他拉剖面沉积物源区特征

1. 碎屑磷灰石裂变径迹特征

碎屑颗粒样品为多物源的混合样品，因此需要对碎屑颗粒裂变径迹数据进行分解，分解成不同年龄组分。Pang 等（2019b）使用二项峰拟合法（binomial peak-fitting method）（Binofit 程序由 Mark Brandon 提供）对样品进行年龄峰分解，并分别用 P1、P2、P3 和 P4 等表示不同的年龄组分。其中 P1 为最年轻年龄组分，P1 年龄组分代表着物源区最高剥露程度部分的年龄信息，能够反映最新的构造活动信息。此外，滞后时间也是研究源区剥露特征的一个参数。滞后时间为最年轻年龄组分（P1）与对应的沉积年龄之间的差值，为样品从完全退火带剥露到地表并被搬运到盆地中的时间总和。滞后时间越小，表明剥露速率越大，构造活动越强烈或气候条件越有利于剥蚀作用。

怀头他拉剖面地层中碎屑颗粒裂变径迹最年轻年龄组分（P1）的年龄范围为 33~66.3Ma，不同样品对应的滞后时间介于 24.9~64.8Ma。从地层底部到顶部，碎屑颗粒最年轻年龄组分（P1）表现为先逐渐减小，然后逐渐增大的趋势变化；同时，滞后时间也出现类似的变化特征。为了直观地显示组分年龄的变化规律，Pang 等（2019b）绘制了地层沉积年龄 – 组分年龄关系图（图 3-39）。地层下半部分，沉积地层年龄约 20~7Ma 期间，CD38~CD33 四个样品的 FT 最年轻年龄组分（P1）由地层最底部的约 55.8Ma 逐渐减小为约 33Ma，说明物源区处于持续隆升剥蚀状态。相反，地层上半部，约 7~1Ma 期间，样品 CD33、CD34、CD24、CD27、CD28 的碎屑颗粒裂变径迹最年轻年龄组分（P1）整体上呈现出逐渐变老的趋势。这一最年轻年龄组分（P1）趋势转变的拐点对应的地层年龄约为 7Ma。最年轻组分年龄这种变化趋势的转变表明沉积物发生了二次循环。二次循环发生的时间为最年轻组分年龄趋势拐点对应的地层年龄（约 7Ma）。

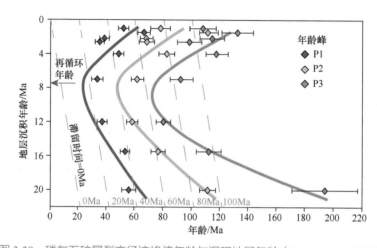

图 3-39　磷灰石碎屑裂变径迹峰值年龄与沉积地层年龄（Pang et al., 2019b）

红色、绿色、灰色菱形分别代表峰值年龄 P1、P2、P3；红色、绿色、灰色实曲线代表不同裂变径迹年龄峰值随地层年龄
变化而变化的趋势线；灰色虚线代表滞后年龄线；图中显示，裂变径迹峰值年龄 P1、P2、P3 变化趋势于约 7Ma 发生了
改变，表明沉积物于约 7Ma 发生了二次循环

滞后时间也显示出相似的变化特征（图 3-29）。沉积地层年龄约 20~7Ma 间，样品的滞后时间由地层最底的约 40Ma 逐渐减小为约 25Ma，表明物源区处于持续剥露过程；相反，地层上部，约 7~1Ma 期间，滞后时间逐渐增大，由约 25Ma 逐渐增大到约 60Ma。

2. 砂岩碎屑骨架成分特征

Li 等（2021）统计了怀头他拉剖面沉积物的碎屑骨架成分。8 个砂岩样品显微镜下照片和时代见图 3-40。样品成分统计结果表明，从地层下部往上（即由老到年轻），各种岩屑成分出现有规律的变化趋势 [图 3-41（d）]。碳酸盐岩屑颗粒所占的比例在上油砂山组发生了比较明显的增长。地层最下部的两个样品（HP01 和 HP02），沉积年龄约 15Ma（Li et al., 2021），富含石英（62.09% 和 64.36%）和非碳酸盐岩屑（29.59% 和 26.40%）颗粒，仅含有少量的碳酸盐岩屑（4.06% 和 5.40%）和长石（4.26% 和 3.80%）颗粒[图 3-41（d）]。往上，沉积年龄约 14Ma，样品 HP03 依旧以石英（58.65%）和非碳酸盐岩屑（21.73%）颗粒为主，但是碳酸盐岩屑颗粒所占的比例（11.35%）比其下部两个样品（4.06% 和 5.40%）明显要高 [图 3-41（d）]。沉积年龄约 10Ma，样品 HP04 岩屑特征与 HP03 相似，石英 / 非碳酸盐岩屑 / 碳酸盐岩屑 / 长石 =57/24/12/7 [图 3-41（d）]。剖面上部狮子沟组的 4 个样品，沉积年龄小于约 8Ma，具有更高的碳酸盐岩屑含量（18.88% 到 26.54%）[图 3-41（d）]。

砂岩碎屑骨架成分统计结果显示，碳酸盐岩屑比例由剖面下部（15~13Ma）的不足 7% 增加到剖面上部（< 8Ma）的大于 20% [图 3-41（d）]，表明柴达木盆地东北部的物源区发生了显著改变。在怀头他拉剖面沉积物可能的源区中，南祁连山—宗务隆山、欧龙布鲁克山广泛出露古生代灰岩，而东昆仑山主要出露中、酸性岩体（图 3-36）。因此，13Ma 以来的碳酸盐岩屑主要来源于祁连山南部的宗务隆山或欧龙布

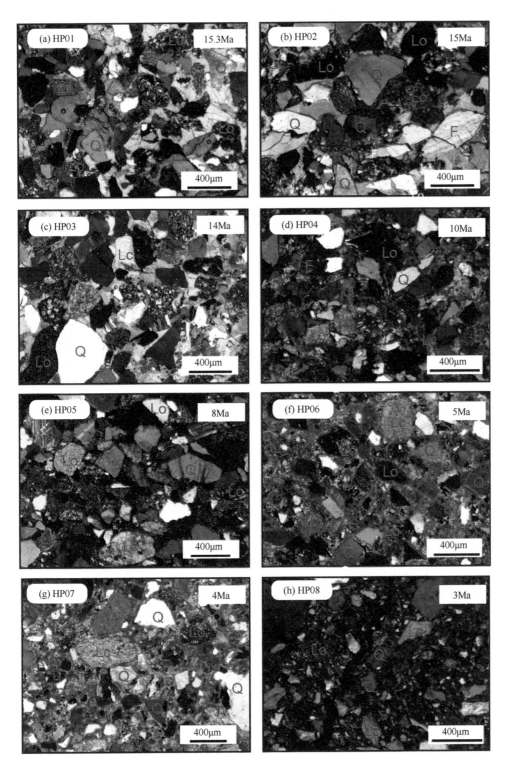

图 3-40　显微镜下具有代表性的砂岩碎屑骨架成分照片（Li et al., 2021）

Q- 石英；F- 长石；Lc- 碳酸盐岩屑；Lo- 非碳酸盐岩屑

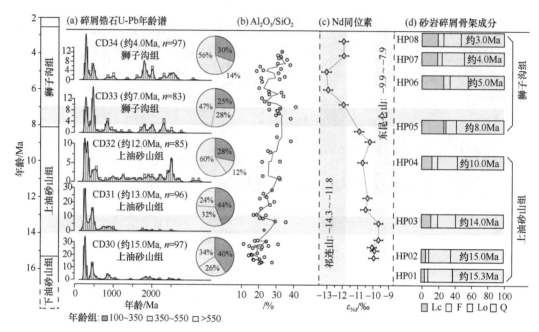

图 3-41　怀头他拉剖面物源随地层年龄变化图（Li et al.，2021）

（a）碎屑锆石 U-Pb 年龄谱；（b）全岩 Al_2O_3/SiO_2 变化趋势图；（c）全岩 ε_{Nd} 值变化趋势图；
（d）砂岩骨架成分变化趋势图

鲁克山。

3. 全岩主量元素变化特征

Li 等（2021）研究了怀头他拉剖面沉积物的主量元素变化。从地层剖面底部向上，77 个泥岩或者粉砂岩样品的全岩主量元素也出现阶段性变化，沉积年龄约 13Ma 之前，Al_2O_3/SiO_2 值维持在相对稳定的低值，平均值约为 20（20%，$n=22$）。13~8Ma 期间，Al_2O_3/SiO_2 值发生逐渐增长［图 3-41（b）］（平均值）从约 20 开始缓慢上升，直到约 8Ma 时，Al_2O_3/SiO_2 值平均值增长到约 30。这期间，Al_2O_3/SiO_2 的平均值为 26.16%。在约 8Ma 以后，虽然 Al_2O_3/SiO_2 值宽幅波动，但是平均值相对较高，为 29.03%。其他主量元素指标 TFe_2O_3、MgO、Al_2O_3/SiO_2、K_2O 和 TFe_2O_3/SiO_2 值等也具有与 Al_2O_3/SiO_2 比值相似的变化趋势（图 3-42）。

怀头他拉剖面 15~13Ma 期间低的 Al_2O_3/SiO_2 值（约 20%），和约 8Ma 以来高的 Al_2O_3/SiO_2 值（约 29%）分别与东昆仑山基岩（14%~18%）（安国英，2015）和祁连山南部广泛分布的富 Al 变质岩、沉积岩（29%，$n=63$）（Chen et al.，2009；Jian et al.，2013；Wang et al.，2019）的全岩化学成分吻合，意味着 13Ma 之前的沉积物可能主要来自南部的东昆仑山，约 8Ma 之后的沉积物可能主要来自祁连山南部（Li et al.，2021）。13~8Ma 期间的 Al_2O_3/SiO_2 值中等（从 20 逐渐增加到 29）可能反映的是上述两个端元的混合。

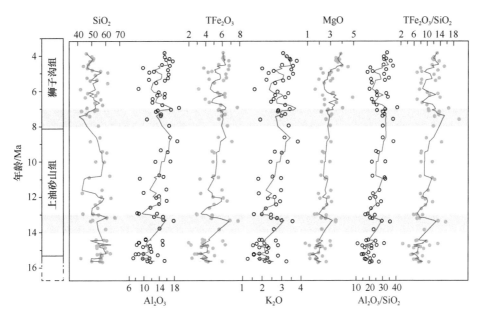

图 3-42　怀头他拉剖面主量元素和主量元素比值变化趋势图（Li et al.，2021）

4. 全岩 Nd 同位素变化特征

怀头他拉剖面全岩 Nd 同位素表现出有规律的变化。$^{143}Nd/^{144}Nd$ 值介于 0.511959~0.512134 之间，所对应的 ε_{Nd} 值处于 −13.1~9.7 之间。在 13~8Ma 期间，ε_{Nd} 值呈现出显著的"负漂"［图 3-41（c）］。上油砂山组下部（＞ 13Ma），ε_{Nd} 值相对较高（−9.7~−10.1）［图 3-41（c）］。往上，上油砂山组上部（13~8Ma），ε_{Nd} 值由 −9.7 下降到 −12.0 ［图 3-41（c）］。在狮子沟组和七个泉组（＜ 8Ma），ε_{Nd} 一直处于较低的负值（−12.0~−13.1）［图 3-41（c）］。

15~13Ma 期间怀头他拉剖面 ε_{Nd} 值为约 −9.9，约 8Ma 以后为约 −12.4，13~8Ma 期间为过渡阶段，ε_{Nd} 值逐渐减小［图 3-41（c）］，表明怀头他拉剖面主要物源区发生了重大转变。现今河流细粒沉积物的 Nd 同位素数据显示祁连山 ε_{Nd} 值为 −14.3~−11.8，东昆仑山的 ε_{Nd} 值为 −9.9~−7.9，分别与剖面底部（15~13Ma）和上部（＜ 8Ma）的 ε_{Nd} 值吻合得良好［图 3-41（c）］。柴达木盆地东部的都兰高地，广泛分布的花岗岩的 ε_{Nd} 介于 −8.9~−5.7 之间，明显高于怀头他拉剖面观测到的 ε_{Nd} 值（−13.1~−9.7）。通过对比怀头他拉剖面 ε_{Nd} 值及其变化过程与潜在源区的 ε_{Nd} 值发现，约 15~13Ma，物源区可能为东昆仑山，约 8Ma 以来，祁连山为怀头他拉地区的沉积物提供主要物源，13~8Ma 期间 ε_{Nd} 值逐渐降低可能反映祁连山和东昆仑山两个端元的混合。

5. 碎屑锆石 U-Pb 年龄变化特征

怀头他拉剖面 5 个碎屑颗粒锆石样品的 U-Pb 年龄变化范围非常大，介于 171Ma 到 3168Ma 之间。这些年龄大致可以划分为 5 个年龄组分：①二叠纪—三叠纪（300~

200Ma）；②早古生代（500~400Ma）；③新元古代（950~750Ma）；④晚古元古代（1.9~1.6Ga）；⑤早古元古代（2.2~2.5Ga）[图 3-41（a），图 3-44（b）~（c）]。

在怀头他拉剖面底部，约 13Ma 之前，CD30 和 CD31 两个样品均显示出二叠纪——三叠纪（300~200Ma）和早古生代（500~400Ma）的两个主要年龄峰，以及较小的前寒武系年龄峰 [图 3-41（a）]。剖面中部，约 12Ma，样品 CD32 以二叠纪——三叠纪（300~200Ma）和早古生代（500~400Ma）两个主年龄峰以及离散的前寒武纪（619~3168Ma）年龄组分为特征 [图 3-41（a）]。剖面上部，沉积年龄＜7Ma 时，两个样品 CD33 和 CD34 以两个主要的年龄峰——二叠纪——三叠纪（300~200Ma）和早古生代（500~400Ma）以及 3 个次要的年龄峰——新元古代（950~750Ma）、晚古元古代（1.9~1.6Ga）和早古元古代（2.2~2.5Ga）为特征 [图 3-41（a），图 3-44（b）]。

为了进一步对比样品之间的相似性，将 5 个样品的碎屑锆石年龄绘制成 MDS 图（Vermeesch，2013）（图 3-43）。MDS 图使用 IsoplotR 绘制（Vermeesch，2018）。MDS 图基于 Kolmogorov-Smirnov 统计方法（简称 K-S 检验），通过对比样品之间的不相似度（dissimilarity），进而判断样品来自同一源区的可能性（Vermeesch，2013）。K-S 检验根据样品间 U-Pb 年龄累计分布函数（cumulative distribution function）的绝对偏差（absolute deviation）计算有效亲缘值（effective size）d 值。当 d=0 时，指示两个样品具有相同 U-Pb 年龄累计分布函数，在 MDSPlot 中重合；当 d=1 时，指示两个样品 U-Pb 年龄累计分布函数没有重叠，在 MDS Plot 中距离最远。MDS 图表明怀头他拉剖面样品可以划分成具有亲缘性的两组：CD30 和 CD31 为一组，以少量的前寒武系锆石颗粒为特征；CD32、CD33 和 CD34 为另一组，含有大量的前寒武系锆石颗粒（图 3-43）。

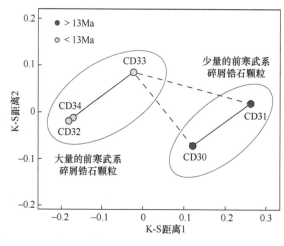

图 3-43　怀头他拉剖面碎屑锆石样品的 MDS 图（Li et al.，2021）
实线代表两个样品之间相似度最高，虚线代表两个样品之间相似度次之

为了进一步展示怀头他拉地区沉积物的具体物源区，Li 等（2021）将以上样品的锆石 U-Pb 年龄谱与现今源于祁连山、东昆仑山的河流碎屑锆石年龄谱进行了对比，结果见图 3-44。怀头他拉剖面底部两个样品（15~13Ma，CD30 和 CD31）的碎屑锆石

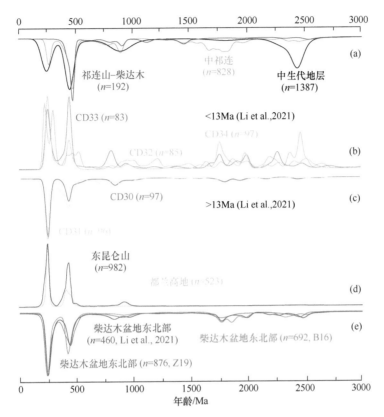

图 3-44　怀头他拉剖面碎屑锆石 U-Pb 年龄谱与潜在物源区的对比（Li et al.，2021）

（a）祁连山和柴达木盆地中生代地层中碎屑锆石 U-Pb 年龄谱；（b）怀头他拉剖面底部（＜13Ma）碎屑锆石 U-Pb 年龄谱；（c）怀头他拉剖面中上部（＞13Ma）碎屑锆石 U-Pb 年龄谱；（d）东昆仑山和都兰高地的锆石 U-Pb 年龄谱；（e）柴达木盆地东北部锆石 U-Pb 年龄谱

U-Pb 年龄谱中主要的年龄峰（300~200Ma 和 500~400Ma）与东昆仑山和都兰高地岩浆作用的时间吻合良好 [图 3-44（c）~（d）]。在 13Ma 之后，前寒武系锆石颗粒开始大量出现，所占比例从 24% 上升到 60% [图 3-44（a）]。3 个前寒武系的年龄峰（约 800Ma，约 1750Ma 和约 2400Ma）与祁连山内基岩和柴达木盆地北缘逆冲带内中生代地层的年龄谱匹配良好 [图 3-44（a）~（b）]。

6. 源区变化与构造活动

砂岩碎屑骨架成分研究表明，碳酸盐碎屑成分于 13Ma 以后开始发生变化，由不足 7% 增加到大于 20% [图 3-41（d）]。虽然这一变化表明怀头他拉剖面的物源区发生了显著改变，但是由于南祁连山 – 宗务隆山、欧龙布鲁克山均广泛出露古生代灰岩（图 3-36），因此很难依据碎屑成分的变化简单地推论物源区来自南祁连山—宗务隆山，还是来自欧龙布鲁克山。但是，Al_2O_3/SiO_2 值开始上升 [图 3-41（b）]、ε_{Nd} 值开始下降 [图 3-41（c）] 以及前寒武系锆石颗粒显著增加 [图 3-41（a）和图 3-44（b）~（c）] 显示祁连山开始为柴达木盆地东北部提供沉积物。因此，我们推测约 13Ma 时碳酸

213

盐岩屑主要来源于南祁连山 – 宗务隆山。结合怀头他拉剖面上部向南的古水流方向（图 3-38），来源于欧龙布鲁克山的碳酸盐岩屑在剖面中出现的时间约为 2.5Ma（CD25 样品对应地层的年龄）。这也与裂变径迹研究结果吻合（Pang et al., 2019b），揭示出宗务隆山开始隆升的时间约为 18~11Ma，欧龙布鲁克山约 7Ma 开始隆升。

影响怀头他拉剖面 Al_2O_3/SiO_2 值变化的主要因素到底是什么？Nesbit 和 Markovics（1997）研究认为化学风化过程往往造成长石的分解和黏土矿物的形成，从而引起 Al_2O_3/SiO_2 值的升高。古气候研究（Zhuang et al., 2011a；Ren et al., 2020）显示，柴达木盆地于 14~8Ma 期间区域气候变干或变冷，化学风化强度减弱，会引起 Al_2O_3/SiO_2 值降低，与怀头他拉剖面观察到的 13Ma 以来 Al_2O_3/SiO_2 值升高不符。另外，易迁移的 K_2O，不易迁移的 Al_2O_3 和 TFe_2O_3、TFe_2O_3/SiO_2 值与 Al_2O_3/SiO_2 具有相似的变化趋势。单纯的化学风化过程不太可能造成这种相似的变化特征。

因此，综合砂岩碎屑骨架成分、主量元素、Nd 同位素、碎屑锆石 U-Pb 年龄、古水流等多种证据，可以推测约 13Ma 时物源的转变代表祁连山开始发生隆升，开始为柴达木盆地北缘的怀头他拉地区提供物源。

虽然碎屑磷灰石裂变径迹数据表明沉积物二次循环发生于约 7Ma，但是未能明确造成沉积物二次循环的构造活动发生的具体位置。其他的碎屑示踪数据表明祁连山隆升的时间约 13Ma，而且德令哈市乌兰乌拉山裂变径迹研究表明山体隆升的时间可能更早，约 18~11Ma。怀头他拉背斜北翼生长地层（3.6~2.0Ma）指示剖面变形发生于上新世—第四纪（图 3-37）（Pang et al., 2019b），北侧怀头他拉水库背斜南翼的不整合和生长地层表明变形发生于约 2Ma，均晚于裂变径迹记录的二次循环年龄。排除周边这些变形的影响，我们推测欧龙布鲁克山约 7Ma 开始变形，造成了沉积物二次循环。约 2.5Ma 时（CD25 样品所对应地层的年龄），怀头他拉剖面出现来源于欧龙布鲁克山的碳酸盐碎屑，表明欧龙布鲁克山基岩出露于地表。约 7Ma 欧龙布鲁克山开始隆升，约 2.5Ma 时剥露到地表。另外，由于约 7Ma 之前，欧龙布鲁克山覆盖了新生代地层，而且新生代沉积物主要为来源于东昆仑山和祁连山的混合物，因此这些沉积物的再循环不能引起其化学成分和锆石 U-Pb 年龄的显著变化。怀头他拉剖面沉积厚度约 5km，扣除第四纪地层厚度（约 1km），可知欧龙布鲁克山垂向隆升量约为 4km。以沉积物二次循环的时间（约 7Ma）作为欧龙布鲁克山开始隆升的时间，约 2.5Ma 隆升到地表，估算其隆升速率约为 0.8~1.2mm/a。如果欧龙布鲁克山约 7Ma 开始隆升，怀头他拉背斜约 4Ma 开始褶皱变形，欧龙布鲁克背斜向东扩展至怀头他拉剖面地区，扩展距离约 45km，那么由西向东传递的速率约为 12km/Ma。这与柴达木盆地变形由西向东传递的规律一致。

7. 南祁连山 – 柴达木盆地北缘晚新生代构造隆升

综合砂岩碎屑骨架成分、全岩主量元素、全岩 Nd 同位素、碎屑锆石 U-Pb 年龄，怀头他拉地区的物源演化可以分为 4 个主要阶段。结合碎屑磷灰石裂变径迹年龄和古水流方向，进一步丰富、细化了怀头他拉地区物源变化过程。

约 15~13Ma 之前，东昆仑山为怀头他拉地区主要物源，祁连山基本上没提供物源。

约 13Ma，祁连山开始隆升，开始为柴达木盆地东北部提供物源。13~8Ma，东昆仑山和祁连山同时提供物源，随着祁连山隆升幅度逐渐增加，提供的物源越来越多。

约 8Ma 以来，祁连山转变成怀头他拉地区的主要物源，东昆仑山几乎不再提供物源。约 7Ma 开始，由于欧龙布鲁克山隆升，引起沉积物二次循环，欧龙布鲁克山也开始提供物源。

约 2.5Ma，欧龙布鲁克山基岩被剥露到地表，开始提供碳酸盐碎屑。约 3Ma，欧龙布鲁克山构造活动由西向东传递到怀头他拉剖面位置，形成褶皱。

依据以上物源区演化历史，将祁连山晚新生代以来的演化过程概括为（图 3-45）：①约 13Ma 或略早一些，祁连山南部开始隆升，隆升过程受控于同时期的祁连山南缘逆冲作用（祁连山南缘大规模逆冲作用的时间见下文 3.3.4.5 和 3.3.4.6 部分）；②约 7Ma（8~6Ma）欧龙布鲁克山前缘的逆冲断裂开始活动，造成山体隆升；③约 4~2Ma，欧龙布鲁克山基岩剥露到地表形成山体，怀头他拉区域开始变形，形成背斜。

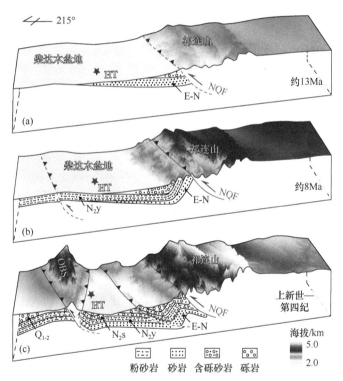

图 3-45　南祁连山 – 柴达木盆地北缘中 – 中新世以来构造演化图

NQF- 南祁连逆冲断裂；HT- 怀头他拉剖面；OBS- 欧龙布鲁克山；E-N- 下油砂山组；
N_2y- 上油砂山组；N_2s- 狮子沟组；Q_{1-2}- 七个泉组

3.3.4.5　德令哈市乌兰乌拉峰晚新生代隆升的裂变径迹证据

祁连山南缘与柴达木盆地相邻，强烈的挤压构造变形造成了一系列逆冲山体和背斜。德令哈市北侧为祁连山南缘 - 柴达木盆地北缘现今地壳活动非常活跃的区域之一，由北向南依次为宗务隆山、欧龙布鲁克山和尼姆尼克山等系列的山体或背斜（图3-36）。宗务隆山为介于南祁连山和柴达木盆地之间的一条狭窄的山脉，主要由元古宙的变质岩，志留纪和石炭纪的石灰岩、泥岩为主，零星分布着二叠系、白垩系的沉积岩。狭长（几百米宽）的红色新生代砂岩残留于宗务隆山和南祁连山之间，意味着南祁连山和宗务隆山的逆冲活动晚于这些红色砂岩。欧龙布鲁克山位于柴达木盆地北缘，由元古宙到奥陶纪的变质岩和石炭纪的灰岩组成。由于南祁连山和宗务隆山主要由石炭纪灰岩组成，分选磷灰石困难，Pang 等（2019b）选择德令哈市东侧的乌兰乌拉山（变质闪长岩组成）采集了高程剖面进行磷灰石裂变径迹年代学研究，以确定山体的隆升时间。乌兰乌拉山为变质的元古宙花岗闪长岩体，沿宗务隆山南侧断裂带的分支断裂逆冲于柴达木盆地侏罗—白垩纪地层之上。样品高程介于4100~3300m，岩体片理向北倾斜，倾角为约60°（图3-46）。

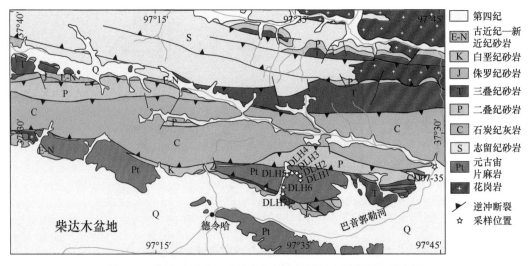

图3-46　祁连山南缘 - 柴达木盆地北缘地质图及样品点分布图

　　沿德令哈市乌兰乌拉峰剖面采集了7个样品［图3-46，3-47（a），3-47（b）］，其裂变径迹年龄介于109.2Ma和17.4Ma之间［图3-47（c）］。剖面上部5个样品（DLH1-DLH4）的高程约为4050~3600m，年龄较老，介于87.8~109.2Ma，平均裂变径迹长度为约11.4~12.7μm，均为单峰式分布［图3-47（c），图3-48］。以上特征表明剖面顶部的样品在部分保留域停留了较长的时间，导致了平均径迹长度整体偏短。剖面最下部两个样品（DLH6和DLH7）的年龄分别为17.4Ma和19.3Ma，径迹长度较长（分别为12.7μm和13.4μm）且单峰式分布［图3-47，图3-48］。较长的平均径迹长度和单峰式分布表明DLH6和DLH7两个样品快速通过了部分退火带。由于这两个样品中所能测试的径迹长度数量较少，不确定度较大。

　　低温热年代学样品的年龄 - 高程图常用来揭示山体快速剥露时间和剥露速率。乌兰乌拉山样品的裂变径迹年龄 - 高程图如图3-47（c）所示，样品的裂变径迹年龄随高

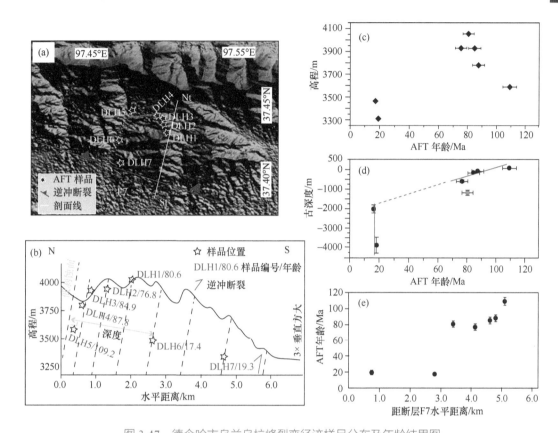

图 3-47　德令哈市乌兰乌拉峰裂变径迹样品分布及年龄结果图

（a）乌兰乌拉峰 DEM 图及样品位置分布图，剖面线 N-S 位置；（b）N-S 地形剖面图及样品投影，古深度是样品相对于低侵蚀面的垂直距离；（c）裂变径迹年龄 – 高程图；（d）裂变径迹年龄 – 古深度图；（e）裂变径迹年龄 – 距（距离断层的水平距离）图，随着距离断层的位置变远，裂变径迹年龄变老

程呈现复杂的变化趋势。剖面上部 5 个样品的年龄与高程呈负相关，样品年龄随高程的降低而逐渐增大。但是，剖面最下部的两个样品年龄突然变小，在高差 123m 的变化范围内，裂变径迹年龄从 109.2Ma 突然减小 17.4Ma（图 3-47）。

为了研究引起裂变径迹年龄随高程复杂变化的原因，Pang 等（2019b）将样品投影到地形剖面图 [图 3-47（b）] 上发现，剖面上部的 5 个样品位于山体北坡，而且，位于坡面上的 4 个样品年龄相近，随着样品远离坡面，年龄逐渐减小。同时发现，随样品距离南侧逆冲断层距离增大 [图 3-47（b）和 3-47（e）]，裂变径迹年龄出现有规律的变化，即：距离断层最近的 2 个样品的年龄基本一致（约为 18Ma），随后由约 18Ma 跳跃到约 80Ma，并随距离的增大逐渐变老。这种变化趋势说明样品裂变径迹年龄的空间分布特征可能受到逆冲断裂活动的影响。仔细观察样品分布及其年龄变化特征发现山体北坡面上的 4 个样品（DLH2-DLH5）年龄相近（约 80Ma），表明北坡面可能是等时面（即古埋藏深度几乎一致）。同时，野外地质调查表明岩体的片理向北倾斜，倾角约 60℃ [图 3-47（a）]，与北坡面近平行。因此我们推断年龄 – 高程的复杂变化关系与断层作用相关，即向南逆冲的断裂活动导致岩体发生了由南向北的掀斜式变形，北坡面可能是断裂活动之前存在的剥蚀残留面，也发生了相同角度的掀斜。因此，以山体北坡面作为参照面，绘制了样品年龄 – 古埋藏深度关系图［图 3-47（d）］。图 3-47（d）表现出典型的年龄 – 古深度特征，从浅部向下，裂变径迹年龄逐渐减小，斜率较低，约 0.02mm/a，最深部的两个样品年龄几乎一致，斜率近垂直。与年龄 – 高程剖面图类似，年龄 – 古深度图中，年龄随深度变化斜率的转折点也代表裂变径迹古部分退火带（PAZ）的底部，拐点对应的时间是岩体发生快速剥露的时间。图 3-47（d）表明乌兰乌拉岩体快速剥露的时间为约 18Ma。

Pang 等（2019b）应用 Hefty 模拟软件（Ketcham，2005）对各样品进行了热历史模拟，样品裂变径迹年龄和长度数据的热历史模拟也支持本书推论（图 3-48），即样品于约 100~18Ma 期间经历了缓慢的冷却，约 18~11Ma 期间剥露速率开始增加。

3.3.4.6　柴达木山中中新世快速剥露的磷灰石 U-Th/He 证据

柴达木山位于柴达木盆地北缘大柴旦镇北侧，西北 – 东南走向，长 210km。柴达木山平均海拔 4500~5000m，最高峰海拔约 5500m。在大柴旦镇附近，山体主要由古生代复式花岗岩组成，其中似斑状二长花岗岩锆石 U-Pb 年龄为 456.2±3Ma，二长花岗岩锆石 U-Pb 年龄为 437.2±1.5Ma（朱小辉等，2016）。柴达木山逆冲到柴达木盆地之上，与其东侧的大红山一起构成新生代柴达木盆地北缘的第一条褶皱变形带。

为了研究柴达木山新生代隆升的时间，Meng 等（2020）和 Zhuang 等（2018）分别沿柴达木山采集了两条高程剖面样品（图 3-49），应用磷灰石 U-Th/He 热年代学方法测定了山体快速剥露的时间。在低温热年代学的年龄 – 高程图中，年龄随高程变化趋势的拐点常用来指示快速剥露的时间，而年龄随高程变化的斜率代表剥露速率。如图 3-50（b）中灰色原点所示，由于磷灰石 U-Th/He 数据分散，Zhuang 等（2018）获得的磷灰石 U-Th/He 年龄随高程的变化趋势存在两种可能性。其一为一条斜率较缓的斜线，斜率约 0.07，即剥露速率为约 0.07km/Ma；其二为一条斜率出现拐点的折线，在年龄 – 高程剖面上，最上部的两个样品年龄和高程（约 25Ma，4200~4300m）与第三个样品（约 18Ma，约 4100m）定义了一条缓斜率直线，斜率约 0.03mm/a，剖面下部（约 4100~3600m）的 3 个样品年龄几乎一致，分别为 16.9Ma、18.3Ma 和 17.7Ma，定义一条斜率近 90° 的直线，表明磷灰石 He 部分保存区间（PRZ）底部位于约 4100m 高程，快速剥露开始于约 18Ma。如果选择第一种，最下部样品点（17.7Ma，3600m）将偏离趋势线；如果选择第二种，次低点（10Ma，3700m）处样品偏离趋势线。Meng 等（2020）在这批样品附近补充采集一个样品，其结果见图 3-50（b）中绿色原点。该样品年龄为约 13.3Ma，高程为约 3550m，正好介于可能偏离趋势线两点之间，重新定义了一条斜率较缓的斜线，斜率约 0.05km/Ma。Meng 等（2020）新补充的样品也许能起到"关键少数"的作用，表明快速剥露可能起始于 13.3Ma 或更晚。Meng 等（2020）在东侧不远处采集了另一组高程剖面样品，总共 4 个样品的高程介于 4250~3730m，年龄分别为 13.1±1.9Ma，9.6±2.4Ma，15.0±2.6Ma，13.1±1.9Ma 和 12.9±1.0Ma。其

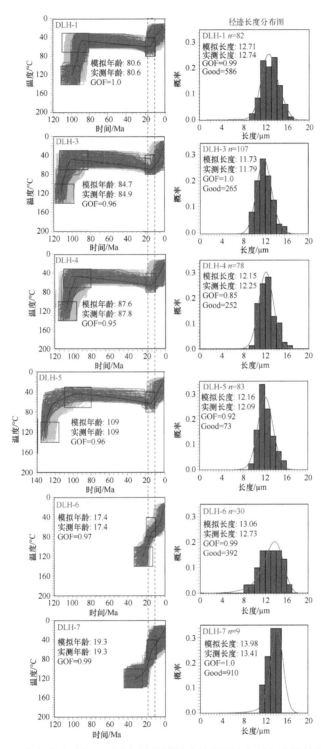

图 3-48　宗务隆山磷灰石裂变径迹模拟热史结果图和径迹长度柱状分布图

GOF 为拟合度指数，GOF > 0.5 代表拟合好，洋红色的区域；GOF > 0.05 代表可接受，以绿色线条表示；
黑色的线代表最佳匹配路径；n- 所测围陷径迹数目；模拟结果显示，山体快速剥露发生于约 18~11Ma

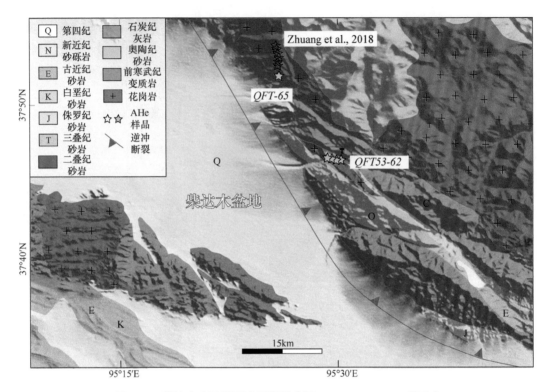

图 3-49　柴达木山及邻区地质简图（据 Meng et al.，2020 修改）

绿色五角星据 Meng et al.，2020；黑色空心五角星据 Zhuang et al.，2018

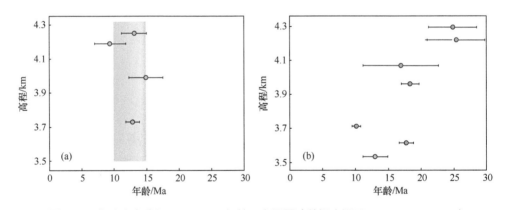

图 3-50　柴达木山磷灰石 U-Th/He 年龄 – 高程图（数据来源于 Meng et al.，2020）

年龄 – 高程图见 3-50（a），表现为一条近垂直的直线，没有出现年龄随高程变化趋势的拐点，表明这 4 个样品均处于磷灰石 He 部分保存带（PRZ）之下，初始年龄为 0，因此，快速剥露的时间为约 13Ma 或更早。综合 Meng 等（2020）和 Zhuang 等（2018）的结果，可以认为柴达木山开始剥露的快速时间为约 13Ma。对这些样品的热历史模拟（图 3-51）结果表明山体快速冷却发生于约 15Ma，也支持以上对这些数据的解读。

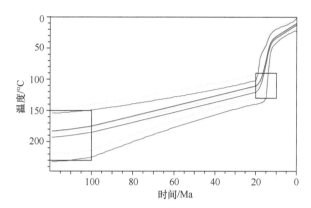

图 3-51　柴达木山冷却历史模拟结果（据 Meng et al.，2020）

模拟结果显示快速剥露发生于约 15Ma

3.3.5　祁连山晚新生代构造扩展模式

3.3.5.1　祁连山早新生代开始构造活动？

不少研究认为青藏高原东北缘地区（阿尔金山—祁连山—西秦岭和东昆仑山围限的广大地区）的变形开始于欧亚和印度板块碰撞之后不久（Clark et al.，2010；Cheng et al.，2016；Ji et al.，2017；Dupont-Nivet et al.，2004；He et al.，2017；Yin et al.，2002，2008a；Zhuang et al.，2011a；Zhuang et al.，2018），是印度-欧亚板块碰撞的远程响应。这些认识是黏性地幔动力学模型的重要证据（Clark，2012）。支持这一模型的最重要的证据有 3 项，分别是：①党河南山开始活动的时间＞33Ma（Yin et al.，2002）；②东昆仑山开始向北逆冲的时间＞35Ma（Clark et al.，2010）；③柴达木盆地北缘开始活动的时间为早新生代（Yin et al.，2002，2008b）。但是，最近的低温热年代学数据和磁性地层研究结果对以上认识提出了严重挑战，使我们不得不重新审视这些认识。关于祁连山是否存在新生代早期构造活动，党河地区是认识出现反转的典型实例之一。Gilder 等（2001）首先测试了肃北盆地西水沟剖面的新生代地层，获得磁性地层年龄约为 26.1~18.8Ma，并根据磁性特征认为山体隆升的时间为约 21Ma。Yin 等（2002）研究了相同的剖面，认为西水沟剖面地层开始沉积的年龄为＞33~27Ma，并以党河盆地沉积起始时间推论党河南山开始隆升的时间＞33Ma。但是，Wang 等（2003）根据古脊椎动物化石资料的制约，重新解释了西水沟剖面的磁性地层年龄，认为地层沉积年龄为 20~9.3Ma，并根据粗碎屑颗粒出现的时间，推论党河南山隆升的时间为约 13~9Ma。Sun 等（2005）测试了肃北盆地铁匠沟（西水沟西侧）新生代地层剖面的磁性地层年龄，获得了地层沉积时间为约 22~9Ma，并根据粗碎屑颗粒出现的时间推论党河南山隆升的时间为约 13.7Ma。Yu 等（2019）通过磷灰石裂变径迹和 U-Th/He 的方法，获得了党河南山约 15Ma 隆升的证据，而且没有发现新生代早期快速剥露的证据。低温热年代学结果和沉积地层年龄结果相互验证，表明党河南山开始隆升的时间约为 15Ma。另外，最新低温热年代学数据和沉积学研究也表明祁连山地区早新生代没有发生构造活动。首先，Zheng 等（2010）沿金佛寺岩体的磷灰石裂变径迹年龄 – 高程趋势定义了一条斜率平缓的斜线，没有发现 17Ma 之前发生快速剥露；同时该剖面的磷灰石 U-Th/He 年龄 – 高程的斜率拐点发生于约 9.5Ma，表明北祁连山快速剥露发生于约 9.5Ma，这与河西走廊盆地生长地层出现的时间一致。其次，Wang W T 等（2020）于武威市南侧北祁连山采集了高程剖面样品，其磷灰石 U-Th/He 年龄 – 高程的斜率拐点出现于约 15Ma，表明从晚白垩世到中中新世，北祁连山没有发生快速剥露。再次，Wang 等（2016c）通过对河西走廊西端草沟剖面的磁性地层研究和物源示踪表明，约 16Ma 之前，剖面西北侧的北山地区为草沟剖面提供物源；16Ma 以后，草沟剖面才开始出现源于祁连山的碎屑物质。这一实例提醒我们，准确的磁性地层年龄是沉积物示踪、沉积地层变形以及沉积盆地演化研究的基础。东昆仑山新生代早期变形方式和时间的认识过程又是一个典型的实例，表明与构造变形不匹配的低温热年代学研究可能导致错误的结论。Mock 等（1999）通过钾长石 Ar/Ar 年代学数据及其多重扩散域（MDD）模拟研究，不同样品获得了东昆仑山不同的快速剥露时间，介于约 40~25Ma。如此大的时间差给了科学家们巨大的选择空间以佐证各自的认识。科学家们在选择时，忽略了两个重要的事实：①钾长石 MDD 的有效温度范围约 300~170℃，不能限定低于约 170℃的热历史；②空间上，样品 Ar/Ar 数据低温阶段的年龄呈现出有规律的变化，即低温阶段年龄坪随着样品远离东昆仑断裂带而逐渐增加。这一变化规律表明不同位置的剥露程度不同，也就是 Ar 的保存程度不同，Ar 初始值越少，年龄越年轻。因此，最年轻年龄接近断裂开始活动的时间，即约 25Ma 更近断裂活动的时间。Clark 等（2010）沿西秦岭 – 东昆仑山北缘采集了一系列样品，利用磷灰石 U-Th/He 方法研究了东昆仑山快速剥露的时间，获得了东昆仑山 > 35Ma 快速剥露的认识。Wang F 等（2016，2017）也利用磷灰石 U-Th/He 方法，在相近的位置获得了相似结论。但是这些结果在样品采集时暗含一个假设，东昆仑山的构造变形方式为向柴达木盆地的逆冲。这一假设与柴达木盆地新生代地层向东昆仑山超覆矛盾，与柴达木盆地并非东昆仑山前陆盆地的现象矛盾。李朝鹏（2021）研究了东昆仑山新生代构造活动方式和时间，通过磷灰石 U-Th/He 年龄从北向南逐渐变年轻的空间分布规律，揭示出东昆仑山发生了由南向北的掀斜式变形，通过年龄 – 高程斜率的变化拐点获得了变形的时间，约 26Ma。关于柴达木盆地北缘的早新生代构造变形，最新的研究也否定了这一认识。Meng 等（2020）通过磷灰石 U-Th/He 方法，揭示柴达木山（大柴旦镇北侧）于约 13Ma 发生快速剥露。Wang W T 等（2017）对柴达木盆地新生代地层进行了磁性地层研究，通过就地发掘出的古脊椎动物化石，获得全新的磁性地层年龄，较传统认识年轻了约 25~30Ma。基于这一地层年龄和锆石 U-Pb 年龄数据，认为祁连山开始为柴达木盆地提供物源的时间为约 12.5Ma。Wang W T 等（2017）对盆地沉积物研究结果与 Meng 等（2020）对山体剥露的研究成果完全匹配。同时，Li 等（2021）对盆地物源研究的结果与 Pang 等（2019b）对山体剥露研究的认识也完全匹配。以上相互吻合的盆 – 山数据否定了南祁连山 – 柴达木盆地北缘早新生代期构造变形。可见，这些最新研究结果，挑战了黏性地幔（Clark，2012）的青藏高原动力学模型。

3 个重要原因造成前人研究认为祁连山新生代早期开始构造活动，分别是：①磁性地层年龄的差异，由于青藏高原东北缘地区缺乏新生代火山活动，磁性地层研究缺乏最坚实的"钉子"，如果研究剖面又不能就地发掘出时间意义精确的古生物化石，磁性地层研究的结果就出现了巨大的差异，如党河盆地磁性地层研究结果（Wang et al.，2003；Yin et al.，2002）和柴达木盆地北缘大红沟磁性地层研究结果（Nie et al.，2020；Lu and Xiong，2009；Ji et al.，2017）；②不正确使用低温热年代学方法，如"东昆仑山向柴达木盆地逆冲"为 Clark 等（2010）和 Wang F 等（2016，2017）研究东昆仑山新生代隆升时暗含的假设，与地质事实不符；③判别构造活动的标准不同，如盆地开始沉积、砾岩开始出现、不整合和生长地层等都可以作为构造活动的指标。首先，前陆盆地、裂陷盆地、拉分盆地等相关构造意义明确的沉积地层时间才能指示构造活动的时间。如果盆地开始发育时为继承性拗陷盆地，如新生代兰州盆地为继承性拗陷盆地（Wang W T et al.，2016a），其开始沉积的时间不能用来限定邻近山体隆升的时间。其次，砾岩也可以作为气候变化证据（Zhang P Z et al.，2001），但是什么样的砾岩可以作为气候标志，什么样的砾岩可以作为构造标志仍然是谜。

3.3.5.2　祁连山中中新世构造活动

大量的证据证明中中新世以来，祁连山发生过大规模的构造活动（图 3-52）。其中不少地区的盆-山系统均表明祁连山于中中新世发生同时或准同时的构造活动。如河西走廊西端的酒西盆地-北祁连山系统、肃北盆地-党河南山系统、柴达木盆地北缘的柴达木山-大红沟系统和宗务隆山-怀头他拉盆地系统、祁连山东南端的临夏盆地-积石山-循化盆地系统，以及祁连山内部的祁连盆地-托来山系统。这些耦合的盆-山系统中一致的研究结果相互佐证，大大增强了研究结果的可信度。

Zheng 等（2010）通过磷灰石 U-Th/He 方法获得祁连山北缘约 9.5Ma 开始隆升。Pang 等（2019a）通过裂变径迹方法获得北祁连山约 10~15Ma 开始隆升，并且通过一系列叠置的逆冲席体向河西走廊盆地逆冲扩展。Wang W T 等（2020）利用磷灰石 U-Th/He 方法，获得北祁连山约 15Ma 开始隆升。同时，河西走廊盆地的沉积学研究也表明祁连山约 10~15Ma 开始隆升，沉积物源区在约 16Ma 发生转变表明北祁连山发生隆升，开始为附近的盆地提供物源（Bovet et al.，2009；Wang W T et al.，2016c）。老君庙剖面的碎屑裂变径迹结果显示 10~8Ma 祁连山北缘的逆冲导致了老君庙地区碎屑物质的二次循环（Zheng et al.，2017）。河西走廊盆地的地震反射剖面揭示生长地层开始发育的时间约为 9~10Ma（杨树锋等，2005）。方小敏等（2004）通过老君庙盆地的磁性地层学、岩石学研究认为祁连山北缘约 8Ma 发生快速隆升。

Yu 等（2019b）利用磷灰石裂变径迹方法和 U-Th/He 方法，获得了党河南山约 15Ma 开始隆升。同时，在肃北盆地的磨拉石沉积、物源变化也指示在 13~9Ma 期间党河南山发生了快速隆升（Wang et al.，2003；Sun et al.，2005；Lin et al.，2015）。

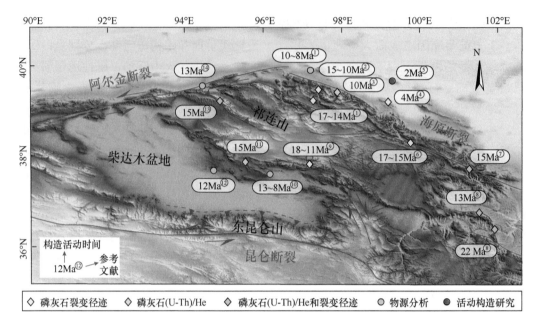

图 3-52　祁连山及邻区新生代构造活动汇总图

构造变形事件来自：① Zheng et al.，2017；② Pang et al.，2019a；③ Zheng et al.，2010；④ Wang Y Z et al.，2018；⑤ Zheng et al.，2013a；⑥ Yu et al.，2019a；⑦ Wang W T et al.，2020；⑧ Lease et al.，2011；⑨ Pang et al.，2019b；⑩ Li et al.，2021；⑪ Meng et al.，2020；⑫ Wang W T et al.，2017；⑬ Yu et al.，2019b；⑭ Wang et al.，2003

在柴达木盆地北缘，由于大红沟剖面就地发掘出古脊椎动物化石，为磁性地层研究提供了良好的制约，Wang W T 等（2017）通过对该剖面的古地磁年龄研究，认为柴达木盆地新生代地层的沉积可能开始于约 30~25Ma，该结果挑战了传统的认识。依据该磁性地层年龄和碎屑锆石 U-Pb 年龄，发现沉积物源区约 12.5Ma 发生了显著的改变（Wang W T et al.，2017），由 12.5Ma 之前的东昆仑山提供物源改变为祁连山提供物源，表明祁连山开始隆升。同时，该剖面的碎屑裂变径迹峰值年龄随地层年龄变化的趋势在约 12Ma 也发生了改变，再加上沉积速率加快，进一步为上述推论提供了佐证（Wang W T et al.，2017）。作为盆山系统的物源之一，柴达木北山的磷灰石 U-Th/He 揭示了柴达木北山在约 13Ma 经历快速隆升事件（Zhuang et al.，2018；Meng et al.，2020），支持上述大红沟剖面获得的认识。

怀头他拉剖面为柴达木盆地北缘另一新生代地层剖面，借助于沿剖面就地发掘出的丰富的脊椎动物化石，Fang 等（2007）非常精细地研究了该剖面的磁性地层年龄，并根据沉积速率的变化推论祁连山开始隆升的时间为约 14Ma。Li 等（2021）综合利用碎屑颗粒锆石 U-Pb 年龄组分、碎屑骨架成分、全岩常量元素以及 Nd 同位素进行了源区示踪研究，认为约 14Ma 以前，沉积物源区为南侧的东昆仑山，约 13Ma 物源开始发生改变，祁连山开始为怀头他拉地区提供部分物源，约 8Ma 之后，怀头他拉地区的物源全部由祁连山提供。Pang 等（2019b）通过宗务隆山的裂变径迹热史模拟揭示了宗务隆山开始快速冷却的起始时间约为 18~11Ma，宗务隆山快速剥露可能为怀头他拉盆地提供了大量碎屑物质，与怀头他拉剖面沉积速率加快以及物源转变的时间一致。柴达

木盆地北缘的盆 – 山系统（大红沟 – 柴达木山、怀头他拉 – 宗务隆山）一致表明祁连山约 15Ma 开始隆升。

祁连山东南端的临夏盆地 – 西秦岭 – 积石山 – 循化盆地为另一个研究程度较深的盆 – 山系统。获得了临夏盆地新生代地层的磁性地层年龄，并依据西南方向增厚的楔状沉积地层特征，推论临夏盆地开始发育和青藏高原隆升的时间约为 29Ma。这可能是西秦岭 – 临夏盆地这一盆 – 山系统开始发育的时间。郑德文等（2003）依据碎屑磷灰石裂变径迹年龄随地层沉积年龄的变化规律，发现沉积物二次循环可能发生于约 8Ma，并根据银川沟出露的同一时期的生长地层，认为积石山隆升的时间约为 8Ma。Lease 等（2007）根据临夏盆地、循化盆地以及潜在源区（西秦岭和积石山）的碎屑锆石 U-Pb 年龄，发现积石山隆升的时间约为 11Ma。Lease 等（2011）通过低温热年代学分析的方法限定了拉脊山开始快速隆升的起始时间为 22Ma，积石山开始快速冷却的时间约为 13Ma。临夏和循化盆地的氧同位素组分于约 16~11Ma 发生了分异，表明积石山这一时段发生隆升，积石山隆升引起地形雨发生以及雨影区出现（Hough et al.，2011）。另外，附近的贵德盆地在 17~11Ma 之间发生了 25°±5° 的顺时针旋转（Yan et al.，2006），也支持该地区中中新世开始发生构造活动。

祁连盆地为一发育于祁连山内部的山间盆地。刘彩彩等（2016）在祁连盆地获得的新生代地层开始沉积的时间约为 14.7Ma，并认为其开始沉积可能是托来山隆升引起。Yu 等（2019a）依据祁连盆地及南侧山体的裂变径迹结果，推论托来山开始变形的时间约为 17~15Ma。Yuan 等（2013）根据断层的滑动速率以及前人的研究数据，认为祁连山中部托来山的隆升始于 17~14Ma。这一盆 – 山系统表明祁连山内部变形也发生于中中新世。

另外，其他一些分布于祁连山地区的研究也表明祁连山开始隆升的时间为中中新世。Zhang 等（2012）通过磁性地层学分析获得了茶卡盆地开始接受沉积的起始时间为 11Ma，并推论了附近的构造活动序列。Duvall 等（2013）通过低温热年代学研究获得都兰 – 茶卡高地的快速冷却时间为 17~12Ma。Li 等（2019）利用裂变径迹方法获得了冷龙岭新生代以来开始隆起的时间约为 15~10Ma。

3.3.5.3 祁连山晚中新世以来的向外扩展变形

结合前人的裂变径迹结果，Zheng 等（2017）通过对青头山 – 托来山地区进行裂变径迹研究发现：祁连山内部托来山的裂变径迹年龄较年轻（20Ma 左右），向北逐渐变老（最老约 120Ma）；同时，出露地层显示，托来山地区出露的多为古生代的变质岩，没有新生代的沉积岩，向北侏罗—白垩系及新生代地层的出露逐渐增多，直到河西走廊盆地，几乎被新生代地层覆盖。这说明祁连山由南向北剥露程度逐渐变小，这种剥露程度的差异暗示着变形可能由南向北传递，并认为祁连山北缘开始构造活动的时间约为 10Ma（Zheng et al.，2010，2017）。Pang 等（2019a）的裂变径迹数据也表明北祁连山通过一系列逆冲席体向河西走廊盆地扩展。方小敏等（2004）通过老君庙盆地的磁性地层学、岩石学研究认为祁连山北缘约 8~6Ma 发生过快速隆升。

上新世，随着变形继续向外扩展，构造活动扩展到河西走廊内部，河西走廊内一系列的背斜形成于约 3~5Ma。通过背斜翼部不整合接触和生长地层获得了老君庙背斜、白杨河背斜和文殊山背斜开始变形或形成的时间约为 4.9~3.0Ma（陈杰，1995；宋春晖等，2001；方小敏等，2004）。Palumbo 等（2009b）根据阶地的变形速率和榆木山的高差，得到了榆木山开始隆升的时间约为 4Ma 前。Liu 等（2011）通过磁性地层学研究也认为榆木开始隆升的时间约为 4Ma。Wang Y Z 等（2014）通过磷灰石裂变径迹热史模拟和河流纵剖面相结合，也证实了榆木山开始隆升的时间为上新世，并且发现榆木山沿走向的扩展。

第四纪以来，构造变形继续向北扩展：Zheng 等（2013a）通过阶地变形时间和变形量，获得了合黎山的隆升速率，进而根据合黎山的高差，推断其开始隆升的时间约为 2Ma。

柴达木盆地北缘，也发现了一系列向盆地内扩展的变形。在怀头他拉剖面获得的碎屑裂变径迹结果显示柴达木北缘的欧龙布鲁克山开始隆起的时间约为 7±2Ma，怀头他拉背斜形成于约 3Ma（Pang et al.，2019b；庞建章，2012）。大红沟剖面碎屑裂变径迹指示沉积物在约 7Ma 发生了二次循环，该剖面生长地层表明其对应的背斜形成于同一时期（Wang W T et al.，2017）。虽然这些证据表明变形向柴达木盆地内部扩展，但是由于柴达木盆地北缘发育大量背斜，这些背斜多数向东南倾伏，可能存在由西北向东南的生长过程，其发育的起始时间以及生长的过程，还有待进一步详细研究。

3.3.5.4 祁连山新生代以来的变形模式及其意义

根据上述祁连山新生代以来变形的结果可以发现，祁连山及其周边地区中中新世经历了区域性的大规模构造活动，而且构造变形由中部向两侧的盆地扩展（图 3-53）。党河盆地－哈拉湖盆地－青海湖盆地发育于中祁连山微地块之上，由或厚或薄的新生代沉积地层覆盖，新生代构造变形微弱。北祁连山由一系列挤压型盆－山地貌组成，

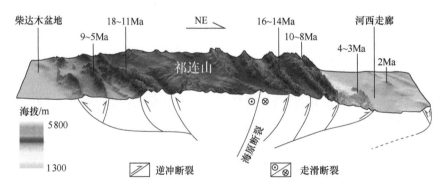

图 3-53 青藏高原东北缘祁连山古近系以来变形模式图

祁连山约 18~11Ma 整体隆升，然后双向扩展，约 9~5Ma 向南扩展到柴达木盆地，约 4~3Ma 向北扩展到河西走廊盆地

发育多条逆冲山体及其伴随的山间盆地，中中新世以来构造活动逐渐向北扩展：约
15±2Ma 北祁连山中、南部开始活动，并于约 10~8Ma 变形传递到祁连山北缘，导致
北祁连山发生挤压变形，地壳增厚，快速隆升；约 4~2Ma 变形扩展到河西走廊，导
致了老君庙背斜、青头山、文殊山、榆木山等背斜开始发育；及至 2Ma 变形继续向北
传递到达合黎山，并导致了合黎山的隆升。另外，南祁连山–柴达木盆地北缘也发现
类似的扩展序列。宗务隆山约 18~11Ma 开始隆升；7±2Ma 变形传递到柴达木盆地北
缘，导致盆地中欧龙布鲁克山、大红沟背斜等开始发育（庞建章，2012；Meng et al.，
2020；Pang et al.，2019b；Wang F et al.，2017）。

　　祁连山及其周边地区构造变形的时空演化表明祁连山于中中新世发生了准同时的
隆升，祁连山主体格局形成。约 10Ma 以后，祁连山南北分别向两侧的柴达木盆地和河
西走廊盆地扩展，其扩展过程详见图 3-53。其中，祁连山向河西走廊盆地扩展过程的
确定度较高，由于柴达木盆地北缘发育大量背斜，且这些背斜多数向东南倾伏，存在
由西北向东南的生长过程，其发育的时间以及生长的过程，还有待进一步详细研究。

　　关于青藏高原形成的动力学机制，国内外科学家提出了多种模型（Tapponnier
et al.，1982，2001；Molnar et al.，1993；Royden et al.，1997，2008；Clark，2012），如：
块体逃逸模型（Tapponnier et al.，1982，2001）、地壳增厚模型（England and Houseman，
1986）、岩石圈对流减薄模型（Molnar et al.，1993）、下地壳管道流模型（Royden
et al.，1997）和黏性地幔岩石圈模型（Clark，2012）。这些模型不仅预测了高原隆升和
扩展的历史，也预测了高原的变形特征、地貌演化及其对应的岩石圈物理性质。其中
最著名的是以块体逃逸模型（Tapponnier and Molnar，1976；Tapponnier et al.，1982，
2001）和地壳增厚模型（England and Houseman，1986）为代表的端元模型之间的争论。
块体逃逸模型将板块构造理论应用于大陆内部变形的研究中，认为块体边界大型走滑
断裂带的滑动是吸收印度–欧亚板块之间持续汇聚的主要机制，块体内部变形很小，
其显著特征是断裂的滑动速率大，约 20mm/a 或更大；相反，地壳增厚模型认为地壳
增厚是吸收印度–欧亚板块之间汇聚的主要机制，缩短变形分布于整个青藏高原，沿
大型走滑断裂带的滑动速率远没有逃逸模型预测的那样大。在高原隆升和扩展历史过
程方面，斜向俯冲模型（Métivier et al.，1998；Meyer et al.，1998；Tapponnier et al.，
2001）认为高原由南向北逐渐扩展，高原隆升与变形时间也向北逐渐变年轻；黏性地
幔岩石圈模型（Clark，2012）则认为整个青藏高原在印度–欧亚板块碰撞初期发生
强烈的构造变形，新生代早期青藏高原已经扩展到目前的范围；岩石圈对流剥离模型
（Molnar et al.，1993；Molnar and Stock，2009）认为青藏高原随着岩石圈的缩短增厚
而发生隆升和向外扩展，同时强调青藏高原岩石圈地幔约 15Ma 在热对流作用下发生
拆沉，使高原周边存在一次普遍的隆升、扩展过程。下地壳管道流模型（Royden et al.，
1997）很好地解决了青藏高原东缘的地貌特征以及青藏高原与四川盆地之间低地壳缩
短速率的问题，并认为高原东缘隆升的时间为约 9~13Ma（Clark et al.，2004，2005）。
而且，不同的动力学模型也暗含着不同的岩石圈物理性质。块体逃逸模型（Tapponnier
and Molnar，1976；Tapponnier et al.，1982，2001）需要刚性块体支持，而地壳增厚模

型（England and Houseman，1986）则需要黏弹性的块体性质。

上述不同模型对青藏高原北部构造变形起始时间、变形样式、幅度以及地貌演变的预测均存在显著差异。因此，研究青藏高原东北缘祁连山及其周边新生代变形的方式、时间有助于探讨高原形成的动力学机制。

黏性地幔岩石圈模型预测，青藏高原东北缘在印度 – 欧亚大陆碰撞初期就发生显著变形，高原后期并未向周边显著扩展（Clark，2012）。支撑该模型的主要地质证据有党河南山＞33Ma 隆升，柴达木盆地北缘新生代早期（约 50Ma 或更早）隆升（Yin et al.，2002）以及东昆仑山＞35Ma 隆升（Clark et al.，2010）。本书 3.4.1 节详细讨论了这些数据，认为新生代早期祁连山未发生隆升，因此不支持黏性地幔岩石圈模型（Clark，2012）。

下地壳管道流模型（Royden et al.，1997）很好地解释了青藏高原东缘（四川盆地西侧）的地貌特征，解决了低地壳缩短速率下高原隆升的机制。但是，在青藏高原东北缘，柴达木盆地 – 祁连山 – 河西走廊地区，存在新生代大规模地壳缩短，而且 GPS 数据表明正经历缩短变形（Zhang et al.，2004）。这一缩短变形模式表明下地壳管道流（Royden et al.，1997）没有直接作用于青藏高原东北缘的变形和隆升。

斜向俯冲模型认为青藏高原约 20Ma 前扩展至昆仑山，约 11Ma 南祁连山开始隆升，北祁连山、海原断裂带上新世以来才开始强烈变形，成为高原向东北方向扩展的最前缘（Métivier et al.，1998；Meyer et al.，1998；Tapponnier et al.，2001）。虽然总体上青藏高原存在向东北方向的扩展，如东昆仑山约 26Ma 开始隆升，祁连山约 15Ma 隆升（图 3-53），并于约 3~4Ma 扩展到河西走廊，与斜向俯冲模型（Tapponnier et al.，2001）的预测基本一致，但是高原东北缘仍然存在一些现象与斜向俯冲模型（Tapponnier et al.，2001）的预测不同。比如：①海原断裂带活动的时间可能是约 8Ma（Zheng et al.，2006）或 15Ma（Duvall et al.，2013），与祁连山准同时开始活动；②祁连山约 15Ma 发生准同时构造活动，而非由南向北传递（图 3-52）；③在祁连山北缘向河西走廊盆地扩展的同时，祁连山南缘构造活动也可能向柴达木盆地扩展，即祁连山构造变形可能向南、北两侧扩展；④阿尔金断裂走滑速率约 10mm/a（Zhang et al.，2007），远低于模型预测的大于 20mm/a。

岩石圈对流剥离模型认为高原以缩短变形为主，由于增厚的岩石圈地幔发生拆沉，高原周边在约 15Ma 发生准同时的面上扩展和垂向上隆升（Molnar et al.，1993；Molnar and Stock，2009）。如前文所述，祁连山地区约 10~15Ma 发生准同时构造活动，祁连山周边构造变形以缩短变形为主要特征，阿尔金走滑断裂和海原走滑断裂的主要作用是调节两侧块体的缩短变形，而非块体之间的滑动。因此，尽管真相介于端元模型之间，但是岩石圈对流剥离模式还是目前最恰当的解释青藏高原隆升和扩展机制的动力学模型。

3.4 北祁连北缘山前构造及其资源效应

祁连山北缘山前冲断带位于北祁连带和河西走廊盆地群的过渡部位（图 3-54），是

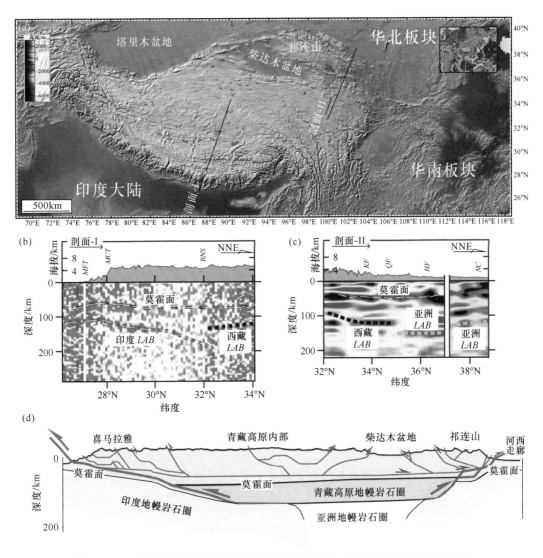

图 3-54　青藏高原及周缘构造地貌及横跨青藏高原 – 河西走廊的地球物理剖面
（剪波接收函数）和构造解释

（a）青藏高原及周缘地区数字高程显示的地貌特征；（b）横穿喜马拉雅和藏南的剪波接收函数剖面（Zhao et al.，2010）；
（c）横穿藏北–祁连山和河西走廊的剪波接收函数剖面（Ye et al.，2015）；（b）和（c）剖面位置在（a）中；（d）横穿
喜马拉雅造山带和青藏高原的构造解释剖面，注意青藏高原南边界和北边界深部存在大陆岩石圈俯冲（DeCelles et al.，
2002；Zhao et al.，2010；Styron et al.，2015；Ye et al.，2015；Zuza et al.，2018a）；MFT- 主逆冲前锋；MCT- 主中央逆冲；
BNS- 班公湖 – 怒江缝合带；KF- 昆仑断裂；LAB- 岩石圈 – 软流圈边界；QF- 秦岭断裂；HF- 海原断裂；NC- 华北板块

北祁连造山带向河西走廊盆地群逆冲推覆系统，著名的老君庙及石油沟构造就位于祁
连山北缘冲断带（孙健初，1942）。冲断带总体上呈 NWW 向展布（图 3-55），东西长
1000km，南北宽 15~80km，西端被阿尔金走滑断裂切割，向东至于六盘山断裂带，地
球物理探测（如接收函数和大地电磁测深）结果揭示冲断带根部深入北祁连造山带内
部（图 3-54、图 3-55），深度超过 50km（图 3-56），冲断带前锋逆冲已经进入河西走廊

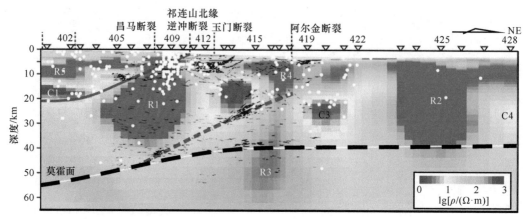

图 3-55　祁连山北缘山前盆山体系及深部结构（深部结构基于电导率模式解释的地壳 – 上地幔结构）

红色区为低电导率中心，蓝色区域为高电导率区域（Xiao et al.，2012）

盆地群腹部（图 3-54），深部向浅部逆冲在河西走廊中 – 新生代沉积物之上（图 3-56）（Xiao et al.，2012；Ye et al.，2015；Zuza et al.，2018b）。

吴宣志等（1995）在横跨北祁连 – 河西走廊的深反射地震剖面上，查明北祁连 – 酒西盆地地区莫霍界面深 40~50km，向南倾向祁连山之下，与电导率揭示的本区深部结构一致（图 3-55），北祁连山前逆冲断裂面南倾，上陡下缓消失于 3.5~4s 处，表明可能存在区域规模的滑脱层（Xiao et al.，2012），阿尔金断裂向东延伸到宽滩山深部，倾向南，下切到下地壳，深反射地震剖面揭示出阿尔金断裂带切割地壳，乃至岩石圈深部，与北祁连逆冲断裂带共同吸收和调节印度板块向北推移产生的压应力（杨树锋，2007；Yin et al.，2008b，2010）。

关于祁连山北缘逆冲体系与河西走廊盆地群的构造关系，基于地震资料解释，王洪潜（1993）推测祁连山之下至少隐伏了 15km 左右的中新生代地层；根据祁连山北缘山前冲断体系和冲断带理论，杨树锋（2007）提出祁连山北缘冲断带在平面上可划分原地冲断系统、近距离冲断系统和远距离冲断系统，其中原地冲断系统又可划分为原地隐伏冲断系统和原地显露冲断系统，原地隐伏冲断系统主要发育在酒泉盆地，在民乐盆地仅宽数千米，武威盆地不存在原地隐伏冲断系统，原地显露冲断系统主要分布在民乐盆地南缘和武威盆地南缘（图 3-56）。近距离冲断系统主要分布在原地冲断系统的南侧，在整个冲断带中都有分布。远距离冲断系统主要分布在酒西拗陷南缘和冲断带西段根部断层附近，覆盖在近距离冲断系统之上，其内部发育了较多的飞来峰和构造窗（图 3-56）（李明杰等，2005；程晓敢，2006；杨树锋，2007；Yang L M et al.，2018；陈宣华等，2019）。酒泉盆地南缘的冲断带已被证实是个水平位移量较大的、沿着之上 3 个滑脱面由南而北产生收缩变形的薄皮冲断系统，冲断体系向 NE 方向的冲断推覆的位移距离超过 50km，冲断带表现为"前展式"变形特征（杨树锋，2007）。

祁连山北缘逆冲体系启动时间争论较大。①启动于二叠纪：黄华芳等（1993）对酒西拗陷南缘的推覆构造特征与古地磁数据分析推测，北祁连向北推覆开始于二叠纪，自二叠纪以来北祁连向北的推覆距离达 200km，其中侏罗纪后推覆 100km 左右；提出

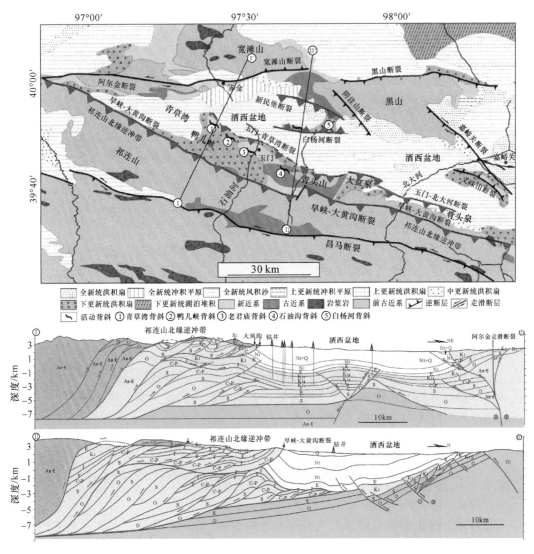

图 3-56　祁连山北缘山前逆冲断裂体系及深部结构（据 1 ∶ 20 万地质图和本次研究；
横跨祁连山北缘逆冲体系和酒西盆地的构造解释剖面；据杨树锋，2007）

推覆构造对酒西拗陷的盆地范围、基底形态、沉积物类型、有机质演化及油气赋存条件等均有明显控制作用。②启动于三叠纪末期：冯益民（1998）则认为北祁连西段逆冲推覆作用较东段强烈，大规模推覆作用形成不早于三叠纪末期，一直持续到侏罗纪末（Cheng et al.，2019），向北的推覆距离最大 50km。③启动于新生代晚期：近十年来大量研究表明，北祁连冲断带向河西走廊盆地群的逆冲和盆地内部的挤压变形主要发生在新生代，这一变形时间和事件与青藏高原北缘地区新生代隆升、挤压变形的时间基本吻合（图 3-57）；部分学者认为北祁连山在新近纪开始由南向北冲断（赵贤正等，2004）；陆洁民等（2004）对酒西地区古流向分析和重矿物分析，认为北祁连山在白杨河组（E_3b）沉积时期开始隆升变形；方小敏等（2004）通过对沉积相和沉积速率

图 3-57　祁连山北缘逆冲体系前缘旱峡 – 大黄沟逆冲断裂

志留纪地层逆冲在白垩纪地层之上，白垩系逆冲在白杨河组之上（窟窿山地区）

的分析提出北祁连山开始隆起的时间为 8.3Ma。Liu 等（2010）和方小敏等（2004）根据祁连山北缘老君庙背斜新生代的磁性地层年龄、构造不整合面、逆冲断裂发育分析结果推断酒泉盆地南缘与祁连山冲断有关的背斜开始形成时间略微早于 8.3Ma，大致为 9.0Ma，北祁连山就是在该时期开始（或至少不晚于该时期）向北冲断变形，并以"前展式"向北扩张，变形时间向北变新，前锋断层开始略晚于 8.3Ma，并持续到第四纪（郑文俊等，2013；Wang et al.，2016b）；张培震（2015）对酒西盆地西端的草沟剖面磁性地层学数据分析，提出北祁连开始隆升的时间约为 10~12Ma，更多的沉积、构造、地貌分析均显示北祁连冲断带启动于新生代晚期，并持续活动到第四纪，至今仍在活动，持续强烈的构造挤压在盆地内发生普遍的逆冲推覆、叠瓦构造，导致新生代沉积物卷入变形（郑文俊等，2013；Wang M L et al.，2014；Wang W T et al.，2016a，2020；Yu et al.，2017，Yang H B et al.，2018）。

3.4.1　祁连山北缘山前主要断裂

祁连山北缘山前断裂体系主要表现为逆冲性质。在酒西盆地，祁连山北缘逆冲体系被左旋走滑运动的阿尔金断裂切割（图 3-56），自山前向前陆方向，发育祁连山北缘第一排逆冲带"旱峡 – 大黄沟断裂"、第二排逆冲带玉门 – 青草湾逆冲断裂、第三排火烧沟 – 新民堡断裂（也有部分学者认为白杨河逆冲断裂为第三排构造）（图 3-56）。

3.4.1.1　旱峡 – 大黄沟逆冲断裂体系

在酒西盆地南缘，旱峡 – 大黄沟断裂为盆地和北祁连山的分界断裂，西起阿尔金断裂，自西向东经过积阴功台、窟窿山、青头山、大黄山、骨头泉、至于佛洞庙，地表出露的断裂体系主要呈 NW-SE 走向的逆冲断裂及其背斜构造，最南侧旱峡 – 大黄沟逆冲断裂体系（图 3-57、图 3-58），为酒西前陆盆地新生代地层与北祁连山造山带古生界之间的边界断裂（图 3-56）。在地表露头，旱峡 – 大黄沟断裂主要表现为低角度逆冲断裂（图 3-57、图 3-58），古生界未变质或浅变质地层逆冲在新生界或中生界之上（图 3-59）。

图 3-58　窟窿山 – 妖魔山地区志留系灰色砂泥岩低角度逆冲在紫红色白垩系粉砂岩 – 砾岩之上

图 3-59　旱峡 – 大黄沟逆冲断裂

奥陶系浅变质岩石逆冲在疏勒河组之上，疏勒河组砾岩内部亦发育高角度逆冲断裂（土达坂沟地区）

3.4.1.2　玉门 – 青草湾断裂 – 褶皱带

　　玉门断裂（玉门市以西部分学者称之为青草湾断裂，以东称之为庙北断裂或称为玉门 – 青草湾断裂）是祁连山北缘逆冲断裂体系向前陆方向扩展的第二排逆冲构造，沿青草湾 – 玉门南 – 青头山 – 大红泉 – 骨头泉沿线地表有较好的构造地貌响应，部分露头呈现褶皱，部分露头为断裂（图 3-60、图 3-61、图 3-62）。

　　在老玉门市石油河剖面上（图 3-62），自南向北依次出露中新统、上新统、下更新统沉积，野外观测显示一个不对称的背斜构造（老君庙背斜），背斜核部非常紧闭（图 3-62）。石油河东沟剖面：整个剖面构成一个不对称的背斜构造（老君庙背斜），逆冲断裂在背斜核部附近局部出露，不对称背斜构造暗示与逆冲断层作用有关的褶皱变形（图 3-62）。

　　玉门活动断裂西段新构造活动表现的最大特点是地表逆冲断裂出露较少，也即玉门断裂主体没有断至地表，表现为以隐伏断裂为主。在地表表现为由新近系组成的不

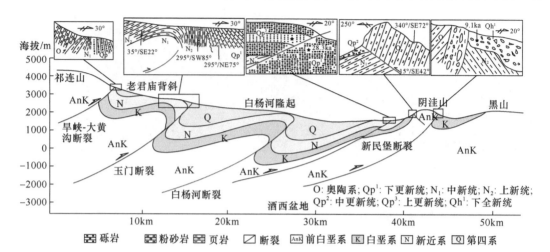

图 3-60　祁连山北缘 – 酒西盆地 – 黑山构造剖面（剖面位置见图 3-56；修改自陈柏林等，2008a）

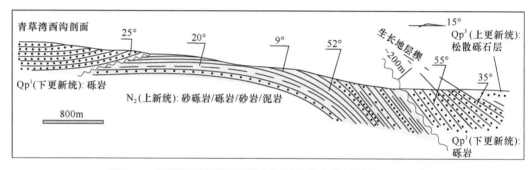

图 3-61　玉门断裂青草湾西沟剖面（修改自陈柏林等，2008b）

在该剖面玉门砾岩内的生长地层位于不整合面底上约 200m

对称褶皱构造，且属于与逆冲断裂密切相关的褶皱，也是现在正在变形的"活动背斜"。这说明玉门活动断裂西段形成时间较晚、活动时间短（陈柏林等，2008a）。

玉门断裂地表特征：在青草湾西沟剖面，陈柏林等（2008b）野外工作揭示自南向北依次出露下更新统、上新统、下更新统和上更新统（图 3-61）。下更新统不整合于上新统红色泥岩之上，不整合面下盘泥岩产状近水平（图 3-61）。上新统泥岩夹砾岩为下更新统砾岩微角度不整合覆盖，倾角为 52°~55°；在剖面北端，上更新统砂砾层近水平覆盖于下更新统之上，该剖面总体构成一个不对称的开阔背斜构造（图 3-61、图 3-62），其中北翼急剧变陡的产状变化特征反映褶皱下部隐伏有逆冲断裂（杨树锋，2007；陈柏林等，2008b），在该露头区，断裂目前还没有延伸至地表，不对称背斜构造也属于与逆冲断层作用有关的断层相关褶皱类型。

基于本次地表和深部地球物理解释结果，总结玉门断裂及老君庙背斜结构特征：①生长前地层构成一北陡南缓的不对称背斜结构，南翼地层倾角 15°~25°，北翼（前翼）地层直立甚至倒转；②地表背斜具有弧形弯曲枢纽；③背斜前翼发育旋转退覆 – 超覆生长地层楔，其内发育了多期不整合，后翼则未观察到任何楔状生长地层。地表露头

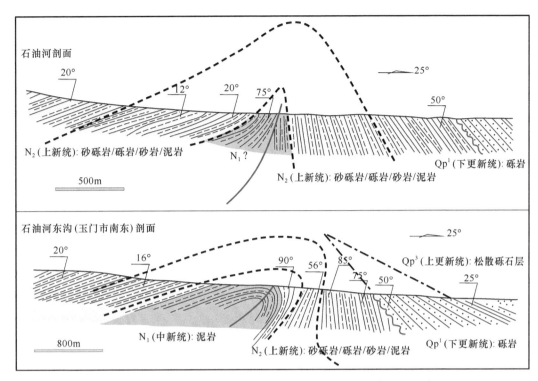

图 3-62   玉门断裂石油河附近剖面（修改自陈柏林等，2008b）

显示的老君庙背斜构造形态具有三角剪切断展褶皱特征（具体分析见后文）。

部分学者解释玉门断裂是祁连山北缘西段逆冲推覆构造的前锋断裂（尹安，2001；徐锡伟等，2003；朱弟成等，2004；莫宣学等，2007），且逆冲推覆呈前展式，也有学者观测认为祁连山北缘逆冲推覆构造的前锋已经向北传递，超过玉门断裂，已经到达新民堡地区（图 3-60），即新民堡断裂为真正的逆冲前锋，其活动特点反映了祁连山北缘断裂带北向生长（杨树锋，2007；陈柏林等，2008b；郑文俊等，2013）。

3.4.1.3   玉门断裂活动时限及其对老君庙背斜活动的约束

关于玉门砾岩的底界年龄，陈杰等（2006）通过对极性带边界年龄的内插，推算老君庙背斜北翼玉门砾岩的底界年龄在牛胳套剖面约 4Ma，在青草湾西剖面约 3.55Ma；显然，玉门砾岩的底界具有穿时性，其年龄可能由东南向西北变小。由于角度不整合的存在，酒泉砾石的底界年龄较难确定。在牛胳套剖面，若假定沉积速率仍约为 170m/Ma，则玉门砾岩结束沉积的时间显然要晚于 0.7Ma，酒泉组底界可能 < 0.7Ma。

按照陈杰等（2006）野外露头观测认为：老君庙背斜由两套构造 - 沉积序列组成，其间存在一个同构造不整合面 U1，这些学者认为白杨河、疏勒河和玉门组下段地层均为整合接触关系，相互间平行，地层厚度和产状无较大变化，为生长前地层，该阶段为老君庙背斜区的沉积作用时期。从玉门组 A1 段至戈壁组（Qgb）在背斜的北翼侧地层厚度从背斜核部向北部逐渐增厚，形成生长地层楔，地层倾角由直立逐渐过渡为缓倾，这是典型的与褶皱构造变形同期沉积的生长地层（图 3-63、图 3-64；陈杰等，2006）。根据 Riba（1976）关于生长楔划分方案（图 3-63），在递进同构造角度不整合成因分析中，Riba（1976）提出三种成因不整合包络线模式：①旋转退覆模式，邻近盆地的地体加速隆升时发育旋转退覆包络线；②旋转超覆模式，记录了隆升速率降低过程；③复合模式，靠近隆升地块发育同构造角度不整合，在盆地内部形成复合的递进同构造不整合。本次研究我们利用该模型重新分析了陈杰等（2006）的石油河沉积剖面。

图 3-63　响应造山过程的沉积生长楔形体结构模型（据 Riba，1976）

　　A1 楔形体几何总体构成退覆生长楔（Riba，1976），其特点是沉积作用与构造变形同时发生，剖面内部沉积未间断；根据磁性地层结果（陈杰等，2006），退覆生长楔 A1 的底界年龄约为 3Ma，对于退覆生长楔模型而言（图 3-63），背斜核部构造抬升速率显然大于沉积速率，因此可以大致代表褶皱作用的活跃期，背斜北翼 A1 地层内地层倾角旋转角度大于 15°（陈杰等，2006），据此我们可以判识 3Ma 为玉门砾岩褶皱变形的起始时间。陈杰等（2006）对牛胳套剖面和青草湾剖面的实测地层厚度与其磁性地层年龄之间的关系分析发现，青草湾剖面的沉积速率总体呈线性，平均约为 196m/Ma；但石油沟牛胳套剖面的沉积速率在 3Ma 前后发生了显著的变化，由 4.5~3.0Ma 期间的 260m/Ma 突变为 3.0~0Ma 的 170m/Ma（图 3-64），这与石油河剖面生长地层时间基本一致，沉积速率与生长地层的证据表明 3.0Ma 是石油河地区老君庙构造带主要的构造活动时期，即老君庙背斜主体的形成时期，向西逐渐拓展，3.6Ma 左右青草湾地区的老君庙背斜形成；背斜构造呈现东早西晚的构造特征。

　　A2 地层倾角和厚度较为一致，构成超覆生长模式层序（图 3-64），可能指示褶皱活动的平静期或缓慢时期（Riba，1976）；A1-A2 共同构成一个复合生长层序，指示褶皱演化过程的构造活跃到构造平静序列。

　　A3 序列又构成另一个退覆生长楔模式（图 3-64），退覆生长楔底界年龄约为 1.9Ma（陈杰等，2006），暗示一次褶皱构造变形强烈期，并与 A4 共同构成了一个符合同构造递进不整合序列，代表了 1.9Ma 左右的一次构造强烈运动到平静波动。

　　A5：酒泉砾石 QJq，为一简单的上超生长层序，以角度不整合 U3 削蚀白杨河组、

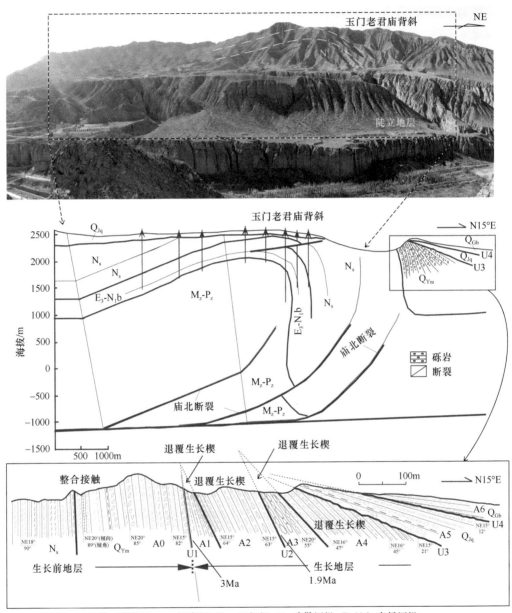

图 3-64 玉门断裂西段老君庙背斜构造与沉积楔体结构

Q$_{Gb}$: 戈壁组; Q$_{Jq}$: 酒泉组; Q$_{Ym}$: 玉门组; N$_s$: 疏勒河组; E$_3$-N$_1$b: 白杨河组;
M$_z$-P$_z$: 前古近系—新近系基底岩石; A0~A6: 地表地层层序; U1-U4: 不整合面

疏勒河组、玉门组等生长前地层及部分生长地层，并上超在背斜核部之上。这表明在
酒泉组沉积之前即 0.7Ma 之后，进入褶皱作用的强烈活跃期，这时期老君庙背斜强烈
抬升，陈杰等（2006）推测背斜前翼地层旋转了约 24°，在地表形成正地形，并遭受强
烈侵蚀。从该不整合面 U3 之上未发育古土壤和风化壳来看（陈杰等，2006），表明第
四纪褶皱变形持续时间极短暂。

已有报道显示，在老君庙背斜北翼的牛胳套沟，地质剖面也揭示出生长地层结构（陈杰等，2006），且上超不整合（U4）发生在酒泉组及以上地层，表明褶皱持续活动至今。

3.4.2 祁连山北缘逆冲体系构造变形样式

考虑到祁连山北缘逆冲体系对酒西盆地油气资源的控制效应，本次科考聚焦祁连山北缘逆冲体系在青西 – 老君庙地区的构造变形样式分析。

随着油气勘探的深入，该地区已经完成三维地震覆盖，为构造变形解释提供了重要深部数据支持，重要认识如下：①祁连山北缘山前逆冲体系后缘为"双层结构"：浅部为低角度逆冲推覆体结构（典型构造：窟窿山推覆体），深部为基底卷入变形为主的褶皱逆冲结构（典型构造：柳沟庄褶皱 – 逆冲体系）；②逆冲前锋呈"三角剪切 – 冲断结构"，三角剪切变形为主的断层传播褶皱 – 冲断体系以老君庙背斜最为典型；③侧向撕裂断裂（走滑兼逆冲断裂）调节北向逆冲体系，典型构造如 134- 庙北断裂系；④构造带变形东西分段特征显著；⑤山前逆冲体系的差异位移及调节断裂的相互作用，在老君庙构造带上盘形成北东 – 南西走向褶皱与北西 – 南东逆冲体系高角度叠加。老君庙背斜构造简图及解释的地震剖面位置如图 3-65 所示。

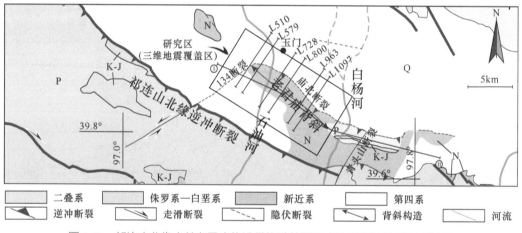

图 3-65　祁连山北缘山前老君庙构造带构造简图及本次研究的地震剖面位置

3.4.2.1 基底变形卷入型构造理论模型

在地壳深部，因温度、压力和流体等物理化学条件的差异，形成构造层次，西布森（Sibson，1977）和马托埃（Mattauer，1980）分别提出的断层双层结构模式与岩石变形的一般构造层次模式，奠定了现代构造层次理论的基础（图 3-66）。根据该理论模型，不同层次岩石变形行为不同，从而形成不同的构造样式和不同类型的构造岩。

Sibson（1977）提出了地壳岩石断裂双层模式（图 3-66），模式描述了断层岩石类型和断层宽度随深度的变化。基于以上理论支持，Ramsay（1980）明确提出造山带和

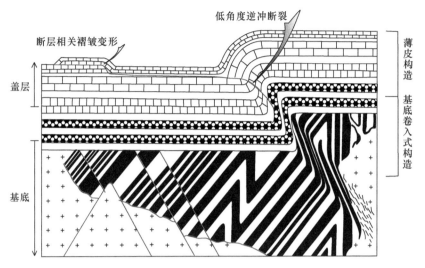

图 3-66　从造山带向前陆盆地方向变形带性质与产状随构造层次的变化（Ramsay，1980）

盆地基底与盖层变形方式的显著差异及自深部向浅部构造转换的可能模式（图 3-66），即提出盖层薄皮构造与基底卷入型构造模式，该模式也为基底变形向盖层变形的转换提供了基本的理论解释方案。

Ramsay（1980）的双层变形模式中，基底及其盖层变形过程中，构造变形样式可以转换（图 3-66）。根据该模式预测，在挤压缩短构造环境中，造山带与前陆盆地的耦合带为深层次变质基底岩石产生高角度逆冲韧性剪切带，前陆盆地一侧的浅层次沉积盖层中则发育低角度坡坪式逆冲断系（图 3-66）。该模式虽未具体说明断层产状变化的原因，却明确揭示一条重要的规律：就逆冲断层而言，基底变形控制的基底－盖层变形区，基底高角度变形带/断裂带向盖层逐渐过渡为缓倾，即断面几何发生变化；随造山作用的持续，深层次陡倾的韧性断层与韧性剪切带上盘变质岩，势必沿陡倾的韧性断层面逆冲进入浅部盖层，以至出露地表，与前陆一侧浅层次未变质的沉积岩呈断层相接。该模式合理地说明山前与盆地之间以高角度逆冲断层为界，盆地为浅层次沉积岩，造山带一侧为深层次变质岩。

Ramsay（1980）模式也暗示从造山带向前陆方向，控制构造变形的方式不同，深部普遍存在基底构造变形的卷入，并有可能控制或影响盖层的构造样式；而盖层的变形方式完全有别于基底（图 3-66）。

对于基底卷入型构造样式，曾提出基底卷入型断层相关褶皱运动学解释模型（图 3-67），在该运动学模型中，发育基底岩层中的断裂或构造变形带，在基底和盖层中形成一个宽泛的变形三角区域（如图 3-67 初始阶段的三链接点上部变形区），当断层或变形带滑移量增大时，断层下盘基底岩石发生剪切（图 3-67），基底抬升，在基底发育剪切带，盖层变形相应发育两个前翼单斜区，作为响应盖层发生单斜构造，并抬升，当基底断裂位移量进一步增大，盖层发生显著弯曲褶皱变形（如图 3-67，基底强烈抬升）。运动学模型从几何学和运动学上较好地约束了基底变形控制下的盖层形变过程与

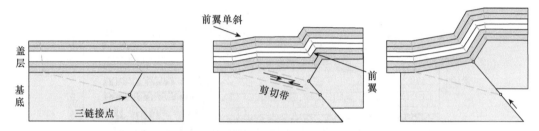

图 3-67　基底卷入型断层相关褶皱几何学与运动学解释模型

方式，为基底高角度断裂向盖层低角度断裂转换提供了几何学和运动学支持。

在实际的野外地质观测和盆地油气勘探中，由基底构造卷入浅部盖层引发的构造样式大致可总结如图 3-68 所示：①基底高角度逆冲抬升导致浅部盖层发生三角变形带，且在褶皱向斜枢纽发育盖层低角度断层或褶皱相关断层 [图 3-68（a）]；②一系列基底高角度断裂导致基底抬升，盖层被动弯曲褶皱变形，并引发多条低角度褶皱相关断层，与基底断裂连通 [图 3-68（b）]；③基底发育高角度三角形变形带，并导致盖层岩石亦发生一定宽度的形变带，形成典型的盖层高角度膝褶型变形区 [图 3-68（c）]。

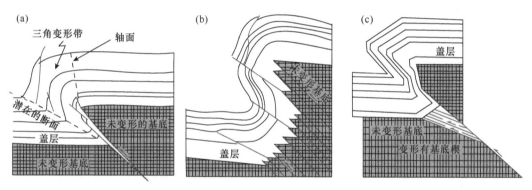

图 3-68　基底卷入型断层相关褶皱冲断带几何模型

（a）基底垂向运动，导致盖层三角变形区域内发生次级褶皱相关断层；（b）盖层向斜区内发生调节断裂和断层突破；（c）盖层发生膝褶型变形区，该层未发生断层突破

3.4.2.2　窟窿山 - 柳沟庄"双层结构"

窟窿山 - 柳沟庄构造带位于第一排逆冲体系旱峡 - 大黄沟逆冲断裂带上，如前文所述，野外地表露头观测显示古生代地层（窟窿山地区主要为志留系）低角度逆冲推覆于中生代（白垩系）地层和新生代地层之上（图 3-57、图 3-58、图 3-59），这些逆冲推覆构造可在二维和三维地震剖面上得以印证。在深部，推覆体下盘基底岩石显著发生垂向抬升，引起中生界白垩系（盖层）褶皱变形，形成柳沟庄构造带的基本结构，以往构造解释曾提出断弯 - 冲断模式 [图 3-69（a）]、断弯模式 [图 3-69（b）] 和基底卷入型变形模式 [图 3-69（c）]；本次研究提出"窟窿山浅表逆冲推覆与柳沟庄基底卷

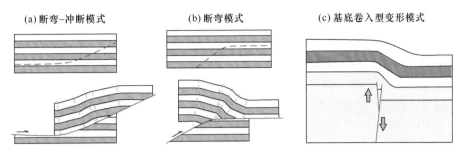

图 3-69　窟窿山构造带解释模式对比

（a）和（b）模式为以往学者对窟窿山构造带解释方案；（a）断弯－冲断模式，断层面向上逐渐变陡，并向上突破；
（b）断弯模式，断面倾角向上逐渐变缓，最终顺某一地层面滑动或消减；（c）基底卷入型构造，基底整体抬升或逆冲，基
　　底抬升或逆冲断裂面陡立或直立，上覆沉积盖层变形响应－三角形的褶皱变形区（本次解释方案）

入变形的双层结构模式"。

　　窟窿山逆冲带位于山前冲断带的西部，叠置于中生代的红南次凹、青西低凸起和青南次凹之上，阿尔金走滑断层为其西边界，向东以 134– 老君庙断裂带为界，南界为祁连北缘断层（程晓敢，2006；杨树锋，2007）。关于旱峡－窟窿山断裂体系，以往学者普遍解释认为其为"逆冲推覆体"或"断层转折褶皱"，并在造山带向山前方向识别出多个推覆体、飞来峰和构造窗，这些构造窗和飞来峰被作为解释酒西盆地南缘薄皮冲断推覆构造的重要地质标志（程晓敢，2006；杨树锋，2007）。

　　本次科考基于青西－老君庙三维地震数据的解释，提出窟窿山－柳沟庄构造带浅部构造为逆冲推覆构造，而逆冲推覆体下盘岩石的变形方式为基底卷入型褶皱逆冲断裂（图 3-70）。

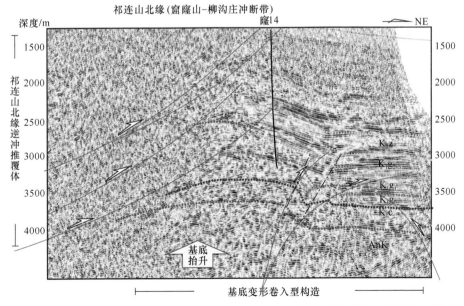

图 3-70　窟窿山－柳沟庄构造带"浅部逆冲推覆与深部基底卷入变形的双层结构解释模式"
（测线为过窿 14 井）

　　南部祁连山志留系及基底岩石变形发生整体抬升，形成基底岩石的高角度逆冲体系向北逆冲，对凹陷中生代和新生代沉积盖层产生强烈的褶皱变形，由于导致基岩抬升的断裂源自造山带深部，上部盖层（甚至志留系）变形方式以被动褶皱变形为主（见模式图 3-69），随造山带抬升的加剧盖层单斜褶皱强烈，在发生褶皱变形的盖层中诱发褶皱相关断层，但断层倾角轻缓，构成柳沟庄背斜的主体（图 3-70）。

　　窟窿山 – 柳沟庄构造带深部结构特征：①在三维地震剖面上，推覆体下盘靠近造山带一侧岩石总体高于北侧（整体抬升），且顶部变形相对较弱（图 3-70），②3000~3500ms 或更深部，解释的断层面陡立或近直立，断层向上延伸逐渐变缓（图 3-70、图 3-71），③中生界在断层附近褶皱变形强烈，呈倒三角形（图 3-71），且新生界亦发生单斜构造（图 3-71）。如果按照断层转弯褶皱模式对窟窿山深部结构进行解释，很难合理回答上述 3 个显著的结构特征。

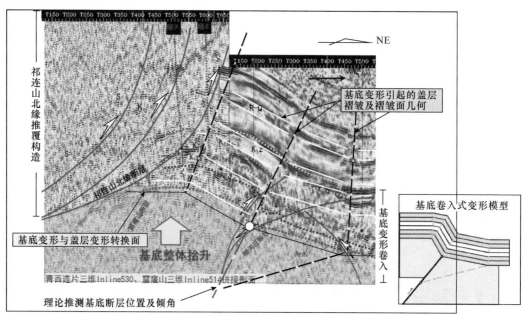

图 3-71　祁连山北缘横穿窟窿山 – 柳沟庄构造带三维地震测线及构造解释（Inline530+Inline514）
浅部为祁连山北缘逆冲推覆体，深部为基底抬升引起的盖层褶皱及相关断层，形成"双层结构"，
窟窿山推覆体属于薄皮构造

　　在 Line392 地震剖面上，柳沟庄构造带为两条向上角度逐渐变缓的逆冲断裂，向上切割下白垩统中沟组（参见 Line392 地震剖面构造解释，图 3-72），并持续向上切割新生代地层；柳沟庄断裂所夹持的白垩系发生强烈的褶皱构造，且被两侧低角度逆冲断裂所围限，具备形成良好构造圈闭的构造基础（图 3-70、图 3-72）。在柳沟庄断裂东北方向存在另一条基底卷入型的反向逆冲断裂，断层自深部基底延伸进入白垩系盖层，大致终止于下白垩统下沟组中段地层内，向上延伸断层面倾角逐渐变缓，该反向断层与柳沟庄断层围限地层形成一个明显的下盘向斜构造（图 3-71、图 3-72、图 3-73），也具备形成良好构造圈闭的构造基础。

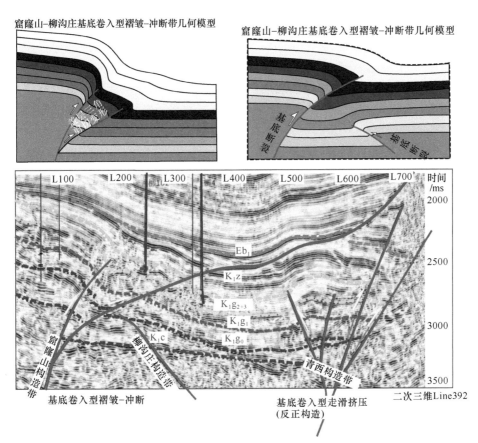

图 3-72　祁连山北缘基底卷入型断层相关褶皱及断层突破

靠近造山带为柳沟庄基底卷入型褶皱–冲断带，盆地内部为青西基底卷入型走滑挤压构造带（反转构造），即鸭儿峡背斜

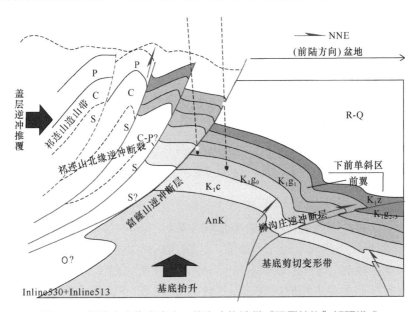

图 3-73　祁连山北缘窟窿山–柳沟庄构造带"双层结构"解释模式

243

上述构造特征发育在造山带变形向盆地构造变形过渡区，又位于推覆体下盘，表现出造山带基底变形卷入盖层变形的典型特征，是基底岩石抬升或逆冲导致盖层岩石发生强烈形变的结果。在研究区三维地震测线上均可以揭示柳沟庄构造带为基底构造带变形所控制，向上分叉，形成盖层白垩系、古近系、新近系和第四系的整体褶皱变形，且在变形带内发生断层突破，向上延伸，断层面逐渐变平缓（图 3-71、图 3-73）。

3.4.2.3 青西基底卷入型反转构造

青西拗陷位于 134 调节断裂的西侧，其南侧为窟窿山逆冲体系，北边界为鸭儿峡带，是祁连山北缘山前主要的生油凹陷（图 3-74）。本次科考构造解释工作，厘定出①青西拗陷东缘界限为志留系古潜山；②中生代断陷盆地经历了至少两期的构造挤压反转，盆地反转和断裂反转构造显著。

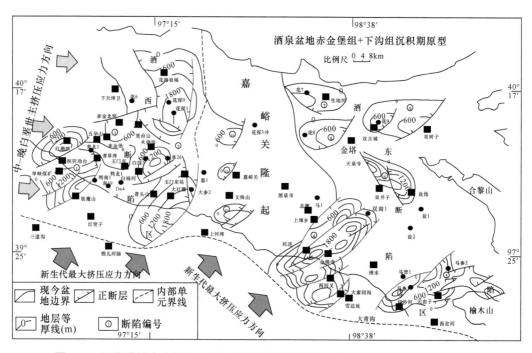

图 3-74 酒泉盆地赤金堡组＋下沟组沉积期原型（程晓敢，2006；安凯旋，2019）
①～⑫分别为青西、花海－石大、赤金、营尔、马营、盐池、生地湾、金塔、双古城、黑东、黄南与文东等断陷

该断陷呈北西－南东向展布，可分为青南次凹与红南次凹，分别位于 509 断裂与青西 II 号断裂之西，均为东断西超的小断陷（李明杰等，2005；程晓敢，2006；杨树锋，2007）。青西拗陷为北东走向的断陷，控制凹陷的主控正断层为凹陷东南侧的 509 断裂，断面北西倾向，沉降中心基本位于 509 断裂附近（图 3-76），向北西方向凹陷地层逐渐减薄，凹陷主要沉积地层为下白垩统赤金堡组、下沟组，向西北方向赤金堡组和下沟组逐渐上超于前中生界或风化壳之上，赤金堡组与下部地层也呈角度不整合接

触；中沟组顶界与白杨河组底截切关系，表明中沟组沉积之后地层发生和经历强烈的
隆升、抬升作用，导致中沟组发生剥蚀；白杨河组及以上新生界亦发生了宽缓的褶皱
变形，表明晚新生代至今持续发生过东西向的挤压变形改造。

青西拗陷在晚白垩世之后、新生代遭受强烈的挤压反转变形，导致早白垩世断陷
盆地发生普遍反转（陈宣华等，2019），由于本研究区内早白垩世的断陷主要呈北北东–
南南西走向（图 3-74），而新生代以来的持续性挤压构造应力为北东向，早白垩世的断
陷盆地虽经历了构造反转变形，但非垂直断陷走向的挤压反转，其构造反转变形具有
一定的特殊性，故本次研究中，对反转构造（即断层反转）的厘定和分析主要从垂直
于断陷走向方向，因此对于青西拗陷反转变形程度的分析具有片面性。青西拗陷内存
在两种方式的构造反转，一种为先期正断层在后期挤压应变环境中发生复活，沿正断
层面发生逆冲，如 509 断裂，形成典型的反转构造样式鱼叉构造；另一种反转方式为
在正断层上盘断陷区内发育新的逆冲断层结构，如背驮式叠瓦扇和冲起构造在青西拗
陷反转变形中均可以观察到。

反转盆地（basin in version）这个词在地质界和石油地质界广泛使用，指示早期伸
展盆地经历后期的缩短变形改造。根据盆地挤压反转变形程度，提出反转型裂谷盆地
分类方案：①简单裂谷，没有经历明显的反转，盆地整体表现为伸展构造体制；②局
部反转裂谷，盆地剖面上表现后裂谷时期上隆现象，然而，其他区域持续沉降，最初
伸展地形遭到改变或破坏，同时形成一系列宽缓挤压背斜；③区域性反转裂谷，盆地
大面积发生抬升、遭受剥蚀，最初的盆地中心隆升幅度最大。根据划分方案，青西拗
陷属于区域性反转盆地，由于早白垩世青西拗陷在后期挤压变形中表现出强烈的反转
变形，因此在分析断裂反转和拗陷反转变形过程中，凭借地震剖面开展拗陷反转构造
识别较为容易。

基于反转构造的砂箱模拟结果和青西拗陷三维地震测线分析（主要为北西–南东
联络测线的分析和解释工作）（图 3-75、图 3-76），厘定青西拗陷的主要断裂特征如下。
①反转断层：509 断裂为青西拗陷的东边界，是控制早白垩世断陷（乃至侏罗纪断陷）
的主边界断层，其切割深、断面倾角陡，该断层下盘即为志留系，在其东侧形成志留
系潜山。自南向北，509 断裂在后期均发生逆冲活动，但该断层向上均未突破白杨河组
底，表明 509 断裂可能为早期盆地反转变形的产物，晚新生代断层位移量小或不活动。
②盆地抬升：断陷盆地内部反转主要表现为盆地的整体抬升，下白垩统中沟组与上部
白杨河组表现为显著不整合，白杨河组上超明显，表明白杨河组沉积之前盆地曾经历
一定的抬升，导致上白垩统中沟组发生普遍的剥蚀。③新生逆冲断裂：主要发育在断
陷西侧，构成一系列盆地反转典型的构造组合样式，如冲起构造、鱼叉构造、背驮式
叠瓦扇等，这些逆冲断裂部分可能来自深部；这些逆冲断裂组合向上突破切割白垩系，
但均未突破白杨河组，有的剖面上断裂终止于下白垩统中沟组的底，表明该期反转变
形可能发生在中–晚白垩世；反转构造样式主要发生在主控拗 509 断裂西侧拗陷内，
根据砂箱模拟结果的对比分析，暗示中–晚白垩世青西拗陷的反转变形主应力可能为
W–E 向或 NW–SE 向（图 3-74）。

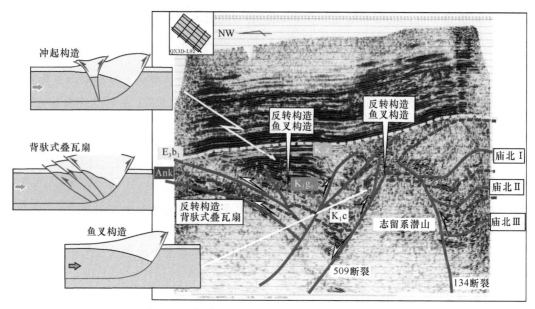

图 3-75　祁连山北缘青西拗陷反转构造样式（1）

509 断裂发生反转，断陷内部发育鱼叉构造、背驮式叠瓦扇、冲起构造

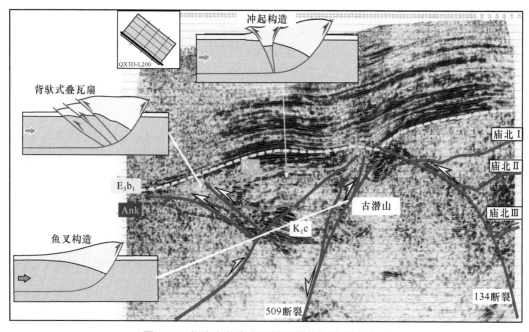

图 3-76　祁连山北缘青西拗陷反转构造样式（2）

509 断裂发生反转，断陷内部发育鱼叉构造、背驮式叠瓦扇、冲起构造

　　结合平行青西断陷的地震测线解释结果（二次三维 Line392 解释见图 3-72）及垂直断陷解释剖面（图 3-75、图 3-76），尤其是青西断陷的东北缘边界（青西构造带北缘位于窟窿山构造带东北）断裂反转几何结构呈花状样式（图 3-76、图 3-72），断裂向深

部逐渐聚敛，断面陡立（图 3-77）；断面向上逐渐分开（图 3-75、图 3-76），具有典型的走滑断裂特征；青西断陷主控断裂 509 切割深，断面陡立，东依志留系，可能为古生代断裂。基于上述构造分析，笔者提出青西断陷区内地 509 断裂不但控制早白垩世（或更早侏罗系）酒西断陷发育和东侧古潜山的形成，而且也是中–晚白垩世盆地反转构造发育的主控因素；新生代晚期，509 断裂活动停止或微弱（图 3-77）。

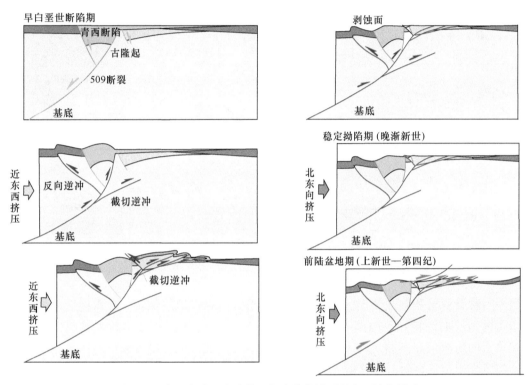

图 3-77　青西断陷及中生代—新生代构造反转变形演化模式

3.4.2.4　老君庙冲断带

老君庙构造带位于窟窿山带东北侧，属于逆冲体系第二排构造玉门–青草湾断裂带，叠置于中生代南部隆起和大红圈次凹之上，总体呈 NW–SE 展布（图 3-78、图 3-79、图 3-80、图 3-81、图 3-82），其西缘与 NE 走向的 134 调节断裂连接（图 3-81），逐渐向北东过渡为 NW–SE 走向，南以祁连褶皱带北缘断层为界，东端为 NNE 走向的青头山调节断层切割。基于地表出露形态、三维地震剖面解释及钻井揭示的地层对比（图 3-78、图 3-79、图 3-80），本研究解释老君庙构造带整体构造样式为三角剪切型断层传播褶皱，并遭受晚期冲断改造［图 3-78（d）］。

老君庙构造带中段地震剖面特征与构造解释：在垂直该带的三维地震剖面上，可以清晰观测到上下结构的显著差异，深部存在一个明显的低幅背形结构［图 3-78（a）～（c），红色曲线下部区域］，背形内部结构明显；上构造层也存在两种构造差异，即强

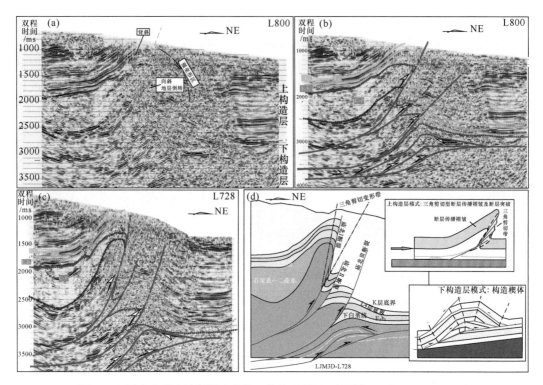

图 3-78　横穿老君庙冲断带中段的三维地震剖面及构造解释（L800 和 L728）

烈不对称背斜区和强烈变形区，强烈构造变形区内存在地层倒转、向斜构造，强烈构造带内地层的倒转导致地震信号模糊［图 3-78（a）~（b）］；在横跨老君庙构造带中部位置的所有地震剖面上均可以见到类似的结构特征，这些地震波反射信号指示老君庙构造带中部具有断层传播褶皱的特征，且断层前缘变形地层存在倒转、向斜等特征，表明断层传播前缘曾经历过三角剪切变形，最终应变积累发生断层突破，在三角变形带内形成与褶皱变形有关的三组冲断层［图 3-78（b）~（c）］（肖毓祥等，2016）。冲断带上盘白杨河组及以上年轻沉积地层基本响应上盘不对称褶皱变形，冲断层下盘北东侧沉积地层（白杨河至现今沉积层）亦形成微弱的向斜结构，表明形成的中部冲断层构造非常年轻（图 3-78）。冲断层下盘，存在一个明显的"背形结构"，表现出向北东方向的构造楔体结构，楔体内地层发生重复、加厚，导致顶部形成低缓背斜（图 3-78）；该构造楔体底板滑动断层平行地层（可能的古生界内部滑脱层面）向北东方向延伸（图 3-81、图 3-82）。

　　上下构造层变形特征明显不同，深部存在一个低幅度向上隆起的"背形结构"；图 3-78（a）（b）横穿老君庙冲断带中段三维地震剖面构造解释（L800），上构造层为三角剪切型断层传播褶皱及断层突破结构，下构造层为构造楔体；图 3-78（c）横穿老君庙冲断带中部三维地震剖面构造解释（L728），冲断层所夹持的断块内地震信息模糊，隐约可见反射截面形成的向斜结构；图 3-78（d）老君庙构造带中段双层构造解释模式，上构造层为三角剪切型断裂传播褶皱，下构造层为构造楔体。

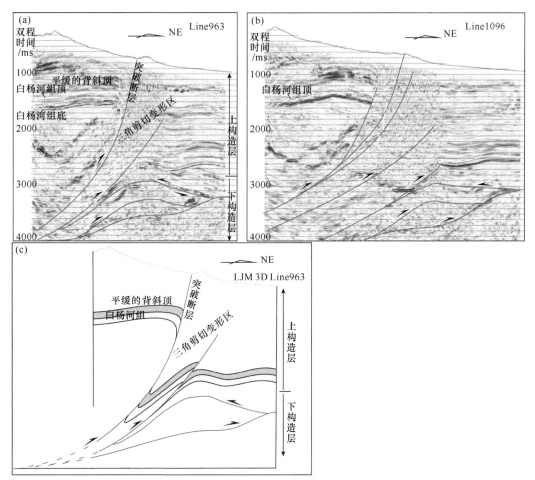

图 3-79　横穿祁连山北缘老君庙冲断带东段三维地震剖面构造解释（侧线 L963 和 L1096）

（a）地震测线 L963 及构造解释，下构造层为构造楔入体，上构造层为三角剪切型断层传播褶皱；（b）地震测线 L1096 及构造解释，下构造层为构造楔入体，上构造层为三角剪切型断层传播褶皱；（c）老君庙冲断带东段构造解释模式（根据主测线 L963 解释）

　　可见，在老君庙构造带存在上构造层冲断结构引起地层垂向抬升和下构造层的局部地层重复与滑脱将应变向北东方向传递；上部三角剪切型断层传播褶皱 – 冲断结构与深部构造楔体共同构成了老君庙构造带中段的典型样式 [图 3-78（d）]。

　　老君庙构造带东段地震剖面特征与构造解释：老君庙构造带东段上下结构差异依然明显 [图 3-79（c）]。下部构造层总体结构为低缓背斜形态，内部存在的地层有限重复，呈典型的构造楔形体，并引起上部地层低缓褶皱；上构造层为冲断构造，冲断带上盘背斜顶面平缓，变形主要集中于三角剪切变形带内，解释认为冲断带存在两条或多条冲断层使得三角变形带遭受破坏 [图 3-79（a）~（c）]，夹持在两条冲断层之间的断夹块内地震波信息模糊，局部仍然可以识别出陡变的反射界面（地层或断块）[图 3-79（a）~（b）]，这些信息暗示地层在该处为强烈倒转或陡立状态，在冲断带内可识别出断夹块内部的向斜构造（Line963）。在地震剖面 Line1096 上，上构造层可识别出三条主冲断层，且后缘冲断层存在多条分支；冲断带下盘为构造楔形体［图 3-79（c）］。

老君庙构造带西段地震剖面特征与构造解释：在庙北断裂向 134 断裂链接部位的地震剖面上分析［图 3-80（a）～（c）］，老君庙冲断带表明为陡立或完全直立，且断裂面平行或分支向上传播，呈现花状几何特征，南盘强烈抬升，高出北盘（L579 和 L510）［图 3-80（a）～（b）］，断裂两侧地层虽然存在显著高程差，但地震反射界面则表现为平缓（地层产状平缓）［图 3-80（a）～（c）］，这些几何学特点表明老君庙断裂在该段表现为走滑断裂特征，且南盘整体抬升强烈，表明具有一定的逆冲分量［图 3-80（a）～（c）］，表明在该段老君庙冲断层逐渐过渡为走滑兼逆冲性质。

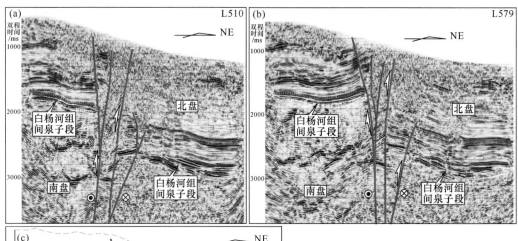

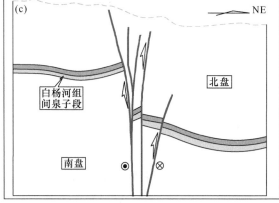

图 3-80　横穿老君庙冲断带西段（134 调节断裂和庙北断裂连接段）三维地震剖面构造解释

（a）横穿老君庙冲断带西段三维地震剖面构造解释（L510），陡立断层、呈花状几何，断层南盘地层整体抬升，断层两侧地层变形微弱；（b）老君庙冲断带西段构造解释（根据 LJM3D-L579），陡立断层、呈花状几何，南盘地层整体抬升，断层两侧地层变形微弱；该段断裂呈左旋走滑兼南盘逆冲性质；（c）老君庙冲断带西段构造解释模式

上述的结构分析表明，老君庙冲断带和 134 调节断裂在深部可能为一条断裂体系，即 NE 走向的 134 走滑调节断裂逐渐过渡为 NEE 走向走滑兼逆冲断裂，最终转变为 NW 走向的老君庙冲断体系；134- 老君庙断裂带与青头山断裂围限的块体构成了一个独立的冲断上盘岩片（图 3-81）。

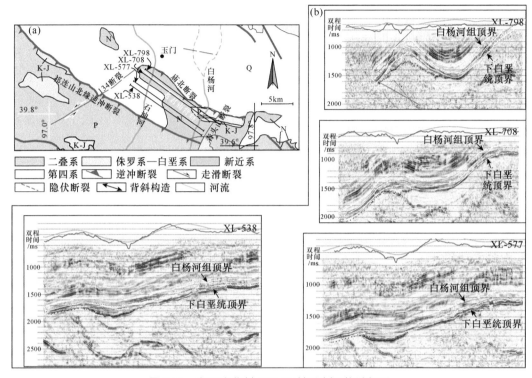

图 3-81　老君庙背斜 NW-SE 地震剖面构造解释

（a）老君庙背斜 NW-SE 地震剖面位置；（b）NW-SE 地震剖面上揭示出下白垩统顶界以上地层的褶皱变形，XL-577 剖面和 XL-538 剖面中生界及以上地层褶皱微弱，XL-708 剖面中生界及以上地层褶皱相对强烈，XL-798 剖面上中生界及以上地层褶皱紧闭

3.4.2.5　老君庙构造带东西分带变形构造

对平行老君庙冲断带的三维地震剖面解析发现［图 3-81（a）～（b）］，在老君庙构造带内不但存在 NW-SE 走向的冲断体系，还存在近 N-S 走向的宽缓褶皱，褶皱轴迹与冲断带走向近垂直，另一个显著特点是近 N-S 走向的褶皱构造，主要变形的地层为中生界及其以上的新生界，其褶皱南端宽缓，向北褶皱逐渐变得紧闭［图 3-81（b）］，这些构造几何特征一方面暗示统一的 134- 老君庙断裂体系的存在，另一方也表明 134- 老君庙 – 青头山断裂体系围限的上盘岩片向北逆冲过程中产生的近 E-W 向挤压变形。

老君庙背斜深部隐伏的 134 断裂在地表也有表现，主要出露于旱峡 – 大黄沟断裂以南的祁连山内，呈 NE-SW 走向的走滑断裂切割石炭系、志留系和奥陶系（1∶20 万地质图，1976），对老君庙构造带冲断体系自东向西的构造解释，我们推测老君庙构造带冲断带与 134 断裂可能是一条统一的断裂体系，134 断裂在西侧主要表现为斜断坡性质，其后缘表现为走滑，逐渐向 NNE 过渡为走滑兼逆冲，向前缘逐渐过渡为前断坡并表现为三角剪切型冲断系。

从后缘造山带向前陆方向，134 断裂 – 老君庙冲断带系统及青头山调节断裂组成了一个南宽北窄的逆冲岩席或称楔入体，在后缘靠近造山带方向 134 断裂主要表现为走滑特征，向北逐渐过渡为斜断坡，断裂应表现为左旋走滑兼南盘的逆冲，断面向东倾，逐渐向北断面逐渐变得轻缓向东倾，且走向逐渐转向东，断面过渡为南倾（图 3-82）；这种断面几何的空间变化导致 134– 老君庙断裂体系上盘地层，尤其是中生界及上覆新生代地层，不但经历了自南向北的逆冲体系的改造（三维地震测线北东方向的测线揭示），而且作为响应，同期发生了近 E-W 向的收缩应变，形成了近 N-S 走向的褶皱变形，褶皱南缓北紧 [图 3-81（b）、3-82（c）]。

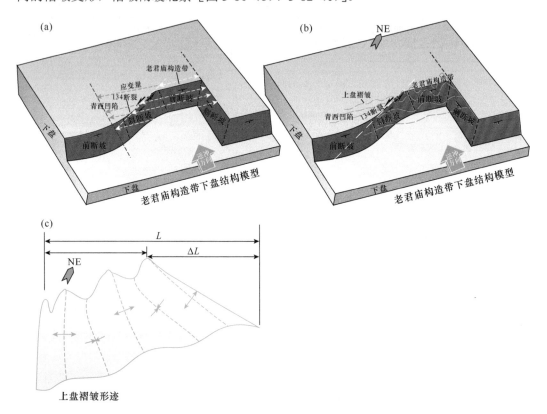

图 3-82 祁连山北缘山前第二排逆冲断裂即老君庙构造带 134 断裂与冲断前锋（庙北断裂）断面空间几何与断层属性变化模式

（a、b）老君庙构造带逆冲前锋和调节断裂面空间几何模式；（c）逆冲断裂上盘地层褶皱变形效应（肖毓祥等，2016）

在横跨石油沟－老君庙－青西的大连片三维地震剖面上（图 3-83），近东西向的褶皱变形形成跨越本区的"三隆两拗"格局，老君庙背斜、石油沟背斜以及青西反转背斜区 [图 3-83（a）~（b）]。在 134 断裂上盘，地层发生强烈的褶皱变形，庙北Ⅰ、庙北Ⅱ、庙北Ⅲ号断裂面也发生弯曲变形 [图 3-83（a）]，由于庙北断裂冲断岩片向北的逆冲，导致南盘地层多次重复，显示出南盘地层增厚、抬升及剥蚀；134 断裂同时也表现为向西逆冲在青西反转构造之上，断层向上突破白杨河组（图 3-83）。

这里要提及的是，134 断裂上盘的地层强烈增厚和抬升应存在两个主要原因，其一为东西向的收缩变形导致的背斜构造，另一个主要因素为老君庙逆冲岩片向北东方向的

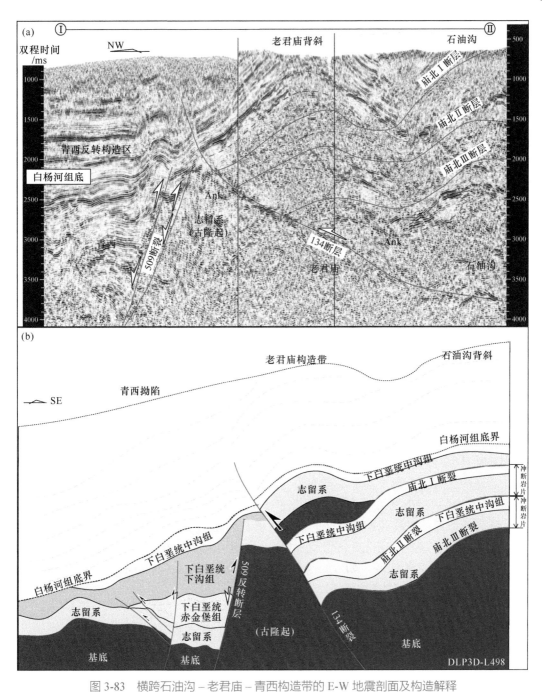

图 3-83　横跨石油沟－老君庙－青西构造带的 E-W 地震剖面及构造解释

（a）庙北断裂的三个分支逆冲断裂面发生强烈褶皱变形，134 断裂面向深部（3500~4000ms）逐渐变平缓，断裂向 NW
延伸突破白杨河组底界；（b）石油沟－老君庙－青西构造构造样式，东西分带显著呈现三隆两拗的构造格局

逆冲导致地层的多次重复（图 3-83），最显著证据是在 134 断裂的上盘可以观察到三个强
的反射截面，这可能是庙北 I 号断裂、庙北 II 号断裂、庙北 III 号断裂的断裂面，这三个
断裂面与地层同步发生褶皱变形，这三条冲断岩席导致上盘地层重复[图 3-83（a）~（b）]。

　　E-W 向的收缩变形已经跨越 134 断裂进入青西拗陷，并导致青西拗陷浅部白杨河组及其以上地层发生明显的褶皱变形（图 3-83），由于受 134 断裂和 509 断裂之间的志留系古隆起阻挡效应，以及东西向的调节挤压变形量自身应变量的限制，笔者认为东西向调节挤压变形只在局部发生。

3.4.2.6　老君庙构造带三维构造样式及演化

　　基于上述平行和垂直青西 – 老君庙构造带三维地震剖面的构造解释，在平面上，134 走滑断裂是一条重要的构造调节边界，其向东延伸并入老君庙冲断体系，134 调节断裂以西为窟窿山 – 柳沟庄基底卷入型逆冲体系，该体系可能代表了祁连山山前第一排逆冲断裂的典型构造样式，以东为老君庙三角剪切型褶皱 – 冲断体系，代表山前冲断系逆冲前锋构造样式。在三维空间上，134- 老君庙断裂体系几何结构如图 3-84 所示。以往学者对老君庙构造带西缘的 134 断裂的构造解释普遍认为其为典型的撕裂型走滑断裂（肖文华等，2004），调节山前逆冲褶皱体系向北的差异位移，从 134 断裂在地表的走向及地震剖面解释结果看，简单撕裂型走滑调节断裂很难解释区内老君庙构造带内的如下构造现象：①与老君庙冲断带近垂直的南北向褶皱；② 134 断裂在靠近逆冲前锋位置表现出的强烈逆冲断裂属性；③ 134 断裂东南盘表现出地层的整体抬升；④ 134 断裂东南盘地层的多次重复效应；⑤ 134 断裂东南盘内断裂面发生褶皱变形。

　　因此，本次研究提出 134 断裂与老君庙冲断带为统一的断裂体系（图 3-84），该体系由造山带向前陆盆地方向发生走向弯曲（图 3-84），断裂面在靠近造山带为陡立、正花状（侧翼），向盆地方向断面逐渐过渡为东南倾（倾斜翼），最终过渡为东西走向南倾冲断体系（前锋）；这种弧形断面几何（图 3-84），引发老君庙冲断岩席上盘地层向北逆冲过程中变形空间的逐渐缩小，导致垂直逆冲方向（E-W 向）收缩应变，这种由于逆冲岩片向北逆冲 – 变形空间变小引起的 E-W 收缩应变又反作用于逆冲岩片上，进而导致逆冲岩片和逆冲断面的褶皱变形，因此在 E-W 向地震剖面上可以观测到地层褶皱、地层重复、庙北断面遭受褶皱变形，且庙北断裂与 134 断层相互交切现象（图 3-84）；在更大的区域，如青西 – 老君庙 – 石油沟带上，东西向的收缩应变也导致白杨河组及其以上地层的褶皱变形。

3.4.3　祁连山北缘山前新生代构造变形与油气资源效应

　　祁连山北缘山前油气资源主要集中在青西 – 老君庙构造带，在空间位置上属北祁连西段逆掩构造的山前拗陷，老君庙背斜带油气探明储量占酒西拗陷的 60% 以上，其油源主要来源于青西拗陷。

　　近年来国内外地质学家和地球物理学家对山前褶皱 – 逆冲断层带的研究成果，主要包括油气生成、运移、保存、勘探方法、油田开发和数据采集等方面的内容。根据已有的地震数据解释，推测由于山前构造带向北东方向的逆冲迁移，逆掩和"覆盖"了一定数量的含油气面积（杨树锋，2007），油气不仅富集于推覆构造带的前缘构造圈

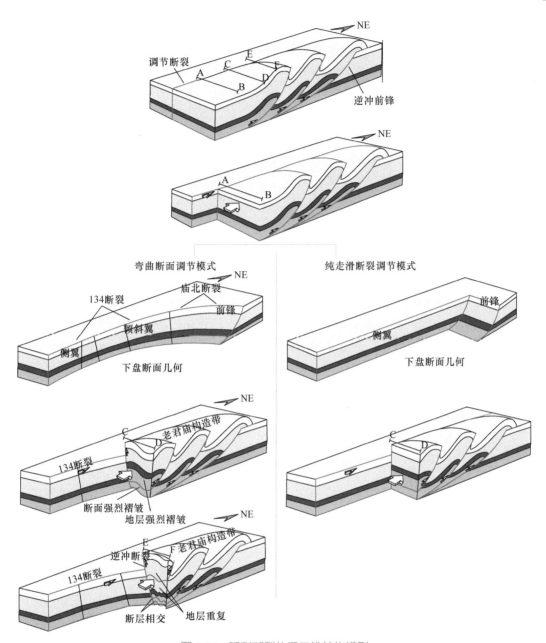

图 3-84　弧形断裂体系三维结构模型

弯曲断面调节模式代表了 134-老君庙断裂体系三维结构，侧边界调节断裂（134 断裂）逐渐由纯走滑断裂转变为走滑逆
冲断裂，最终在逆冲前锋方向转换为逆冲断裂；注意纯走滑断裂调节模式无法解释老君庙构造带内部和上盘构造变形

闭内，而且在南缘地带还可能存在推覆体油气藏及逆掩带深部油气藏。

3.4.3.1　新生代构造变形对构造圈闭的控制

位于酒西盆地南缘的青西-老君庙构造带的强烈褶皱、逆冲与冲断作用发生于晚新生代及第四纪（主要在上新世以来），紧邻祁连山造山带未见同时代的俯冲作用，因此不是由俯冲引起的造山，这与世界上标准的前陆冲断系统是不同的，罗志立（1997）称之为 C 型俯冲，Bally 和 Snelson（1980）称之为中国型盆地，Lu 等（1997，1994）称之为再生前陆盆地，何登发和吕修祥（1996）称其为晚期前陆盆地。前陆盆地直接叠加在被改造（反转盆地）的中生代断陷盆地之上，古生代被动陆缘沉积已被部分削蚀和破坏，与典型俯冲造山前陆冲断系统不同，酒泉盆地南缘缺少深水页岩和浅海碳酸盐岩等烃源岩系，只发育陆内断陷期陆相（K）烃源岩或早期被动陆缘海陆交互相（C/P）的烃源岩系。全球常见的前陆盆地下伏层序宽广，上覆层序分布较窄，前陆拗陷沉积完全叠加在被动陆缘沉积之上，二者轴向基本一致，而位于祁连山造山带北缘山前的酒西、酒东盆地的中生代各断陷呈北东、北北东向，新生代前陆挠曲呈北西向，控拗主伸展正断层走向与前陆冲断层高角度近于直交，上下层序高角度叠加，造成叠加不完全（杨树锋，2007）。另外，酒西盆地内部中生代断陷的分割性 / 独立性决定了烃源岩、生油凹陷在空间分布的不均一性，这在一定程度上也影响酒西前陆褶皱冲断带含油气性。

酒西盆地南缘逆冲构造受不同性质不同时期走滑作用的改造。如酒泉盆地西端距离阿尔金断裂最近，曾受到阿尔金断裂走滑运动的改造和调整，其中新生代也是阿尔金断裂活动最为强烈的时期，必然会对前陆冲断体系和前陆挠曲内部的构造和沉积产生重要影响（程晓敢，2006；杨树锋，2007；杜文博等，2016；肖毓祥等，2016）；一方面可能影响祁连山北缘山前断层的几何形态，使其构造复杂化，导致构造解释困难；另一方面走滑运动产生的应变分解在其东侧的脆性岩层中容易形成裂缝，有利于油气的聚集、再分配，但也可能引起古老油气藏的消散。

就青西 - 老君庙构造带中、新生代构造演化而言，其主要经历中生代早白垩世的伸展断陷盆地发育阶段、白垩世—古新世构造反转阶段和新生代新近纪至第四纪前陆盆地演化阶段（杨树锋，2007；Wang et al.，2016a；安凯旋，2019；陈宣华等，2019）。总体而言，青西 - 老君庙构造带早白垩世之后的长期演化阶段基本属于挤压应力体制，且存在多期挤压应变的调整，尤以晚新生代以来的多阶段"幕式"活动最为显著。

多期挤压构造运动在青西 - 老君庙构造带内形成了各自的构造圈闭。主要为断陷期之后白垩纪—古新世时期发育的构造圈闭（在青西拗陷内最为显著）和新生代新近纪至第四纪发育的构造圈闭（窟窿山 - 柳沟庄构造带、老君庙构造带）。其中，早白垩世之后在断陷盆地内形成典型的反转构造，如早期正断层重新复活为逆冲断裂，并形成相关的褶皱、冲起构造、鱼叉构造等，断层反转和盆地反转形成的该期构造圈闭主要集中在青西拗陷内部，及志留系古隆起以西的拗陷内（程晓敢，2006）。晚新生代—第四纪山前变形推进到盆地，导致前陆盆地沉积卷入变形，形成基底卷入型褶皱构造、断层传播褶皱等类型的构造，这个时期的构造主要发生在窟窿山带、柳沟庄带及老君庙带，形成重要的断层圈闭和褶皱圈闭。

构造层次差异形成多种类型的构造圈闭在北祁连山山前青西 - 老君庙构造带内存

在三种主要的构造及可能的油气圈闭类型（图 3-85）：①基底卷入型的断层相关背斜、断背斜，主控构造要素为基底整体抬升引起的盖层褶皱及其相关逆冲断层，如窟窿山 – 柳沟庄冲断带；②断层传播褶皱、断背斜及断层冲断，主控构造要素为低角度逆断层引起的三角剪切变形、褶皱及相关冲断，如老君庙冲断带；③挤压调节断层相关的背斜构造，主控构造要素为弧形走滑兼逆冲断裂，老君庙背斜中近南北走向的褶皱构造。

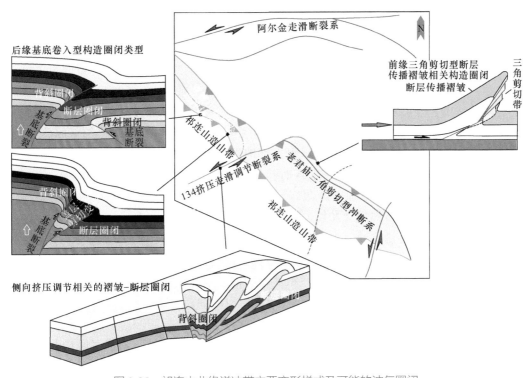

图 3-85　祁连山北缘逆冲带主要变形样式及可能的油气圈闭

3.4.3.2　构造演化对油气聚集的控制效应

从现有的文献资料分析，在青西 – 老君庙构造带内，早白垩世断陷时期形成的良好烃源岩层，新生代喜马拉雅造山运动的远程效应使下白垩统烃源岩被深埋熟化，促使其生烃，形成了与之相匹配的构造圈闭。

新近关于酒泉盆地西段凹陷内下白垩统烃源岩成烃演化生油史研究和构造演化分析均显示老君庙构造带内的油气藏形成于新近纪或更晚。陈建军（2004）运用现代地球化学的分析测试手段，结合盆地的区域地质演化，对酒西拗陷下白垩统烃源岩按层组、分次凹进行生烃条件评价和热演化史分析：认为下白垩统烃源岩有机质丰度高，相当部分属优质源岩，其中，赤金堡组最好，总体上达到了好生油岩标准；下沟组次之，中沟组最差。源岩母质类型以过渡型为主，且 II 1 型和 II 2 型比例相当，有少量的 I 和 III 型母质；应用可溶有机质的演化特征等方法对拗陷内烃源岩的生油门限深度进行确定：中沟组基本上处于未成熟阶段，下沟组处于未成熟 – 成熟阶段，赤金堡组处于低成熟 – 高成熟阶段（陈建军，2004）。然而，早白垩世末至古近纪，青西拗陷内下白垩统主要烃源岩埋藏深度未超过生油门限深度，拗陷内不具备基本的生烃能力和条件，也不存在油气运移（高祥成，2012）；烃源岩成烃演化生油史研究表明下白垩统可能并不存在二次生油（熊英，2000；陈建军，2004；李明杰，2006），因此，主要的成油期只有一次，即新生代以来，特别是新近纪至第四纪时期（任战利，1998；陈建军，2004；李明杰，2006；潘良云等，2012）。陈建平等（2001）根据试油测温资料推测，揭示酒西盆地（如青南凹陷）只有非常少量的下白垩统烃源岩在白垩纪末达到生油门限，在巨厚的新近系疏勒河沉积之后，烃源岩才被迅速埋深，新近纪方可开始大量生油，目前仍处于成熟生油窗的生油高峰阶段。陈建军（2004）对石北次级凹陷生烃史模拟分析揭示，下沟组底部烃源岩在古近纪末期的镜质组反射率仅为 0.5%，目前的镜质组反射率仅为 0.72%，刚刚进入生烃门限，处于有机质生烃的低成熟阶段，生烃量相对较少。与此相反，赤金堡组上部地层虽然遭受了一定程度的剥蚀，但巨厚的疏勒河群沉积覆盖以后，已经进入有机质生油的成熟阶段，并开始生烃过程（陈建军，2004）；赤金堡组下部的烃源岩层则在新近纪末期，进入有机质生烃的高峰阶段，并且大量生油。高祥成（2012）对青西油田三类原油地化对比进一步确认，区内大多数探井钻遇的成熟原油，与青西 K_1g_1 源岩有亲缘关系；油源分析表明，下沟组和赤金堡组是窟窿山构造的主要烃源岩，推测赤金堡组烃源岩可能存在，如果可信，表明窟窿山构造带具备形成深部赤金堡组油藏的油源条件，本区目前依然在源源不断地接受来自下白垩统下沟组（K_1g）下部和赤金堡组的油源（K_1c 下段目前处于湿气 – 凝析油阶段；陈建平等，2001；陈建军等，2006；李明杰，2006）。马素萍等（2011）利用生烃动力学方法对酒西盆地青西拗陷下白垩统湖相白云质和湖相泥质烃源岩进行定量评价，精确界定生烃作用时间晚，大量生气出现在 16Ma 之后的新近纪和第四纪（2Ma），主生气期发生在 2Ma 左右。

上述研究普遍强调主要烃源岩赤金堡（K_1c）上部和下沟组（K_1g）下部地层仍处于成熟生油窗，即处于大量生油高峰阶段；下白垩统烃源岩生成的烃类以液体烃类为主，气态烃很少，因此，油气成藏后以油藏为主。酒西盆地各油藏的原油物性、成熟度和地球化学特征相似，老君庙背斜油藏的石油来源于青西拗陷，青西拗陷下白垩统烃源岩主要生油期是上新世以来，老君庙油层是新近系疏勒河组。

疏勒河群沉积物巨厚，对青西拗陷内下白垩统烃源岩成熟起关键作用。巨厚新近系疏勒河群沉积在新生代晚期强烈的构造挤压，促使古近系和新近系中晚期前陆挠曲构造的加强以及背斜构造的普遍启动，进而老君庙冲断构造带逐渐发育和演化，与此同时，前陆挠曲接受沉积，青西拗陷内下白垩统烃源岩埋深增加，促进烃源岩成熟度提高，加速生烃过程，提高了青西拗陷的有机质成熟度，赤金堡组、中、下沟组主要烃源岩基本达到成熟阶段，开始生成大量成熟原油，生油高峰期来临。形成的石油初次运移进入凹陷内部（509 断裂以西区域）下白垩统冲积扇和扇三角洲沉积体系中（李明杰，2006），形成了鸭西白垩系油藏；这里需要强调的是青西拗陷内所形成的白垩系构造油气藏，其反转构造圈闭可能在早白垩世晚期—始新世已经形成。

此后，盆地的挤压反转构造导致拗陷中央部逆断层将烃源岩层与浅部白杨河组及其以上地层连通，油气顺反转期的断层带继续向上运移，进入古近系和新近系白杨河组储集层（图 3-86）；509 断裂以东的古隆起对构造变形的阻隔效应，导致古隆起以东的老君庙、石油沟褶皱区晚新生代普遍处于高位，流体沿白杨河组或古近系和新近系不整合面及以上的地层继续向东、向北东方向穿过 509 断裂以及 134 断层，继续运移至老君庙及石油沟地区（图 3-86）。

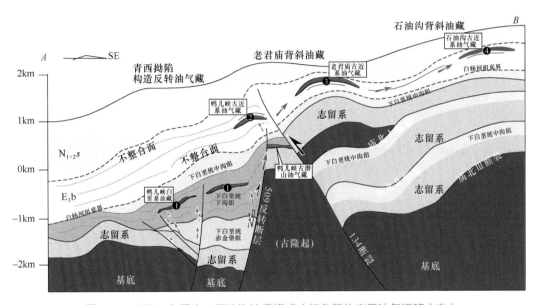

图 3-86　青西 – 老君庙 – 石油沟油藏模式（红色箭头表示油气运移方向）

第四纪时期，在已形成的油气藏内部，由于祁连山山前应变的积累，冲断作用强烈发生，早期形成的以褶皱变形为主的构造油气藏（图 3-87），遭受冲断改造，导致褶皱油气藏被分割，形成独立的断裂构造圈闭油气藏（图 3-88），同时冲断层的连通效应，使老君庙和石油沟构造带内的油气发生了进一步的调整，最终定型于现今的油气藏格局（图 3-88）。就现今的构造格局而言，青西拗陷仍然处于低位，且拗陷的烃源岩目前也正处于生油高峰期（陈建平等，2001；陈建军等，2006），因此可以推断这些烃源岩至今仍在源源不断地向拗陷上部、拗陷东侧处于高位的构造圈闭提供石油。

3.4.3.3　祁连山北缘山前油气运移、充注及聚集

对青西拗陷青南次凹和石北次凹的生烃条件进行油源对比分析（陈建平等，1999），基本确定：①酒西拗陷内不同油田、不同油层的原油性质相似，具有"同源"特征，

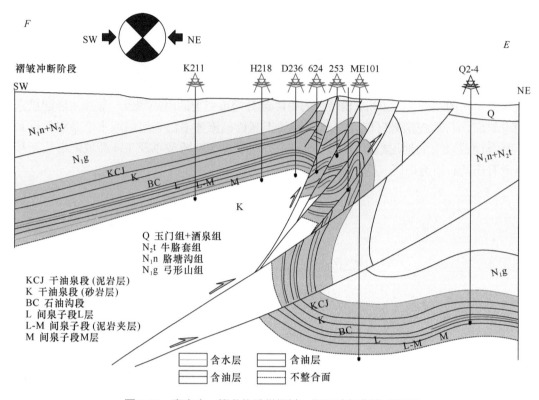

图 3-87 窟窿山 – 柳北构造带褶皱 – 断层油气藏模式剖面

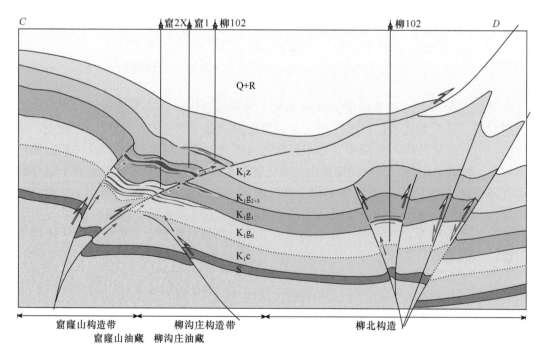

图 3-88 老君庙构造带第四纪冲断油藏模式剖面（修改自胡文瑞等，2014）

即下白垩统下沟组和赤金堡组是烃源岩；②油气运移示踪分析发现，储层的分异作用、原油的混合作用及气体的注入是导致现今储层沥青形成的主要原因，进而否认了"青西拗陷发生二次生烃的可能性"。陈建平等（1999）和陈建军等（2006）根据中性含氮化合物（咔唑类）和原油物性随油气运移距离的规律性变化分析，提出在横向上，青西－老君庙构造带原油主要运移方向是"由西向东"，即青西油田—鸭儿峡油田—老君庙油田—石油沟油田，而在同一个油藏运移方向则是由下向上，这一重要的"化学示踪"为我们从构造控油运移的解释提供了重要的支持。总之，原油的各种物性参数在空间上的规律性变化表明，本区原油的运移方向是由西向东，就各背斜构造的空间展布位置而言，油气运移－聚集的方向也是从青西油田—鸭儿峡油田—老君庙油田—石油沟油田，而在同一油藏内部是由下至上运移（M 层 -L 层 -K 层）（图 3-86、图 3-87、图 3-88）。

初次运移—聚集阶段（上新世：统一油气系统发育）：油气垂向运移（第一次运移）的可能时间大致可以对应于上新世牛胳套沉积末期（N_2s），应不早于中新世（图 3-89）。这个时期与拗陷发生强烈的构造挤压反转变形密切相关，先期断裂再次活动，向上贯穿 / 切割进入浅部地层，并连通深部达到成熟门限的烃源岩（青西拗陷内下

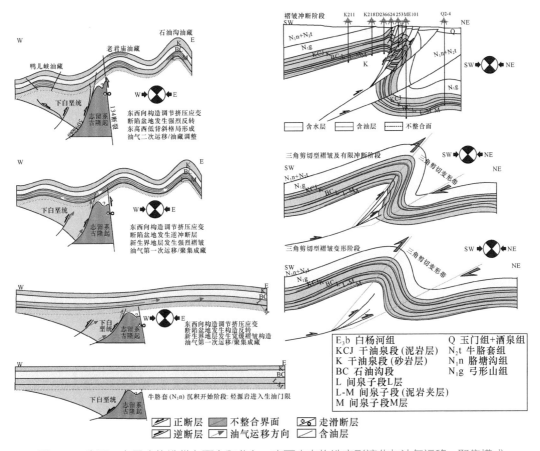

图 3-89　青西 – 老君庙构造带东西向和北东 – 南西走向构造变形演化与油气运移 – 聚集模式

261

白垩统烃源岩），该时期也是本区（如青西拗陷）内部挤压反转构造发育时期，拗陷内下白垩统即可形成背斜、逆断层等构造圈闭（如窟窿山 – 柳沟庄基底变形卷入相关的背斜构造油气藏、鸭儿峡白垩系油气藏），此外，早白垩世晚期—始新世期间的构造反转在拗陷内形成的早期背斜以及中新世（10Ma）形成的基底变形卷入型背斜构造与断裂为油气的聚集也提供了场所（图 3-89）；在拗陷同期和早期发育的这些构造圈闭距油源近，是油气向上运移被圈闭的绝佳场所，适合油气聚集，均可以成藏，如窟窿山和柳沟庄白垩系油藏的发现已经证实了这一认识，继而形成"下白垩统内部自生自储或下生上储"的油藏模式。

这个时期的老君庙和石油沟背斜构造已经初见规模，部分白垩系油藏中过剩的油气继续向上运移，进入白杨河组，由西向东运移，进入处于构造高位的鸭儿峡古近系和新近系背斜、老君庙背斜和石油沟背斜，从三角剪切变形带的变形模型演化角度分析，这个时期断层可能还没有发生冲断，这可能意味着上新世时期老君庙、石油沟背斜内油气充注的同时性，可以形成统一的背斜油气藏系统。

总之，油气初次运移首先充注于下白垩统储层内，形成青西白垩系油田、鸭儿峡白垩系油田，由于断陷期主伸展正断裂构造方向为近南北向，在构造应力作用下，正断裂的反转效应诱导下，油气也发生自南向北的运移。

油藏调整—再次聚集阶段（第四纪—现今：断块油气藏发育阶段）：伴随拗陷反转变形的增强、逆冲断层效应增加以及近东西向调节挤压应变的加剧，断层 – 褶皱及其相应的裂缝疏导效应提升，油气运移的主要通道为反转断层和相关的裂缝，油气沿反转断层向上大量进入新生界内，如白杨河组储层，且受先期正断层走向的约束，油气向北、向东运移，形成统一的油气系统，由于冲断带向北推进导致东西向挤压调节构造，在新生界中普遍发生背斜与断层构造圈闭，东西方向上分别形成了统一的白杨河组储层聚集带。

进入第四纪，盆地经历了至少 3 期强烈的挤压变形，盆地沉积层吸纳更多的应变量，断层普遍发生向上的冲断，改造褶皱，对白杨河储层内的统一油气层强烈改造与破坏，冲断层分割先期的油气藏，发生油气藏的调整与再分配，断层冲断作用再次将白杨河组和下白垩统烃源岩中的油气向上输送，同时东西走向的逆冲体系发育，有益于油气发生垂直构造带的运移和调整聚集，即部分油气向东运移，在青西东侧高构造位置聚集，形成老君庙冲断层控制的断块油气藏（图 3-89）。在老君庙背斜带，第四纪的强烈冲断构造导致老君庙三角剪切型背斜彻底解体，被深部冲断层切割，先期统一的褶皱油气藏系统被分隔为独立的断块油气藏（图 3-89、图 3-90）。

在青西拗陷内，第四纪以来的构造作用引起的上新世的白垩系构造油藏遭受冲断破坏、分隔、调整，并导致油气的再次运移 – 聚集。一方面油气顺断裂带继续向上运移，在青西拗陷内部一部分进入古近系渐新统白杨河组储集层，形成鸭儿峡古近系油藏；另一方面大部分油气则跨越青西拗陷穿过东部控凹边界断裂继续向东运移至南部凸起（志留系潜山）的鸭儿峡志留系（形成潜山油气藏）、古近系储集层内（形成古近系背斜或断块油气藏），古近系区域性不整合界面、东西走向逆冲断裂体系及古近系砂体均为油气横向运移的媒介，为油气进一步向东运移至老君庙及石油沟地区提供了地质条件（图 3-90）；油气自西向东的老君庙背斜、石油河背斜、石油沟背斜区形成了一系列古近系油气藏。

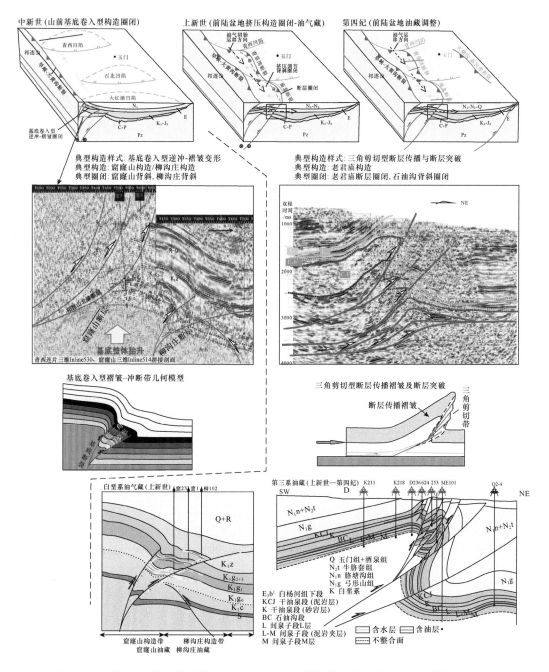

图 3-90　祁连山北缘山前青西－老君庙构造带晚新生代构造演化与油气成藏演化模式

3.4.3.4 连山北缘逆冲体系活动对油气藏的控制效应

基于上述酒西盆地西段青西－老君庙构造带的生烃、油气运移－聚集、构造特征的分析，总结认为祁连山北缘逆冲体系是本区油气分布的主控因素，主要表现形式总结如下。

1. 多期多组断裂控制构造圈闭及油气藏分布

从山前向前陆方向，油藏的形成与分布均与断层密切，多期构造活动造就了区内断裂分期定向活动的特点，中生代（燕山期）构造运动形成了 NNE 走向的伸展断裂体系，晚期的喜马拉雅造山期发育的 NWW 褶皱－冲断体系，在空间分布上，两期断裂走向近垂直，对本区油气生成、运移－聚集与调整起控制作用；因此，发育了一系列基于不同时代断层体系的构造油气聚集带及油气藏。但就本区构造格局定形时限而言，燕山期断裂体系在晚新生代普遍发生反转，是油气的主要疏导通道，晚新生代（上新世）以来的断裂及相关褶皱构造对油气主要起到圈闭作用，特别是第四纪以来的冲断体系对本区油气藏起到分割、破坏、调整作用，是青西－老君庙地区浅部油气藏形成的主要构造因素（图 3-91）；青西－老君庙构造带内的油气富集带及油气藏主要形成于上新世的充注与聚集成藏，其后经历了第四纪至今的冲断改造、分隔调整。

2. 反转断层输油、逆冲断层控油，形成纵向油藏叠置、横向油藏分带

酒西盆地青西－老君庙构造带内，早白垩世发育的 NNE 东向正断层主要作为油气垂向运移通道，同时也是油气向北运移的通道，这些断层的演化经历早期正断以及晚期的反转逆冲，断裂活动时间长，断距大，卷入变形的地层从断陷期的白垩系沉积物到新生界乃至第四系，是晚新生代烃源岩生烃之后连通深部生烃层系与浅部储油层的重要通道（图 3-91），如位于古隆起西侧的青西拗陷边界主正断裂 509 断层，它就连通了青南次凹深部下沟组、赤金堡组生油层与凹陷北端、东侧鸭儿峡、上部的老君庙以及石油沟背斜构造，是形成古近系油藏的重要疏油通道，即中生代正断体系是油气初次运移－聚集的最主要通道，从而形成从古生界志留系（古潜山油藏）、中生界白垩系到新生界古近系—新近系内均有分布的垂向油藏叠置格局（图 3-91），潜山、岩性、构造类型油藏纵向上分布在不同时代地层，构成区内纵向多层系油藏相互叠置的特征。

在横向上，134- 老君庙断裂的弯曲效应，导致上盘岩层发生强烈的侧向挤压调节应变，形成近南北走向的背斜，且这种挤压应变效应一直影响到青西拗陷，自西向东形成青西—老君庙—石油沟三个构造隆起，且隆起海拔依次抬升，对上新世初次油气聚集形成的统一油气系统进行了分割，导致自东向西油藏分带现象（图 3-89）。

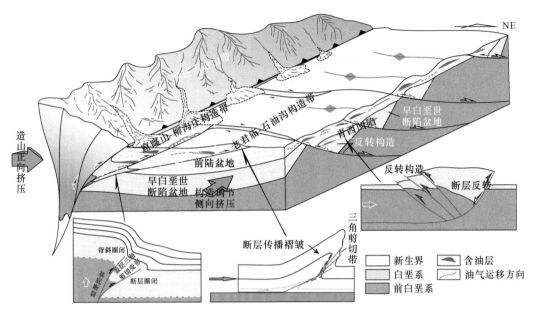

图 3-91 祁连山北缘逆冲体系对青西 – 老君庙 – 石油沟构造带油藏的控制效应模式，呈现出反转断层
输油、逆冲断层控油，纵向油藏叠置、横向油藏分带的油藏分布格局

参考文献

安国英. 2015. 青海省东昆仑中段地区构造地球化学特征及地质意义. 物探与化探, (1): 69-75.

安凯旋. 2019. 酒西盆地新生代沉积、剥露过程及对青藏高原东北缘生长的启示. 杭州: 浙江大学.

常承法, 郑锡澜. 1973. 中国西藏南部珠穆朗玛峰地区地质构造特征以及青藏高原东西向诸山系形成的
探讨. 中国科学, (2): 82-93.

陈柏林, 王春宇, 崔玲玲, 等. 2008a. 祁连山北缘—河西走廊西段晚新生代逆冲推覆断裂发育模式. 地学
前缘, 15(6): 260-277.

陈柏林, 王春宇, 宫玉良. 2008b. 河西走廊盆地西段玉门断裂晚新生代的活动特征. 地质通报, 27(10):
1709-1719.

陈汉林, 杨树锋, 肖安成, 等. 2006. 酒泉盆地南缘新生代冲断带的变形特征和变形时间. 石油与天然气地
质, 27(4): 488-494.

陈建军. 2004. 酒西拗陷的生烃条件与油气源研究. 成都: 西南石油学院.

陈建军, 刘池阳, 姚亚明. 2006. 新疆焉耆盆地中生代原始面貌探讨//中国矿物岩石地球化学学会. 第九届
全国古地理学及沉积学学术会议论文集, 6.

陈建平, 陈建军, 王智治, 等. 1999. 酒西盆地青西拗陷石油地质特征及科学探索井论证. 中国石油天然气
集团公司石油勘探开发科学研究院: 玉门石油管理局科研报告, 81-221.

陈建平, 陈建军, 张立平, 等. 2001. 酒西盆地油气形成与勘探方向新认识(一)——基本石油地质条件及
生油潜力. 石油勘探与开发, 28(1): 19-22.

陈建平, 陈建军, 倪云燕, 等. 2019. 酒泉盆地酒西拗陷油气成藏控制因素与有利勘探方向. 石油学报, 40(11): 1311-1330.

陈杰. 1995. 祁连山西段第四纪构造运动的阶段、性质及其年代研究. 北京: 国家地震局地质研究所.

陈杰, 卢演俦. 2001. 中国西部前陆盆地生长不整合、生长地层与构造变形. 新构造与环境. 北京: 地震出版社.

陈杰, Wyrwoll K H, 卢演俦, 等. 2006. 祁连山北缘玉门砾岩的磁性地层年代与褶皱过程. 第四纪研究, 26(1): 20-31.

陈能松, 李晓彦, 张克信, 等. 2006. 东昆仑山香日德南部白沙河岩组的岩石组合特征和形成年代的锆石Pb-Pb定年启示. 地质科技情报, 25(6): 1-7.

陈能松, 王勤燕, 陈强, 等. 2007. 柴达木和欧龙布鲁克陆块基底的组成和变质作用及中国中西部古大陆演化关系初探. 地学前缘, 14: 43-55.

陈宣华, 邵兆刚, 熊小松, 等. 2019. 祁连山北缘早白垩世榆木山逆冲推覆构造与油气远景. 地球学报, 40(3): 377-392.

程晓敢. 2006. 祁连山北缘冲断带构造特征研究. 杭州: 浙江大学.

戴霜, 方小敏, 宋春晖, 等. 2005. 青藏高原北部的早期隆升. 科学通报, 50(7): 673-683.

邓清禄, 崔政权, 晏同珍. 1995. 黄土坡滑坡系统的坠覆—滑坡—改造三阶段发育特征. 中国岩石力学与工程学会地面岩石工程专业委员会岩土工程论文集, 104-109.

丁林, 钟大赉, 潘裕生, 等. 1995. 东喜马拉雅构造结上新世以来快速抬升的裂变径迹证据. 科学通报, 40(16): 1497-1500.

董国安, 杨宏仪, 刘敦一, 等. 2007a. 龙首山岩群碎屑锆石SHRIMP U-Pb年代学及其地质意义. 科学通报, 52(6): 688-697.

董国安, 杨怀仁, 杨宏仪, 等. 2007b. 祁连地块前寒武纪基底锆石SHRIMP U-Pb年代学及其地质意义. 科学通报, 52: 1572-1585.

杜文博, 张进江, 肖毓祥, 等. 2016. 祁连山北缘深部弧形褶皱–逆冲带及其油气勘探前景. 地质科学, 51(4): 1059-1073.

杜远生, 朱杰, 韩欣, 等. 2004. 从弧后盆地到前陆盆地——北祁连造山带奥陶纪—泥盆纪的沉积盆地和构造演化. 地质通报, 23(9-10): 911-917.

杜远生, 朱杰, 顾松竹, 等. 2007. 北祁连造山带寒武系—奥陶系硅质岩沉积地球化学特征及其对多岛洋的启示. 中国科学D辑: 地球科学, 37(9): 316-323.

方世虎, 宋岩, 赵孟军, 等. 2010. 酒西盆地中新生代碎屑组分特征及指示意义. 地学前缘, 17(5): 306-314.

方小敏, 赵志军, 李吉均, 等. 2004. 祁连山北缘老君庙背斜晚新生代磁性地层与高原北部隆升. 中国科学D辑: 地球科学, 34(2): 97-106.

冯益民. 1998. 北祁连造山带西段的外来移置体. 地质论评, 44(4): 365-371.

冯益民, 何世平. 1995. 北祁连山蛇绿岩地质和地球化学研究. 岩石学报, 11(增刊): 125-146.

冯益民, 何世平. 1996. 祁连山大地构造与造山作用. 北京: 地质出版社.

付长垒, 闫臻, 郭现轻, 等. 2014. 拉脊山口蛇绿混杂岩中辉绿岩的地球化学特征及SHRIMP锆石U-Pb年龄. 岩石学报, 30(6): 1695-1706.

甘肃省地质矿产局. 1989. 甘肃省区域地质志. 北京: 地质出版社.

高祥成. 2012. 酒泉盆地南缘山前冲断带成藏主控因素分析. 内江科技, 33(1): 47-48.

高晓峰, 校培喜, 贾群子. 2011. 滩间山群的重新厘定——来自柴达木盆地周缘玄武岩年代学和地球化学证据. 地质学报, 85(9): 1452-1463.

葛肖虹, 刘俊来. 1999. 北祁连造山带的形成与背景. 地学前缘, 6(4): 223-229.

耿元生, 王新社, 沈其韩, 等. 2002. 阿拉善地区新元古代晋宁期变形花岗岩的发现及其地质意义. 岩石矿物学杂志, 21: 412-420.

耿元生, 王新社, 沈其韩, 等. 2006. 内蒙古阿拉善地区前寒武纪变质基底阿拉善群的再厘定. 中国地质, (1): 138-145.

耿元生, 王新社, 沈其韩, 等. 2007. 内蒙古阿拉善地区前寒武纪变质岩系形成时代的初步研究. 中国地质, (2): 251-261.

郭进京, 张国伟, 陆松年, 等. 1999a. 中祁连地块东段元古宙基底湟源群沉积构造环境. 西北大学学报(自然科学版), 29(4): 343-347.

郭进京, 赵风清, 李怀坤, 等. 2000. 中祁连东段湟源群的年代学新证据及其地质意义. 中国区域地质, 19: 26-31.

国家地震局地质研究所, 国家地震局兰州地震研究所. 1993. 祁连山—河西走廊活动断裂系. 北京: 地震出版社.

何登发, 贾承造. 2005. 冲断构造与油气聚集. 石油勘探与开发, 32(2): 55-62.

何登发, 吕修祥, 等. 1996. 前陆盆地分析. 北京: 石油工业出版社.

何凡, 宋述光. 2020. 东昆仑金水口地区格林威尔期超高温麻粒岩. 岩石学报, 36(4): 1030-1040.

侯青叶, 赵志丹, 张本仁, 等. 2005. 祁连造山带中部拉脊山古地幔特征及其归属: 来自基性火山岩的地球化学证据. 地球科学, 30: 61-70.

胡文瑞, 何欣, 穆朗枫, 等. 2014. 酒西盆地构造变形特征及断层相关褶皱形成机理. 新疆石油地质, 35(3): 253-258.

黄华芳, 彭作林, 卢伟, 等. 1993. 酒西盆地、酒东盆地第三系磁性地层的划分与对比. 甘肃地质学报, 2(1): 6-16.

李朝鹏. 2021. 青藏高原东北缘新生代扩展过程. 北京: 中国地震局地质研究所.

李吉均, 方小敏. 1998. 青藏高原隆起与环境变化研究. 科学通报, 43(15): 1569-1574.

李吉均, 文世宣, 张青松, 等. 1979. 青藏高原隆起的时代、幅度和形式的探讨. 中国科学, 6: 608-616.

李明杰. 2006. 酒泉盆地构造特征与油气勘探. 北京: 中国地质大学(北京).

李明杰, 谢结来, 潘良云. 2005. 祁连山北缘冲断带西段构造特征. 地学前缘, 12(4): 438-444.

李荣社, 计文化, 杨永成. 2008. 昆仑山及邻区地质. 北京: 地质出版社.

李献华, 苏犁, 宋彪, 等. 2004. 金川超镁铁侵入岩SHRIMP锆石U-Pb年龄及地质意义. 科学通报, 49: 401-402.

李向民, 马中平, 孙吉明, 等. 2009. 甘肃白银矿田基性火山岩的LA-ICP-MS同位素年代学. 地质通报, 28(7): 901-906.

李晓彦, 陈能松, 夏小平. 2007. 莫河花岗岩的锆石U-Pb和Lu-Hf同位素研究: 柴北欧龙布鲁克微陆块始古元古代岩浆作用年龄和地壳演化约束. 岩石学报, 23: 513-522.

林宜慧, 张立飞, 季建清, 等. 2010. 北祁连山九个泉硬柱石蓝片岩^{40}Ar-^{39}Ar年龄及其地质意义. 科学通报, 55: 385-394.

刘彩彩, 王伟涛, 张培震, 等. 2016. 祁连盆地第三纪沉积物磁性地层和岩石磁组构初步研究. 地球物理学报, 59(8): 2965-2978.

刘栋梁, 宋春晖, 颜茂都, 等. 2011. 初探玉门砾岩沉积速率时空变化对气候–构造相互作用的意义. 大地构造与成矿学, 35(1): 56-63.

刘良, 车自成, 罗金海, 等. 1996. 阿尔金山西段榴辉岩的确定及其地质意义. 科学通报, 41: 1485-1488.

刘良, 车自成, 王焰, 等. 1998. 阿尔金茫崖地区早古生代蛇绿岩的Sm-Nd等时线年龄证据. 科学通报, 43: 880-883.

刘良, 车自成, 王焰, 等. 1999. 阿尔金高压变质岩带的特征及其构造意义. 岩石学报, 15(1): 57-64.

刘良, 孙勇, 罗金海, 等. 2003. 阿尔金英格利萨依花岗质片麻岩超高压变质. 中国科学D辑: 地球科学, (12): 1184-1192.

刘良, 陈丹玲, 张安达, 等. 2005. 阿尔金超高压(＞7GPa)片麻状(含)钾长石榴辉石岩——石榴子石出溶单斜辉石的证据. 中国科学D辑: 地球科学, (2): 105-114.

刘晓煌, 邓军, 孙兴丽, 等. 2010. 北祁连西段石鸡河地区火山岩地球化学特征及其动力学意义. 地球科学(中国地质大学学报), 35(6): 959-968.

陆洁民, 郭召杰, 赵泽辉, 等. 2004. 新生代酒西盆地沉积特征及其与祁连山隆升关系的研究. 高校地质学报, 10(1): 50-61.

陆松年. 2002. 青藏高原北部前寒武纪地质初探. 北京: 地质出版社.

罗志立. 1984. 试论中国型(C-型)俯冲带及其油气勘探问题. 石油与天然气地质, 5(4): 315-323.

罗志立. 1997. 中国南方碳酸盐岩油气勘探远景分析. 勘探家, (4): 62-63.

马素萍, 孙东, 张晓宝, 等. 2011. 酒西盆地青西拗陷下白垩统湖相烃源岩生烃动力学研究. 天然气地球科学, 22(2): 219-223.

孟繁聪, 张建新, 郭春满, 等. 2010. 大岔大坂MOR型和SSZ型蛇绿岩对北祁连洋演化的制约. 岩石矿物学杂志, 29(5): 453-466.

莫宣学, 赵志丹, 周肃, 等. 2007. 印度—亚洲大陆的碰撞时限. 地质通报, 26(10): 1240-1244.

潘良云, 曾佐勋, 李明杰, 等. 2012. 酒泉中新生代断坳叠合盆地及控油作用. 地质学报, 86(4): 535-547.

庞建章. 2012. 中子热化不充分对裂变径迹年龄影响及怀头他拉地区晚新生代碎屑颗粒裂变径迹研究. 北京: 中国地震局地质研究所.

钱方. 1999. 青藏高原晚新生代磁性地层研究. 地质力学学报, 5(4): 24-36.

钱青, 张旗, 孙晓猛, 等. 2001. 北祁连老虎山玄武岩和硅岩的地球化学特征及形成环境. 地质科学, (4): 444-453.

秦海鹏. 2012. 北祁连造山带早古生代花岗岩岩石学特征及其与构造演化的关系. 北京: 中国地质科学院.

青海省地质局区域地质测量队. 1968. 1∶20万祁连幅地质矿产图及报告.

邱家骧, 曾广策, 王思源, 等. 1995. 青海拉脊山造山带早古生代火山岩. 西北地质科学, 16(1): 69-83.

邱家骧, 曾广策, 王思源. 1997. 拉脊山早古生代海相火山岩与成矿. 武汉: 中国地质大学出版社.

邱家骧, 曾广策, 朱云海, 等. 1998. 北秦岭—南祁连早古生代裂谷造山带火山岩与小洋盆蛇绿岩特征及纬向对比. 高校地质学报, (4): 34-46.

任纪舜, 姜春发, 张正坤, 等. 1980. 中国大地构造及其演化. 北京: 科学出版社.

任战利. 1998. 中国北方沉积盆地构造热演化史恢复及其对比研究. 西安: 西北大学.

史仁灯, 杨经绥, 吴才来, 等. 2004. 北祁连玉石沟蛇绿岩形成于晚震旦世SHRIMP年龄证据. 地质学报, 78(5): 649-657.

史正涛, 业渝光, 赵志军, 等. 2001. 酒西盆地晚新生代地层的ESR年代. 中国科学D辑: 地球科学, (S1): 163-168.

宋春晖. 2006. 青藏高原北缘新生代沉积演化与高原构造隆升过程. 兰州: 兰州大学.

宋春晖, 方小敏, 李吉均, 等. 2001. 青藏高原北缘酒西盆地13Ma以来沉积演化与构造隆升. 中国科学D辑: 地球科学, 31(B12): 155-162.

宋述光. 1997. 北祁连山俯冲杂岩带的构造演化. 地球科学进展, 12: 351-365.

宋述光. 2009. 北祁连山古大洋俯冲带高压变质岩研究评述. 地质通报, 28(12): 1769-1778.

宋述光, 吴汉泉. 1992. 北祁连山俯冲杂岩带的韧性剪切作用. 西北地质科学, 13(2): 47-60.

宋述光, 张立飞, Niu Y L, 等. 2004. 北祁连山榴辉岩锆石SHRIMP定年及其构造意义. 科学通报, 49: 592-595.

宋述光, 吴珍珠, 杨立明, 等. 2019. 祁连山蛇绿岩带和原特提斯洋演化. 岩石学报, 35(10): 2948-2970.

宋忠宝, 杨合群, 谢春林, 等. 2006. 北祁连山石居里一带塞浦路斯型铜矿床岩矿石物性特征. 西北地质, (3): 1-6.

苏建平, 胡能高, 张海峰, 等. 2004. 北祁连山西段吊大坂花岗片麻岩的锆石U-Pb年龄及地质意义. 地质科技情报, 23: 11-14.

孙健初. 1942. 祁连山一带地质史纲要. 地质论评, (Z1): 17-25.

万景林, 王瑜, 李齐, 等. 2001. 阿尔金山北段晚新生代山体抬升的裂变径迹证据. 矿物岩石地球化学通报, 20(4): 222-224.

万景林, 郑文俊, 郑德文, 等. 2010. 祁连山北缘晚新生代构造活动的低温热年代学证据. 地球化学, 39(5): 439-446.

万渝生, 许志琴, 杨经绥, 等. 2003. 祁连造山带及邻区前寒武纪深变质基底的时代和组成. 地球学报, 24(4): 319-324.

王二七, 张旗, Burchfiel C B. 2000. 青海拉脊山: 一个多阶段抬升的构造窗. 地质科学, 35: 493-500.

王富葆, 李升峰, 张捷, 等. 1996. 吉隆盆地的形成演化、环境变迁与喜马拉雅山隆起. 中国科学D辑: 地球科学, (4): 329-335.

王洪潜. 1993. 酒泉盆地构造特征及找油方向. 石油勘探与开发, 20(增刊): 15-19.

王金荣, 郭原生, 付善明, 等. 2005. 甘肃黑石山早古生代埃达克质岩的发现及其构造动力学意义. 岩石学报, (3): 977-985.

王荃, 刘雪亚. 1976. 我国西部祁连山区的古海洋地壳及其大地构造意义. 地质科学, 1: 42-55.

王伟涛, 张培震, 郑德文, 等. 2014. 青藏高原东北缘海原断裂带晚新生代构造变形. 地学前缘, 21(4): 266-274.

王晓丰, 张志诚, 郭召杰, 等. 2004. 酒西盆地南缘旱峡早白垩世火山岩地球化学特征及构造意义. 高校地质学报, 10(4): 570-576.

王一舟. 2017. 河水动力侵蚀模型及其在构造地貌研究中的应用. 北京: 中国地震局地质研究所.

吴才来, 杨经绥, 杨宏仪, 等. 2004. 北祁连东部两类 I 型花岗岩定年及其地质意义. 岩石学报, 20: 425-432.

吴才来, 姚尚志, 杨经绥, 等. 2006. 北祁连洋早古生代双向俯冲的花岗岩证据. 中国地质, 33(6): 1197-1208.

吴才来, 徐学义, 高前明, 等. 2010. 北祁连早古生代花岗质岩浆作用及构造演化. 岩石学报, 26(4): 1027-1044.

吴汉泉. 1980. 东秦岭和北祁连山的蓝片岩. 地质学报, 54(3): 195-207.

吴汉泉. 1982. 北祁连山高压变质带的岩石学和矿物学. 中国地质科学院西安地质矿产研究所所刊, 4号: 5-21.

吴汉泉. 1987. 北祁连多硅白云母矿物学和多型特征及对K-Ar年龄的思考. 中国地质科学院西安地质矿产研究所所刊, 15号: 33-46.

吴汉泉, 宋述光. 1992. 北祁连山两种类型蓝闪片岩及其构造特征//李清波, 戴金星, 刘如琦, 等. 现代地质研究文集(上). 南京: 南京大学出版社, 74-80.

吴汉泉, 冯益民, 霍有光. 1990. 北祁连中段甘肃肃南奥陶系变质硬柱石蓝片岩的发现及其意义. 地质论评, 36(3): 277-280.

吴宣志, 吴春玲, 卢杰, 等. 1995. 利用深地震反射剖面研究北祁连—河西走廊地壳细结构. 地球物理学报, 38(A02): 29-35.

夏林圻, 夏祖春, 任有祥. 1991. 祁连秦岭山系海相火山岩. 武汉: 中国地质大学出版社.

夏林圻, 夏祖春, 张诚. 1992. 上地幔流体的性质和作用——从女山幔源二辉橄榄岩捕房体获得的证据. 西北地质科学, (2): 7-22.

夏林圻, 夏祖春, 徐学义. 1995. 北祁连山构造–火山岩浆演化动力学. 西北地质科学, 16: 1-28.

夏林圻, 夏祖春, 徐学义. 1996. 北祁连山海相火山岩岩石成因. 北京: 地质出版社.

夏林圻, 夏祖春, 徐学义. 1998. 北祁连山早古生代洋脊–洋岛和弧后盆地火山作用. 地质学报, 72: 301-312.

夏小洪, 宋述光. 2010. 北祁连山肃南九个泉蛇绿岩形成年龄和构造环境. 科学通报, 55: 1465-1473.

相振群, 陆松年, 李怀坤, 等. 2007. 北祁连西段熬油沟辉长岩的锆石SHRIMP U-Pb年龄及地质意义. 地质通报, 26(12): 1686-1691.

肖文华, 魏军. 2003. 祁连山北缘逆掩推覆构造及成藏特征. 新疆石油地质, 24(6): 532-540.

肖文华, 由成才, 谭修中, 等. 2004. 酒泉盆地窟窿山地区撕裂断层与油气成藏研究. 新疆石油地质, 25(3): 283-285.

肖序常, 陈国铭, 朱志直. 1974. 祁连山古板块构造的一些认识. 地质科技, 3: 73-78.

肖序常, 陈国铭, 朱志直. 1978. 祁连山古蛇绿岩带的地质构造意义. 地质学报, 52(4): 281-295.

肖毓祥, 杜文博, 张波, 等. 2016. 祁连山北缘老君庙冲断带构造几何学特征及演化. 北京大学学报(自然科学版), 52(5): 891-901.

熊英. 2000. 酒西盆地油气生成与运移. 北京: 中国石油天然气集团公司石油勘探开发科学研究院.

熊子良, 张宏飞, 张杰. 2012. 北祁连东段冷龙岭地区毛藏寺岩体和黄羊河岩体的岩石成因及其构造意义. 地学前缘, 19(3): 214-227.

修群业, 陆松年, 于海峰. 2002. 龙首山岩群主体划归古元古代的同位素年龄证据. 前寒武纪研究进展, 25(2): 93-96.

徐旺春, 张宏飞, 柳小明. 2007. 锆石U-Pb定年限制祁连山高级变质岩系的形成时代及其构造意义. 科学通报, 52(10): 1174-1180.

徐锡伟, Tapponnier P, Der Woerd J V, 等. 2003. 阿尔金断裂带晚第四纪左旋走滑速率及其构造运动转换模式讨论. 中国科学D辑: 地球科学, 33(10): 967-974.

许志琴, 徐慧芬, 张建新, 等. 1994. 北祁连走廊南山加里东俯冲杂岩增生地体及其动力学. 地质学报, 68(1): 1-15.

闫臻, 王宗起, 王涛, 等. 2007. 秦岭造山带泥盆系形成构造背景: 来自碎屑岩组成和地球化学方面的约束. 岩石学报, 23(5): 1023-1042.

杨建军, 朱红, 邓晋福, 等. 1994. 柴达木北缘石榴石橄榄岩的发现及其意义. 岩石矿物学杂志, (2): 97-105.

杨经绥, 许志琴, 李海兵, 等. 1998. 我国西部柴北缘地区发现榴辉岩. 科学通报, 43: 1544-1549.

杨经绥, 许志琴, 宋述光, 等. 2000. 青海都兰榴辉岩的发现及对中国中央造山带内高压—超高压变质带研究的意义. 地质学报, 74: 156-168.

杨经绥, 宋述光, 许志琴. 2001. 柴达木盆地北缘早古生代高压超高压变质带中发现典型超高压矿物——柯石英. 地质学报, 75: 175-179.

杨树锋. 2007. 祁连山北缘冲断带构造特征及含油气远景. 北京: 科学出版社.

杨树锋, 陈汉林, 冀登武, 等. 2005. 塔里木盆地早–中二叠世岩浆作用过程及地球动力学意义. 高校地质学报, (4): 504-511.

杨巍然, 邓清禄, 吴秀玲. 2000. 拉脊山造山带断裂作用特征及与火山岩、蛇绿岩套的关系. 地质科技情报, (2): 5-26.

杨巍然, 邓清禄, 吴秀玲. 2002. 南祁连拉脊山造山带基本特征及大地构造属性. 地质学报, 76(1): 106.

尹安. 2001. 喜马拉雅–青藏高原造山带地质演化. 地球学报, 22(3): 193-230.

雍拥, 肖文交, 袁超, 等. 2008. 中祁连东段花岗岩LA-ICP-MS锆石U-Pb年龄及地质意义. 新疆地质, 26(1): 62-70.

玉门油田石油地质志编写组. 1989. 中国石油地质志卷十三(玉门油田). 北京: 石油工业出版社.

袁道阳. 2003. 青藏高原东北缘晚新生代以来的构造变形特征与时空演化. 北京: 中国地震局地质研究所.

张国伟, 张本仁, 袁学诚, 等. 2001. 秦岭造山带与大陆动力学. 北京: 科学出版社, 73-104.

张宏飞, 勒兰兰, 张利, 等. 2006. 基底岩系和花岗岩类Pb-Nd同位素组成限定祁连山带的构造属性. 地球科学, 31(1): 57-66.

张建新, 孟繁聪. 2006. 北祁连和北阿尔金含硬柱石榴辉岩: 冷洋壳俯冲作用的证据. 科学通报, 51(14): 1683-1688.

张建新, 许志琴, 陈文. 1997. 北祁连中段俯冲–增生杂岩/火山弧的时代探讨. 岩石矿物学杂志, 16(2): 112-119.

张建新, 许志琴, 杨经绥, 等. 2001. 阿尔金西段榴辉岩岩石学、地球化学和同位素年代学研究及其构造意义. 地质学报, (2): 186-197.

张建新, 孟繁聪, 万渝生, 等. 2003. 柴达木盆地南缘金水口群的早古生代构造热事件: 锆石U-Pb SHRIMP 年龄证据. 地质通报, (6): 397-404.

张建新, 孟繁聪, 于胜尧. 2010. 两条不同类型的HP/LT和UHP变质带对祁连–阿尔金早古生代造山作用 的制约. 岩石学报, 26(7): 1967-1992.

张进江, 丁林. 2003. 青藏高原东西向伸展及其地质意义. 地质科学, 38(2): 179-189.

张培震, 郑德文, 尹功明, 等. 2006. 有关青藏高原东北缘晚新生代扩展与隆升的讨论. 第四纪研究, 26(1): 1-13.

张旗, 孙晓猛, 周德进, 等. 1997a. 北祁连蛇绿岩的特征、形成环境及其构造意义. 地球科学进展, (4): 64-91.

张旗, 徐平, 陈雨, 等. 1997b. 地幔交代作用的微区微量元素证据——云南双沟蛇绿岩的质子探针研究. 地质科学, (1): 88-95.

张旗, 王焰, 钱青. 2000. 北祁连早古生代洋盆是裂陷槽还是大洋盆——与葛肖虹讨论. 地质科学, 35(1): 121-128.

张之孟. 1989. 北祁连山的高压低温变质作用//中国地质科学探索. 北京: 地质出版社, 273-295.

赵贤正, 夏义平, 潘良云, 等. 2004. 酒泉盆地南缘山前冲断带构造特征与油气勘探方向. 石油地球物理勘 探, 39(2): 222-227.

赵应成, 周晓峰, 王崇孝, 等. 2005. 酒西盆地青西油田白垩系泥云岩裂缝油藏特征和裂缝形成的控制因 素. 天然气地球科学, 16(1): 12-15.

赵志军, 方小敏, 李吉均. 2001a. 祁连山北缘酒东盆地晚新生代磁性地层. 中国科学D辑: 地球科学, (S1): 195-201.

赵志军, 方小敏, 李吉均, 等. 2001b. 酒泉砾石层的古地磁年代与青藏高原隆升. 科学通报, 46(14): 1208-1212.

赵志军, 史正涛, 方小敏. 2001c. 祁连山北缘早中更新世新构造运动的地层记录. 兰州大学学报, 6: 92-98.

郑德文, 张培震, 万景林. 2001. 碎屑颗粒磷灰石裂变径迹法在制约地层年龄中的应用. 矿物岩石地球化 学通报, 20(4): 465-467.

郑德文, 张培震, 万景林, 等. 2003. 青藏高原东北边缘晚新生代构造变形的时序——临夏盆地碎屑颗粒 磷灰石裂变径迹记录. 中国科学D辑: 地球科学, 33(S1): 190-198.

郑文俊. 2009. 河西走廊及其邻区活动构造图像及构造变形模式. 北京: 中国地震局地质研究所.

郑文俊, 袁道阳, 何文贵, 等. 2013. 甘肃东南地区构造活动与2013年岷县—漳县M_S 6.6级地震孕震机制. 地球物理学报, 56(12): 4058-4071.

朱弟成, 潘桂棠, 莫宣学, 等. 2004. 印度大陆和欧亚大陆的碰撞时代. 地球科学进展, 19(4): 564-571.

朱小辉, 王洪亮, 杨猛. 2016. 祁连南缘柴达木山复式花岗岩体中部二长花岗岩锆石 U-Pb 定年及其地质 意义. 中国地质, 43(3): 751-767.

左国朝, 吴汉泉. 1997. 北祁连中段早古生代双向俯冲—碰撞增生模式剖析. 地球科学进展, 12(4): 315-323.

Allmendinger R W. 1998. Inverse and forward numerical modeling of trishear fault propagation folds.

Tectonics, 17(4): 640-656.

Allmendinger R W, Zapata T, Manceda R, et al. 2004. Trishear kinematic modeling of structures with examples from the Neuquen Basin Argentina Thrust tectonics and hydrocarbon systems. AAPG Memoir, 82: 356-371.

An Z S, Kutzbach J E, Prell W L, et al. 2001. Evolution of Asian monsoons and phased uplift of the Himalaya-Tibetan plateau since Late Miocene times. Nature, 411: 62-66.

Avouac J P, Tapponnier P. 1993. Kinematic model of active deformation in central Asia. Geophysical Research Letters, 20: 895-898.

Bally A W, Snelson S. 1980. Realm of subsidence//Miall A D. Facts and Principles of World Petroleum Occurrence. AAPG Memoir, (6): 9-75.

Bovet P M, Ritts B D, Gehrels G, et al. 2009. Evidence of Miocene crustal shortening in the north Qilian Shan from Cenozoic stratigraphy of the western Hexi Corridor, Gansu Province. China. American Journal of Science, 309(4): 290-329.

Brandenburg J P. 2013. Trishear for curved faults. Journal of Structural Geology, 53: 80-94.

Brun J P, Burg J P. 1982. Combined thrusting and wrenching in the Ibero-Armorican arc: a corner effect during continental collision. Earth and Planetary Science Letters, 61(2): 319-332.

Burbank D W, Blythe A E, Putkonen J, et al. 2003. Decoupling of erosion and precipitation in the Himalayas. Nature, 426(6967): 652.

Burchfiel B C, Deng Q D, Molnar P, et al. 1989. Intracrustal detachment within zones of continental deformation. Geology, 17: 448-452.

Bush M A, Saylor J E, Horton B K, et al. 2016. Growth of the Qaidam Basin during Cenozoic exhumation in the northern Tibetan Plateau: inferences from depositional patterns and multiproxy detrital provenance signatures. Lithosphere, 8(1): 58-82.

Carey S W. 1955. The orocline concept in geotectonics. Proceedings of the Royal Society of Tasmania, 89: 255-288.

Chen D L, Liu L, Sun Y, et al. 2009. Geochemistry and zircon U-Pb dating and its implications of the Yukahe HP/UHP terrane, the North Qaidam, NW China. Journal of Asian Earth Sciences, 35(3-4): 259-272.

Chen X H, Gehrels G, Yin A, et al. 2015. Geochemical and Nd-Sr-Pb-O isotopic constrains on Permo-Triassic magmatism in eastern Qaidam Basin, northern Qinghai-Tibetan plateau: implications for the evolution of the Paleo-Tethys. Journal of Asian Earth Sciences, 114: 674-692.

Chen Y X, Song S G, Niu Y L, et al. 2014. Melting of continental crust during subduction initiation: a case study from the Chaidanuo peraluminous granite in the North Qilian suture zone. Geochimica et Cosmochimica Acta, 132: 311-336.

Cheng F, Fu S T, Jolivet M, et al. 2016. Source to sink relation between the Eastern Kunlun Range and the Qaidam Basin, northern Tibetan Plateau, during the Cenozoic. Geological Society of America Bulletin, 128(1-2): 258-283.

Cheng F, Jolivet M, Hallot E, et al. 2017. Tectono-magmatic rejuvenation of the Qaidam craton, northern

273

Tibet. Gondwana Research, 49: 248-263.

Cheng F, Jolivet M, Guo Z J, et al. 2019. Jurassic-Early Cenozoic tectonic inversion in the Qilian Shan and Qaidam Basin, North Tibet: new insight from seismic reflection, isopach mapping and drill core data. GSA Annual Meeting in Phoenix, Arizona USA.

Chung S L, Lo C H, Lee T Y, et al. 1998. Diachronous uplift of the Tibetan Plateau starting 40 Myr ago. Nature, 394(6695): 769-773.

Clark M K. 2012. Continental collision slowing due to viscous mantle lithosphere rather than topography. Nature, 483(7387): 74-77.

Clark M K, Royden L H. 2000. Topographic ooze: building the eastern margin of Tibet by lower crustal flow. Geology, 28(8): 703-706.

Clark M K, Schoenbohm L M, Royden L H, et al. 2004. Surface uplift, tectonics, and erosion of eastern Tibet from large-scale drainage patterns. Tectonics, 23(1): 1-20.

Clark M K, Bush J W, Royden L H. 2005. Dynamic topography produced by lower crustal flow against rheological strength heterogeneities bordering the Tibetan Plateau. Geophysical Journal International, 162(2): 575-590.

Clark M K, Farley K A, Zheng D W, et al. 2010. Early Cenozoic faulting of the northern Tibetan Plateau margin from apatite (U-Th)/He ages. Earth and Planetary Science Letters, 296(1-2): 78-88.

Dan W, Li X H, Guo J H, et al. 2012. Paleoproterozoic evolution of the eastern Alxa Block, westernmost North China: evidence from in situ zircon U-Pb dating and Hf-O isotopes. Gondwana Research, 21: 838-864.

DeCelles P G, Robinson D M, Zandt G. 2002. Implications of shortening in the Himalayan fold-thrust belt for uplift of the Tibetan Plateau. Tectonics, 21(6): 12-25.

Der Woerd J V, Tapponnier P, Ryerson F J, et al. 2002. Uniform postglacial slip-rate along the central 600km of the Kunlun Fault (Tibet), from ^{26}Al, ^{10}Be, and ^{14}C dating of riser offsets, and climatic origin of the regional morphology. Geophysical Journal International, 148(3): 356-388.

Dong Y P, Liu X M, Neubauer F, et al. 2013. Timing of Paleozoic amalgamation between the North China and South China Blocks: evidence from detrital zircon U-Pb ages. Tectonophysics, 586: 173-191.

Dupont-Nivet G, Horton B K, Butler R F, et al. 2004. Paleogene clockwise tectonic rotation of the Xining-Lanzhou region, northeastern Tibetan Plateau. Journal of Geophysical Research: Solid Earth, 109(B4): B04401.

Duvall A R, Clark M K, Kirby E, et al. 2013. Low-temperature thermochronometry along the Kunlun and Haiyuan Faults, NE Tibetan Plateau: evidence for kinematic change during late-stage orogenesis. Tectonics, 32(5): 1190-1211.

Eangland P, Molnar P. 1990. Right-lateral shear and rotation as explained for strike-slip faulting in the eastern Tibet. Nature, 344(6262): 140-142.

Egholm D L, Nielsen S B, Pedersen V K, et al. 2009. Glacial effects limiting mountain height. Nature, 460(7257): 884.

England P, Houseman G. 1986. Finite strain calculations of continental deformation: 2. Comparison with the India-Asia Collision Zone. Journal of Geophysical Research, 91(B3): 3664-3676.

Erslev E A. 1991. Trishear fault-propagation folding. Geology, 19: 617-620.

Fang X M, Yan M D, Van der Voo R, et al. 2005. Late Cenozoic deformation and uplift of the NE Tibetan Plateau: evidence from high-resolution magnetostratigraphy of the Guide Basin, Qinghai Province, China. Geological Society of America Bulletin, 117(9-10): 1208-1225.

Fang X M, Zhang W L, Meng Q Q, et al. 2007. High-resolution magnetostratigraphy of the Neogene Huaitoutala section in the eastern Qaidam Basin on the NE Tibetan Plateau, Qinghai Province, China and its implication on tectonic uplift of the NE Tibetan Plateau. Earth and Planetary Science Letters, 258(1-2): 293-306.

Farley K A. 2002. (U-Th)/He dating: techniques, calibrations, and applications. Reviews in Mineralogy & Geochemistry, 47: 819-844.

Feng Y. 1997. Investigatory summary of the Qilian orogenic belt China: history presence and prospect. Advance in Earth Science, 12(04): 307-314.

Fossen H. 2010. Structural Geology. Cambridge: Cambridge University Press.

Gehrels G E, Yin A, Wang X F. 2003. Detrital-zircon geochronology of the northeastern Tibetan plateau. Geological Society of America Bulletin, 115: 881-896.

Gehrels G E, Kapp P, DeCelles P, et al. 2011. Detrital zircon geochronology of pre-Tertiary strata in the Tibetan-Himalayan orogen. Tectonics, 30(5): 1-27.

George A D, Marshallsea S J, Wyrwoll K H, et al. 2001. Miocene cooling in the northern Qilian Shan northeastern margin of the Tibetan Plateau revealed by apatite fission track and vitrinite reflectance analysis. Geology, 29(10): 939-942.

Gilder S, Chen Y, Sen S. 2001. Oligo-Miocene magnetostratigraphy and rock magnetism of the Xishuigou section, Subei (Gansu Province, western China) and implications for shallow inclinations in central Asia. Journal of Geophysical Research, 106(B12): 505-521.

Goren L, Castelltort S, Klinger Y. 2015. Modes and rates of horizontal deformation from rotated river basins: application to the Dead Sea Fault System in Lebanon. Geology, 43: 843-846.

Guo Z T, Ruddiman W F, Hao Q Z, et al. 2002. Onset of Asian desertification by 22 Myr ago inferred from loess deposits in China. Nature, 416: 159-163.

Hardy S, Ford M. 1997. Numerical modeling of trishear fault propagation folding. Tectonics, 16(5): 841-854.

Harrison T M, Copeland P, Kidd W S F, et al. 1992. Raising Tibet. Science, 255(5052): 1663-1670.

He P J, Song C H, Wang Y D, et al. 2017. Cenozoic exhumation in the Qilian Shan, northeastern Tibetan Plateau: evidence from detrital fission track thermochronology in the Jiuquan Basin. Journal of Geophysical Research: Solid Earth, 122(8): 6910-6927.

Hetzel R, Niedermann S, Tao M, et al. 2002. Low slip rates and long-term preservation of geomorphic features in central Asia. Nature, 417: 428-432.

Hetzel R, Tao M X, Stokes S, et al. 2004. Late Pleistocene/Holocene slip rate of the Zhangye thrust (Qilian

Shan, China) and implications for the active growth of the northeastern Tibetan Plateau. Tectonics, 23: TC6006.

Hindle D, Burkhard M. 1999. Strain, displacement and rotation associated with the formation of curvature on fold belts the example of the Jura arc. Journal of Structural Geology, 21(8-9): 1089-1101.

Hough B G, Garzione C N, Wang Z C, et al. 2011. Stable isotope evidence for topographic growth and basin segmentation: implications for the evolution of the NE Tibetan Plateau. Geological Society of America Bulletin, 123(1-2): 168-185.

Huang B C, Otofuji Y, Rixiang Z, et al. 2001. Paleomagnetism of Carboniferous sediments in the Hexi corridor: its origin and tectonic implications. Earth and Planetary Science Letters, 194(1-2): 135-149.

Ji J L, Zhang K X, Clift P D, et al. 2017. High-resolution magnetostratigraphic study of the Paleogene-Neogene strata in the Northern Qaidam Basin: implications for the growth of the Northeastern Tibetan Plateau. Gondwana Research, 46: 141-155.

Jian X, Guan P, Zhang W, et al. 2013. Geochemistry of Mesozoic and Cenozoic sediments in the northern Qaidam basin, northeastern Tibetan Plateau: implications for provenance and weathering. Chemical Geology, 360-361: 74-88.

Johnson K M, Johnson A M. 2002. Mechanical models of trishear-like folds. Journal of Structural Geology, 24(2): 277-287.

Johnston S T. 2001. The Great Alaskan Terrane Wreck: reconciliation of paleomagnetic and geologic data in the northern Cordillera. Earth and Planetary Science Letters, 193(3-4): 259-272.

Ketcham R A. 2005. Forward and inverse modeling of low-temperature thermochronometry data. Reviews in Mineralogy and Geochemistry, 58: 275-314.

Kirby E, Whipple K X. 2012. Expression of active tectonics in erosional landscapes. Journal of Structural Geology, 44: 54-75.

Lease R O, Burbank D W, Gehrels G E, et al. 2007. Signatures of mountain building: detrital zircon U/Pb ages from northeastern Tibet. Geology, 35(3): 239-242.

Lease R O, Burbank D W, Clark M K, et al. 2011. Middle Miocene reorganization of deformation along the northeastern Tibetan Plateau. Geology, 39(4): 359-362.

Li B, Chen X H, Zuza A V, et al. 2019. Cenozoic cooling history of the North Qilian Shan, northern Tibetan Plateau and the initiation of the Haiyuan fault: constraints from apatite-and zircon-fission track thermochronology. Tectonophysics, 751: 109-124.

Li C, Zhang P Z, Yin J, et al. 2009. Late Quaternary left-lateral slip rate of the Haiyuan fault, northeastern margin of the Tibetan Plateau. Tectonics, 28: TC5010.

Li C, Zheng D, Zhou R, et al. 2021. Topographic growth of the northeastern Tibetan Plate au during the middle-late Miocene: insights from integrated provenance analysis in the NE Qaidam Basin. Basin Research. DOI: 10.1111/bre.12600.

Li S F, Valdes P J, Farnsworth A, et al. 2021. Orographic evolution of northern Tibet shaped vegetation and plant diversity in eastern Asia. Science Advances, 7(5): eabc7741.

Li Y Q, Jia D, Plesch A, et al. 2013. 3-D geomechanical restoration and paleomagnetic analysis of fault-related folds: an example from the Yanjinggou anticline, southern Sichuan Basin. Journal of Structural Geology, 54: 199-214.

Li Z X, Bogdanova S V, Collins A S. 2008. Assembly, configuration, and break-up history of Rodinia: a synthesis. Precambrian Research, 160: 179-210.

Lickorish W H, Ford M, Buergisser J, et al. 2002. Arcuate thrust systems in sandbox experiments: a comparison to the external arcs of the Western Alps. Geological Society of America Bulletin, 114(9): 1089-1107.

Lin X, Zheng D W, Sun J M, et al. 2015. Detrital apatite fission track evidence for provenance change in the Subei Basin and implications for the tectonic uplift of the Danghe Nan Shan (NW China) since the mid-Miocene. Journal of Asian Earth Sciences, 111: 302-311.

Liu D L, Fang X M, Song C H, et al. 2010. Stratigraphic and paleomagnetic evidence of mid-Pleistocene rapid deformation anduplift of the NE Tibetan Plateau. Tectonophysics, 486(1-4): 108-119.

Liu D L, Yan M D, Fang X M, et al. 2011. Magnetostratigraphy of sediments from the Yumu Shan, Hexi Corridor and its implications regarding the Late Cenozoic uplift of the NE Tibetan Plateau. Quaternary International, 236: 13-20.

Liu Y J, Neubauer F, Genser J, et al. 2006. ^{40}Ar/^{39}Ar ages of blueschist facies pelitic schists from Qingshuigou in the Northern Qilian Mountains, western China. Island Arc, 15: 187-198.

Lu H F, Howell D G, Dong J, et al. 1994. Rejuvenation of the Kuqa foreland basin, northern flank of the Tarim Basin Northwest China. International Geology Review, 36(12): 1151-1158.

Lu H F, Jia D, Chen C M, et al. 1997. Evidence for growth fault-bend folds in the Tarim basin and its implications for fault-slip rates in the Mesozoic and Cenozoic. International Geological Congress, 14: 253-262.

Lu H J, Xiong S F. 2009. Magnetostratigraphy of the Dahonggou section northern Qaidam Basin and its bearing on Cenozoic tectonic evolution of the Qilian Shan and Altyn Tagh Fault. Earth and Planetary Science Letters, 288(3-4): 539-550.

Lu H J, Ye J C, Guo L C, et al. 2018. Towards a clarification of the provenance of Cenozoic sediments in the northern Qaidam Basin. Lithosphere, 11(2): 252-272.

Marques F O, Cobbold P R. 2002. Topography as a major factor in the development of arcuate thrust belts: insights from sandbox experiments. Tectonophysics, 348(4): 247-268.

Mattauer M. 1980. Les déformations des matériaux de l'écorce terrestre. Paris: Hermann.

Meng Q Q, Song C H, Nie J S, et al. 2020. Middle-late Miocene rapid exhumation of the southern Qilian Shan and implications for propagation of the Tibetan Plateau. Tectonophysics, 774: 228279.

Métivier F, Gaudemer Y, Tapponnier P, et al. 1998. Northeastward growth of the Tibet Plateau deduced from balanced reconstruction of two depositional areas: the Qaidam and Hexi corridor basin, China. Tectonics, 17(6): 823-842.

Meyer B, Tapponnier P, Bourjot L, et al. 1998. Crustal thickening in Gansu-Qinghai, lithospheric mantle subduction, and oblique, strike-slip controlled growth of the Tibet plateau. Geophysical Journal International, 135(1): 1-47.

Miser H D. 1932. Oklahoma structural salient of the Ouachita Mountains. Geological Society of America Bulletin, 43(1): 138.

Mock C, Arnaud N O, Cantagrel J M. 1999. An early unroofing in northeastern Tibet? Constraints from $^{40}Ar/^{39}Ar$ thermochronology on granitoids from the eastern Kunlun range (Qianghai, NW China). Earth and Planetary Science Letters, 171: 107-122.

Molnar P. 2005. Mio-Pliocene growth of the Tibetan Plateau and evolution of East Asian climate. Palaeontologia Electronica, 8(1): 1-23.

Molnar P, Stock J M. 2009. Slowing of India's convergence with Eurasia since 20 Ma and its implications for Tibetan mantle dynamics. Tectonics, 28. DOI: 10.1029/2008TC002271.

Molnar P, Tapponnier P. 1975. Cenozoic Tectonics of Asia: effects of a Continental Collision. Science, 189: 419-426.

Molnar P, England P, Marindod J. 1993. Mantle dynamics uplift of the Tibetan Plateau and the Indian monsoon. Reviews of Geophysics, 31(4): 357-396.

Nesbitt H W, Markovics G. 1997. Weathering of granodioritic crust, long-term storage of elements in weathering profiles, and petrogenesis of siliciclastic sediments. Geochimica et Cosmochimica Acta, 61(8): 1653-1670.

Nie J, Ren X, Saylor J E, et al. 2020. Magnetic polarity stratigraphy, provenance, and paleoclimate analysis of Cenozoic strata in the Qaidam Basin, NE Tibetan Plateau. Geological Society of America Bulletin, 132(1-2): 310-320.

Palumbo L, Hetzel R, Tao M X, et al. 2009a. Deciphering the rate of mountain growth during topographic presteady state: an example from the NE margin of the Tibetan Plateau. Tectonics, 28: TC4017.

Palumbo L, Hetzel R, Tao M X, et al. 2009b. Topographic and lithologic control on catchment-wide denudation rates derived from cosmogenic ^{10}Be in two mountain ranges at the margin of NE Tibet. Geomorphology, 117: 130-142.

Pang J Z, Yu J X, Zheng D W, et al. 2019a. Constraints of new apatite fission-track ages on the tectonic pattern and geomorphic development of the northern margin of the Tibetan Plateau. Journal of Asian Earth Sciences, 181: 103909.

Pang J Z, Yu J X, Zheng D W, et al. 2019b. Neogene expansion of the Qilian Shan, north Tibet: implications for the dynamic evolution of the Tibetan Plateau. Tectonics, 38(3): 1018-1032.

Ramsay J G. 1980. Shear zone geometry: a review. Journal of Structural Geology, 2(1-2): 83-99.

Ramsay J G. 1981. Tectonics of the Helvetic Nappes. Geological Society London Special Publications, 9(1): 293-309.

Ramsay J G, Huber M I. 1983. The Techniques of Modern Structural Geology, Volume 1 Strain Analysis. London: Academic Press.

Reiners P W, Ehlers T A, Mitchell S G, et al. 2003. Coupled spatial variations in precipitation and long-term erosion rates across the Washington cascades. Nature, 426(6967): 645-647.

Ren X, Nie J, Saylor J E, et al. 2020. Temperature control on silicate weathering intensity and evolution of the Neogene East Asian summer monsoon. Geophysical Research Letters, 47(15). DOI: 10.1029/2020GL088808.

Riba O. 1976. Syntectonic unconformities of the Alto Cardener, Spanish Pyrenees: a genetic interpretation. Sedimentary Geology, 15(3): 213-233.

Ries A C, Shackleton R M. 1976. Patterns of strain variation in arcuate fold belts. Philosophical transactions of the Royal Society of London. Series A. Mathematical and Physical Sciences, 83(1312): 281-288.

Royden L H, Burchfiel B C, King R W, et al. 1997. Surface deformation and lower crustal flow in eastern Tibet. Science, 276(5313): 788-790.

Royden L H, Burchfiel B C, van der Hilst R D. 2008. The geological evolution of the Tibetan Plateau. Science, 321(5892): 1054-1058.

Seong Y B, Kang H C, Ree J H, et al. 2011. Geomorphic constraints on active mountain growth by the lateral propagation of fault-related folding: a case study on Yumu Shan, NE Tibet. Journal of Asian Earth Sciences, 41: 184-194.

Shaw J H, Novoa E, Connors C D. 2004. Structural controls on growth stratigraphy in contractional fault related folds. AAPG Memoir, 82(82): 400-412.

Sibson R H. 1977. Fault rocks and fault mechanisms. Journal of the Geological Society, 3(133): 191-213.

Smith A D. 2006. The geochemistry and age of Ophiolitic strata of the Xinglongshan Group: implication for the amalgamation of the Central Qilian belt. Journal of Asian Earth Sciences, 28(2-3): 133-142.

Song S G. 1996. Metamorphic geology of blueschists, eclogites and ophiolites in the North Qilian Mountains. Proceedings of the 30th IGC Field Trip Guide T392. Beijing: Geological Publishing House: 40.

Song S G, Li X H. 2019. A positive test for the Greater Tarim Block at the heart of Rodinia: mega-dextral suturing of supercontinent assembly: comment. Geology, 47: e453.

Song S G, Yang J S, Liou J G, et al. 2003a. Petrology, geochemistry and isotopic ages of eclogites from the Dulan UHPM Terrane, the North Qaidam, NW China. Lithos, 70: 195-211.

Song S G, Yang J S, Xu Z Q, et al. 2003b. Metamorphic evolution of the coesite-bearing ultrahigh-pressure terrane in the North Qaidam, Northern Tibet, NW China. Journal of Metamorphic Geology, 21: 1-14.

Song S G, Zhang L F, Niu Y, et al. 2004. Early Paleozoic plate-tectonic evolution and deep continental subduction on the northern margin of the Qinghai-Tibet Plateau. Geological Bulletin of China, 23: 918-925(in Chinese).

Song S G, Zhang L F, Chen J, et al. 2005. Sodic amphibole exsolutions in garnet from garnet-peridotite, North Qaidam UHPM belt, NW China: implications for ultradeep-origin and hydroxyl defects in mantle garnets. American Mineralogist, 90(5): 814-820.

Song S G, Zhang L F, Niu Y L, et al. 2006. Evolution from oceanic subduction to continental collision: a case study of the Northern Tibetan Plateau inferred from geochemical and geochronological data. Journal of Petrology, 47: 435-455.

Song S G, Zhang L F, Niu Y L, et al. 2007. Eclogite and carpholite-bearing metasedimentary rocks in the north qilian suture zone, NW China: implications for early palaeozoic cold oceanic subduction and water transport into mantle. Journal of Metamorphic Geology, 25: 547-563.

Song S G, Niu Y, Zhang L F, et al. 2009. Tectonic evolution of Early Paleozoic HP metamorphic rocks in the North Qilian Mountains, NW China: new perspectives. Journal of Asian Earth Science, 35: 334-353.

Song S G, Su L, Li X H, et al. 2012. Grenville-age orogenesis in the Qaidam-Qilian block: the link between South China and Tarim. Precambrian Research, 220: 9-22.

Song S G, Niu Y L, Su L, et al. 2013. Tectonics of the North Qilian orogen, NW China. Gondwana Research, 23: 1378-1401.

Song S G, Niu Y L, Su L, et al. 2014. Continental orogenesis from ocean subduction, continent collision/subduction, to orogen collapse, and orogen recycling: the example of the North Qaidam UHPM belt, NW China. Earth-Science Reviews, 129: 59-84.

Song S G, Yang L M, Zhang Y Q, et al. 2017. Qi-Qin accretionary belt in central china orogen: accretion by trench jam of oceanic plateau and formation of intra-oceanic arc in the Early Paleozoic Qin-Qi-Kun Ocean. Science Bulletin, 62: 1035-1038.

Speranza F, Adamoli L, Maniscalco R, et al. 2003. Genesis and evolution of a curved mountain front: paleomagnetic and geological evidence from the Gran Sasso range (central Apennines, Italy). Tectonophysics, 362(1): 183-197.

Stamatakos J A, Hirt A M. 1994. Paleomagnetic considerations of the development of the Pennsylvania salient in the central Appalachians. Tectonophysics, 231(4): 237-255.

Stewart S A. 1995. Paleomagnetic analysis of fold kinematics and implications for geological models of the Cantabrian/Asturian Arc, north Spain. Journal of Geophysical Research, 100(B10): 20079-20094.

Styron R, Taylor M, Sundell K. 2015. Accelerated extension of Tibet linked to the northward underthrusting of Indian crust. Nature Geoscience, 8(2): 131-134.

Su J P, Wu B X, Lei H Y, et al. 2002. The sedimentary formation and Cretaceous dynamic evolution of the Jiuxi Basin, Gansu, China. Acta Sedimentologica Sinica, 20(4): 568-573.

Sun J M, Zhu R X, An Z S. 2005. Tectonic uplift in the northern Tibetan Plateau since 13.7 Ma ago inferred from molasse deposits along the Altyn Tagh Fault. Earth and Planetary Science Letters, 235(3-4): 641-653.

Suppe J. 1983. Geometry and kinematics of fault-bend folding. American Journal of Science, 283(7): 684-721.

Suppe J, Chou G T, Hook S C. 1992. Rates of folding and faulting determined from growth strata//McClay K R. Thrust Tectonics. New York: Chapman and Hall: 105-121.

Tapponnier P, Molnar P. 1976. Slip-Line field theory and large-scale continental tectonics. Nature, 264: 5584.

Tapponnier P, Peltzer G, LeDain A Y, et al. 1982. Propagating extrusion tectonics in Asia: new insights from experiments with plasticine. Geology, 10(12): 611-616.

Tapponnier P, Meyer B, Avouac J P, et al. 1990. Active thrusting and folding in the Qilian Shan, and decoupling between upper crust and mantle in northeastern Tibet. Earth and Planetary Science Letters,

97(3-4): 382-403.

Tapponnier P, Xu Z Q, Roger F, et al. 2001. Oblique stepwise rise and growth of the Tibet Plateau. Science, 294(5547): 1671-1677.

Tavani S, Storti F, Lacombe O, et al. 2015. A review of deformation pattern templates in foreland basin systems and fold-and-thrust belts: implications for the stage of stress in the frontal regions of thrust wedges. Earth-Science Reviews, 141: 82-104.

Tseng C Y, Yang H J, Yang H Y, et al. 2009. Continuity of the North Qilian and North Qinlingorogenic belts, Central Orogenic System of China: evidence from newly discovered Paleozoic adakitic rocks. Gondwana Research, 16(2): 285-293.

Turner S, Hawkesworth C, Liu J Q, et al. 1993. Timing of Tibet uplift constrained by analysis of volcanic rocks. Nature, 364: 50-54.

Vermeesch P. 2013. Multi-sample comparison of detrital age distributions. Chemical Geology, 341: 140-146.

Vermeesch P. 2018. IsoplotR: a free and open toolbox for geochronology. Geoscience Frontiers, 9(5): 1479-1493.

Wan Y S, Xu Z Q, Yang J S. 2001. Ages and compositions of the Precambrian high grade basement of the Qilian terrance and its adjacent areas. Acta Geologica Sinica, 75: 375-384.

Wan Y S, Zhang J X, Yang J S, et al. 2006. Geochemistry of high-grade metamorphic rocks of the North Qaidam mountains and their geological significance. Journal of Asian Earth Sciences, 28(2-3): 174-184.

Wang C S, Zhao X X, Liu Z F, et al. 2008. New constraints on the early uplift history of the Tibetan Plateau. Proceedings of the National Academy of Sciences, 105(13): 4987-4992.

Wang C Y, Zhang Q, Qian Q. 2005. Geochemistry of the Early Paleozoic Baiyin volcanic rocks (NW China): implications for the tectonic evolution of the North Qilian Orogenic Belt. The Journal of Geology, 113: 83-94.

Wang F, Feng H L, Shi W B, et al. 2016. Relief history and denudation evolution of the northern Tibet margin: constraints from $^{40}Ar/^{39}Ar$ and (U-Th)/He dating and implications for far-field effect of rising plateau. Tectonophysics, 675: 196-208.

Wang F, Shi W B, Zhang W B, et al. 2017. Differential growth of the northern Tibetan margin: evidence for oblique stepwise rise of the Tibetan Plateau. Scientific Reports, 7: 41164.

Wang L, Johnston S T, Chen N S. 2019. New insights into the Precambrian tectonic evolution and continental affinity of the Qilian block: evidence from geochronology and geochemistry of metasupracrustal rocks in the North Wulan terrane. Geological Society of America Bulletin, 131(9-10): 1723-1743.

Wang L, MacLennan S A, Cheng F. 2020. From a proximal-deposition-dominated basin sink to a significant sediment source to the Chinese Loess Plateau: insight from the quantitative provenance analysis on the Cenozoic sediments in the Qaidam basin, northern Tibetan Plateau. Palaeogeography, Palaeoclimatology, Palaeoecology, 556: 109883.

Wang M J, Song S G, Niu Y L, et al. 2014. Post-collisional magmatism: consequences of UHPM terrane exhumation and orogen collapse, N. Qaidam UHPM belt, NW China. Lithos, 210: 181-198.

Wang P, Scherler D, Liu Z J, et al. 2014. Tectonic control of Yarlung Tsangpo Gorge revealed by a buried canyon in Southern Tibet. Science, 346(6212): 978-981.

Wang W T, Zhang P Z, Liu C C, et al. 2016a. Pulsed growth of the West Qinling at −30 Ma in northeastern Tibet: evidence from Lanzhou Basin magnetostratigraphy and provenance. Journal of Geophysical Research: Solid Earth, 121(11): 7754-7774.

Wang W T, Zhang P Z, Pang J Z, et al. 2016b. The Cenozoic growth of the Qilian Shan in the northeastern Tibetan Plateau: a sedimentary archive from the Jiuxi Basin. Journal of Geophysical Research: Solid Earth, 121: 2235-2257.

Wang W T, Zhang P Z, Yu J X, et al. 2016c. Constraints on mountain building in the northeastern Tibet: detrital zircon records from synorogenic deposits in the Yumen Basin. Scientific Reports, 6(1): 27604.

Wang W T, Zheng W J, Zhang P Z, et al. 2017. Expansion of the Tibetan Plateau during the Neogene. Nature Communications, 8: 15887.

Wang W T, Zheng D W, Li C P, et al. 2020. Cenozoic exhumation of the Qilian Shan in the northeastern Tibetan Plateau: evidence from low-temperature thermochronology. Tectonics, 39(4). DOI: 10.1029/2019TC005705.

Wang X M, Wang B Y, Qiu Z X, et al. 2003. Danghe area (western Gansu, China) biostratigraphy and implications for depositional history and tectonics of northern Tibetan Plateau. Earth and Planetary Science Letters, 208(3-4): 253-269.

Wang Y, Deng T. 2005. A 25 m.y. isotopic record of paleodiet and environmental change from fossil mammals and paleosols from the NE margin of the Tibetan Plateau. Earth and Planetary Science Letters, 236: 322-338.

Wang Y Z, Zhang H P, Zheng D W, et al. 2014. Controls on decadal erosion rates in Qilian Shan: re-evaluation and new insights into landscape evolution in north-east Tibet. Geomorphology, 223: 117-128.

Wang Y Z, Zheng D W, Pang J Z, et al. 2018. Using slope-area and apatite fission track analysis to decipher the rock uplift pattern of the Yumu Shan: new insights into the growth of the NE Tibetan Plateau. Geomorphology, 308: 118-128.

Wei C J, Song S G. 2008. Chloritoid-glaucophane schist in the north Qilian orogen, NW China: phase equilibria and P-T path from garnet zonation. Journal of Metamorphic Geology, 26 (3): 301-316.

Wei C J, Yang Y, Su X L, et al. 2009. Metamorphic evolution of low-T eclogite from the North Qilian orogen, NW China: evidence from petrology and calculated phase equilibria in the system NCKFMASHO. Journal of Metamorphic Geology, 27: 55-70.

Weil A B, Sussman A J. 2004. Classifying curved orogens based on timing relationships between structural development and vertical-axis rotations. GSA Special Papers, 383: 1-15.

Weil A B, van der Voo R, van der Pluijm B A. 2001. Oroclinal bending and evidence against the Pangea megashear: the Cantabria-Asturias arc (northern Spain). Geology, 29(11): 991-994.

Whipple K X, Brendan J M. 2006. Orogen response to changes in climatic and tectonic forcing. Earth and Planetary Science Letters, 243(1-2): 218-228.

Willett S. 1999. Orogeny and orography: the effects of erosion on the structure of mountain belts. Journal of Geophysical Research, 104(B12): 28957-28981.

Wobus C W, Hodges K V, Whipple K X. 2003. Has focused denudation sustained active thrusting at the Himalayan topographic front. Geology, 31(10): 861-864.

Wu C, Yin A, Zuza A V, et al. 2016. Pre-Cenozoic geologic history of the central and northern Tibetan Plateau and the role of Wilson cycles in constructing the Tethyan orogenic system. Lithosphere, 8(3): 254-292.

Wu C, Zuza A V, Chen X H, et al. 2019. Tectonics of the Eastern Kunlun Range: Cenozoic reactivation of a Paleozoic-early Mesozoic orogen. Tectonics, 38(5): 1609-1650.

Wu H Q, Feng Y M, Song S G. 1993. Metamorphism and deformation of blueschist belts and their tectonic implications, North Qilian Mountains, China. Journal of Metamorphic Geology, 11: 523-536.

Wu W H, Xu S J, Yang J D, et al. 2010. Isotopic characteristics of river sediments on the Tibetan Plateau. Chemical Geology, 269(3-4): 406-413.

Xia L Q, Xia Z C, Xu X Y. 2003. Magmagenesis in the Ordovician in back basins of the northern Qilian Mountains, China. Geological Society of America Bulletin, 115: 1510-1522.

Xia X H, Song S G. 2010. Forming age and tectono-petrogenesis of the Jiugequan ophiolite in the North Qilian Mountain, NW China. Chinese Science Bulletin, 55: 1899-1907.

Xia X H, Song S G, Niu Y L. 2012. Tholeiite-Boninite terrane in the North Qilian suture zone: implications for subduction initiation and back-arc basin development. Chemical Geology, 328: 259-277.

Xiao Q B, Zhang J, Wang J J, et al. 2012. Electrical resistivity structures between the Northern Qilian Mountainsand Beishan Block, NW China, and tectonic implications. Physics of the Earth and Planetary Interiors, 200-201: 92-104.

Xiao W J, Windley B F, Yong Y, et al. 2009. Early Paleozoic to Devonian multiple-accretionary model for the Qilian Shan, NW China. Journal of Asian Earth Sciences, 35: 323-333.

Xu Y J, Du Y S, Cawood P A, et al. 2010. Detrital zircon record of continental collision: assembly of the Qilian Orogen, China. Sedimentary Geology, 230(1-2): 35-45.

Xu Z Q, Yang J S, Wu C L, et al. 2006. Timing and mechanism of formation and exhumation of the northern Qaidam ultrahigh-pressure metamorphic belt. Journal of Asian Earth Sciences, 28(2-3): 160-173.

Yan M D, VanderVoo R, Fang X M, et al. 2006. Paleomagnetic evidence for a mid-Miocene clockwise rotation of about 25 of the Guide Basin area in NE Tibet. Earth and Planetary Science Letters, 241(1-2): 234-247.

Yang H B, Yang X P, Zhang H P, et al. 2018. Active fold deformation and crustal shortening rates of the Qilian Shan Foreland Thrust Belt, NE Tibet, since the Late Pleistocene. Tectonophysics, 742-743: 84-100.

Yang J S, Xu Z Q, Zhang J X, et al. 2002. Early palaeozoic North Qaidam UHP metamorphic belt on the north-eastern Tibetan Plateau and a paired subduction model. Terra Nova, 14: 397-404.

Yang L M, Song S G, Allen M B, et al. 2018. Oceanic accretionary belt in the West Qinling Orogen: links between the Qinling and Qilian orogens, China. Gondwana Research, 64: 137-162.

Yang L M, Song S G, Su L, et al. 2019. Heterogeneous oceanic arc volcanic rocks in the south qilian accretionary belt (qilian orogen, nw china). Journal of Petrology, 60: 85-116.

Ye Z, Gao R, Li Q S, et al. 2015, Seismic evidence for the North China plate underthrusting beneath northeastern Tibet and its implications for plateau growth. Earth and Planetary Science Letters, 426: 109-117.

Yin A. 2010. Cenozoic tectonic evolution of Asia: a preliminary synthesis. Tectonophysics, 488: 293-325.

Yin A, Rumelhart P E, Butler R, et al. 2002. Tectonic history of the Altyn Tagh fault system in northern Tibet inferred from Cenozoic sedimentation. Geological Society of America Bulletin, 114(10): 1257-1295.

Yin A, Dang Y Q, Wang L C, et al. 2008a. Cenozoic tectonic evolution of Qaidam Basin and its surrounding regions (part 1): the southern Qilian Shan-Nan Shan thrust belt and northern Qaidam Basin. Geological Society of America Bulletin, 120(7-8): 813-846.

Yin A, Dang Y Q, Zhang M, et al. 2008b. Cenozoic tectonic evolution of the Qaidam Basin and its surrounding regions (Part 3): structural geology, sedimentation, and regional tectonic reconstruction. Geological Society of America Bulletin, 120(7-8): 847-876.

Yin A, Dubey C S, Kelty T K, et al. 2010. Geologic correlation of the Himalayan orogen and Indian craton Part 2 Structural geology geochronolog and tectonic evolution of the Eastern Himalaya. Geological Society of America Bulletin, 122(3-4): 360-395.

Yu J X, Pang J Z, Wang Y Z, et al. 2019a. Mid-Miocene uplift of the northern Qilian Shan as a result of the northward growth of the northern Tibetan Plateau. Geosphere, 15(2): 423-432.

Yu J X, Zheng D W, Pang J Z, et al. 2019b. Miocene range growth along the Altyn Tagh Fault: insights from apatite fission track and (U-Th)/He thermochronometry in the western Danghenan Shan China. Journal of Geophysical Research: Solid Earth, 124(8): 9433-9453.

Yu L, Xiao A C, Wu L, et al. 2017. Provenance evolution of the Jurassic northern Qaidam Basin (West China) and its geological implications: evidence from detrital zircon geochronology. International Journal of Earth Sciences, 106(8): 2713-2726.

Yu S Y, Li S Z, Zhang J X, et al. 2019. Multistage anatexis during tectonic evolution from oceanic subduction to continental collision: a review of the North Qaidam UHP Belt, NW China. Earth-Science Reviews, 191: 190-211.

Yuan D Y, Champagnac J D, Ge W P, et al. 2011. Late quaternary right-lateral slip rates of faults adjacent to the lake Qinghai, northeastern margin of the Tibetan Plateau. Geological Society of America Bulletin, 123(9-10): 2016-2030.

Yuan D Y, Ge W P, Chen Z W, et al. 2013. The growth of northeastern Tibet and its relevance to large-scale continental geodynamics: a review of recent studies. Tectonics, 32: 1358-1370.

Yue Y J, Ritts B D, Graham S A, et al. 2004. Slowing extrusion tectonics: lowered estimate of the post early Miocene slip rate along the Altyn Tagh Fault. Earth and Planetary Science Letters, 217: 111-122.

Zhang H P, Craddock W H, Lease R O, et al. 2012. Magnetostratigraphy of the Neogene Chaka basin and its implications for mountain building processes in the north-eastern Tibetan Plateau. Basin Research, 24(1): 31-50.

Zhang H P, Oskin M E, Liu-Zeng J, et al. 2016. Pulsed exhumation of interior eastern Tibet: implications for relief generation mechanisms and the origin of high-elevation planation surfaces. Earth and Planetary Science Letters, 449: 176-185.

Zhang H P, Zhang P Z, Prush V, et al. 2017. Tectonic geomorphology of the Qilian Shan in the northeastern Tibetan Plateau: insights into the plateau formation processes. Tectonophysics, 706: 103-115.

Zhang J X, Zhang Z M, Xu Z Q, et al. 2001. Petrology and geochronology of eclogites from the western segment of the Altyn Tagh, Northwestern China. Lithos, 56: 187-206.

Zhang J X, Meng F C, Wan Y S. 2007. A cold Early Palaeozoic subduction zone in the North Qilian Mountains, NW China: petrological and U-Pb geochronological constraints. Journal of Metamorphic Geology, 25: 285-304.

Zhang J X, Mattinson C G, Yu S Y, et al. 2010. U-Pb zircon geochronology of coesite-bearing eclogites from the southern Dulan area of the North Qaidam UHP terrane, northwestern China: spatially and temporally extensive UHP metamorphism during continental subduction. Journal of Metamorphic Geology, 28: 955-978.

Zhang L F, Wang Q J, Song S G. 2009. Lawsonite blueschist in Northern Qilian, NW China: *P-T* pseudosections and petrologic implications. Journal of Asian Earth Sciences, 35: 354-366.

Zhang P Z, Molnar P, Downs W R. 2001. Increased sedimentation rates and grain sizes 2-4 Myr ago due to the influence of climate change on erosion rates. Nature, 410(6831): 891-897.

Zhang P Z, Shen Z, Wang M, et al. 2004. Continuous deformation of the Tibetan Plateau from global positioning system data. Geology, 32(9): 809-812.

Zhao G C, Sun M, Wilde S A, et al. 2005. Late Archean to Paleoproterozoic evolution of the North China Craton: key issues revisited. Precambrian Research, 136: 177-202.

Zhao J M, Yuan X H, Liu H B, et al. 2010. The boundary between the Indian and Asian tectonic plates below Tibet. Proceedings of the National Academy of Sciences of the United States of America, 107(25): 11229-11233.

Zheng D W, Zhang P Z, Wan J L, et al. 2006. Rapid exhumation at −8Ma on the Liupan Shan thrust fault from apatite fission-track thermochronology: implications for growth of the northeastern Tibetan Plateau margin. Earth and Planetary Science Letters, 248(1-2): 198-208.

Zheng D W, Clark M K, Zhang P Z, et al. 2010. Erosion, fault initiation and topographic growth of the North Qilian Shan (northern Tibetan Plateau). Geosphere, 6(6): 937-941.

Zheng D W, Wang W T, Wan J L, et al. 2017. Progressive northward growth of the northern Qilian Shan-Hexi Corridor (northeastern Tibet) during the Cenozoic. Lithosphere, 9(3): 408-416.

Zheng W J, Zhang P Z, He W G, et al. 2013a. Transformation of displacement between strike-slip and crustal shortening in the northern margin of the Tibetan Plateau: evidence from decadal GPS measurements and late Quaternary slip rates on faults. Tectonophysics, 584: 267-280.

Zheng W J, Zhang P Z, Ge W P, et al. 2013b. Late Quaternary slip rate of the South Heli Shan Fault (Northern Hexi corridor, NW China) and its implications for north-eastward growth of the Tibetan Plateau.

Tectonics, 32(2): 271-293.

Zhou C A, Song S G, Allen M B, et al. 2021. Post-collisional mafic magmatism: insights into orogenic collapse and mantle modification from North Qaidam collisional belt, NW China. Lithos, 398: 106311.

Zhuang G S, Hourigan J K, Ritts B D, et al. 2011a. Cenozoic multiple-phase tectonic evolution of the northern Tibetan Plateau: constraints from sedimentary records from Qaidam basin, Hexi Corridor, and Subei basin, northwest China. American Journal of Science, 311(2): 116-152.

Zhuang G S, Hourigan J K, Koch P L, et al. 2011b. Isotopic constraints on intensified aridity in Central Asia around 12 Ma. Earth and Planetary Science Letters, 312(1-2): 152-163.

Zhuang G S, Johnstone S A, Hourigan J, et al. 2018. Understanding the geologic evolution of Northern Tibetan Plateau with multiple thermochronometers. Gondwana Research, 58: 195-210.

Zhuang G S, Zhang Y G, Hourigan J, et al. 2019. Microbial and geochronologic constraints on the Neogene paleotopography of northern Tibetan Plateau. Geophysical Research Letters, 46(3): 1312-1319.

Zuza A V, Wu C, Reith R C, et al. 2018a. Tectonic evolution of the Qilian Shan: an early Paleozoic orogen reactivated in the Cenozoic. Geological Society of America Bulletin, 130(5-6): 881-925.

Zuza A V, Wu C, Wang Z Z, et al. 2018b. Underthrusting and duplexing beneath the northern Tibetan Plateau and the evolution of the Himalayan-Tibetan orogen. Lithosphere, 11(2): 209-231.

第 4 章

活动构造与构造地貌

4.1 概述

青藏高原北缘位于青藏高原的最北部，是高原向北东方向扩展的最前缘，也是高原的最新组成部分（Molnar and Tapponnier，1975；Meyer et al.，1998；Tapponnier et al.，2001a）。该地区晚新生代以来构造变形十分强烈，地貌类型丰富，是研究大陆构造变形动力学过程的重要区域，同时也是研究构造变形、气候变化与地表过程之间相互作用的理想场所。首先，青藏高原北部构成青藏高原扩展的前缘部位，构造变形强烈、类型丰富（图 4-1），既发育了大量逆冲断裂，也发育了像阿尔金断裂和海原断裂这样的大型左旋走滑断裂，各组断裂之间相互作用形成了丰富的构造变形样式，为研究构造变形的动力学过程提供了研究对象。另外，该地区还发育了大量的新生代盆

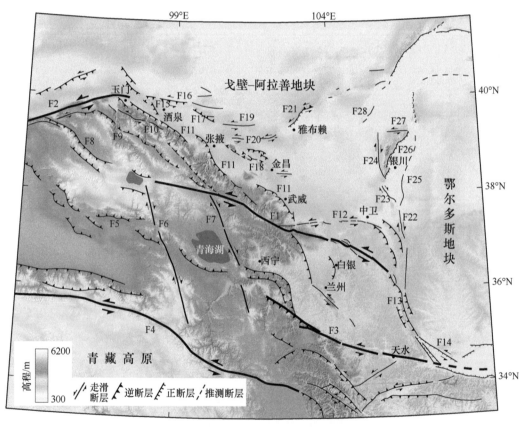

图 4-1　青藏高原北部主要活动断裂分布图

图中主要断层名称：F1- 祁连－海原断裂带；F2- 阿尔金断裂带；F3- 西秦岭北缘断裂带；F4- 东昆仑断裂带；F5- 柴达木盆地北缘断裂带；F6- 鄂拉山断裂；F7- 日月山拉脊山断裂；F8- 党河南山断裂；F9- 野马－大雪山断裂；F10- 昌马－俄博断裂带；F11- 祁连山北缘断裂带；F12- 香山－天景山断裂带；F13- 六盘山断裂带；F14- 陇县－岐山－马召断裂；F15- 嘉峪关断裂；F16- 金塔南山断裂；F17- 合黎山南缘断裂；F18- 龙首山断裂带；F19- 北大山断裂；F20- 桃花拉山－阿右旗断裂带；F21- 雅布赖断裂；F22- 罗山东麓断裂；F23- 三关口－牛首山断裂；F24- 贺兰山西麓断裂；F25- 黄河断裂；F26- 贺兰山东麓断裂；F27- 正谊关断裂；F28- 巴彦乌拉山断裂

地和抬升的山体，盆地沉积与山体隆升记录了高原隆升与扩展的历史，为研究长时间尺度的变形历史提供了可能。同时，与东昆仑山以南相对平坦的高原面相比，青藏高原北部的祁连山地区整体表现为一系列北西－南东走向的山脉与山间盆地相间分布，地形起伏相对较大，表明该地区正经历强烈的构造活动与高原生长，记录了丰富的构造地貌信息，因此是研究高原外扩过程与动力学机制的最佳地区。正因为有丰富的构造类型、强烈的变形和相对较多的沉积与山体抬升记录，前人对青藏高原北部地区已经开展了大量的新生代构造变形研究。虽然还有很多未解决或存在争议的问题，但是对该地区整体的变形格局以及变形历史已经有很多共识，为认识整个高原的形成过程提供了重要的约束条件，也为在其他地区开展高原形成过程相关研究提供了很好的案例。

青藏高原北部的祁连山西起阿尔金山东端的当金山口，向东延伸与西秦岭和六盘山相接，绵延 1000 余千米，平均海拔 4000m 以上，最高峰海拔 5564m，其南北两侧分别被柴达木盆地和阿拉善地块所围限。该地区发育有大量不同性质的活动断层，这些活动断层可以很好地反映晚第四纪以来的大陆构造变形过程，并且控制着强震的发生。中国的现代活动构造研究就起源于青藏高原东北缘的海原－六盘山弧形构造带等地区，以邓起东院士为首的一大批活动构造专家先后在祁连山地区开展过详细工作，其中很多人现今仍然还活跃在科研第一线，为建立和推动中国活动构造学的发展做出了重大贡献，使中国的现代活动构造研究从无到有、从定性描述到定量研究、从单条断裂到区域变形、从单次地震研究到研究地震发生规律等。随着测年方法不断发展与改进，以及高精度测绘技术的发展，人们又先后对祁连山地区的活动断裂做了更加详细的定量研究，对主要断裂的滑动速率、历史地震等方面的认识也越来越丰富，如关于阿尔金断裂的滑动速率从早期的高－低滑动速率之争，到现代不同方法、不同时间尺度的研究结果越来越相互一致。因此，对祁连山地区活动断裂最新研究结果进行总结，有助于更新对该地区构造变形样式及强震活动的认识，同时也为开展构造地貌学与新构造变形历史等方面研究提供构造约束条件。

另外，以前学者多关注的是祁连山内部的活动构造，研究程度相对较高，而对祁连山周缘地区关注相对较少，这主要是因为青藏高原北部绝大部分活动断裂都集中在祁连山内部及南北两侧山前地区，地震活动相对频繁。但这并不意味着祁连山周缘的断裂就不重要，相反外围的主要断裂对我们理解高原的外扩至关重要。阿拉善地块位于祁连山以北、鄂尔多斯地块以西，与周边地块的构造活动及地形地貌存在明显差异。该地区海拔在 1000~1500m，平均海拔约 1300m，大部分地区被沙漠覆盖，高差变化小，仅在边缘及个别地块内部地区形成低矮的山体。相对于祁连山地区的强烈地壳缩短变形、大型走滑断裂和逆冲断裂以及地震活动频繁等特征，前人认为阿拉善地块内部新生代晚期构造活动平静，是一个相对稳定的刚性地块（Tapponnier and Molnar，1977；Xu et al.，2010）。近年来，不同学者对阿拉善地块内部及周缘的活动断裂开展了越来越多的研究，更新了对高原扩展前锋位置变形样式的认识，对理解高原向外扩展的过程具有重要的意义。

4.2 祁连山地区主要活动断裂

4.2.1 阿尔金断裂带

阿尔金断裂带是青藏高原的西北边界，分隔了强烈隆升的青藏高原与相对低海拔的塔里木地块，多个段落在 100km 范围内断裂两侧地形高差可以达 4000m，是一条明显的地形与地理分界线，在卫星影像上线性特征十分明显（图 4-2）。断裂整体走向北东东方向，西南端开始于藏北高原的郭扎错附近，沿北东东方向延伸至河西走廊西端的宽滩山附近，全长超过 1500km，是亚洲大陆内部一条巨型的左旋走滑断裂，其规模可与属于板块边界断裂的安纳托利亚断裂带和圣安德烈斯断裂带相当。阿尔金断裂是一条岩石圈尺度的大型走滑断裂，切割了青藏高原北部不同的构造单元，控制了高原北部变形的几何学与运动学特征，它的新生代形成与演化过程与青藏高原的隆升有着密切的联系。因此，对该断裂的研究有助于理解青藏高原的隆升及扩展过程，对认识中国大陆内部的构造变形过程及大陆变形动力学机制有着重要的意义。对阿尔金断裂带的活动构造研究开始于 20 世纪 70 年代，P. Molnar 和 P. Tapponnier 首先在 ERTS（Landsat）卫星影像上系统性地解译出了包括阿尔金断裂在内的中国大陆内部多条大型走滑断裂，初步确定了阿尔金断裂带的几何展布和运动性质，并认为阿尔金断裂在青藏高原物质向东逃逸过程中起到了重要作用（Molnar and Tapponnier，1975；Tapponnier and Molnar，1977）。20 世纪 80 年代，中国地震局（原国家地震局）组织新疆地震局、甘肃地震局、地壳应力研究所和地质研究所等多家单位对阿尔金断裂开展了较为系统的综合考察研究，针对断裂带的展布、几何形态、第四纪以来的活动方式、活动强度与滑动速率等方面开展了详细研究，相关成果汇编成了《阿尔金断裂带》一书。之后随着测绘技术和第四纪年代学技术的发展以及国际合作的增强，国内外学者对阿

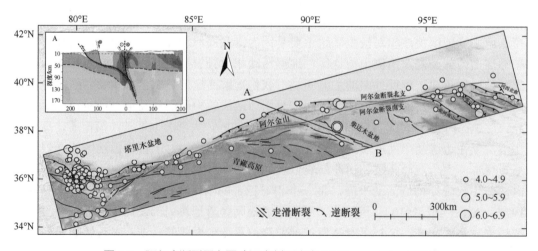

图 4-2　阿尔金断裂展布图（深度剖面来自 Wittlinger et al.，1998）

尔金断裂带开展了更为细致的活动构造研究,主要集中在对断裂的滑动速率和古地震活动历史两方面进行精细厘定。

阿尔金断裂带西南起自西昆仑山南麓的郭扎错一带,沿北东东方向延伸至河西走廊的玉门盆地,总体走向 N60°~70°E,断裂带在卫星影像上线性特征十分显眼,仅在端部位置发生偏转。根据断裂沿线的地形、地貌特征,一般将该断裂带分为西、中、东三段,其中西段斜穿昆仑山脉至阿尔金山;中段为阿尔金山段,切穿阿尔金山和索尔库里盆地;东段为祁连山段,截断祁连山脉。根据断裂几何展布的连续性特征,阿尔金断裂带由南北两条走向大体一致的分支断裂组成,其中南阿尔金断裂西起郭扎错,沿北东方向延至当金山口后,断裂走向逐渐转为北西西方向,与党河南山北缘断裂一起控制着党河南山的隆起。北阿尔金断裂西起拉配泉西北,向东延伸至河西走廊西端的宽滩山。目前关于阿尔金断裂带继续向北东方向的延伸位置还存在一定争议,Yue和 Liou(1999)根据蒙古国境内的不同地质单元位错认为阿尔金断裂在中新世以前穿过阿拉善地块及蒙古国东部,一直延伸到鄂克斯托海;另外也有学者认为阿拉善地块南缘一系列断裂均具有左旋走滑运动性质,如金塔南山断裂、合黎山断裂、北大山断裂和雅布赖断裂等,这些断裂都是阿尔金断裂过祁连山后向北东方向延伸的组成部分(Darby et al.,2005;陈文彬和徐锡伟,2006)。然而,高分辨率卫星影像及野外调查揭示阿尔金断裂的地表断层迹线终止于玉门以北的宽滩山附近,并且其与阿拉善南缘的一系列断裂在几何展布上不连续、运动性质上存在一定差异(Zheng et al.,2013a;张波等,2016;Yu et al.,2017)。Yu 等(2017)在总结阿拉善地块南缘断裂的几何展布与运动性质的基础上,提出该地区断裂整体可分为两组,其中走向为北西–南东方向的断裂均以逆冲性质为主,如龙首山断裂带、合黎山断裂、嘉峪关断裂等,而走向为近东西向的断裂均以左旋走滑性质为主,如桃花拉山–阿右旗断裂、北大山断裂和金塔南山断裂等,这样的断裂几何展布和运动学特征可以用青藏高原向北东方向的斜向扩展模式来解译。另外,沿阿尔金断裂的滑动速率分布特征和河西走廊西端的地球物理观测结果也都支持阿尔金断裂终止于河西走廊西端的结论(Xiao et al.,2015;Zhang et al.,2007)。

作为一条区域性大型左旋走滑断裂,阿尔金断裂的滑动速率一直受到大家的广泛关注,并被认为是识别青藏高原大陆变形模式的关键证据之一:①高滑动速率被认为支持块体挤出模式。该模型认为阿尔金断裂的滑动速率可达约 20~30mm/a,并且由于块体内部吸收的变形量有限,因此沿断裂带的滑动速率基本保持恒定(e.g.,Tapponnier et al.,1982,2001a;Peltzer and Tapponnier,1988;Avouac and Tapponnier,1993);②低滑动速率符合连续变形模式。该模型认为阿尔金断裂的滑动速率只有 ≤ 10mm/a,与连续分布的岩石圈变形速率相当(e.g.,England and Houseman,1986;England and Molnar,2005;Zhang et al.,2007)。近 20 年来不同学者通过地质学和大地测量学方法对阿尔金断裂滑动速率开展了大量研究,概括起来可分为三个不同时间尺度的滑动速率,分别是地质历史时期的长时间平均滑动速率,主要是根据断裂总位错量及断裂的起始活动时间来获得;晚第四纪滑动速率,通过晚第四纪断错地貌的详细解译与合适的第四纪测年方法获得；现代滑动速率，根据现代大地测量学方法获得，主要包括全球定位系统（GPS）和合成孔径雷达干涉测量（InSAR）两种技术。

断裂长时间滑动速率是根据断裂带在地质历史时间累积的总位移量与断裂起始活动时间来获得的，然而对阿尔金断裂来说，这两个参数都存在较大的不确定性。因此，阿尔金断裂的长时间滑动速率也是三个不同时间尺度滑动速率中不确定性最大的一个。阿尔金断裂的累积走滑位移反映了青藏高原的物质向北东方向运移的幅度，一直是人们关心的问题。但是，前人选择的地质标志各不相同，有岩浆岩带、变质岩带、海相地层、盆地位错等，其形成年代从元古宙至中中新世，根据这些不同时代的地质标志估算的阿尔金断裂总位移跨度从 1200km 到 70km（表 4-1）。而关于阿尔金断裂的新生代起始活动时间目前争议也较大，Yin 等（2002）根据柴达木盆地北缘与祁漫塔格地区的沉积记录及其与阿尔金断裂之间的构造关系，推测阿尔金断裂从约 49Ma 就已经开始活动。而根据沉积学和热年代学结果，阿尔金断裂可能是在中中新世才开始活动（Sun et al.，2005；Chang et al.，2015；Cheng et al.，2015；Yu et al.，2019b）。造成阿尔金断裂起始活动时间存在如此大的差异，一方面可能由于早期的采样间隔、测试方法等限制，结果存在一定不确定性；另一方面，阿尔金断裂作为一条长达 1600km 的边界断裂，不同段落的活动时间可能存在差异。因此，关于该断裂的长时间平均滑动速率结果均比较粗略。Yin 和 Harrison（2000）根据新生代逆冲断裂带约 280±30km 左旋位错和位错发生时间（约 30Ma），估算的断裂长时间平均滑动速率约为 7~9mm/a。Yue 等（2001）根据地层对比及推测位移累积时间，估算的新生代长时间平均滑动速率为 12~16mm/a。Yin 等（2002）根据断裂 470±70km 的累积位移和断裂起始活动时间（49Ma）估算的平均滑动速率为 9±2mm/a。

表 4-1　阿尔金断裂左旋走滑位移标志总结

位置	地质标志	时代	位移量 / km	参考文献
西昆仑与祁连山	岩浆岩带	早古生代	1200	张治洮，1985
康西瓦与南祁连	混杂岩带逆冲断裂系		1050	崔军文等，1999
阿哈提山－赛什腾山弧形构造	弧形构造带	元古宙—古生代	550	蔡学林等，1992
90°~94°E	岩浆岩带（花岗闪长岩）	晚古生代	约 500	Peltzer and Tapponnier，1988
86°~95°E	古地磁旋转	晚渐新世（24Ma）	500±130	Chen et al.，2002
82°~86°E	构造边界和基岩	早－中古生代（518~384Ma）	475±70	Cowgill et al.，2003
87°~92°E	湖岸线	中侏罗世（＜170Ma）	400±60	Ritts and Biffi，2000
阿拉善－蒙古国东部	古缝合带及构造带		400±50	Yue and Liou，1999
阿尔金山与祁连山	山脉地形对比		400	Molnar and Tapponnier，1975
88°~93°E	榴辉岩高压变质带	早古生代（约 500Ma）	400	Zhang et al.，2001；许志琴和杨经绥，1999
92°~96°E	浅海相地层	中元古代	400	Gehrels et al.，2003
	构造断裂带		350~400	葛肖虹和刘俊来，1999
	盆地位错	塔里木与柴达木盆地	350~400	Meng et al.，2001

续表

位置	地质标志	时代	位移量 / km	参考文献
91°~95°E	盆地位错	渐新世	380±60	Yue et al.，2001
92°~96°E	岛弧岩浆岩	490~480Ma	370	Gehrels et al.，2003
92°~97°E	蛇绿岩 & 蓝片岩	早古生代（约 500Ma）	350	Zhang et al.，2001
92°~96°E	物源对比	渐新世	360±40	Yue et al.，2005
89°~92°E	热年代冷却年龄	早－中侏罗世	350±100	Sobel et al.，2001
91°~94°E	盆地位错	早中新世	320±20	Yue et al.，2001
	车尔臣河		300	Ding et al.，2004
92°~95°E	逆冲断裂带	晚始新世—渐新世（40~32Ma）	280±30	Yin and Harrison，2000
	侏罗纪煤层	侏罗纪	250	郑剑东，1994
	火山岩		250	康玉柱，1995
90°~92°E	物源对比	晚中新世（23~16Ma）	0~165	Yue et al.，2004
	古近纪以来沉积物、 地貌	古近纪	75	国家地震局《阿尔金活动 断裂带》课题组，1992
94°~95°E	盆地位错	中中新世（16Ma）	69~90	Wang，1997

而关于阿尔金断裂的第四纪和现今滑动速率，前人已经做了大量工作，根据断裂错断地貌及第四纪测年、GPS 和 InSAR 等结果都趋于统一，约为 10mm/a（Cowgill et al.，2009；Elliott et al.，2008；Gan et al.，2007；Gold et al.，2009；Liu et al.，2020；Xu et al.，2005；Zhang et al.，2007；Wang and Shen，2020）（图 4-3）。最早根据卫星影像解译的断裂沿线水系位错及推测的位移发生时间估算的全新世滑动速率可达 20~30mm/a。之后 Tapponnier 等（2001b）利用 ^{14}C 测年方法获得断裂沿线的滑动速率，发现向东速率逐渐降低，但是中段的速率仍高达 20~30mm/a。在最近 20 年，宇宙成因核素测年法和光释光测年法飞速发展并被广泛应用到第四纪沉积物和地貌面测年中，在活动构造研究中得到了广泛应用，尤其是在估算断裂晚第四纪滑动速率方面。虽然早期仍有相对高的滑动速率被报道，但 Cowgill（2007）和 Zhang 等（2007）对走滑断裂的断错位移与其累积时间问题进行了重新解释，早期获得的高滑动速率变得更为一致，约为 9±2mm/a，之后越来越多的研究也都大致与该速率保持一致（表 4-2）。另外，随着 GPS 与 InSAR 大地测量技术的发展和观测时间的累积，阿尔金断裂现今的滑动速率也被限定在约 10mm/a，与第四纪地质滑动速率基本保持一致。值得注意的是，无论是第四纪地质滑动速率还是现代大地测量观测到的滑动速率都发现阿尔金断裂中段滑动速率相对稳定，而从 94°E 往东速率逐渐降低，到了其最东段玉门盆地附近，速率只有 1~2mm/a。

阿尔金断裂带作为青藏高原的北部边界断裂，是一条岩石圈规模的巨型活动断裂，然而与其他巨型走滑断裂（如圣安德烈斯断裂、海原断裂、鲜水河断裂等）相比，阿尔金断裂带上的历史地震记录较少，历史记录中仅有四次大于 6 级地震，分别是1924 年发生于民丰的两次 M_s 7.2 地震，以及发生于断裂西端于田附近的 2008 年 M_w 7.1

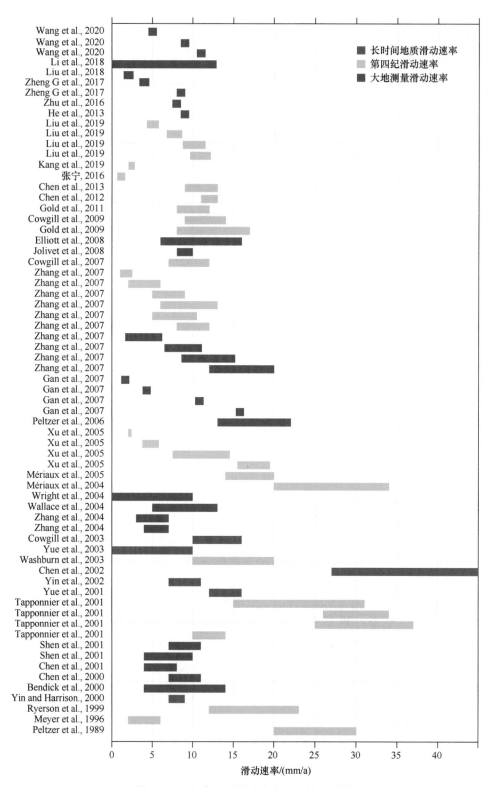

图 4-3　阿尔金断裂滑动速率研究结果总结

表 4-2　阿尔金断裂滑动速率总结

方法	位置	滑动速率 /（mm/a）	参考文献
长时间地质滑动速率			
逆冲断裂带位错	92°~95°E	7~9	Yin and Harrison，2000
物源分析	92°~95°E	12~16	Yue et al.，2001
地层位错	90°~94°E	7~11	Yin et al.，2002
古地磁旋转	86°~95°E	27~45	Chen et al.，2002
构造带位错	82°~86°E	10~16	Cowgill et al.，2003
第四纪滑动速率			
宇宙成因核素 +^{14}C	78°E	10~14	Tapponnier et al.，2001b
宇宙成因核素 +^{14}C	87°E	25~37	Tapponnier et al.，2001b
宇宙成因核素 +^{14}C	90°E	26~34	Tapponnier et al.，2001b
宇宙成因核素 +^{14}C	94°E	15~31	Tapponnier et al.，2001b
宇宙成因核素 +^{14}C+TL	85°~86.5°E	15.5~19.5	Xu et al.，2005
宇宙成因核素 +^{14}C+TL	94°~95°E	7.5~14.5	Xu et al.，2005
宇宙成因核素 +^{14}C+TL	96°E	3.8~5.8	Xu et al.，2005
宇宙成因核素 +^{14}C+TL	97°E	2~2.4	Xu et al.，2005
位错重新解释	86.4°E	7~12	Cowgill，2007
位错重新解释	85°E	8~12	Zhang et al.，2007
位错重新解释	86.5°E	5~10.5	Zhang et al.，2007
位错重新解释	94°~95°E	6~13	Zhang et al.，2007
位错重新解释	96°E	5~9	Zhang et al.，2007
位错重新解释	96.5°E	2~6	Zhang et al.，2007
位错重新解释	96.5°~97°E	1~2.5	Zhang et al.，2007
宇宙成因核素 +^{14}C	86.7°E	8~17	Gold et al.，2009
^{14}C	88.5°E	9~14	Cowgill et al.，2009
宇宙成因核素	97°E	0.6~1.6	张宁等，2016
大地测量学滑动速率			
GPS	84°~93°E	15.9	Gan et al.，2007
GPS	93°~95°E	10.8	Gan et al.，2007
GPS	95°~97°E	4.3	Gan et al.，2007
GPS	97°~100°E	1.6	Gan et al.，2007
GPS	83°~86°E	12~20	Zhang et al.，2007
GPS	89°~91°E	8.6~15.2	Zhang et al.，2007
GPS	93°~95°E	6.5~11.1	Zhang et al.，2007
GPS	96°E	1.6~6.2	Zhang et al.，2007
InSAR	86°E	6~16	Elliott et al.，2008
GPS	84°~94°E	8~9	Zheng G et al.，2017
GPS	95°E	3.6~4.4	Zheng G et al.，2017
GPS	83°~99°E	0~12.8	Li et al.，2018
GPS	83°E	11	Wang and Shen，2020
GPS	89°E	9	Wang and Shen，2020
GPS	93°E	5	Wang and Shen，2020

地震和 2014 年 M_w 6.9 地震（Shao et al.，2018）。而地表断错地貌观察发现，新鲜的地表破裂在断裂沿线保存较好，指示在过去千年里可能发生过多次破坏性地震。在断裂带中段，Elliott 等（2015）沿阿尔金断裂南支详细调查了最新一次地表破裂的分布并测量了同震位移约为 3~8m。古地震研究表明沿阿克塞挤压阶区南侧的阿尔金断裂南支最新一次地震可达 M_w 7.7（Washburn et al.，2001）。通过长时间序列的细粒沉积物记录，Shao 等（2018）和 Yuan 等（2018）分别对阿克塞挤压阶区段和索尔库里段开展了详细的古地震研究，获得了更为详细的古地震记录。其中阿克塞段断裂南支记录有四次事件，分别发生在 3282~3132BC，2411~2296BC，787~590BC 和 AD765~1347，断裂北支也记录有四次事件，分别发生在 3652~3473BC，2019~1905BC，1191~678BC 和 468BC 至 AD1305 之间，地震复发符合准周期模式（Shao et al.，2018）。Yuan 等（2018）在索尔库里段更是发现 9 次古地震事件，分别发生在 AD1598（1491~1741），AD797（AD676~926），668BC（732~589BC），956BC（1206~715BC），1301BC（1369~1235BC），2105BC（2233~1987BC），2663BC（2731~2601BC），2818BC（2878~2742BC）和 3396BC（3522~3205BC）。Luo 等（2019）在阿尔金断裂东端石包城附近开展的古地震探槽研究共揭示出三次古地震事件，分别发生于 2800~2720BP，4970~4180BP，7180~6440BP，其中最新一次事件的地表破裂长度约为 83km，从红柳峡至八个峡，同震位移约为 4.5m。

4.2.2　祁连－海原断裂带

祁连－海原断裂带位于青藏高原北部的祁连山东段，是中国大陆最为活动的断裂带之一。它西起祁连山内部的哈拉湖东侧，东南与六盘山东麓断裂相接，总体走向北西西－南东东方向，全长约 800km（图 4-4）。自西向东又可以分为一系列次级断裂，分别为哈拉湖断裂、冷龙岭断裂、金强河断裂、老虎山断裂、毛毛山断裂和海原断裂。前人研究主要集中于冷龙岭断裂及其以东的位置，而对西段的哈拉湖断裂几何展布、运动学性质、历史地震活动等研究较少，袁道阳等（未发表）曾开展过初步野外考察，在达坂山南麓发现有清晰的地表断层迹线，一系列冲沟被左旋位错，说明该段还是以左旋走滑运动性质为主，但仍需开展更详细的活动断裂研究。下文将重点介绍冷龙岭断裂及其以东段落，其中人们常说的狭义海原断裂西起甘肃景泰南兴泉堡，东至宁夏硝口以南，总体走向北西－南东方向，全长约 240km，西北与老虎山断裂斜列，东南与六盘山东麓断裂相接，在卫星影像上形成一条醒目的地表迹线（国家地震局地质研究所和宁夏回族自治区地震局，1990）。沿该断裂带发生过 1920 年海原 8.6 级大地震，形成一条长达 237km 的地震地表破裂带，最大左旋位错可达 10~11m，时至今日，许多地表破裂迹象仍保存较好。

关于海原断裂带的研究最早可追溯至 20 世纪 20 年代，1920 年海原大地震发生后，次年 4 月份，翁文灏等地质学家就对地震区开展了震后科学考察，开创了我国用现代科学方法研究地震的先河。随后的几十年间，不同学者，如郭增建、阚荣举、李玉龙、

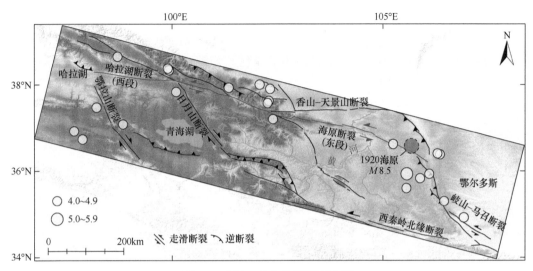

图 4-4　祁连－海原断裂带展布图

李龙海等分别对海原地震地表破裂带的不同段落开展过野外考察，首次提出了海原断裂带具有左旋走滑特征，发现了景泰地区地震地表破裂带、干盐池盆地唐家坡田埂位错等经典断错地貌，为后期的详细研究作了良好的铺垫。进入 20 世纪 70 年代，随着活动构造研究理论和方法的飞速发展，像邓起东院士等一批中国活动构造研究的先驱工作者开始对海原断裂带开展详细的几何学、运动学、变形历史以及动力学机制等系统性研究。国家地震局地质研究所和宁夏回族自治区地震局首先开始组织科研力量，对震中区、南华山和西华山等典型区开展断错地貌调查，发现了 1920 年海原地震地表破裂最大水平位移为 10~11m，并开展了现代古地震学研究。从 1983 年至 1987 年，完成了海原断裂带全段详细的 1 : 50000 地质填图，填图范围全长 280km，宽 2~10km，并对部分关键位置开展了更大比例尺的填图，开挖了 20 余个探槽，并对相关工作总结编著了《海原活动断裂带》一书。值得一提的是，1982 年至 1985 年在中国国家地震局和美国国家科学基金会资助下开展的中美地震科技合作研究，通过与美国顶级地质与地球物理学家 P. Molnar、B.C. Burchfiel、L. Royden 等人的合作，取得了大量新的认识和成果，为青藏高原东北缘活动构造研究打下了坚实的基础，甚至带动和促进了后来整个中国活动构造与新构造的研究。之后随着第四纪测年方法和测绘技术的发展，国内外学者开始对海原断裂带的沿断裂带位错分布、滑动速率、古地震历史、震后地形变等开展了定量化研究。并且随着磁性地层学和低温热年代学方法的引入，开始对海原断裂带的新生代活动历史展开了更为详细的定量研究。然而目前关于海原断裂带完整的新生代演化历史还存在较大争议，海原断裂带的起始活动时间、是否存在早期逆冲和晚期走滑的两阶段演化过程、左旋走滑活动的开始时间以及该断裂带在整个祁连山新生代构造演化中的角色等问题都还需要更详细的研究。

　　海原断裂呈向北东方向突出的弧形展布，由 11 条倾向不同的次级左旋走滑断层组成，次级断层之间分布着 8 个拉分盆地和 2 个斜压区（国家地震局地质研究所和宁夏回族自治区地震局，1990）。11 条次级断裂长度差别很大，短的只有 5~8km，长的可达 50~70km，其中以西华山北麓断层最长，可达 73km。次级断裂之间大多数是以左旋左阶的方式排列，仅在南华山东端和黄家洼山南麓存在两个右阶阶区。总体上看，各次级断裂都显示明显的左旋走滑特征，错断一系列的冲沟、阶地边缘、山脊、田埂等，而且大多具有逆冲分量，可能反映了总体的力学性质。拉分盆地是走滑断层相伴生的一种常见的地质现象，是盆地的一种重要类型。沿海原断裂的 8 个拉分盆地长约 2~8km，宽约 1~3km，表现为长条状及菱形盆地，第四纪沉积物多较薄，一般不超过 1km。这些与走滑断裂活动相关的拉分盆地为海原断裂起始活动时间提供了最小年龄限制，如 Lei 等（2018）根据在干盐池拉分盆地的钻孔古地磁结果，认为该盆地至少从约 2.8Ma 就开始接受沉积，说明海原断裂带的左旋走滑活动至少是从该时期就已经开始。值得注意的是，因为拉分盆地可能出现在走滑断裂演化的不同阶段，拉分盆地开始沉积的时间有可能远小于断裂走滑开始时间。除了拉分盆地的拉张阶区，挤压阶区也是走滑断层中常见的构造现象，沿海原断裂带有两个主要的斜压区，分别为南华山东端斜压区和边沟斜压区（国家地震局地质研究所和宁夏回族自治区地震局，1990）。

滑动速率是判定断裂活动强度的重要标志，也是活动构造研究的重要内容之一。断裂的晚第四纪滑动速率主要是根据断错位移和第四纪测年工作共同获得，20 世纪 80 年代在 1∶50000 填图过程中，通过皮尺和平板仪等工具获得了 277 个水平断错位移。有限的 ^{14}C 测年样品与相应的断错位移一起获得海原断裂的水平滑动速率约为 2.5~10mm/a，多数结果集中于 4~6mm/a（Zhang et al.，1988；国家地震局地质研究所和宁夏回族自治区地震局，1990）。根据南西华山中段约 12.9~14.8km 的最大水平位移，Burchfiel 等（1991）估算了全新世以来的走滑速率约为 5~10mm/a。田勤俭等（2001）根据老龙湾盆地的形成过程，认为海原断裂带的累积位移为 60km，走滑开始活动时间为 10Ma，据此估算断裂长期滑动速率应为约 6mm/a；Gaudemer 等（1995）根据冷龙岭断裂沿线的冰川地貌左旋断错位移以及推测的位错时间，估算该断裂的走滑速率可达 15±5mm/a。Lasserre 等（2002）根据冲沟位错以及宇宙成因核素测年，获得冷龙岭断裂的左旋走滑速率高达 19±5mm/a，即使在海原断裂带的东段，滑动速率也有 12±4mm/a。随着测年方法与高精度地形测量技术的发展，对海原断裂带的滑动速率工作也越来越精细化，大部分结果都集中在 3~8mm/a（Li et al.，2009；Chen et al.，2018；刘金瑞等，2018；Yao et al.，2019；Matrau et al.，2019；Shao et al.，2021），并且与现今 GPS 及 InSAR 观测和反演结果获得的滑动速率基本一致（Cavalié et al.，2008a，2008b；Jolivet et al.，2012；Daout et al.，2016；Li X et al.，2021；Li Y et al.，2021）（表 4-3、图 4-5）。Li 等（2009）利用上下阶地的年龄以及更加可靠的测年结果准确限定了海原断裂带东段的左旋走滑速率为 4.5±1.0mm/a。郭鹏等（2017）和 Jiang 等（2017）利用地基 LiDAR 获取的高分辨率 DEM 和 ^{14}C 与光释光测年方法，获得了冷龙岭断裂的走滑速率约为 5~7mm/a。刘金瑞等（2018）综合多地点的左旋走滑位错与不同地貌面的年龄数据，将老虎山断裂的平均左旋走滑速率限定在 4.3±0.16mm/a，与东段的狭义海原断裂滑动速率基本一致。关于海原断裂带的左旋走滑速率不同学者仍在开展更加精细化研究，通过更多的宇宙成因核素、^{14}C 和光释光测年结果，最近 Matrau 等（2019）将哈思山段的左旋滑动速率限定为 3.2±0.2mm/a，Yao 等（2019）将老虎山断裂的左旋滑动速率限定为 5.0~8.9mm/a，Shao 等（2021）将金强河断裂的左旋走滑速率限定为 5~8mm/a。这些通过位错测量和不同第四纪测年方法获得的断裂晚第四纪左旋走滑速率与现今的大地测量观测结果也基本一致，无论是 GPS、InSAR 或者是根据不同的地壳变形模型反演获得的海原断裂左旋走滑速率都集中在 3~8mm/a，而且其中绝大部分更是集中在 4~6mm/a。因此，虽然目前关于海原断裂带西段的哈拉湖断裂滑动速率研究相对较少，但冷龙岭及其以东段滑动速率总体保持一致，并未发现明显的渐变趋势，只有到了东端部的六盘山附近，速率才逐渐降低。

表 4-3　海原断裂滑 / 动速率总结

方法	位置	滑动速率 /（mm/a）	参考文献
第四纪地质滑动速率			
^{14}C	105.3°E	2.6~4.4	Zhang et al.，1988
^{14}C	105.3°E	6.6~8.6	Zhang et al.，1988
^{14}C	105.4°E	3.7~4.5	Zhang et al.，1988
^{14}C	105.4°E	2.7~4.1	Zhang et al.，1988
^{14}C	105.5°E	5.7~7.7	Zhang et al.，1988
地层恢复	105°E	5~10	Burchfiel et al.，1991
推测年龄	103.5°E	2.4~4.8	何文贵等，1994
冰川地貌	101.7°E	10~20	Gaudemer et al.，1995
推测年龄	102.6°E	7~15	Gaudemer et al.，1995
地层对比	102°~104°E	2~5	袁道阳等，1998
^{14}C 及推测年龄	102°E	2~5	何文贵，2000
古地震	103.5°E	8~16	Liu-Zeng et al.，2007
^{14}C	105.37°E	3.4~5	Li et al.，2009
^{14}C	105.17°E	3.8~5.2	Li et al.，2009
^{14}C	104.56°E	2.5~7.5	Li et al.，2009
^{14}C+TL	102°E	3.5~5.1	何文贵等，2010
^{14}C+TL	102°E	3.7~5.1	Zheng et al.，2013c
LiDAR	105.37°E	3~5	陈涛等，2014
LiDAR	102°E	6.3~6.9	Jiang et al.，2017
^{14}C+OSL	102°E	5.7~7.1	郭鹏等，2017
LiDAR	103.8°E	3~5	Chen et al.，2018
^{14}C+OSL	103.7°E	4	刘金瑞等，2018
宇宙成因核素	104.5°E	3.2	Matrau et al.，2019
宇宙成因核素 +^{14}C+OSL	103.5°E	5~8.9	Yao et al.，2019
宇宙成因核素 +^{14}C+OSL	102.7°E	5~8	Shao et al.，2021
大地测量观测及反演速率			
GPS 反演	100°~105°E	7~9	Meade，2007
GPS 反演	100°~105°E	5~6	Thatcher，2007

续表

方法	位置	滑动速率 / (mm/a)	参考文献
大地测量观测及反演速率			
GPS 反演	100°~105°E	8.6	Gan et al.，2007
InSAR	103.9°E	4.3~8.3	Cavalié et al.，2008a
InSAR	103.9°E	4.2~8	Cavalié et al.，2008b
GPS	104°~105°E	4~5	Li et al.，2009
GPS 反演	100°~105°E	3.2~3.6	Wang et al.，2009
InSAR	104°E	5	Jolivet et al.，2012
InSAR	104°E	4~6	Jolivet et al.，2013
GPS 反演	100°~105°E	1.4~7.6	葛伟鹏等，2013
GPS	99°E	1.5	Zheng et al.，2013c
GPS	100°~105.5°E	4	Zheng et al.，2013c
GPS+InSAR 反演	102°E	6.9~10	Daout et al.，2016
GPS+InSAR 反演	104°E	4.5~6.9	Daout et al.，2016
GPS 反演	101°~106.5°E	3.2~6.2	Li et al.，2016
GPS	102°~104.5°E	4~5	Zheng G et al.，2017
GPS 反演	102°~105.5°E	1.7~8.1	Li et al.，2017
GPS 反演	100°~105.5°E	5.9~7.9	Wang W et al.，2017b
GPS 反演	102°~105.5°E	3~6	郝明等，2017
GPS 反演	100°~105.5°E	2.7~6.4	Wang Y et al.，2017
GPS 反演	100°~105.5°E	3.8~6.4	Li et al.，2018
GPS+ InSAR 反演	102°~105.5°E	5~5.9	Song et al.，2019
GPS	101°~104°E	7	Wang and Shen，2020
InSAR	102°~105.5°E	1~5	Li Y et al.，2021
GPS 反演	102°~105.5°E	5~5.8	Li X et al.，2021

  1920 年 12 月 16 日沿海原断裂带发生了特大破坏性地震，宏观震中位于石卡关沟、哨马饮一带，震中烈度为XII度（国家地震局地质研究所和宁夏回族自治区地震局，1990），形成一条长达 237km 的地震地表破裂带，东起宁夏固原西的海子峡附近，向北西经月亮山、南华山、西华山、黄家洼山、北嶂山、哈思山、米家山等山系的北东缘或南西缘，终止于甘肃景泰南的兴泉堡东。地表破裂以左旋水平剪切为主，垂直位移分量较小，最大水平位移位于西华山北麓哨马饮至石卡关沟一带，约 10~11m，水平位移自震中向东西两侧呈波浪式衰减。海原地震过去根据烈度分布和经验关系估算的震级为 8.6 级（国家地震局地质研究所和宁夏回族自治区地震局，1990）。最近 Ou 等（2020）尽可能地收集了全球现有的地震仪记录，并将其数字化，用现代地震学方法重新估算了该地震的震级为 M_w=7.9±0.2。而关于海原断裂带的古地震记录，前人也做了大量工作（Liu-Zeng et al.，2007，2015；冉勇康等，1997；张培震等，2003）。冉勇康等（1997）在海原断裂带高湾子附近开展了大量的古地震探槽工作，揭示出 7 次古地震事件，分别距今 10004±3196a，6689±169a，6120±505a，4208±577a，

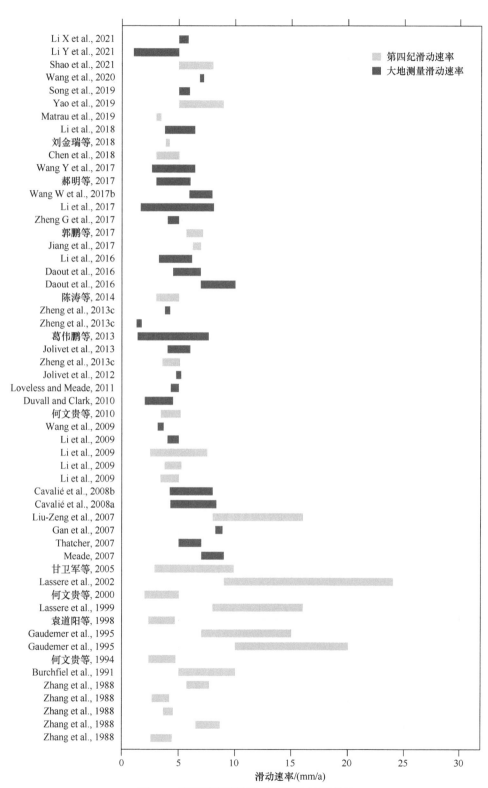

图 4-5　海原断裂带滑动速率研究结果总结

2763±372a，1005±465a。张培震等（2003）沿海原断裂带共开挖了 17 个探槽，揭示出大量古地震事件，总结认为不同段落的古地震活动存在差异性，整个断裂带的古地震丛集现象十分明显。Liu-Zeng 等（2007）在松山附近的两个古地震探槽揭示在过去约 4000 年间共发生 6 次古地震事件，通过高分辨率沉积地层测年工作，认为最新一次事件可能对应 1990 年 M_{w} 5.8 级地震事件，更早的三次事件分别发生在 AD0~410，AD890~1000，AD1440~1640，可能分别对应 AD143，AD1092 和 AD1514 三次历史地震。在干盐池盆地内类似的工作发现 AD1500 以来发生过 3~4 次地震事件，其中最新一次事件对应 1920 年海原大地震，更早的两次分别发生在 AD1760（或者 AD1709）和 AD1638（Liu-Zeng et al.，2015）。

4.2.3　香山 – 天景山断裂带

香山 – 天景山断裂带是青藏高原北缘与相对刚性的阿拉善地块之间的分界断裂，总体走向近东西方向，全长约 200km，由多条次级断裂组成，是一条以左旋走滑为主的活动断裂，曾发生过 1709 年 7.5 级地震（图 4-6）。断裂带沿中卫南的天景山和香山北麓展布，南侧是由古生界组成的隆升的山体，北侧是山前台地及第四纪中卫盆地，断层两侧高差最大可达上千米。20 世纪 80 年代以来，由于验证修建黄河黑山峡水利枢纽工程可行性的需要，来自多家单位和部门的大量活动构造专家对该断裂开展过详细研究，在该断裂的几何展布、滑动速率、古地震等方面取了很多成果，并发现了罐罐岭地表破裂带（柴炽章等，2003）。综合断裂的几何形态、运动性质、地貌特征和地震活动等方面的特征，李新男（2014）将该断裂分为西段、东段和东南段，其中西段包括景泰小红山、罐罐岭、沙井、中卫小红山和青山 – 孤山子 5 条次级断层，走向近东西向，全长约 60km，以左旋走滑为主，兼有正断或逆断运动性质；东段包括西梁头 – 麻雀湾、孟家湾 – 粉石沟、粉石沟 – 碱沟和碱沟 – 刘岗井 4 条次级断裂，走向北西西 – 南东东方向，全长约 80km，具有左旋走滑兼逆冲性质；东南段包括双井子 – 团部朗、团部朗 – 桃山、桃山 – 井家口子和井家口子 – 西王团 4 条次级断裂，走向由北西逐渐

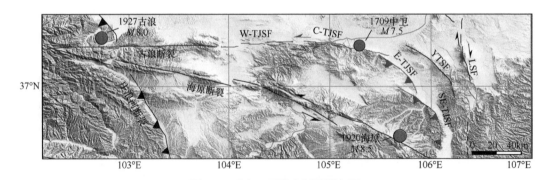

图 4-6　香山 – 天景山断裂展布图

图中主要断层名称：W-TJSF- 香山 – 天景山断裂西段；C-TJSF- 香山 – 天景山断裂中段；

E-TJSF- 香山 – 天景山断裂东段；SE-TJSF- 香山 – 天景山断裂东南段；LSF- 罗山东麓断裂

转为北北西方向，长约 60km，总体上表现为左旋走滑分量逐渐减小，逆冲运动分量逐渐增大，表现为走滑挤出向地壳缩短变形转变。

汪一鹏等（1990）根据红谷梁和碱沟之间 6 条冲沟的平均水平位移量 38.2m 和估算的冲沟阶地的沉积年龄约为 12000 年，给出了香山 – 天景山断裂在红谷梁点的平均左旋走滑滑动速率 3.18mm/a。柴炽章和张维岐（1997）根据沿断裂位移测量和区域地貌面对比对断裂的晚第四纪水平活动强度做了分时、分段研究，晚更新世早期至中期断裂的活动主要集中在西段的孟家湾与小洞山之间，而晚更新世晚期以来，活动中心向东迁移，全段晚更新世初期至中期的平均滑动速率为 0.23~1.41mm/a，晚更新世晚期至全新世初期和全新世中期以来的平均滑动速率分别为 0.55~1.46mm/a 和 0.41~1.62mm/a。李传友（2005）在断裂带中段的红沟梁和孟家湾一带开展了滑动速率研究，根据断裂水系的位错以及与其相关的断错地貌面的年代学测定，重新厘定了香山 – 天景山断裂的全新世左旋走滑速率介于 2.29±0.06mm/a 和 2.86±0.11mm/a 之间。同样根据地貌面位移测定和第四纪测年工作，李新男（2014）估算了香山 – 天景山断裂带西段的全新世左旋走滑速率约为 1.1~1.2mm/a，与现代 GPS 观测结果预测的结果一致（Li et al., 2019；Li X et al., 2021）。董金元等（2021）近期利用差分 GPS 和无人机摄影测量技术精确测量了孟家湾和嵝岘沟点冲沟及河流阶地的水平位移量，通过位错恢复并对断错地貌面进行光释光测年，获得了孟家湾和嵝岘沟两个点的晚第四纪平均左旋走滑运动速率，分别为 1.2±0.3mm/a 和 0.9±0.3~1.1±0.2mm/a。对比分析认为天景山断裂带晚第四纪左旋走滑运动速率在空间上较为稳定，约为 1.1mm/a。

1709 年中卫 $7_{1/2}$ 级地震发生香山 – 天景山断裂之上，形成了一条长约 60km 的地表破裂带，虽然经过 300 年的风化，大部分段落地表遗迹仍可以辨认。该地表破裂带分为东、中、西三段，其中西段从大堆沟、孟家湾附近开始至粉石沟，长约 23km；中段是保存最好的一段，从粉石沟至双井子一带，全长约 30km，该段变形较集中、连续，强度较大，表现为地震沟槽、地表断层陡坎、滑坡、地裂缝以及水系山脊的左旋断错，位移最大处位于青驼崖西，约 5.6m；东段沿山前断裂发育，从双井子延伸至小红湾南一带，走向向南偏转，长约 7km。沿中卫地震地表破裂带的位移分布特征显示（张维岐等，2015），位移分布不均匀，最大同震位移与断裂累积最大位移位置重叠，表明断裂带左旋走滑运动具有长期的继承性。垂直位移一般不超过 1m，且多表现为逆冲断层，仅在拉分区显示出正断特征，显示断裂是以左旋走滑运动为主，带有一定的逆冲分量。

4.2.4 祁连山北缘断裂带

祁连山北缘断裂沿祁连山北缘山根附近展布，是走廊南山与河西走廊的分界线，也是青藏高原与河西走廊、阿拉善地块之间巨大地形高差之间的界线。断裂带总体走向北西西 – 南东东方向，多倾向西南，倾角一般为 45°~80°。断裂上盘为北祁连褶皱带，主要由古生代寒武系、奥陶系、志留系以及中生代地层组成，而断层的下盘为河西走廊前陆盆地，新生代主要沉积了湖相、冲洪积相地层。祁连山北缘断裂带是由一系列断裂组成，如旱峡 – 大黄沟断裂、玉门 – 北大河断裂、佛洞庙 – 红崖子断裂、榆木山北缘断裂、榆木山东缘断裂、民乐 – 大马营断裂、皇城 – 双塔断裂等，总体上呈波浪状展布，次级断裂呈弧形或 S 形展布，次级断裂之间呈左阶形式排列（图 4-7）。

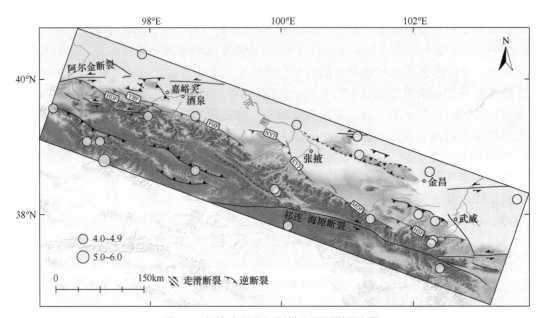

图 4-7　祁连山北缘断裂带主要断裂展布图

（红色代表祁连山北缘断裂带，黑色为其他活动断裂，虚线为推测断裂）

图中主要断层名称：HDF- 旱峡 – 大黄沟断裂；YBF- 玉门 – 北大河断裂；FHF- 佛洞庙 – 红崖子断裂；
NYF- 榆木山北缘断裂；EYF- 榆木山东缘断裂；MDF- 民乐 – 大马营断裂；HSF- 皇城 – 双塔断裂

旱峡 – 大黄沟断裂西自玉门镇的大坝经积阴功台、窟窿山，穿过石油河、白杨河，至洪水坝河，止于佛洞庙以南，全长约 160km。断裂总体走向北西西方向，倾向南西方向，倾角约 40°~70°，切割了古生界、中生界、古近系和新近系白杨河组、疏勒河组和第四系玉门砾岩等地层，断裂两盘相对高差可达 500m 以上，多处出现清楚的断层露头，构造岩发育。该断裂自中新世中 – 晚期开始活动，对古近系、新近系及第四系玉门砾岩沉积起了明显的控制作用，表明该时间段内断裂活动强烈，而晚更新世以来则处于相对平静状态，全新世已停止活动（国家地震局地质研究所和国家地震局兰州地震研究所，1993），最新的高分辨卫星影像解译及野外考察也未发现新活动证据。

玉门 – 北大河断裂分布于祁连山西端的最北部边缘，是酒西盆地与祁连山系的边界，早期的研究认为该断裂西自青草湾，经老君庙、青头山至大红圈，长约 60km，但是最新的研究表明断裂向东可以一直延伸至北大河东岸，全长约 80km（刘兴旺，2017；闵伟等，2002）。断裂走向呈北西西走向，倾向西南，为一条逆掩推覆断裂，无走滑特征，断错了古生界、古近系和新近系白杨河组、疏勒河组以及第四系地层。断裂分为东、中、西三段，东段几何结构相对简单，表现为连续分布的断层陡坎，保留有古地震地表破裂遗迹；中段结构复杂，发育有多条次级断层陡坎；西段表现为未出露地表的盲断层或褶皱（刘兴旺，2017）。刘兴旺（2017）根据北大河 T5 阶地断层陡坎高度及阶地面测年结果，估算该断裂的垂直滑动速率为 0.58±0.08mm/a，同时在白杨河的 4 级阶地共同揭示的滑动速率为 0.94±0.32mm/a。

　　佛洞庙 – 红崖子断裂沿祁连山北缘山脚分布，是酒东盆地与祁连山的界线，西起洪水坝河西岸的佛洞庙附近，向东穿过洪水坝河、丰乐河、马营河等河流，总体走向北西西方向，全长约 110km（国家地震局地质研究所和国家地震局兰州地震研究所，1993）。断裂南盘为高耸的祁连山，北盘为酒东盆地，错断山前洪积扇形成清晰的断层陡坎，晚第四纪活动十分强烈，是 1609 年红崖堡 7_{1/4} 级地震的发震断裂。早期根据区域地貌面对比，初步获得的断裂垂直滑动速率约为 2.1mm/a（国家地震局地质研究所和国家地震局兰州地震研究所，1993）。郑文俊（2009）根据洪水坝河及马营河的阶地研究，获得了断裂的垂直和左旋走滑速率分别为 0.41±0.09mm/a 和 1.2±0.15mm/a。Xu 等（2010）通过小泉段与红崖子段多个断错地貌面的位移测量和测年工作，给出断裂的垂直滑动速率为 0.42~2.0mm/a。杨海波（2016）根据洪水坝河、石羊圈沟及丰尔河等一系列断错地貌与年代测定，获得断裂西段和中段平均垂直滑动速率分别为 1.6±0.3mm/a 和 1.3±0.2mm/a，全新世以来的垂直滑动速率为约 0.8mm/a。这一结果与 Hetzel 等（2019）在洪水坝河口的结果一致，并且和现代 GPS 观测结果也相符。

　　榆木山北缘断裂位于榆木山北缘山前洪积扇上，呈弧形向北东方向凸出，总体走向北西西至北西方向，西起元山子，向东止于梨园河，全长约 60km（金卿，2011）。断裂倾向西南方向，以逆冲性质为主，兼有左旋走滑分量。根据断裂的断错地貌与活动性，该断裂可分为三段，分别为元山子至芦泉河的西段，芦泉河至排路口的中段，以及排路口至梨园小口子的东段（边庆凯等，2001）。过去认为公元 180 年表氏地震发生于榆木山北缘断裂，并导致骆驼城的废弃（Tapponnier et al.，1990；Xu et al.，2010）。但古地震研究发现沿断裂最新一次古地震事件发生在距今 4.1ka 之前，与公元 180 年表氏地震不符，在地表也未发现新鲜的地表破裂带。先后有很多不同学者对该断裂的活动性及滑动速率开展研究（Tapponnier et al.，1990；边庆凯等，2001；郑文俊，2009；Palumbo et al.，2010；金卿，2011；Hu et al.，2019b；Ren et al.，2019；陈干等，2017），其中逆冲滑动速率在 0.3~1.9mm/a，其中较新研究多支持较低的滑动速率，约 0.5mm/a，断裂的左旋走滑速率约为 1mm/a（Ren et al.，2019；陈干等，2017）。榆木山地形地貌呈现沿走向对称和垂直走向不对称的特征，这可能主要是和榆木山的隆升过程相关。垂直于山脉走向的地形剖面显示山体沿垂直走向呈明显的不对称性，靠近断裂一侧海拔明显要高，这可能是因为榆木山的隆升主要是受向北逆冲的榆木山北缘断裂控制；而平行于山脉走向的地形剖面呈现近乎对称的特征，显示中段的活动强度比东西两侧强，这与中段滑动速率高于东西两侧的特征相吻合。同时也可能与逆冲断裂的起始活动时间有关，中段最早隆起，而后向两侧发展，这与榆木山东端发现的梨园河向东迁移的特征相一致。另外，榆木山在地理位置上处于祁连山主体与河西走廊盆地之间，海拔也是介于两者之间，因此榆木山的隆升过程是理解高原向北扩展的关键之一。关于榆木山的隆升时间前人也开展了大量研究，活动构造、低温热年代学和沉积学等多方面证据都显示榆木山的隆升开始于 4~2Ma（Tapponnier et al.，1990；Palumbo et al.，2009；Liu et al.，2011；Fang et al.，2013；Wang et al.，2018；Hu et al.，2019b）。总结祁连山北缘以及河西走廊内部的变形时间，祁连山北部总体符合向北渐进式扩展的变形样式（Yu et al.，2019a；Zheng et al.，2010）。

榆木山东缘断裂沿榆木山东缘并向东延伸，北起临泽县南黄家湾村西，向南红大、小磁窑口、黑河口、西武当、花寨子，至马蹄寺以南逐渐消失（国家地震局地质研究所和国家地震局兰州地震研究所，1993），全长约 110km，总体走向北北西向，倾向西南。该断裂由五条次级断裂组成，分别为西武当断裂、上龙王断裂、大苦水断裂、花寨子断裂和民乐断裂，各段活动程度各有不同。关于榆木山东缘断裂的研究相对较少，现有研究主要集中于黑河口附近（Hetzel et al.，2004b；金卿，2011）。金卿（2011）在断裂西端发现一段长约 8km 的断层陡坎，南北向延伸，陡坎高约 1.5m，应该为晚第四纪活动；在梨园河至黑河口段，长约 17km，同样可见新鲜的断层陡坎，也为晚第四纪活动；然而黑河口以南为山前老断层，未见晚第四纪活动证据。

民乐－大马营断裂位于祁连山北缘断裂东段，是祁连山与民乐盆地之间的界线，西起民乐以南玉带沟，经扁都口，至百花掌，全长约 110km，总体走向北西西，倾向南西，倾角一般为 60°~70°（雷惊昊等，2017；国家地震局地质研究所和国家地震局兰州地震研究所，1993）。断裂总体线性特征明显，沿线分布有断层陡坎，并不连续，在民乐县炒面庄、大马营滩大得沟、明泉沟以及东大河河口等多处断层陡坎保存较好，显示出明显的晚第四纪新活动特征，是一条逆冲活动断裂（Xiong et al.，2017；雷惊昊等，2017）。关于该断裂的活动断裂研究程度总体较低，Xiong 等（2017）根据东大河河口发育的一系列河流阶地的断错位移测量以及详细的阶地面年代学测定，确定了该断裂是一条全新世活动断裂，其晚更新世—全新世垂直滑动速率为 0.9 ± 0.2mm/a。

皇城－双塔断裂是祁连山北缘断裂带东段一条重要的活动断裂，西起鸡冠山西侧，与民乐－大马营断裂呈左阶连接，向东经皇城南侧、九条岭、上寺、祁连乡、塔尔庄、水峡口，止于双塔北侧，全长约 140km，总体走向北西西，倾向南西（国家地震局地质研究所和国家地震局兰州地震研究所，1993）。根据断裂的几何展布、活动性特征，可以将该断裂分为东、中、西三段，西段为皇城断裂段，中段为上寺断裂段，东段为冬青顶断裂段。其中西段和中段位于基岩山区或丘陵区，由于沿断裂第四纪沉积物较少，研究程度相对较低。关于皇城－双塔断裂的研究主要集中于其东段，该段发现新鲜的地表破裂带，一般认为是 1927 年古浪 8 级地震形成的（Gaudemer et al.，1995；侯康明，1998；Xu et al.，2010）。在塔儿庄以东的东段由南北两条近平行的断裂组成，其中北支以逆冲性质为主，而南支表现为正断特征。沿这两条分支断裂形成壮观的地表破裂带，破裂带长度约 23km，最大垂直位移约为 7.4m，平均约 3m。另外，在其南侧冬青顶洋子基岩山中还有一条长约 28km 的破裂带。关于古浪地震的发震构造仍是东北缘活动构造研究的一个疑点之一，该地震是继 1920 年海原 8.5 级地震之后青藏高原东北缘的又一个特大地震，受灾区域长达 600km，宽达 200km，造成重大人员伤亡

（顾功叙，1983）。但是为何在十年之内在东北缘地区同时发生两次 8 级以上特大地震，而且古浪地震震中附近发育多组不同走向的断裂，且多条断裂上都发现地表破裂带，如天桥沟 – 黄羊串断裂、冷龙岭断裂和武威 – 天祝断裂等，该地震是单条破裂还是多条断裂级联破裂，多条断裂之间的相互作用和破裂过程是怎样的，还需要更多的研究（Guo et al.，2020）。

4.2.5　祁连山南缘断裂系（柴达木盆地北缘断裂系）

与祁连山北缘断裂带相对集中断层展布和线性特征不同，祁连山南缘的变形更为弥散，分布在一系列向南逆冲的断裂和褶皱变形上。祁连山南缘断裂系除了沿山前附近的宗务隆山南缘断裂和大柴旦断裂以外还包括一系列断裂，如赛什腾山断裂、绿梁山断裂、锡铁山断裂、阿木尼克山断裂、欧龙布鲁克断裂、牦牛山断裂、怀头他拉断裂等（袁道阳，2003）（图 4-8）。虽然柴北缘总体符合前陆褶皱冲断带的变形特征，变形从南祁连向南逐渐传播，但是关于变形样式建立的时间还存在争议，活动构造研究也主要集中于其中几条主要断裂。袁道阳（2003）发现了德令哈以北的南祁连山前洪积扇上发育清晰的活动断层陡坎，并对断裂带开展了 1∶50000 填图，称之为巴音郭勒河北缘断裂，现多称之为宗务隆山南缘断裂。他们最早认为该断裂东自泽令沟农场，向西切过巴音郭勒河直至夏尔哈止，全长约 60km，几何结构相对简单，分为道勒根木 – 查汗阿木段、水文站段、红山煤矿段和拜京图 – 柏树山煤矿段，以逆冲性质为主，未见明显而可靠的走滑活动证据。根据断错位移的测量和初步的测年工作，获得断裂的晚更新世垂直滑动速率为 0.28±0.18mm/a。董金元（2020）又对该断裂做了系统性研究，

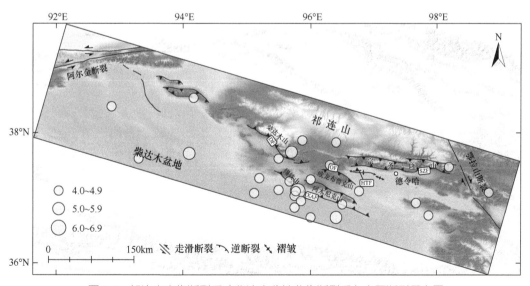

图 4-8　祁连山南缘断裂系（柴达木盆地北缘断裂系）主要断裂展布图
图中主要断层名称：SZF- 宗务隆山南缘断裂；DF- 大柴旦断裂；HTF- 怀头他拉断裂；
OF- 欧龙布鲁克断裂；XAF- 锡铁山 – 阿木尼克山断裂

认为其全长约 95km，总体走向近东西方向，最东端被鄂拉山断裂所截断，向西一直延伸到德令哈市西北的白水河附近，断裂晚更新世以来的垂直滑动速率为 0.41±0.05mm/a，水平缩短速率约 0.47~0.80mm/a，占祁连山地区地壳缩短速率的 10%。位于宗务隆山南缘断裂以西的另一条重要的边界断裂是大柴旦断裂，位于柴达木山南缘，是柴达木山与柴达木盆地之间的界线。该断裂西自鱼卡，向南东方向延伸，经热水沟、大柴旦北、八里沟、大头羊沟、塔塔林河口、宽沟，一直延伸至红山南侧，全长约 115km（庞炜等，2015；董金元，2020）。根据断裂几何展布和运动性质特征可将断裂分为三段，其中西段从鱼卡至热水沟，长约 40km，走向为北西方向，以逆冲性质为主；中段线性特征明显，从温泉沟至塔塔林河口附近，长约 27km，走向为北北西方向，以右旋走滑性质为主，兼有逆冲性质；东段从塔塔林河口至红山南缘，全长约 50km，以逆冲性质为主（董金元，2020）。董金元（2020）获得该断裂带中段的右旋滑动速率为 2.04±0.33mm/a，垂直滑动速率为 0.17~0.41mm/a。古地震探槽揭示出 5 次古地震事件，且符合准周期复发特征，复发间隔约为 2000 年，其中最近一次古地震事件的离逝时间为 1935±60a，较接近复发周期，地震危险性较高（庞炜等，2015）。除了活动断裂，柴北缘还发育一系列活动褶皱。柴北缘中东段包括 3 排褶皱逆冲带，董金元（2020）对其中的第一排褶皱构造进行了研究，包括石底泉背斜、怀头他拉背斜和德令哈背斜，其中石底泉背斜形态上呈南陡北缓的不对称特征，受深部一条向北倾的盲逆断层控制，并获得了该背斜的长期平均隆升速率为 0.06±0.01mm/a，缩短速率为 0.05±0.01mm/a；而德令哈背斜则呈现北陡南缓的特征，长期平均隆升和缩短速率分别为 0.51±0.06mm/a 和 0.22±0.03mm/a。

4.2.6 鄂拉山断裂－日月山断裂

鄂拉山断裂和日月山断裂总体走向北北西方向，是分布于青海湖东西两侧的两条近平行的右旋走滑断裂带，在吸收和调节青藏高原北部变形中起着重要作用（图 4-1）。鄂拉山断裂控制着鄂拉山的隆升，分隔了柴达木盆地和共和盆地，并使断裂两侧的盆地发生强烈变形。该断裂北起乌兰县以北的阿汗达来寺，向南沿鄂拉山与哇洪山中央谷地通过至温泉附近，与昆中断裂相连接，总体走向 N20°W，全长约 207km（袁道阳，2003）。该断裂几何结构复杂，由 6 条次级断裂组成，分别为呼德生段、茶卡六道班段、哇洪山段、鄂拉山段、青根河段和玛日塘－玛木龙吾日昂段，相邻段落之间主要以右阶阶区相连接。该断裂晚更新世以来的右旋走滑速率为 4.1±0.9mm/a，垂直滑动速率为 0.15±0.1mm/a（袁道阳，2003；Yuan et al.，2011）。

热水－日月山断裂是祁连山内部另一条线性特征清晰的北北西向右旋走滑断裂，北起大通河以北的热麦尔曲，向南经热水煤矿，沿大通山、日月山东侧到日月山垭口后与拉脊山断裂相连，全长约 183km（袁道阳，2003）。该断裂带由 4 条次级断裂呈右队羽列而成，分别为大通河段、热水段、海晏段和日月山段。该断裂晚更新世以来的水平滑动速率为 3.25±1.75mm/a，垂直滑动速率为 0.24±0.14mm/a（袁道阳，2003；

Yuan et al.，2011）。另外，Yuan 等（2011）假设断裂的长期滑动速率保持不变，根据断裂的累积位移和晚第四纪滑动速率估算断裂的起始活动时间为 9~10Ma。

4.2.7 其他断裂

祁连山地区除了以上介绍的这些活动断裂以外，在祁连山内部还有大量其他活动断裂，虽然它们处在不同的构造位置，表现为不同的运动学性质，但是在吸收青藏高原北部变形和高原隆升过程中也起着重要作用，例如党河南山南缘断裂、党河南山北缘断裂、野马河 – 大雪山断裂、昌马断裂、疏勒南山断裂、青海南山断裂、拉脊山断裂、马衔山断裂、玛雅雪山断裂、庄浪河断裂等，由于其中大部分断裂的研究程度相对较低和篇幅所限，在此不一一介绍。

4.3 阿拉善地块主要活动断裂

阿拉善地块位于青藏高原以北、鄂尔多斯地块以西，与周边地块的构造活动及地形地貌存在明显差异。相对于青藏高原东北缘的强烈地壳缩短变形、大型走滑断裂和逆冲断裂以及地震活动频繁等特征，早期一直认为阿拉善地块内部新生代晚期构造活动平静，是一个相对稳定的刚性地块（Tapponnier and Molnar，1977；Xu et al.，2010）。然而通过最近十年的研究发现，阿拉善地块南缘及内部都发育有多条活动断裂，这些断裂的研究有助于我们认识青藏高原扩展前缘的位置以及变形方式。

4.3.1 阿拉善地块南缘断裂系

阿拉善地块南缘处于发生强烈地壳缩短变形的青藏高原北部与构造活动相对稳定的阿拉善地块之间的过渡地带，该地区是研究青藏高原最前缘位置的构造变形样式的热点地区（Métivier et al.，1998；Meyer et al.，1998；Hetzel et al.，2004a；郑文俊，2009；Zheng et al.，2013a，2013b）。在该地区发育有多条晚第四纪活动断裂，从西向东有黑山断裂、金塔南山断裂、合黎山断裂、北大山断裂、桃花拉山 – 阿右旗断裂、龙首山北缘断裂等（图4-9），关于这些断裂的活动构造研究成为探讨青藏高原最前缘变形样式、阿尔金断裂往北东方向延伸等问题的重要依据。

黑山断裂位于河西走廊西端的黑山北侧，整体走向近东西方向，全长约 20km。由于该断裂位于阿尔金断裂东端附近，该断裂与阿尔金断裂之间的关系是研究阿尔金断裂向北东方向延伸的关键，其中争论的焦点是关于该断裂的运动性质。张宁等（2016）根据卫星影像解译及野外调查认为黑山断裂是一条南倾的高角度逆冲断裂，与阿尔金断裂的运动性质明显不同。另外，他们认为黑山断裂只错断了晚更新世末期形成的较老冲洪积扇，而未错断全新世冲积扇，是一条晚更新世活动断裂，并根据地形测量与地貌面测年工作，估算了该断裂晚更新世以来的平均逆冲滑动速率为 0.26±0.06mm/a。

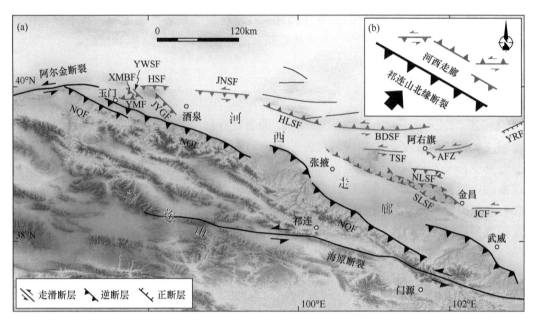

图 4-9　河西走廊主要活动断裂分布图（a）及其构造变形模式图（b）

主要断裂名称：NQF- 祁连山北缘断裂；YMF- 玉门断裂；XMBF- 新民堡断裂；YWSF- 阴娃山断裂；HSF- 黑山断裂；JYGF- 嘉峪关断裂；JNSF- 金塔南山断裂；HLSF- 合黎山断裂；SLSF- 龙首山南缘断裂；NLSF- 龙首山北缘断裂；JCF- 金昌断裂；BDSF- 北大山断裂；TSF- 桃花拉山断裂；AFZ- 阿右旗断裂带；YRF- 雅布赖断裂

这一认识得到横穿玉门、花海盆地的一系列地震反射剖面解译和大地电磁结果的支持（Xiao et al.，2015；Zhang et al.，2021）。Zhang 等（2021）认为沿红柳峡、宽滩山深部结构均表现为明显正花状构造，而跨黑山的剖面则表现为一系列向北逆冲的逆冲断层，且多条剖面的缩短量向东逐渐降低，因此认为阿尔金断裂止于宽滩山—黑山一带。Xiao 等（2015）认为花海盆地的高阻地壳结构不支持阿尔金断裂继续向北东方向传播，阿尔金断裂的左旋走滑是被宽滩山－黑山断裂等河西走廊内部的逆冲断裂系统所吸收。然而，也有很多学者坚持黑山断裂具有明显的左旋走滑运动分量。朱利东等（2005）根据地震反射剖面解译发现宽滩山－黑山断裂是一条高角度南倾的断裂，倾角上陡下缓，向下可能切过莫霍面，推测其可能与阿尔金断裂相连，是一条左旋走滑兼具逆冲性质的断裂。陡直的断层倾角也得到小震精定位结果的支持（刘亢等，2019）。Zhang等（2020）根据详细的野外地质调查，沿黑山断裂发现多处断层面具有明显的水平擦痕，因此认为该断裂是一条左旋走滑兼具逆冲分量的断裂，而非逆冲断裂，并认为该断裂与阿拉善南缘的金塔南山断裂等一起构成了阿尔金断裂往北东方向的延伸部分。由于现今卫星影像及地质调查都显示连续的阿尔金断裂迹线终止于红柳峡以北，而红柳峡与黑山之间的晚第四纪活动断裂迹线断续分布。尽管深部结构支持阿尔金断裂很有可能至少延伸至宽滩山，但是关于黑山断裂是否属于阿尔金断裂带仍存在争议。

金塔南山断裂走向近东西方向，总体沿金塔南北缘展布，全长约60km。根据卫星影像解译及详细的野外地质调查，张波等（2016）认为该断裂晚第四纪以来有明显的左旋走滑活动，断裂沿线发现大量冲沟位错、拉分盆地、挤压隆起和断层陡坎的倾向频繁变化等多种走滑性断错地貌，地质剖面也揭示高角度的断层面和花状构造等特征，并初步估算该断裂的左旋走滑速率约为 0.19 ± 0.05mm/a。

合黎山断裂沿阿拉善南缘合黎山南缘展布，郑文俊（2009）认为该断裂是以挤压逆冲为主要活动方式，仅在两端存在局部的左旋走滑特征。断裂根据几何结构可分为三段，各段断错位移的分布具有明显的弧形分布特征，从东到西三段的平均逆冲滑动速率分别为 0.14mm/a、0.24mm/a、0.18mm/a。沿整个断裂带的位移分布呈东高西低的不对称弧形分布特征，而且位移分布与山体的累积位移之间呈现较好的一致性，说明断裂活动可能是合黎山隆升的主要控制因素。根据山体累积位移与断裂垂直滑动速率估算，Zheng 等（2013b）认为合黎山隆升开始于 4~1Ma 之间，很可能是在约 2Ma。根据断裂沿线开挖的大量古地震探槽与地表破裂带遗迹考察发现，合黎山断裂上至少发生过三次强地震活动，最早一次距今 5000 年左右，沿整条断层发生破裂；另外两次事件可能分别为公元 180 年表氏 $7\frac{1}{2}$ 级地震和公元 756 年高台北 7 级地震，其中表氏地震形成不少于 60km 的地表破裂，而高台北地震仅在断裂东段发现了地表破裂，长度约 20~30km，关于这些历史地震的发震构造目前还存在较大争议。

桃花拉山–阿右旗断裂位于龙首山以北的潮水盆地，分为桃花拉山断裂和阿右旗断裂，总体走向近东西方向，将潮水盆地分隔成南北两个次级盆地。但是从地貌上来看，这两条断裂在走向上虽然一致，但地表并没有确切证据表明两条断裂相连，该断裂带对潮水盆地的地貌改变也不大。其中桃花拉山断裂全长约 30km，整体走向近东西向，从最西端的光咀，沿桃花拉山山前展布，一直向东延伸到狠心墩附近。根据断裂的走向不同，我们将桃花拉山断裂分为东西两段，其中西段走向为东西向，东段走向北西西—南东东。东西两段断层迹线都比较连续，大部分地区表现为山前洪积扇上的一条断层陡坎，只有在东西两段交接的位置，分支断层比较发育。在断裂的西段，我们发现有大量的冲沟被左旋位错，以及反向断层陡坎、关门山（shutter ridge）和挤压脊等地貌特征，表明断裂的西段是以左旋走滑性质为主（图 4-10）。但是断裂东段断层陡坎的垂直位移有所增大，尤其是到断裂的东端部附近，断裂以逆冲活动为主，走滑特征不明显。因此，桃花拉山断裂整体是一条兼有逆冲分量的左旋走滑断层。根据光释光测年结果，Yu 等（2017）估算该断裂的晚第四纪水平滑动速率约为 0.14 ± 0.01mm/a~0.93 ± 0.11mm/a，相对于青藏高原内部的大型走滑断裂，表现为低滑动速率的特征。阿右旗断裂是指位于阿右旗县城附近发育的一系列活动断层系，根据断层的走向整体可以分为三组：北西–南东方向、北东–南西方向、近东西方向。这些断层的运动性质不尽相同，延伸长度差别较大，其中长度最大、连续性最好的一条位于阿右旗县城以东的山间盆地内，总体走向东西方向，长约 30km，表现为明显的左旋走滑断层，是阿右旗断裂系中的最主要断裂。根据各条断层的几何展布和断层性质不尽相同，结合褶皱地层变形特征，Yu 等（2017）认为该地区的整体区域构造应力场方向为北东–南西方向，与青藏高原往北东方向扩展造成的区域挤压应力场一致。

阿拉善地块南缘还发育其他多条活动断裂，如北大山断裂、龙首山北缘断裂、慕

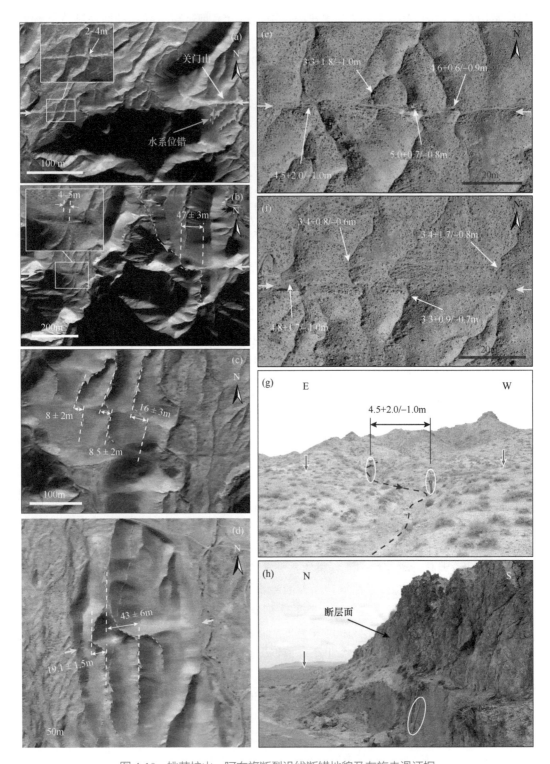

图 4-10　桃花拉山 – 阿右旗断裂沿线断错地貌及左旋走滑证据

少梁断裂等，虽然根据卫星影像的解译及初步的野外调查工作，可以初步判断这些断裂的主要运动性质，但目前仍缺少对这些断裂的详细野外调查。

4.3.2　雅布赖断裂

雅布赖断裂全长约 80km，是雅布赖山与雅布赖盆地之间的界线（图 4-11）。Tapponnier 等（2001a）和 Meyer 等（1998）认为雅布赖断裂整体为正断层，这一认识与石油勘探剖面的结果相一致（吴茂炳等，2007；钟福平等，2010）。有观点认为雅布

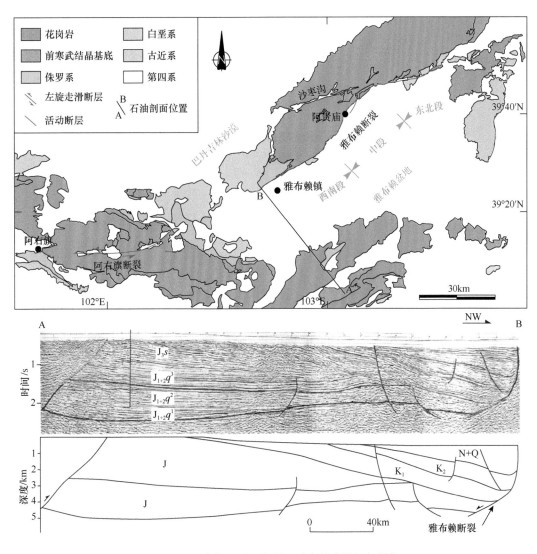

图 4-11　雅布赖断裂展布图及雅布赖盆地深部结构

J- 侏罗系；K_1- 下白垩统；K_2- 上白垩统；N- 新近系；Q- 第四系

赖的正断活动是阿尔金断裂往北东方向延伸的结果，阿尔金断裂向北东方向延伸进入阿拉善地块内部，雅布赖断裂的正断活动只是大型走滑断裂端部形成的拉张变形造成的（Meyer et al.，1998；Tapponnier et al.，2001a）。Darby 等（2005）进一步发展了这一观点，认为河西走廊北缘的一系列断层（包括合黎山断裂、北大山断裂等）以及雅布赖断裂的北东段在新生代早期均为左旋走滑断层，是阿尔金断裂的组成部分。俞晶星（2016）对该断裂开展了详细的活动断裂研究，结果揭示雅布赖断裂的西南段和中段是以正断活动为主（图 4-12），而断裂的东北段是以左旋走滑为主（图 4-13），伴有明显的逆冲分量。断层运动性质的变化与断层的走向以及断错地貌变化是一致的，西南段和中段整体走向 N40°~60°E，断层陡坎单一，围绕雅布赖山脚分布，山脚附近的地形变化、错断山前洪积扇的连续断层陡坎、探槽揭示的断层面几何结构、基岩断层面等都反映西南段和中段断层是以正断活动为主。但是，对于断层的东北段，整体走向为 N75°~85°E，断层是以左旋走滑运动为主，并伴有明显的逆冲分量。该段全长约20km，主要分为南北两个分支断层，其中北支沿山脚分布，探槽揭示为低角度逆断层；而南支主要为左旋走滑运动，但是其走滑速率较低（＜1mm/a）。

图 4-12　雅布赖断裂西南段和中段正断层断错地貌

结合石油勘探剖面的解译，俞晶星（2016）分析了雅布赖断裂在区域构造变形中的作用。早白垩世开始，阿拉善地块处于拉张环境，在阿拉善地块全区（西自北山、东至贺兰山，南至河西走廊，北至蒙古国东戈壁）发育 NE 向展布的早白垩世断陷带，

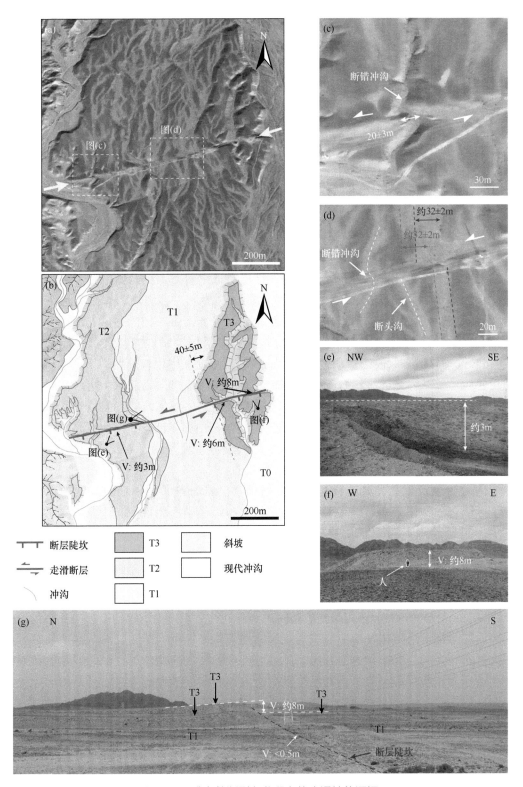

图 4-13　雅布赖断裂东北段左旋走滑地貌证据

在断陷带内部发育一系列长轴为北东方向的地堑或半地堑型盆地（Meng，2003；Meng et al.，2003），盆地的起始沉积时间通过植物化石组合与火山岩夹层定年被确定为白垩纪早期（Wang et al.，1995；Graham et al.，2001）。大量的石油剖面揭示，阿拉善地块北部的银－额盆地具有不对称性，为半地堑型盆地，沉积中心位于控盆正断层一侧，沉积地层向断层方向逐渐增厚，呈楔状（Meng et al.，2003）。同样的情况也发生在地块南部的雅布赖盆地和潮水盆地，沉积中心位于雅布赖山前断裂附近，地层呈楔状，为典型的正断层生长地层特征，说明雅布赖断裂从白垩纪开始正断活动。另外，在阴山－燕山造山带、中蒙边界地区以及蒙古国中部地区发现大量的变质核杂岩（Zheng et al.，1991；Davis et al.，2002），以及蒙古国戈壁－阿尔泰及内蒙古境内大量晚侏罗—早白垩世火山岩的分布都表明在这一时期，从蒙古国南部到华北地块北部（包括阿拉善地块）经历了一次大范围的北西－南东向区域性拉张活动。但是根据最新的活动断裂研究，断裂的运动性质发生改变，尤其是其东北段是以左旋走滑为主，伴有明显的逆冲分量。另外，从雅布赖山的整体地形特征来看，山顶与盆地之间的相对高差变化不大，约为400~500m，山顶面几乎在同一高度上。并且，山体东南坡陡峭，形成断层陡崖，而西北坡较平缓，逐渐向西北方向降低，雅布赖山整体表现为受山前断裂控制、整体向西北方向发生掀斜，为典型的正断层控制地貌特征。因此，俞晶星（2016）推测包括东北段在内，雅布赖山前断裂在早期（中生代晚期—新生代早期）均是受北西－南东方向的区域拉张应力控制，沿山前形成走向为北东－南西方向的正断层，倾向南东方向，受这一正断层控制，雅布赖山整体发生掀斜。但是到了新生代晚期（第四纪），受青藏高原往北东方向的扩展影响，山前正断层被活化或是被改造，形成了现今的分段特征和断层性质的差异。这种差异主要是由于断层各段的走向不同，在北东－南西方向的区域挤压应力作用下形成的。

阿拉善地块毗邻青藏高原和鄂尔多斯地块，雅布赖断裂所处的区域构造位置决定了可能有三种构造变形模式来解释其几何学和运动学变化特征。首先，阿尔金断裂可能一直延伸进入阿拉善地块内部（Yue and Liou，1999；Tapponnier et al.，2001a；Darby et al.，2005；Webb and Johnson，2006），阿拉善地块南缘及内部的左旋走滑断层可能是为了吸收阿尔金断裂的左旋走滑变形，正如"大陆逃逸"模型描述的大型走滑断裂吸收了主要的高原变形，将高原内部的变形一直向外传递到周围地块（Avouac and Tapponnier，1993），雅布赖断裂是阿尔金断裂往北东方向的延伸。第二种观点，由于石油剖面揭示出阿拉善地块内部的沉积盆地多为半地堑型断陷盆地，盆地长轴方向和控盆断裂走向为北东－南西方向，并且对雅布赖断裂的初步卫星影像解译也认为该断裂整体为正断层，因此，认为阿拉善地块内部的构造活动是受鄂尔多斯周缘拉张系控制，而非青藏高原体系控制（Xu et al.，1993；Zhang et al.，1998）。第三种观点，阿拉善地块内部现今的构造变形是对青藏高原往北东方向扩展的远程响应（Tapponnier and Molnar，1979；Tapponnier et al.，1982；Kimura et al.，1990；Clark，2012）。另外，也不能排除青藏高原的扩展与鄂尔多斯周缘拉张系对阿拉善地块共同作用的可能性。

首先，我们的结论与前人的研究结果均不支持阿尔金断裂向东延伸到雅布赖断裂，这主要是由于：①雅布赖断裂与阿尔金断裂东端相距约 500km，其间没有一个统一的断层系统将两者相连接，河西走廊西段的嘉峪关断裂、黑山断裂、合黎山断裂等都是以逆冲性质为主，左旋走滑特征不明显（Zheng et al.，2013b）；②对阿尔金断裂的大量长期地质滑动速率与现今 GPS 观测结果都表明，沿阿尔金断裂的左旋滑动速率从中段的 10mm/a 向东逐渐降低，在 97°E 以东降低到只有 1~2mm/a（Washburn et al.，2001；Cowgill，2007；Zhang et al.，2007；Cowgill et al.，2009），这一结论支持阿尔金断裂的走滑变形是被祁连山地区的地壳缩短所吸收（Yin and Harrison，2000；Yin et al.，2002；Zheng et al.，2013c）；③最近的大地电磁结果从深部结构上支持河西走廊西部的合黎山等断裂均为逆冲断层，同样不支持阿尔金断裂往东传递的结论（Xiao et al.，2015）；④在雅布赖山地区，Darby 等（2005）认为雅布赖断裂的东北段与沙枣沟相连，为左旋走滑断层，向西与北大山断裂及合黎山断裂相连，均属于阿尔金断裂系。但是，野外勘察中沿沙枣沟并未发现有任何断层最新活动的证据。

新的证据也不支持第二个构造变形模式：认为阿拉善地块内部的构造活动是属于鄂尔多斯周缘拉张系的组成部分，以拉张活动为主（Kimura et al.，1990；Graham et al.，2001；Ren et al.，2002；Meng，2003）。尽管石油剖面以及最新的地质证据都表明，雅布赖断裂西南段是一条以正断活动为主的断层，但是断裂的东北段整体走向为 N75°~85°E，是一条左旋走滑断层，而且具有明显的逆冲分量。这样一条走向为北东东方向的走滑兼逆冲性质的断层，它形成时所受的区域应力场与鄂尔多斯周缘北西 - 南东方向的区域拉张应力场明显不同。另外，根据雷启云（2016）对贺兰山西麓的最新研究成果发现，贺兰山西麓断裂为一条右旋走滑断裂，局部甚至表现出逆冲性质，这与银川地堑的正断活动形成明显的差异。加上在巴彦乌拉山以及巴彦诺日公等地发现的零星走滑、逆冲断层，鄂尔多斯周缘拉张活动是集中在地块周缘地堑内部，向西对阿拉善地块内部的构造活动影响较小，雅布赖断裂的最新活动并非受鄂尔多斯周缘断裂系控制。

雅布赖断裂的最新活动特征更符合第三种模式：青藏高原往北东方向的扩展影响到阿拉善地块内部，控制着阿拉善地块内部的最新构造活动（图 4-14）。位于阿拉善地块南缘的桃花拉山 - 阿右旗断裂带走向近东西方向，整体以左旋走滑运动为主。综合桃花拉山 - 阿右旗断裂带、雅布赖断裂的几何展布和断层性质，认为阿拉善地块南部整体受北东 - 南西方向的区域挤压应力，使得桃花拉山 - 阿右旗断裂带与雅布赖断裂的北东段以左旋走滑运动为主，共同构成一个大的左旋走滑断裂系统，雅布赖断裂的西南段和中段相当于两条走滑断层所围限的左阶阶区，以正断活动为主，局部有左旋走滑运动，起到调节和吸收两条走滑断层之间的拉张应变的作用，阿拉善地块南部（雅布赖断裂以南）整体向北东方向运动。在该模型中，阿拉善地块南部的变形集中于几条主要的活动断裂上，断裂之间的地块变形较小，符合刚性地块侧向逃逸的变形方式。另外，雅布赖山的整体地形表现为受正断层控制向北西方向发生掀斜，各段之间的地形差异不大，说明最新断层性质差异的起始时间较晚（可能为第四纪中晚期）。加上阿拉善地块整体变形较弱，断层滑动速率较低，强震活动也较少，阿拉善地块内的

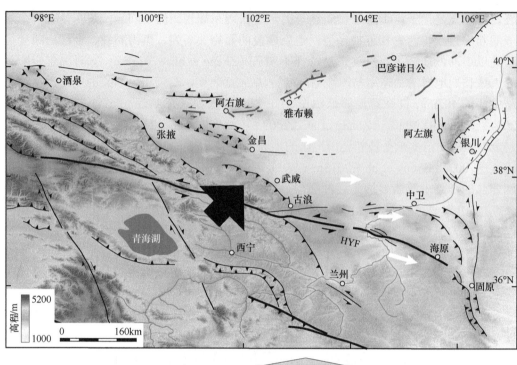

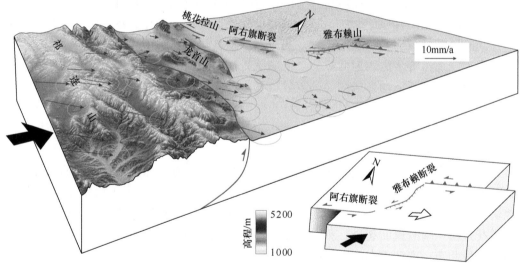

图 4-14　阿拉善地块南部构造变形模式

最新断裂活动可能是受青藏高原往北东方向扩展的最新影响，整体受北东 – 南西方向的区域挤压应力，使得中生代—新生代早期形成的断层发生活化。

4.3.3　贺兰山西麓断裂

贺兰山西麓断裂位于青藏高原、阿拉善及鄂尔多斯三大地块的交汇部位，是阿拉善地块和华北地块现今的分界构造，其以西青藏高原北部的地震与断层均表现为逆冲或走滑型，而其东的鄂尔多斯周缘断裂系中所有地震与断层均表现为正断性质。该地区属于中国南北地震带的北段，构造活跃（Deng et al.，1984；Zhang et al.，1990）。该地区发育大量不同走向、不同运动性质的活动断裂，反映该地区复杂的构造变形样式。贺兰山西麓断裂以东为贺兰山和银川盆地，是一个典型的地垒－地堑构造，受北北东－南南西向正断层控制；断裂以西为巴彦浩特盆地和相对稳定的阿拉善地块，地震和活动断层相对较少。关于贺兰山西麓断裂的研究最早开始于 20 世纪 70 年代，最早是指沿贺兰山西麓山根附近的断裂，根据卫星影像的解译认为该断裂为正断层（Tapponnier and Molnar，1977；Deng et al.，1984）。之后，"七五"期间，国家地震局在组织开展"鄂尔多斯周缘活动断裂系"课题研究时对该断裂开展过初步研究，并认为该断裂与其南的三关口－牛首山断裂连接，是一条全新世活动的左旋走滑断裂。然而，随着罗山断裂和三关口－牛首山断裂上右旋走滑证据的发现，由于这些断裂与贺兰山西麓断裂在走向上整体较连续，引发人们对该断裂的再次思考。因此，雷启云（2016）对该断裂做了详细的野外调查，根据断裂的几何结构和地貌特征，可将该断裂带分为南、中、北三段，南段走向北北西，中北段走向近南北，晚第四纪以来活动强烈，全长约 90km，遥感影像上的线性特征清楚，多期洪积扇被错断，地表发育断裂陡坎地貌（图 4-15）。最为重要的是通过详细的野外调查，确定了该断裂是一条右旋走滑断裂，与其南的三关口－牛首山断裂和牛首山－罗山断裂一起构成了一条大型右旋走滑断裂带。

贺兰山西麓断裂北段的苏木图背斜的西翼被右旋错动，地层发生偏移；发育在洪积扇上的一系列冲沟也同步发生右旋扭动；同一条断层陡坎倾向发生频繁变化；不同段落的古地震探槽揭示出既有正断层，也有逆断层；主断层陡坎附近伴生的张性节理（陡坎）的夹角指示主断裂具有右旋走滑性质（图 4-16）。诸多证据表明，贺兰山西麓断裂是一条右旋走滑断裂。其右旋走滑最大水平位移不小于 800m，晚第四纪的平均水平滑动速率为 0.28mm/a，南段平均垂直滑动速率为 0.11mm/a。断裂中段的小苏海图组合探槽揭示了三次古地震事件：第一次事件发生在 30.54~30.6ka BP，第二次事件发生在 10.15~11.24ka BP，第三次事件发生在 6.16~4.83ka BP，古地震复发周期接近 5000 年，最新一次事件的离逝时间已接近复发周期，该断裂未来的地震危险性值得关注。

贺兰山西麓断裂已远离青藏高原东北缘的弧形构造带，其构造变形显然已不是弧形构造带内的条状次级地块所能控制的。另外，贺兰山西麓断裂以东是贺兰山和银川断陷盆地，是在多条正断层控制下的地垒－地堑构造体系，银川盆地在始新世就已经开始接受沉积，在渐新世末开始盆地沉积明显呈受正断层控制的不对称特征，并在距今 10~12Ma 开始贺兰山发生快速掀斜。而贺兰山西麓的褶皱变形时代要明显晚于银川盆地，在区域构造应力上也很难用统一的力学机制来解释。因此，贺兰山西麓断裂更可能和阿拉善地块的运动息息相关。其南边的香山－天景山断裂虽然是一条左旋走滑断裂，但仍然存在逆冲分量，表明青藏高原对阿拉善地块仍有推挤作用。受青藏高原向北东方向扩展的影响，相对刚性的阿拉善地块整体向北东方向运动，并受到贺兰山和北部地块的阻挡，沿贺兰山西麓形成右旋走滑断裂。

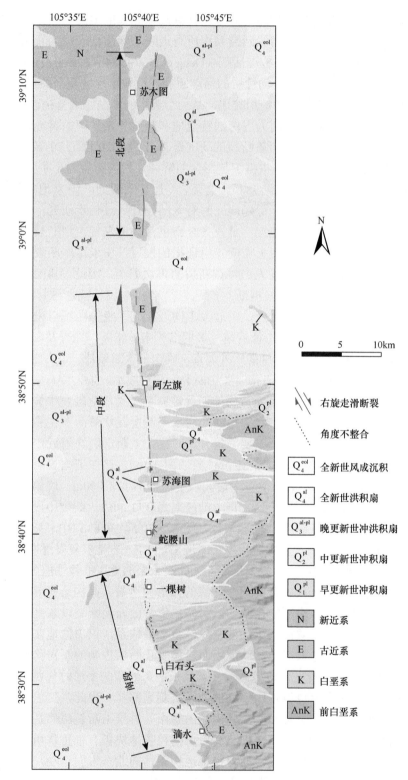

图 4-15　贺兰山西麓断裂展布图

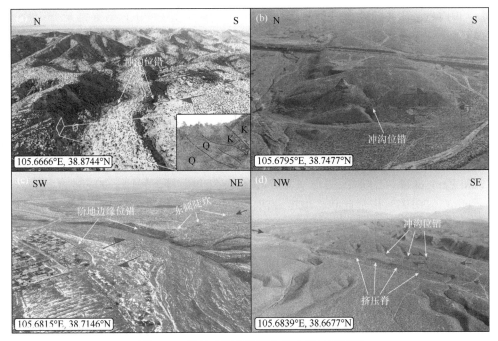

图 4-16　贺兰山西麓断裂右旋走滑地貌证据

4.4　青藏高原北缘构造地貌特征

　　如前所述，青藏高原北缘发育众多不同走向、不同运动性质的活动断裂，伴随这些断裂活动的是地形与地貌的塑造。构造活动造成地壳增厚、山体抬升，高原在横向和纵向上发生扩展，而地表剥蚀作用和河流的搬运作用又在不断改造地形地貌，使得地表起伏不断减小。青藏高原北缘整体高出周围前陆盆地 2~3km，高原的隆升对区域气候环境产生了重大影响，气候的变化又反作用于地形地貌，在塑造高原现今地形地貌过程中起着重要作用。因此，对高原北部的地形地貌研究，可以为我们认识构造、侵蚀和气候三者之间相互作用是如何塑造现今的高原提供重要信息。

　　青藏高原北缘的主体就是祁连山造山带，它是由早古生代的造山带演变而来，受新生代印度－欧亚板块之间的碰撞又逐渐复活，内部发育一系列走滑或逆冲断裂，构造变形强烈、类型丰富，是研究大陆变形动力学过程的理想场所。由于受北北东－南南西方向的区域挤压应力作用，祁连山发生中上地壳的缩短变形，形成一系列北北西－南南东走向的狭长山脉，从北到南依次有走廊南山、托来山、托来南山、疏勒南山、党河南山、柴达木山等，这些山脉被夹持于其间的狭长山间盆地所分隔，形成了祁连山地区独特的盆岭构造体系。通过对山体隆升和盆地沉积历史的研究，发现祁连山的盆山构造体系主要开始于约 15Ma，之后向南北两侧的山前前陆盆地方向扩展（Pang et al.，2019；Yu et al.，2019b）。低温热年代学揭示祁连山北侧的托来山和走廊南山分别于 17~15Ma 和 10Ma 左右开始快速抬升（Zheng D et al.，2010，2017；Yu et al.，2019a），往北河西走廊内部的榆木山、文殊山、老君庙背斜等都是在约 4~3Ma才开始隆升（Song et al.，2001；Zhao et al.，2001；Fang et al.，2005；Hu et al.，2017；Zheng D et al.，2017），更往北的河西走廊北缘的合黎山等可能是在约 2Ma 才开始隆升（Zheng W et al.，2013b；Hu et al.，2019a），总体符合向北渐进式扩展的变形样式。同样，对于祁连山南缘也符合类似的向南渐进式扩展的变形样式，南祁连宗务隆山是在 18~11Ma 开始强烈隆升，而变形传递到盆地内部的时间要更晚，约在 7Ma（Fang et al.，2007；Wang W et al.，2017a；Pang et al.，2019）。

通过地貌参数的分析，前人对祁连山地区的盆山体系宏观地貌特征进行了描述（Liu-Zeng et al.，2008；胡小飞等，2010；张会平等，2012；Zhang et al.，2017；Wang et al.，2019）。地形起伏、坡度及河流陡峭系数大的地区与山系相吻合，而山间盆地地区对应的值都较小，这些狭长山脉的两侧多是由逆冲断层所围限，可见构造活动是控制地貌发育的主要因素。相互关系分析结果也显示岩性、年降雨以及汇水面积、沉积能量等因素都不是造成以上地貌因子变化的主要原因（Wang et al.，2019）。另外，地形起伏、坡度和河流陡坎系数最大值的位置出现在北祁连走廊南山中部，并且向东西侧逐渐降低，尤其是向西地形逐渐尖灭，这和祁连山的隆升是为了吸收阿尔金断裂的左旋走滑模型预测的结果恰恰相反。相反，阿尔金断裂的左旋走滑只是为了调节祁连山地区的地壳缩短与塔里木地块之间的差异运动。

分析祁连山地区的地貌发育特征对整个青藏高原的地形演化和形成过程也有很大的启示。祁连山地区发育一系列水系，向西北或东北流入塔里木盆地和河西走廊盆地，例如党河、疏勒河、北大河、洪水坝河、黑河、石羊河等，另外祁连山内部还发育有青海湖和哈拉湖两个典型的内流水系。其中外流水系纵剖面显示在河流上游的高海拔地区，河道坡度相对较小且稳定，代表低起伏、低坡度的山间盆地，是隆起的山脉被剥蚀后的沉积区，在高原地形演化过程中起着"填洼"的作用，被认为是"澡盆式"沉积模型的代表（Meyer et al.，1998；Liu-Zeng et al.，2008）。而位于祁连山边缘的河道陡度较大，河流陡峭系数较高，河流正在发生快速下切，侵蚀高原边缘，如祁连山北缘的洪水坝河、梨园河等。这种河流上游低起伏、低坡度的山间盆地和高原边缘的深切峡谷，与青藏高原其他区域的河流地貌特征非常类似，如青藏高原东南缘发育的多条大型外流水系，这些水系在上游地区流经低起伏的高原腹地，并伴随有盆地沉积，而到了东南缘地形变化较大的地区，河流迅速下切形成深切峡谷。而在祁连山的内流水系区，如哈拉湖区域，发育低起伏地形，大部分区域为古侵蚀面，这些先存的古侵蚀面由于是位于祁连山内部，外流水系还未延伸到这些区域，因此古侵蚀面被很好地保存下来。而从构造变形的角度来看，在祁连隆升过程中，该区域可能由于属于中祁连微陆块，是新元古代—早古生代中晚期形成的岩浆弧带，相对于祁连山其他区域的缝合带相对较软的岩石圈性质，该区域更难发生变形，所以在祁连山发生缩短变形的过程中，它是以整体隆升的形式发生，内部变形很小。这和青藏高原腹地发育的古侵蚀面可能类似，高原岩石圈的流变学性质在塑造高原内部高海拔－低起伏地貌的过程中起着重要因素，而不仅仅是由于后期剥蚀－填洼的结果。

4.5　青藏高原北缘晚新生代构造变形样式

祁连山的活动断裂和地貌特征为理解该地区的构造变形样式和变形过程提供了重要的基础支撑，根据活动断裂的几何学和运动学特征以及地貌特征，可以在青藏高原北缘划分出三个构造体系，分别为祁连山中西段的盆地耦合构造体系、祁连山东段的走滑－逆冲转换体系和阿拉善地块的新生断裂体系。祁连山中西段构成一个大的挤压推覆构造区，形成一系列北西西－南东东走向的逆冲断裂，自南向北主要有祁连山南缘断裂带、党河南山断裂带、疏勒南山断裂带、祁连山北缘断裂带等，断裂上陡下缓。总体上祁连山中西段深部断层结构符合一个巨型的"正花状构造"，祁连山南北两侧分别向前陆盆地方向逆冲扩展［图 4-17（a）］（Zheng et al.，2013b）。关于祁连山中西段的挤压推覆构造区的形成有三种不同解释，一种观点认为祁连山的地壳缩短变形是为了吸收阿尔金断裂带端部的左旋走滑，相当于走滑断裂端的马尾状构造（Meyer et al.，1998）；另一种观点认为阿尔金断裂带与祁连山逆冲推覆带之间的主次关系恰恰相反，由于位于青藏高原一侧的祁连山受到来自南边持续向北的推挤作用发生地壳缩短变形，而位于祁连山西北的塔里木地块相对刚性，不易发生变形，因此为了调节这两者之间的差异运动，它们之间的界线阿尔金断裂带随之活动；还有一种观点认为祁连山中西段处于阿尔金断裂带与祁连－海原断裂带两条左旋走滑断裂之间的巨大挤压阶区，区内断裂在继承原有构造形迹的基础上，形成了一系列以挤压逆冲为主的活动断裂带（袁道阳等，2004）。不同模型预测的阿尔金断裂带与祁连山地区活动历史、断裂活动、地形地貌等可能会有所差异，例如第一种观点曾预言阿尔金断裂带新生代可能存在两阶段的活动历史，渐新世至早中新世之间，阿尔金断裂为快速滑移阶段，断裂可能一起向北东方向延伸至蒙古国、鄂克斯托海，而从中中新世开始，祁连山地区开始地壳缩短，吸收了阿尔金断裂的左旋走滑（Yue and Liou，1999）。该模型预测阿尔金断裂从渐新世就开始活动，在祁连山北部应该能找到走滑活动的相关地质证据，而且由于祁连山是为了吸收阿尔金断裂的左旋走滑，变形强度应该是从西往东逐渐降低。虽然阿尔金断裂西南段可能存在早期活动的证据，但是根据肃北附近的沉积学和热年代学证据以及河西走廊西端的沉积记录都不支持阿尔金断裂早期活动，阿尔金断裂带祁连山段（东北段）是在约 15Ma 才开始活动（Sun et al.，2005；Wang et al.，2016；Yu et al.，2019b），而且祁连山北缘的地貌分析发现变形最强的位置位于中西段，并且向西逐渐减弱，与预测结果不相符。另外，阿尔金断裂带祁连山段的起始活动时间与祁连山的开始隆升时间相一致，且现今阿尔金断裂终止于河西走廊西端，而祁连山的逆冲缩短变形也已经扩展至河西走廊，因此，阿尔金断裂带的形成过程可能更符合第二种观点，在青藏高原向北东方向扩展的过程中，地壳缩短变形扩展到什么位置，阿尔金断裂带也相应地延伸到什么位置。第三种观点认为祁连山中西段的逆冲推覆体系是阿尔金断裂带与祁连－海原断裂带之间的挤压阶区，然而根据最新的新生代构造变形研究，祁连山主体与阿尔金断裂带东北段可能都是在约 15Ma 开始活动，海原断裂带

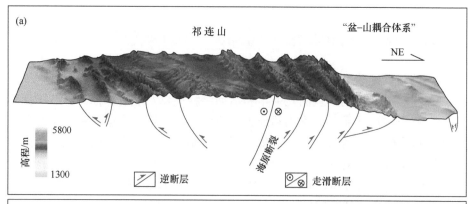

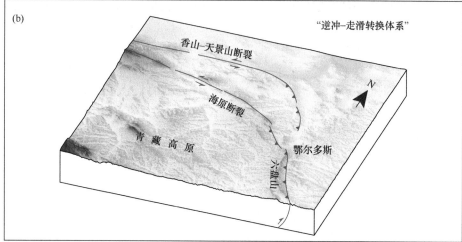

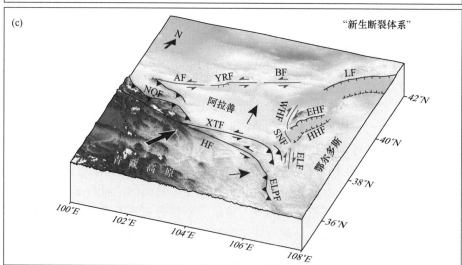

图 4-17　青藏高原北部不同区域构造变形样式

主要断裂名称：HF-海原断裂；XTF-香山－天景山断裂；ELPF-六盘山东麓断裂；NQF-祁连山北缘断裂；AF-阿右旗断裂；YRF-雅布赖断裂；BF-巴彦诺日公断裂；WHF-贺兰山西麓断裂；SNF-三关口断裂；ELF-罗山东麓断裂；HHF-黄河断裂；EHF-贺兰山东麓断裂；LF-狼山断裂

的活动时间明显要晚，尤其是左旋走滑开始时间。根据沿海原断裂带大量的野外地质调查及地震反射剖面解译，一般认为海原断裂经历了早期的逆冲活动和晚期的左旋走滑两阶段活动历史（Zhang et al., 1991；Wang et al., 2013；国家地震局地质研究所和宁夏回族自治区地震局，1990）。海原断裂带早期可能和六盘山地区一起受北东 – 南西方向的挤压作用，以逆冲褶皱变形为主，形成一系列北西 – 南东方向的褶皱和压陷型盆地，挤压变形的开始时间可能为约 8Ma（Zheng et al.，2006）；之后海原断裂带由逆冲活动转为以左旋走滑运动为主，构造变形的转换发生在上新世（约 5.4~3Ma）（Wang et al.，2011）。虽然目前关于海原断裂的演化历史还存在争议，但根据六盘山可靠的热年代学结果，可以推测海原断裂的左旋走滑活动可能不早于约 8Ma。可见祁连山中 – 西段的地壳缩短变形明显要早于海原断裂带的左旋走滑活动时间，也就不能归因于左旋走滑断裂的挤压阶地。因此，我们更倾向于认为第二种观点更符合祁连山中 – 西段的新生代构造变形样式。

　　祁连山东段的逆冲 – 走滑转换体系指的海原 – 六盘山弧形构造带和香山 – 天景山弧形构造带，该构造体系反映的青藏高原东北缘地区受到北东 – 南西方向的区域挤压应力作用，地壳发生斜向缩短变形；但由于其北侧相对刚性的阿拉善地块的阻挡，高原物质向东或东南方向发生逃逸 [图 4-17（b）]。祁连山整体在北东 – 南西方向的区域斜向挤压作用，其中 – 西段沿先存构造带发生地壳缩短变形，受先存构造控制发育一系列北西西 – 南东东方向的山脉和山间盆地，在盆地交界位置主要是受逆冲断裂控制。但在祁连山西部也发育少量像昌马断裂带那样的有明显左旋走滑运动性质的断裂。另外，像祁连山北缘断裂虽然是以逆冲性质为主，但是不同段落也发现了不同程度的左旋走滑分量，因此祁连山的地壳缩短是带有一定剪切分量的。由于受到北边相对刚性的阿拉善地块的阻挡，当挤压变形发展到一定程度，走滑分量就表现得越来越明显，海原断裂正是在这样的构造背景下形成的。因为鄂尔多斯周缘可能从新生代早期就已经开始拉张活动，正断层控制的鄂尔多斯地块西南缘地堑为祁连山物质向东挤出提供了空间。另外，海原断裂的左旋走滑并没有被东端部六盘山地壳缩短完全吸收，而是向东南方向继续传播，改造了原本属于正断层性质的岐山 – 马召等断裂系统。

参考文献

边庆凯, 张培震, 苏向洲. 2001. 榆木山北缘断裂的构造地貌特征与断层活动性. 华北地震科学, 19(3): 41-49.

蔡学林, 魏显贵, 刘援朝. 1992. 阿尔金山走滑断裂构造样式. 成都地质学院学报, 19(1): 8-17.

柴炽章, 张维歧. 1997. 天景山断裂带晚第四纪水平活动强度的分时、分段研究. 中国地震, 13(1): 35-42.

柴炽章, 焦德成, 廖玉华, 等. 2003. 宁、蒙、甘交界罐罐岭发现地震地表破裂带. 地震地质, 25(1): 167-168.

陈干, 郑文俊, 王旭龙, 等. 2017. 榆木山北缘断裂现今构造活动特征及其对青藏高原北东扩展的构造地貌响应. 地震地质, 39(5): 871-888.

陈涛, 张会平, 王伟涛. 2014. 海原断裂带中东段地貌差异及其成因探讨. 地震地质, 36(2): 449-463.

陈文彬, 徐锡伟. 2006. 阿拉善地块南缘的左旋走滑断裂与阿尔金断裂带的东延. 地震地质, 28(2): 319-324.

崔军文, 唐哲民, 邓晋福, 等. 1999. 阿尔金断裂系. 北京: 地质出版社.

董金元. 2020. 柴达木盆地北缘晚第四纪构造活动特征及变形模式. 北京: 中国地震局地质研究所.

董金元, 罗全星, 李新男, 等. 2021. 天景山断裂带晚第四纪左旋走滑运动速率确定及其空间分布特征. 地球学报, 4: 527-536.

葛伟鹏, 王敏, 沈正康, 等. 2013. 柴达木–祁连山地块内部震间上地壳块体运动特征与变形模式研究. 地球物理学报, 56(9): 2994-3010.

葛肖虹, 刘俊来. 1999. 北祁连造山带的形成与背景. 地学前缘, 6(4): 223-230.

顾功叙. 1983. 中国地震目录 (公元前1831—公元1969年). 北京: 科学出版社.

郭鹏, 韩竹军, 姜文亮, 等. 2017. 青藏高原东北缘冷龙岭断裂全新世左旋滑动速率. 地震地质, 39(2): 323-341.

国家地震局《阿尔金活动断裂带》课题组. 1992. 阿尔金活动断裂带. 北京: 地质出版社.

国家地震局地质研究所, 国家地震局兰州地震研究所. 1993. 祁连山—河西走廊活动断裂系. 北京: 地震出版社.

国家地震局地质研究所, 宁夏回族自治区地震局. 1990. 海原活动断裂带. 北京: 地震出版社.

郝明, 王庆良, 李煜航. 2017. 利用GRACE、GPS和水准数据研究西秦岭地区现今地壳垂直运动特征. 大地测量与地球动力学, 37(10): 991-995, 1019.

何文贵, 刘百篪, 吕太乙, 等. 1994. 老虎山断裂带的分段性研究. 西北地震学报, 16(3): 66-72.

何文贵, 刘百篪, 袁道阳, 等. 2000. 冷龙岭活动断裂的滑动速率研究. 西北地震学报, 22(1): 90-97.

何文贵, 袁道阳, 葛伟鹏, 等. 2010. 祁连山活动断裂带中东段冷龙岭断裂滑动速率的精确厘定. 地震, 30(1): 131-137.

侯康明. 1998. 1927年古浪8级大震地表破裂特征及形成机制. 地震地质, 20(1): 19-26.

胡小飞, 潘保田, 李清洋, 等. 2010. 河道陡峭指数所反映的祁连山北翼抬升速率的东西差异. 科学通报, 23: 2329-2338.

金卿. 2011. 榆木山断裂带晚第四纪构造活动与大震危险性评价. 兰州: 中国地震局兰州地震研究所.

康玉柱. 1995. 中国古生代海相成油特征. 乌鲁木齐: 新疆科技卫生出版社.

雷惊昊, 李有利, 胡秀, 等. 2017. 东大河阶地陡坎对民乐–大马营断裂垂直滑动速率的指示. 地震地质, 39(6): 1256-1266.

雷启云. 2016. 青藏高原东北缘弧形构造带的扩展与华北西缘银川盆地的演化. 北京: 中国地震局地质研究所.

李传友. 2005. 青藏高原东北部几条主要断裂带的定量研究. 北京: 中国地震局地质研究所.

李新男. 2014. 香山–天景山断裂带西段晚第四纪运动学特征与古地震研究. 北京: 中国地震局地质研究所.

刘金瑞, 任治坤, 张会平, 等. 2018. 海原断裂带老虎山段晚第四纪滑动速率精确厘定与讨论. 地球物理学报, 61(4): 1281-1297.

刘亢, 李海兵, 王长在, 等. 2019. 阿尔金断裂带东段地区深浅部构造综合分析. 岩石学报, 35(6): 1833-1847.

刘兴旺. 2017. 祁连山西段酒西盆地活动构造特征及构造变形模式. 兰州: 兰州大学.

闵伟, 张培震, 何文贵, 等. 2002. 酒西盆地断层活动特征及古地震研究. 地震地质, 24(1): 35-44.

庞炜, 何文贵, 袁道阳, 等. 2015. 青海大柴旦断裂古地震特征. 地球科学与环境学报, 37(3): 87-103.

冉勇康, 邓起东, 杨晓平, 等. 1997. 1679年三河–平谷8级地震发震断层的古地震及其重复间隔. 地震地质, (3): 2-10.

田勤俭, 丁国瑜, 申旭辉. 2001. 拉分盆地与海原断裂带新生代水平位移规模. 中国地震, 17(2): 167-175.

汪一鹏, 宋方敏, 李志义, 等. 1990. 宁夏香山–天景山断裂带晚第四纪强震重复间隔的研究. 中国地震, 6(2): 15-24.

吴茂炳, 刘春燕, 郑孟林, 等. 2007. 内蒙古西部雅布赖盆地侏罗纪沉积–构造演化及油气勘探方向. 地质通报, 26(7): 857-863.

许志琴, 杨经绥. 1999. 阿尔金断裂两侧构造单元的对比及岩石圈剪切机制. 地质学报, 73(3): 193-205.

杨海波. 2016. 祁连山北缘佛洞庙–红崖子断裂晚第四纪活动速率. 北京: 中国地震局地质研究所.

俞晶星. 2016. 阿拉善地块南部构造活动及其对周边地块相互作用的响应. 北京: 中国地震局地质研究所.

袁道阳. 2003. 青藏高原东北缘晚新生代以来的构造变形特征与时空演化. 北京: 中国地震局地质研究所.

袁道阳, 刘百篪, 吕太乙, 等. 1998. 北祁连山东段活动断裂带的分段性研究. 西北地震学报, (4): 27-34.

袁道阳, 张培震, 刘百篪, 等. 2004. 青藏高原东北缘晚第四纪活动构造的几何图像与构造转换. 地质学报, 78(2): 270-278.

张波, 何文贵, 庞炜, 等. 2016. 青藏块体北部金塔南山断裂晚第四纪走滑活动的地质地貌特征. 地震地质, 38(1): 1-21.

张会平, 张培震, 郑德文, 等. 2012. 祁连山构造地貌特征: 青藏高原东北缘晚新生代构造变形和地貌演化过程的启示. 第四纪研究, 32(5): 907-920.

张宁, 郑文俊, 刘兴旺, 等. 2016. 河西走廊西端黑山断裂运动学特征及其在构造转换中的意义. 地球科学与环境学报, 38(2): 245-257.

张培震, 王琪, 马宗晋. 2002. 中国大陆现今构造运动的GPS速度场与活动地块. 地学前缘, 9(2): 430-441.

张培震, 闵伟, 邓起东, 等. 2003. 海原活动断裂带的古地震与强震复发规律. 中国科学D辑: 地球科学, (8): 705-713.

张维岐, 焦德成, 柴炽章. 2015. 天景山活动断裂带. 北京: 地震出版社.

张治洮. 1985. 阿尔金断裂的地质特征. 西北地质科学, 9: 20-34.

郑剑东. 1994. 中国阿尔金断裂研究进展//现今地球动力学研究及其应用. 北京: 地震出版社: 254-259.

郑文俊. 2009. 河西走廊及其邻区活动构造图像及构造变形模式. 北京: 中国地震局地质研究所.

钟福平, 钟建华, 由伟丰, 等. 2010. 内蒙古雅布赖盆地红柳沟中侏罗统沉积相及沉积环境研究. 地球科学与环境学报, 32(2): 149-154.

朱利东, 王成善, 郑荣才, 等. 2005. 青藏高原东北缘酒泉盆地的演化特征与宽台山–黑山断裂的性质. 地质通报, 24(9): 837-840.

Avouac J P, Tapponnier P. 1993. Kinematic model of active deformation in central Asia. Geophysical

Research Letters, 20(10): 895-898.

Burchfiel B, Zhang P, Wang Y, et al. 1991. Geology of the Haiyuan fault zone, Ningxia-Hui Autonomous Region, China, and its relation to the evolution of the northeastern margin of the Tibetan Plateau. Tectonics, 10(6): 1091-1110.

Cavalié O, Lasserre C, Doin M, et al. 2008a. Present-day deformation across the Haiyuan fault (Gansu, China), measured by SAR interferometry. Dragon 1. Programme Final Results: 2004-2007.

Cavalié O, Lasserre C, Doin M P, et al. 2008b. Measurement of interseismic strain across the Haiyuan fault (Gansu, China), by InSAR. Earth and Planetary Science Letters, 275(3-4): 246-257.

Chang H, Li L, Qiang X, et al. 2015. Magnetostratigraphy of Cenozoic deposits in the western Qaidam Basin and its implication for the surface uplift of the northeastern margin of the Tibetan Plateau. Earth and Planetary Science Letters, 430: 271-283.

Chen T, Liu Z J, Shao Y, et al. 2018. Geomorphic offsets along the creeping Laohu Shan section of the Haiyuan fault, northern Tibetan Plateau. Geosphere, 14(3): 1165-1186.

Chen Y, Gilder S, Halim N, et al. 2002. New paleomagnetic constraints on central Asian kinematics: displacement along the Altyn Tagh fault and rotation of the Qaidam Basin. Tectonics, 21(5): 1042.

Cheng F, Guo Z, Jenkins H S, et al. 2015. Initial rupture and displacement on the Altyn Tagh fault, northern Tibetan Plateau: constraints based on residual Mesozoic to Cenozoic strata in the western Qaidam Basin. Geosphere, 11(3): 921-942.

Clark M K. 2012. Continental collision slowing due to viscous mantle lithosphere rather than topography. Nature, 483(7387): 74-77.

Cowgill E. 2007. Impact of riser reconstructions on estimation of secular variation in rates of strike-slip faulting: revisiting the Cherchen River site along the Altyn Tagh Fault, NW China. Earth and Planetary Science Letters, 254(3-4): 239-255.

Cowgill E, Yin A, Harrison T M, et al. 2003. Reconstruction of the Altyn Tagh fault based on U-Pb geochronology: role of back thrusts, mantle sutures, and heterogeneous crustal strength in forming the Tibetan Plateau. Journal of Geophysical Research: Solid Earth, 108(B7): 2346.

Cowgill E, Gold R D, Chen X H, et al. 2009. Low Quaternary slip rate reconciles geodetic and geologic rates along the Altyn Tagh fault, northwestern Tibet. Geology, 37(7): 647-650.

Daout S, Jolivet R, Lasserre C, et al. 2016. Along-strike variations of the partitioning of convergence across the Haiyuan fault system detected by InSAR. Geophysical Supplements to the Monthly Notices of the Royal Astronomical Society, 205(1): 536-547.

Darby B J, Ritts B D, Yue Y, et al. 2005. Did the Altyn Tagh fault extend beyond the Tibetan Plateau?. Earth and Planetary Science Letters, 240(2): 425-435.

Davis G A, Darby B J, Yadong Z, et al. 2002. Geometric and temporal evolution of an extensional detachment fault, Hohhot metamorphic core complex, Inner Mongolia, China. Geology, 30(11): 1003-1006.

Deng Q, Sung F, Zhu S, et al. 1984. Active faulting and tectonics of the Ningxia-Hui autonomous region, China. Journal of Geophysical Research, 89: 4427-4445.

Ding G, Chen J, Tian Q, et al. 2004. Active faults and magnitudes of left-lateral displacement along the northern margin of the Tibetan Plateau. Tectonophysics, 380(3-4): 243-260.

Duvall A R, Clark M K. 2010. Dissipation of fast strike-slip faulting within and beyond northeastern Tibet. Geology, 38(3): 223-226.

Elliott A J, Oskin M E, Liu Z J, et al. 2015. Rupture termination at restraining bends: the last great earthquake on the Altyn Tagh Fault. Geophysical Research Letters, 42: 2164-2170.

Elliott J R, Biggs J, Parsons B, et al. 2008. InSAR slip rate determination on the Altyn Tagh Fault, northern Tibet, in the presence of topographically correlated atmospheric delays. Geophysical Research Letters, 35(12): L12309.

England P, Houseman G. 1986. Finite strain calculations of continental deformation: 2. Comparison with the India-Asia collision zone. Journal of Geophysical Research: Solid Earth, 91(B3): 3664-3676.

England P, Molnar P. 2005. Late Quaternary to decadal velocity fields in Asia. Journal of Geophysical Research: Solid Earth, 110: B12.

Fang X, Zhao Z, Li J, et al. 2005. Magnetostratigraphy of the late Cenozoic Laojunmiao anticline in the northern Qilian Mountains and its implications for the northern Tibetan Plateau uplift. Science in China: Series D Earth Sciences, 48(7): 1040-1051.

Fang X, Zhang W, Meng Q, et al. 2007. High-resolution magnetostratigraphy of the Neogene Huaitoutala section in the eastern Qaidam Basin on the NE Tibetan Plateau, Qinghai Province, China and its implication on tectonic uplift of the NE Tibetan Plateau. Earth and Planetary Science Letters, 258(1-2): 293-306.

Fang X, Liu D, Song C, et al. 2013. Oligocene slow and Miocene–Quaternary rapid deformation and uplift of the Yumu Shan and North Qilian Shan: evidence from high-resolution magnetostratigraphy and tectonosedimentology. Geological Society, London, Special Publications, 373(1): 149-171.

Gan W, Zhang P, Shen Z K, et al. 2007. Present-day crustal motion within the Tibetan Plateau inferred from GPS measurements. Journal of Geophysical Research: Solid Earth, 112: B08416.

Gaudemer Y, Tapponnier P, Meyer B, et al. 1995. Partitioning of crustal slip between linked, active faults in the eastern Qilian Shan, and evidence for a major seismic gap, the 'Tianzhu gap', on the western Haiyuan Fault, Gansu (China). Geophysical Journal International, 120(3): 599-645.

Gehrels G E, Yin A, Wang X F. 2003. Detrital-zircon geochronology of the northeastern Tibetan plateau. Geological Society of America Bulletin, 115(7): 881-896.

Gold R D, Cowgill E, Arrowsmith J R, et al. 2009. Riser diachroneity, lateral erosion, and uncertainty in rates of strike-slip faulting: a case study from Tuzidun along the Altyn Tagh Fault, NW China. Journal of Geophysical Research: Solid Earth, 114: B04401.

Graham S, Hendrix M, Johnson C, et al. 2001. Sedimentary record and tectonic implications of Mesozoic rifting in southeast Mongolia. Geological Society of America Bulletin, 113(12): 1560-1579.

Guo P, Han Z, Gao F, et al. 2020. A new tectonic model for the 1927 M 8.0 Gulang earthquake on the NE Tibetan Plateau. Tectonics, 39(9): e2020TC006064.

Hetzel R, Tao M, Niedermann S, et al. 2004a. Implications of the fault scaling law for the growth of topography: mountain ranges in the broken foreland of north-east Tibet. Terra Nova, 16(3): 157-162.

Hetzel R, Tao M, Stokes S, et al. 2004b. Late Pleistocene/Holocene slip rate of the Zhangye thrust (Qilian Shan, China) and implications for the active growth of the northeastern Tibetan Plateau. Tectonics, 23: TC6006.

Hetzel R, Hampel A, Gebbeken P, et al. 2019. A constant slip rate for the western Qilian Shan frontal thrust during the last 200 ka consistent with GPS-derived and geological shortening rates. Earth and Planetary Science Letters, 509: 100-113.

Hu X, Pan B, Fan Y, et al. 2017. Folded fluvial terraces in a young, actively deforming intramontane basin between the Yumu Shan and the Qilian Shan mountains, NE Tibet. Lithosphere, 9(4): 545-560.

Hu X, Chen D, Pan B, et al. 2019a. Sedimentary evolution of the foreland basin in the NE Tibetan Plateau and the growth of the Qilian Shan since 7 Ma. GSA Bulletin, 131(9-10): 1744-1760.

Hu X, Wen Z, Pan B, et al. 2019b. Constraints on deformation kinematics across the Yumu Shan NE Tibetan Plateau, based on fluvial terraces. Global and Planetary Change, 182: 103023.

Jiang W, Han Z, Guo P, et al. 2017. Slip rate and recurrence intervals of the east Lenglongling fault constrained by morphotectonics: tectonic implications for the northeastern Tibetan Plateau. Lithosphere, 9(3): 417-430.

Jolivet R, Lasserre C, Doin M P, et al. 2012. Shallow creep on the Haiyuan fault (Gansu, China) revealed by SAR interferometry. Journal of Geophysical Research: Solid Earth, 117: B06401.

Jolivet R, Lasserre C, Doin M P, et al. 2013. Spatio-temporal evolution of aseismic slip along the Haiyuan fault, China: implications for fault frictional properties. Earth and Planetary Science Letters, 377: 23-33.

Kimura G, Takahashi M, Kono M. 1990. Mesozoic collision—extrusion tectonics in eastern Asia. Tectonophysics, 181(1-4): 15-23.

Lasserre C, Morel P H, Gaudemer Y, et al. 1999. Postglacial left slip rate and past occurrence of $M \geqslant 8$ earthquakes on the western Haiyuan fault, Gansu, China. Journal of Geophysical Research: Solid Earth, 104(B8): 17633-17651.

Lasserre C, Gaudemer Y, Tapponnier P, et al. 2002. Fast late Pleistocene slip rate on the Leng Long Ling segment of the Haiyuan fault, Qinghai, China. Journal of Geophysical Research: Solid Earth, 107(B11): 2276.

Lei S, Li Y, Cowgill E, et al. 2018. Magnetostratigraphy of the Ganyanchi (salt Lake) basin along the Haiyuan fault, northeastern Tibet. Geosphere, 14(5): 2188-2205.

Li C, Zhang P, Yin J, et al. 2009. Late Quaternary left-lateral slip rate of the Haiyuan fault, northeastern margin of the Tibetan Plateau. Tectonics, 28: TC5010.

Li X, Rce I K, Zhang P, et al. 2019. New slip rates for the Tianjingshan fault using optically stimulated luminescence, GPS, and paleoseismic data, NE Tibet, China. Tectonophysics, 755: 64-74.

Li X, Pierce I K, Bormann J M, et al. 2021. Tectonic deformation of the northeastern Tibetan Plateau and its surroundings revealed with GPS block modeling. Journal of Geophysical Research: Solid Earth, 126(5):

e2020JB020733.

Li Y, Shan X, Qu C, et al. 2016. Fault locking and slip rate deficit of the Haiyuan-Liupanshan fault zone in the northeastern margin of the Tibetan Plateau. Journal of Geodynamics, 102: 47-57.

Li Y, Shan X, Qu C, et al. 2017. Elastic block and strain modeling of GPS data around the Haiyuan-Liupanshan fault, northeastern Tibetan Plateau. Journal of Asian Earth Sciences, 150: 87-97.

Li Y, Liu M, Wang Q, et al. 2018. Present-day crustal deformation and strain transfer in northeastern Tibetan Plateau. Earth and Planetary Science Letters, 487: 179-189.

Li Y, Nocquet J M, Shan X, et al. 2021. Geodetic Observations of Shallow Creep on the Laohushan-Haiyuan Fault, Northeastern Tibet. Journal of Geophysical Research: Solid Earth, 126(6): e2020JB021576.

Liu D, Yan M, Fang X, et al. 2011. Magnetostratigraphy of sediments from the Yumu Shan, Hexi Corridor and its implications regarding the Late Cenozoic uplift of the NE Tibetan Plateau. Quaternary International, 236(1-2): 13-20.

Liu J, Ren Z, Zheng W, et al. 2020. Late Quaternary slip rate of the Aksay segment and its rapidly decreasing gradient along the Altyn Tagh fault. Geosphere, 16(6): 1538-1557.

Liu-Zeng J, Klinger Y, Xu X, et al. 2007. Millennial recurrence of large earthquakes on the Haiyuan fault near Songshan, Gansu Province, China. Bulletin of the Seismological Society of America, 97(1B): 14-34.

Liu-Zeng J, Tapponnier P, Gaudemer Y, et al. 2008. Quantifying landscape differences across the Tibetan plateau: implications for topographic relief evolution. Journal of Geophysical Research: Earth Surface, 113: F04018.

Liu-Zeng J, Shao Y, Klinger Y, et al. 2015. Variability in magnitude of paleoearthquakes revealed by trenching and historical records, along the Haiyuan Fault, China. Journal of Geophysical Research: Solid Earth, 120(12): 8304-8333.

Loveless J P, Meade B J. 2011. Partitioning of localized and diffuse deformation in the Tibetan Plateau from joint inversions of geologic and geodetic observations. Earth and Planetary Science Letters, 303(1-2): 11-24.

Luo H, Xu X, Gao Z, et al. 2019. Spatial and temporal distribution of earthquake ruptures in the eastern segment of the Altyn Tagh fault, China. Journal of Asian Earth Sciences 173: 263-274.

Matrau R, Klinger Y, Van der Woerd J, et al. 2019. Late Pleistocene-Holocene slip rate along the Hasi Shan restraining bend of the Haiyuan fault: implication for faulting dynamics of a complex fault system. Tectonics, 38(12): 4127-4154.

Meade B J. 2007. Present-day kinematics at the India-Asia collision zone. Geology, 35(1): 81-84.

Meng Q R. 2003. What drove late Mesozoic extension of the northern China-Mongolia tract?. Tectonophysics, 369(3-4): 155-174.

Meng Q R, Hu J M, Yang F Z. 2001. Timing and magnitude of displacement on the Altyn Tagh fault: constraints from stratigraphic correlation of adjoining Tarim and Qaidam basins, NW China. Terra Nova, 13(2): 86-91.

Meng Q R, Hu J M, Jin J Q, et al. 2003. Tectonics of the late Mesozoic wide extensional basin system in the

China-Mongolia border region. Basin Research, 15(3): 397-415.

Métivier F, Gaudemer Y, Tapponnier P, et al. 1998. Northeastward growth of the Tibet plateau deduced from balanced reconstruction of two depositional areas: the Qaidam and Hexi Corridor basins, China. Tectonics, 17(6): 823-842.

Meyer B, Tapponnier P, Bourjot L, et al. 1998. Crustal thickening in Gansu-Qinghai, lithospheric mantle subduction, and oblique, strike-slip controlled growth of the Tibet plateau. Geophysical Journal International, 135(1): 1-47.

Molnar P, Tapponnier P. 1975. Cenozoic tectonics of Asia: effects of a continental collision. Science, 189(4201): 419-426.

Ou Q, Kulikova G, Yu J, et al. 2020. Magnitude of the 1920 Haiyuan earthquake reestimated using seismological and geomorphological methods. Journal of Geophysical Research: Solid Earth, 125(8): e2019JB019244.

Palumbo L, Hetzel R, Tao M, et al. 2009. Deciphering the rate of mountain growth during topographic presteady state: an example from the NE margin of the Tibetan Plateau. Tectonics, 28: TC4017.

Palumbo L, Hetzel R, Tao M, et al. 2010. Topographic and lithologic control on catchment-wide denudation rates derived from cosmogenic ^{10}Be in two mountain ranges at the margin of NE Tibet. Geomorphology, 117(1-2): 130-142.

Pang J, Yu J, Zheng D, et al. 2019. Neogene expansion of the Qilian Shan, north Tibet: implications for the dynamic evolution of the Tibetan Plateau. Tectonics, 38(3): 1018-1032.

Peltzer G, Tapponnier P. 1988. Formation and evolution of strike-slip faults, rifts, and basins during the India-Asia collision: an experimental approach. Journal of Geophysical Research: Solid Earth, 93(B12): 15085-15117.

Ren J, Tamaki K, Li S, et al. 2002. Late Mesozoic and Cenozoic rifting and its dynamic setting in Eastern China and adjacent areas. Tectonophysics, 344(3-4): 175-205.

Ren J, Xu X, Zhang S, et al. 2019. Late Quaternary slip rates and Holocene paleoearthquakes of the eastern Yumu Shan fault, northeast Tibet: implications for kinematic mechanism and seismic hazard. Journal of Asian Earth Sciences, 176: 42-56.

Ritts B D, Biffi U. 2000. Magnitude of post-Middle Jurassic (Bajocian) displacement on the central Altyn Tagh fault system northwest China. Geological Society of America Bulletin, 112(1): 61-74.

Shao Y, Liu Z J, Oskin M E, et al. 2018. Paleoseismic investigation of the Aksay Restraining Double Bend, Altyn Tagh Fault, and its implication for barrier-breaching ruptures. Journal of Geophysical Research: Solid Earth, 123: 4307-4330.

Shao Y, Liu Z J, Van der Woerd J, et al. 2021. Late Pleistocene slip rate of the central Haiyuan fault constrained from optically stimulated luminescence, ^{14}C, and cosmogenic isotope dating and high-resolution topography. GSA Bulletin, 133(7-8): 1347-1369.

Sobel E R, Arnaud N, Jolivet M, et al. 2001. Jurassic to Cenozoic exhumation history of the Altyn Tagh range, northwest China, constrained by ^{40}Ar/^{39}Ar and apatite fission track thermochronology. Geological

Society of America Memoirs, 194: 247-267.

Song C, Fang X, Li J, et al. 2001. Tectonic uplift and sedimentary evolution of the Jiuxi Basin in the northern margin of the Tibetan Plateau since 13 Ma BP. Science in China Series D: Earth Sciences, 44(1): 192-202.

Song X, Jiang Y, Shan X, et al. 2019. A fine velocity and strain rate field of present-day crustal motion of the Northeastern Tibetan Plateau inverted jointly by InSAR and GPS. Remote Sensing, 11(4): 435.

Sun J, Zhu R, An Z. 2005. Tectonic uplift in the northern Tibetan Plateau since 13.7 Ma ago inferred from molasse deposits along the Altyn Tagh Fault. Earth and Planetary Science Letters, 235(3-4): 641-653.

Tapponnier P, Molnar P. 1977. Active faulting and tectonics in China. Journal of Geophysical Research, 82(20): 2905-2930.

Tapponnier P, Molnar P. 1979. Active faulting and Cenozoic tectonics of the Tien Shan, Mongolia, and Baykal regions. Journal of Geophysical Research: Solid Earth, 84(B7): 3425-3459.

Tapponnier P, Peltzer G, Le Dain A, et al. 1982. Propagating extrusion tectonics in Asia: new insights from simple experiments with plasticine. Geology, 10(12): 611-616.

Tapponnier P, Meyer B, Avouac J P, et al. 1990. Active thrusting and folding in the Qilian Shan, and decoupling between upper crust and mantle in northeastern Tibet. Earth and Planetary Science Letters, 97(3-4): 382-403.

Tapponnier P, Zhiqin X, Roger F, et al. 2001a. Oblique stepwise rise and growth of the Tibet Plateau. Science, 294(5547): 1671-1677.

Tapponnier P, Ryerson F J, Van der Woerd J, et al. 2001b. Long-term slip rates and characteristic slip: keys to active fault behaviour and earthquake hazard. Comptes Rendus de l'Académie des Sciences-Series IIA-Earth and Planetary Science, 333: 483-494.

Thatcher W. 2007. Microplate model for the present-day deformation of Tibet. Journal of Geophysical Research: Solid Earth, 112: B01401.

Wang E. 1997. Displacement and timing along the northern strand of the Altyn Tagh fault zone, northern Tibet. Earth and Planetary Science Letters, 150(1-2): 55-64.

Wang M, Shen Z K. 2020. Present-day crustal deformation of continental China derived from GPS and its tectonic implications. Journal of Geophysical Research: Solid Earth, 125(2): e2019JB018774.

Wang P J, Du X D, Wang J, et al. 1995. The chronostratigraphy and stratigraphic classification of the Cretaceous of the Songliao basin. Acta Geologica Sinica, 9(2): 207-217.

Wang W, Yang S, Wang Q. 2009. Crustal block rotations in Chinese mainland revealed by GPS measurements. Earthquake Science, 22(6): 639-649.

Wang W, Zhang P, Kirby E, et al. 2011. A revised chronology for Tertiary sedimentation in the Sikouzi basin: implications for the tectonic evolution of the northeastern corner of the Tibetan Plateau. Tectonophysics, 505(1-4): 100-114.

Wang W, Kirby E, Peizhen Z, et al. 2013. Tertiary basin evolution along the northeastern margin of the Tibetan Plateau: evidence for basin formation during Oligocene transtension. GSA Bulletin, 125(3-4):

377-400.

Wang W, Zhang P, Pang J, et al. 2016. The Cenozoic growth of the Qilian Shan in the northeastern Tibetan Plateau: a sedimentary archive from the Jiuxi Basin. Journal of Geophysical Research: Solid Earth, 121(4): 2235-2257.

Wang W, Zheng W, Zhang P, et al. 2017a. Expansion of the Tibetan Plateau during the Neogene. Nature Communications, 8(1): 1-12.

Wang W, Qiao X, Yang S, et al. 2017b. Present-day velocity field and block kinematics of Tibetan Plateau from GPS measurements. Geophysical Journal International, 208(2): 1088-1102.

Wang Y, Wang M, Shen Z K. 2017. Block-like versus distributed crustal deformation around the northeastern Tibetan plateau. Journal of Asian Earth Sciences, 140: 31-47.

Wang Y, Zheng D, Pang J, et al. 2018. Using slope-area and apatite fission track analysis to decipher the rock uplift pattern of the Yumu Shan: new insights into the growth of the NE Tibetan Plateau. Geomorphology, 308: 118-128.

Wang Y, Zheng D, Zhang H, et al. 2019. The distribution of active rock uplift in the interior of the western Qilian Shan, NE Tibetan Plateau: inference from bedrock channel profiles. Tectonophysics, 759: 15-29.

Washburn Z, Arrowsmith J R, Forman S L, et al. 2001. Late Holocene earthquake history of the central Altyn Tagh fault, China. Geology, 29(11): 1051-1054.

Webb L, Johnson C. 2006. Tertiary strike-slip faulting in southeastern Mongolia and implications for Asian tectonics. Earth and Planetary Science Letters, 241(1-2): 323-335.

Wittlinger G, Tapponnier P, Poupinet G, et al. 1998. Tomographic evidence for localized lithospheric shear along the Altyn Tagh fault. Science, 282: 74-76.

Xiao Q, Shao G, Liu Z J, et al. 2015. Eastern termination of the Altyn Tagh Fault, western China: constraints from a magnetotelluric survey. Journal of Geophysical Research: Solid Earth, 120(5): 2838-2858.

Xiong J, Li Y, Zhong Y, et al. 2017. Latest Pleistocene to Holocene thrusting recorded by a flight of strath terraces in the eastern Qilian Shan, NE Tibetan Plateau. Tectonics, 36(12): 2973-2986.

Xu X, Ma X, Deng Q. 1993. Neotectonic activity along the Shanxi rift system, China. Tectonophysics, 219(4): 305-325.

Xu X, Wang F, Zheng R, et al. 2005. Late Quaternary sinistral slip rate along the Altyn Tagh fault and its structural transformation model. Science in China Series D: Earth Sciences, 48(3): 384-397.

Xu X, Yeats R S, Yu G. 2010. Five short historical earthquake surface ruptures near the Silk Road, Gansu Province, China. Bulletin of the Seismological Society of America, 100(2): 541-561.

Yao W, Liu Z J, Oskin M, et al. 2019. Reevaluation of the Late Pleistocene slip rate of the Haiyuan fault near Songshan, Gansu Province, China. Journal of Geophysical Research: Solid Earth, 124(5): 5217-5240.

Yin A, Harrison T M. 2000. Geologic evolution of the Himalayan-Tibetan orogen. Annual Review of Earth and Planetary Sciences, 28(1): 211-280.

Yin A, Rumelhart P, Butler R, et al. 2002. Tectonic history of the Altyn Tagh fault system in northern Tibet inferred from Cenozoic sedimentation. Geological Society of America Bulletin, 114(10): 1257-1295.

Yu J, Zheng W, Zhang P, et al. 2017. Late Quaternary strike-slip along the Taohuala Shan-Ayouqi fault zone and its tectonic implications in the Hexi Corridor and the southern Gobi Alashan, China. Tectonophysics, 721: 28-44.

Yu J, Pang J, Wang Y, et al. 2019a. Mid-Miocene uplift of the northern Qilian Shan as a result of the northward growth of the northern Tibetan Plateau. Geosphere, 15(2): 423-432.

Yu J, Zheng D, Pang J, et al. 2019b. Miocene range growth along the Altyn Tagh Fault: insights from apatite fission track and (U-Th)/He thermochronometry in the western Danghenan Shan, China. Journal of Geophysical Research: Solid Earth, 124(8): 9433-9453.

Yuan D, Champagnac J D, Ge W, et al. 2011. Late Quaternary right-lateral slip rates of faults adjacent to the lake Qinghai, northeastern margin of the Tibetan Plateau. GSA Bulletin, 123(9-10): 2016-2030.

Yuan Z, Liu Z J, Wang W, et al. 2018. A 6000-year-long paleoseismologic record of earthquakes along the Xorkoli section of the Altyn Tagh fault, China. Earth and Planetary Science Letters, 497: 193-203.

Yue Y, Liou J G. 1999. Two-stage evolution model for the Altyn Tagh fault China. Geology, 27(3): 227-230.

Yue Y, Ritts B D, Graham S A. 2001. Initiation and long-term slip history of the Altyn Tagh fault. International Geology Review, 43(12): 1087-1093.

Yue Y, Ritts B D, Graham S A, et al. 2004. Slowing extrusion tectonics: lowered estimate of post-Early Miocene slip rate for the Altyn Tagh fault. Earth and Planetary Science Letters, 217(1-2): 111-122.

Yue Y, Graham S A, Ritts B D, et al. 2005. Detrital zircon provenance evidence for large-scale extrusion along the Altyn Tagh fault. Tectonophysics, 406(3-4): 165-178.

Zhang H, Zhang P, Prush V, et al. 2017. Tectonic geomorphology of the Qilian Shan in the northeastern Tibetan Plateau: insights into the plateau formation processes. Tectonophysics, 706: 103-115.

Zhang J, Zhang Z, Xu Z, et al. 2001. Petrology and geochronology of eclogites from the western segment of the Altyn Tagh northwestern China. Lithos, 56(2-3): 187-206.

Zhang J, Yun L, Zhang B, et al. 2020. Deformation at the Easternmost Altyn Tagh Fault: constraints on the Growth of the Northern Qinghai-Tibetan Plateau. Acta Geologica Sinica (English Edition), 94(4): 988-1006.

Zhang P, Molnar P, Burchfiel B, et al. 1988. Bounds on the Holocene slip rate of the Haiyuan fault, north-central China. Quaternary Research, 30(2): 151-164.

Zhang P, Burchfiel B, Molnar P, et al. 1990. Late Cenozoic tectonic evolution of the Ningxia-Hui autonomous region, China. Geological Society of America Bulletin, 102(11): 1484-1498.

Zhang P, Burchfiel B, Molnar P, et al. 1991. Amount and style of late Cenozoic deformation in the Liupan Shan area, Ningxia Autonomous Region, China. Tectonics, 10(6): 1111-1129.

Zhang P, Molnar P, Xu X. 2007. Late Quaternary and present-day rates of slip along the Altyn Tagh Fault, northern margin of the Tibetan Plateau. Tectonics, 26: TC5010.

Zhang Y, Mercier J L, Vergély P. 1998. Extension in the graben systems around the Ordos (China), and its contribution to the extrusion tectonics of south China with respect to Gobi-Mongolia. Tectonophysics, 285(1-2): 41-75.

Zhang Y, Zhang F, Cheng X, et al. 2021. Delimiting the eastern extent of the Altyn Tagh Fault: insights from structural analyses of seismic reflection profiles. Terra Nova, 33(1): 1-11.

Zhao Z, Fang X, Li J. 2001. Late Cenozoic magnetic polarity stratigraphy in the Jiudong Basin, northern Qilian Mountain. Science in China Series D: Earth Sciences, 44(1): 243-250.

Zheng D, Zhang P Z, Wan J, et al. 2006. Rapid exhumation at ~8 Ma on the Liupan Shan thrust fault from apatite fission-track thermochronology: implications for growth of the northeastern Tibetan Plateau margin. Earth and Planetary Science Letters, 248(1-2): 198-208.

Zheng D, Clark M K, Zhang P, et al. 2010. Erosion, fault initiation and topographic growth of the North Qilian Shan (northern Tibetan Plateau). Geosphere, 6(6): 937-941.

Zheng D, Wang W, Wan J, et al. 2017. Progressive northward growth of the northern Qilian Shan-Hexi Corridor (northeastern Tibet) during the Cenozoic. Lithosphere, 9(3): 408-416.

Zheng G, Wang H, Wright T J, et al. 2017. Crustal deformation in the India-Eurasia collision zone from 25 years of GPS measurements. Journal of Geophysical Research: Solid Earth, 122(11): 9290-9312.

Zheng W, Zhang H, Zhang P, et al. 2013a. Late Quaternary slip rates of the thrust faults in western Hexi Corridor (Northern Qilian Shan, China) and their implications for northeastward growth of the Tibetan Plateau. Geosphere, 9(2): 342-354.

Zheng W, Zhang P, Ge W, et al. 2013b. Late Quaternary slip rate of the South Heli Shan Fault (northern Hexi Corridor, NW China) and its implications for northeastward growth of the Tibetan Plateau. Tectonics, 32(2): 271-293.

Zheng W, Zhang P, He W, et al. 2013c. Transformation of displacement between strike-slip and crustal shortening in the northern margin of the Tibetan Plateau: evidence from decadal GPS measurements and late Quaternary slip rates on faults. Tectonophysics, 584: 267-280.

Zheng Y, Wang S, Wang Y. 1991. An enormous thrust nappe and extensional metamorphic core complex newly discovered in Sino-Mongolian boundary area. Science in China Series B-Chemistry, Life Sciences & Earth Sciences, 34(9): 1145-1154.